"十四五" 普通高等教育本科部委级规划教材

食品感官评价

S hipin Ganguan Pingjia

赵良忠 刘平 黄展锐◎主编

中国纺织出版社有限公司

内 容 提 要

本书内容涉及感官评价基础理论、感官评价的组织及试验设计、感官评价的方法和应用、感官分析与仪器分析的关系，以及部分实验指导，在重视理论的基础上，更加强调实践过程的操作性，具有较强的科学性、逻辑性和实用性。

本书可作为食品科学与工程、食品质量与安全等专业的教材使用，同时也可供食品企业相关从业人员参考。

图书在版编目（CIP）数据

食品感官评价 / 赵良忠，刘平，黄展锐主编. -- 北京：中国纺织出版社有限公司，2022.6 （2025.1重印）

"十四五"普通高等教育本科部委级规划教材

ISBN 978-7-5180-9240-6

Ⅰ.①食… Ⅱ.①赵… ②刘… ③黄… Ⅲ.①食品感官评价—高等学校—教材 Ⅳ.①TS207.3

中国版本图书馆 CIP 数据核字（2021）第 272967 号

责任编辑：闫 婷 国 帅 责任校对：王蕙莹 责任印制：王艳丽

中国纺织出版社有限公司出版发行

地址：北京市朝阳区百子湾东里 A407 号楼 邮政编码：100124

销售电话：010—67004422 传真：010—87155801

http://www.c-textilep.com

中国纺织出版社天猫旗舰店

官方微博 http://weibo.com/2119887771

三河市宏盛印务有限公司印刷 各地新华书店经销

2022 年 6 月第 1 版 2025 年 1 月第 3 次印刷

开本：787×1092 1/16 印张：22.25

字数：448 千字 定价：68.00 元

普通高等教育食品专业系列教材
编委会成员

《食品感官评价》编委会成员

主　编　赵良忠　邵阳学院

　　　　刘　平　西华大学

　　　　黄展锐　邵阳学院

副主编　吴　敬　内蒙古农业大学

　　　　张　宾　浙江海洋大学

　　　　韩文芳　中南林业科技大学

编　者（按姓氏笔画排序）

　　　　王　帅　徐州工程学院

　　　　王学娟　内蒙古民族大学

　　　　王美仁　鄂尔多斯生态环境职业学院

　　　　王　娟　山东理工大学

　　　　王蓉蓉　南京晓庄学院

　　　　龙　门　滁州学院

　　　　田　星　湖南中医药大学

　　　　史崇颖　云南农业大学

　　　　吕　飞　浙江工业大学

　　　　关　琛　黑龙江八一农垦大学

　　　　苏玖玲　新乡工程学院

　　　　李占明　江苏科技大学

　　　　李　芳　河南科技大学

　　　　吴恩奇　内蒙古民族大学

　　　　何婉莹　邵阳学院

　　　　张珍珍　新疆农业大学

　　　　周　慧　大连海洋大学

　　　　郑坚强　郑州轻工业大学

　　　　姚晓琳　陕西科技大学

　　　　莎　娜　内蒙古科技大学

　　　　唐春红　重庆工商大学

　　　　薛　璐　天津商业大学

前　言

随着现代社会和经济的发展,消费者对食品的要求越来越高。食品在发挥其营养功能的同时,更多的是为人们提供感官享受和精神盛宴,食品能否得到消费者认可,很大程度取决于其感官特性。

食品感官科学是系统研究人类感官与食物相互作用的形式和规律的学科,是现代食品科学中最具特色的学科之一。食品感官评价即借助人类的感觉器官并结合心理学、生理学、化学及统计学方法,对食品的质量特性进行定性、定量的评价、测量与分析的过程。食品感官评价具有理论性、实践性及技能性并重的特点,是现代食品科技及产业发展的重要基础。

经过几十年的发展,食品感官评价的原理和技术日趋完善,并广泛用于食品研发、质量控制、风味营销和质量安全检验监督等方面,成为现代食品科技及产业发展的重要技术支撑。在这方面,我国起步较晚,感官分析研究基本停留在传统的方法应用层面,为了开展和加强食品感官评价的教学与研究工作,编写出版了《食品感官评价》一书。本书可作为食品科学与工程、食品质量与安全、食品营养与检测等相关食品类专业的教材,也可作为各类食品企业及行政管理部门从事感官评价、食品质量监督、产品研发等方面工作的相关科技人员的参考书。

本书在重视理论的基础上,更加强调实践过程的操作性,具有较强的科学性、逻辑性和实用性。内容涉及感官评价基础理论,感官评价的组织及试验设计,感官评价的方法和应用,感官分析与仪器分析的关系,以及部分实验指导。其中第 1 章至第 3 章主要讲述食品感官评价的理论基础和食品感官评价条件等,第 4 章至第 8 章以食品感官评价各方法为主要内容,第 9 章至第 11 章主要阐述食品感官评价方法及常用食品感官仪器的应用,第 12 章主要介绍了具有代表性的食品感官实验,附录主要提供了感官评价相关术语和常用数据。

本书编写人员均是长期从事食品感官评价教学及科研的中青年骨干。参编人员有邵阳学院赵良忠、西华大学刘平、邵阳学院黄展锐、内蒙古农业大学吴敬、浙江海洋大学张宾、中南林业科技大学韩文芳、滁州学院龙门、陕西科技大学姚晓琳、天津商业大学薛璐、浙江工业大学吕飞、河南科技大学李芳、内蒙古科技大学莎娜、徐州工程学院王帅、南京晓庄学院王蓉蓉、内蒙古民族大学吴恩奇、湖南中医药大学田星、郑州轻工业大学郑坚强、新疆农业大学张珍珍、内蒙古民族大学王学娟、山东理工大学王娟、黑龙江八一农垦大学关琛、重庆工商大学唐春红、云南农业大学史崇颖、江苏科技大学李占明、大连海洋大学周慧、鄂尔多斯生态环境职业学院王美仁、新乡工程学院苏玖玲;邵阳学院黄展锐博士对全书进行了统稿、何婉莹老师绘制了全书图表。

感谢邵阳学院、上海瑞芬科技有限公司在本书编写过程中给予的大力支持以及西华大学食品科学与工程国家一流专业建设项目资助。

编者本着科学的态度，力图系统、全面地展现食品感官评价所涉及的理论知识，并结合大量典型案例介绍相关检验方法，参考引用了大量的书籍、论文及相关法规等，在此向其作者表示感谢，但由于引用数量较大，如有疏漏标注之处，特此致歉。

鉴于编者专业水平有限，书中难免有遗漏和不足之处，恳请广大读者批评指正。

编　者
2021 年 4 月

目　录

课件资源（总）
注:各章节课件资源在每章标题处

第1章 绪论

1.1 食品感官评价的概念和意义

食品感官评价(food sensory evaluation)是利用科学的方法,借助人类的感觉器官(视觉、嗅觉、味觉、触觉和听觉)对食品的质量特性进行评定(唤起、测量、分析、解释),并结合心理学、生理学、化学及统计学等,对食品进行定性、定量的测量与分析的过程。通俗地讲就是以"人"为工具,利用科学客观的方法,借助人的眼睛、鼻子、嘴巴、手及耳朵,并结合心理、生理、物理、化学及统计学等学科,对食品进行定性、定量地测量与分析,了解人们对这些产品的感受或喜爱程度,并测试产品本身质量的特性。

食品感官评价(评估、评定、鉴评、检验)由来已久,但是真正意义上的感官评价还只是近几十年发展起来并逐步完善的。在食品的可接受性方面,它的可靠性、可行性、不可替代性逐步为人们所认识。各种食品都具有一定的外部特征,消费者习惯上都凭感官来决定产品的取舍。所以,作为食品不仅要符合营养与卫生的要求,还必须能被消费者所接受。其可接受性通常不能由化学分析和仪器分析结果来做出结论。因为用化学分析和仪器分析方法虽然能对食品中各组分的含量进行测定,但并没有考虑组分之间的相互作用和对感官的刺激情况,缺乏综合性判断。

与传统意义上的感官评价相比,现代感官评价不单只是靠具有敏锐的感觉器官和长期经验积累的某一方面的专家的评价结果。这是因为由专家担任评定员,只能是少数人,而且不易召集;不同的人具有不同的感觉敏感性、嗜好和评判标准,所以评价结果往往不相一致;专家对评判对象的标准与普通消费者的看法常有较大差异;人的感觉状态常受到生理、环境等因素的影响;不同方面的专家也会遇到感情倾向和利益冲突等问题的干扰。为了避免传统意义上的感官评价中存在的各种缺陷,现代的感官评价实验中逐渐引入了生理学、心理学和统计学方面的研究成果,并采用计算机处理数据,使得结果分析快速而准确。

现代感官评价包括一系列精确测定人对食品反应的技术,把对品牌中存在的偏见效应和一些其他信息对消费者感觉的影响降到最低。同时它试图解析食品本身的感官特性,并向产品开发者、食品科学家和管理人员提供关于其产品感官性质的重要而有价值的信息。从消费者的角度来看,食品和消费品厂家有一套感官评价程序,也有助于确保消费者所期望的既有良好质量又有满意感官品质的产品进入市场。感官评价对新产品的开发、产品的改进、降低成本、品质保证和产品优化方面提供了强有力的技术支持。

1.2　食品感官评价的内容和方法

1.2.1　食品感官评价的内容

现代感官分析技术包括一系列精确测定人对食品各种特性反应的方法,可以在产品性质和人的感知之间建立一种合理的、特定的联系,并把可能存在的各种偏见及其对消费者的影响降低到最低程度。同时,尽量解析食品本身的感官特性,向食品科学家、产品开发者和企业管理人员提供该产品感官性质的重要信息。

感官评价涉及人类五大感觉器官,即味觉评价、触觉评价、视觉评价、嗅觉评价、听觉评价。包括两方面内容:一是以人的感官测定物品的特性;二是以物品的特性来获知人的特性或感受。感官评价实验均由不同类别的感官评价小组承担,实验的最终结论是评价小组中评价员各自分析结果的综合。所以,在感官评价实验中,并不看重个人的结论如何,而是注重评价小组的综合结论。

食品感官分析也是一门测量的科学,像其他的分析检验过程一样,也涉及精密度、准确度和可靠性。所以,感官分析实验应在一定的控制条件下制备和处理样品,在规定的程序下进行实验,从而将各种偏见和外部因素对结果的影响降到最低,通常包括 4 种活动:组织、测量、分析和结论。

(1)组织　包括评价员的选拔和评定小组的组建、评价程序的建立、评价方法的设计和评价时外部环境的保障。

(2)测量　根据评价员通过视觉、嗅觉、味觉、听觉和触觉的行为反应,采集数据,在产品性质和人的感知之间建立一种联系,从而表达产品的定性、定量关系。

(3)分析　采用统计学的方法对来自评价员的数据进行分析统计,它是感官分析过程的重要部分,可借助计算机和软件完成。

(4)结论　在数据、分析和实验结果的基础上进行合理判断,包括所采用的方法、实验的局限性和可靠性。

1.2.2　食品感官评价的方法

食品感官评价一般分为具有不同作用的两个类型:分析型检验和偏爱型(嗜好型)检验。

分析型检验是以人的感官作为仪器,对食品质量特性进行分析,任务是检出样品与标准品之间,或者样品与样品之间的差异,以及差异的程度和客观评价样品特性等。

偏爱型检验是叙述其个人的喜好,喜爱哪种产品或对产品的喜爱程度,这种判断属于个人的主观评价,因而不需要专门的训练,不要求他们具有食品感官分析的经验和专门知识。承担食品偏爱分析的人员必须能代表广大消费者,人员的组成应综合考虑年龄、性别、职业、居住地区、生活水平及对食品的食用频度等因素。

进行食品感官评价时,由于工作的目的和要求不同,所选用的方法也不一样。常用的感官评价试验方法有:差别检验、分级检验、描述性检验、标度和类别检验等。

(1)差别检验　用于区别几种产品的差异,能够判断出两种或者两种以上产品的差异性,分析产品是否在某些方面存在感官差别。主要方法有成对比较、三点检验、二—三点检验、五中取二检验、"A"—"非A"检验等。简单的差别检验非常实用并被广泛采用。

(2)分级检验　是以某个级数值来描述食品的属性,评价的两个样品可能属于同一级数,也可能属于不同级数,而且它们之间的级数差别可大可小。主要方法有评分法、成对比较法、加权评分法、模糊数学法和阈值试验等。

(3)描述性检验　用于描述产品的具体特征,可将产品的感官性质进行量化。这种方法需要参与者具有丰富的经验,或经过严格的训练。描述性检验已被证明是最全面、信息量最大的感官评价工具,适用于表述各种产品的变化和研究食品开发中的问题。主要方法有简单描述检验法、定量描述检验法和感官剖面描述检验法等。

(4)标度和类别检验　目的是估计差别的顺序或大小及样品应归属的类别或等级。该类方法通常有分等法、量值估计法及线性标度法等。

掌握食品感官评价知识,首先要在理论上掌握每种食品感官评价的方法:明确各种方法的试验原理、试验目的,适用于哪种类型的试验,具体可应用在哪些生产实际之中。之后熟悉感官评价的术语所表述的意义,例如:甜味,由某些物质(如蔗糖)的水溶液产生的一种基本味道;厚味,味道浓的产品;平味,其风味不浓且无任何特色等。明确评价标准之后,即可进行数据分析,通过统计学方法分析数据的差异性,并学会做出准确的判断。

1.3　食品感官评价技术的发展历史及趋势

1.3.1　食品感官评价技术的发展历史

感官评价其实是人类存在以来就一直存在的传统评价方式,从神农尝百草,到现代人类日常生活中以看、闻、尝、摸等动作来判定食品的品质状况,都是最基本的感官检验,其依赖的是个人的经验积累与传承。长期以来,许多食品感官评价技术一直用于品评香水、精油、香料、咖啡、茶、酒类及香精等产品的感官特性,其中以酒类的感官评价历史最为悠久。

在传统的食品行业和其他消费品生产行业中,大部分的商品品质完全依赖具有多年经验的专家意见来判定。随着食品科技的进步,以师傅教徒弟方式培养专家的速度已经跟不上食品工厂与产量增加的速度,同时统计学的使用使得专家的权威及其意见逐步失去了代表性,导致专家的经验无法真正反映消费者的意见。

整个感官品评技术的蓬勃发展是在二十世纪六七十年代,随着食品加工业的兴起而开始迅速发展。在这期间,各种评价方法、标示方法、评价观念、评价结果的表现方式不断被提出、讨论及验证。纵观感官科学技术的发展,主要经历了 3 个阶段。

(1)从管理者品评起步的感官评价,是人类最为原始、简单、有效的使用工具和技术手段。传统上,食品感官评价来自少数生产管理者或专业技术人员的评价。

(2)以专业感官品评小组品评为主体,多学科交叉与应用,使感官评价活动标准化。专业感官品评小组品评为主体,多学科交叉与应用,感官评价活动标准化使得管理者不一定能够真实、完全地反映消费者或消费群体对产品的需求,而且身体状况、感情倾向、利益冲突等因素都会影响管理者做出正确的判断。

(3)将感官分析与理化分析相结合,仪器测量辅助感官评价,呈现出人机结合、智能感官渐成主流、充分反映市场消费需求与消费意向的感官分析技术,感官营销推进了学科应用的发展态势。感官分析与理化分析相结合,仪器测量辅助感官评价食品的感官特性,一般包括色、香、味、形几个方面。

国内的感官评价起步比国外晚,从 1975 年开始有学者研究香气和组织的评价。20 世纪 90 年代后,"感官评价"被大量应用在食品科学的研究中,得到了迅速发展和普及。虽然我国的感官评价起步晚,基础相对薄弱,但是逐步形成了一门较为完善和规范化的学科。目前,我国的食品企业在产品改进及新产品开发等方面大多还缺乏规范性、严谨性和科学性,对感官分析技术与标准的研究及应用落后于发达国家。近几年来,随着计算机的普及和应用,使得感官分析的应用和结果处理更加方便快速。随着电子技术、生物技术、仿生技术的发展,"感官评价"必将进一步得到完善和提高。

自 1988 年起,我国相继制定并颁布了感官分析方法的国家标准。随着行业的发展,也对相应的感官分析的国家标准进行了更新,如《感官分析 方法学 总论》(GB/T 10220—2012)、《感官分析 术语》(GB/T 10221—2012)、《感官分析专家的选拔、培训和管理导则》(GB/T 16291—2012)和《感官分析 建立感官分析实验室的一般导则》(GB/T 13868—2009)等。这些标准大都参照采用或等效采用相关的国际标准(ISO),具有较高的权威性和可比性,是执行感官分析的依据。感官理论的发展与经济利益息息相关。感官分析不仅评价了商品的品质,而且可以反映消费者的接受程度。感官检验可以评估备选方案,通过有效和可靠的测试,为决策者提供依据。

整体而言,我国食品感官科学技术的研究与应用分为 3 个阶段:一是满足食品工业质量管理、市场营销、新产品开发的目的,提高传统感官品评方法的科学化程度;二是结合我国的特点进行系统的感官品质研究,尤其是对一些传统食品,如白酒、茶叶、馒头、米饭等的感官评价与仪器分析数据的相关性进行的系统研究,截至目前已积累了较丰富的科学数据;三是站在学科发展前沿,在感官评价信息管理系统、智能感官分析方法与设备研究等方面参与国际竞争。

1.3.2 食品感官评价技术的发展趋势

近年来,感官评价的应用日益受到重视,与采用各种仪器设备相比,人们通过感官技术对产品进行的分析,更加直观、简便易行。随着信息科学、生命科学、仪器分析技术的发展,感官科学技术与多个学科交叉,表现为人机一体化、智能化的发展趋势。感官分析的应用呈现出与市场需求和消费意向密切结合的多元化态势。

1.3.2.1 专业品评与消费嗜好评价相结合,感官营销推进学科应用

无论是专业感官品评小组还是管理者的感官分析,都是针对特定产品进行描述、剖析、评价,从而控制产品的稳定性或寻找产品的不足之处,指导配方设计以及工艺的改进。产品生命周期主要决定于市场消费需求与消费意向。如何评价与预测某类产品的消费意向以及产品与消费意向的差异性,成为当前感官分析中一个新的研究领域。如蔬菜汤中有机成分及其稳定技术与消费者接受程度之间的关系研究,消费者对猪肉外观特征的偏爱性研究等。

1.3.2.2 感官分析不断规范化、特色化

感官分析的规范化将传统经验型的感官品评提升为对感官分析技术的研究与应用,合理认识与有效控制感官影响因素,规范感官评价活动要素(环境、人员、方法、评价器具),统一感知表达的工作语言(术语、描述词)和感知测量的标尺(感官参比样、标准样品),建立良好感官实践应用工具,提高感官分析结果的可比性和可靠性,实现产品感官质量评价与控制的规范化。

不同国家、人种、民族、地域、性别、年龄的人群具有对食品不同的消费偏好,食品工业及其他消费品行业的发展,需要不断地挖掘不同目标人群的需求,开拓市场、细分市场,这就需要描绘能反映"中国人感官消费特色"的风味地图,构建我国特有的感官分析数据资源,这既是我国特有的财富,更是中国参与感官科学国际交流与合作的资本。同时我国幅员辽阔、历史悠久,形成了许多特色、传统食品,这些食品也正经历着现代化、规模化的转型,系统研究这些产品类型的感官特色、形成规律、评价方法与嗜好性演变,是我国感官科学工作者的责任。

发展方向为立足于中国传统文化与管理背景,以减少人的主观因素、生理因素和环境因素等影响,提高感官分析结果的可比性及可靠性为目标,通过统计学和心理学方法,研究感官分析环境、人员、评价方法和器皿等方面的标准化方法和计算机信息管理系统,将它们有机地融合于企业管理系统中,以实现规范化的感官质量管理体系。

1.3.2.3 人机结合,智能感官分析技术逐渐成为主流

随着现代工业的快速发展,完全凭借感官品评小组的感官分析方法难以满足数量大、跨地区产品的品控要求。工业化、规模化和自动化的生产过程需要精确、可控的参数,而传统感官分析仅提供定性和模糊的描述,这就需要将感官分析与现代仪器分析技术相结合,建立两者相关性数据库模型,借助仪器辅助进行感官评价。

用智能感官模拟人的感官(耳、眼、鼻、舌和大脑)进行感官评价,一直是人类的梦想。随着智能感官技术、相应设备和技术标准等研究的深入,感官分析与计算机、传感器、仪器分析等手段相结合,一系列仪器化智能感官技术不断出现,如计算机自动化系统、气相色

谱—嗅闻技术、电子鼻技术、电子舌技术、计算机视觉技术、高光谱成像技术、多传感器融合技术、感官评价机器人等。对感官分析与仪器分析、理化分析的相关性以及定性与定量相结合的感官分析方法标准的研制,智能感官分析技术的研究及电子感官设备的开发是今后的研究重点。

1.3.2.4 食品风味化学的发展促进了食品感官基础理论研究的不断深入

食品风味(food flavor)是食品作用于人的感官(嗅觉、味觉、口腔及其他感觉接收器、视觉)产生的感觉,食品风味的好坏直接影响到消费者的可接受性和购买行为。食品风味化学(food flavor chemistry)的发展,促进了感官基础研究的不断深入。

近年来,科学家对感官形成的生理基础,食品风味的组成、分析方法、生成途径,以及食品风味的变化机制和调控等进行了大量研究,并逐渐形成了分子感官科学的概念,其核心内容是在分子水平上定性、定量和描述风味,对食品的风味进行全面深入的剖析的多学科交叉技术。以气味物质分析为例,在食品中气味物质提取、分离、分析的每一步骤中,将仪器分析方法与人类对气味的感觉相结合,最终得到已确定成分的气味重组物,即气味化合物,与人类气味接收器(如嗅觉上皮细胞)作用,在人类大脑中形成了食品气味的印象。

经过多年发展,分子感官科学已成为食品风味分析中顶级的系统应用技术。在食品中应用分子感官科学的概念,可以在分子水平上解释、预测和开发感官现象,研究食品的风味,使其由一种"混沌理论"变为一种清晰的、可认知的科学理论。还可以为系统地研究食品感官的品质内涵、理化测定技术、工艺形成、消费嗜好等食品科学和消费科学等基本问题提供数据基础。

食品感官科学技术具有学科综合交叉的特点,涉及食品科学技术、消费科学、实验与应用心理学、感官计量学、智能与信息科学等,需要多学科共同发展,在产业发展和社会需求的共同推动下,感官科学技术的发展将面临前所未有的机遇与挑战。

思考题

1. 什么是食品感官评价? 它有何实际意义?
2. 食品感官评价的主要内容是什么?
3. 食品感官评价技术的发展趋势是什么?

第 2 章　食品感官评价基础

内容提要

　　本章主要介绍了食品感官评价中感觉的定义及分类、感官的特性及阈值、影响感觉的因素、食品感官属性的分类，详细介绍了食品感官评价中的味觉、嗅觉、视觉、听觉和触觉的特征及其作用机制。

教学目标

　　1. 掌握食品感官评价中感觉的定义、分类、特性及阈值。

　　2. 掌握食品感官评价中影响感觉的因素。

　　3. 掌握食品感官评价中食品感官属性的分类。

　　4. 掌握食品感官评价中视觉、听觉、嗅觉、味觉和触觉的特征及其作用机制。

2.1　感觉的概述

2.1.1　感觉的定义及分类

　　人类生存的过程中时刻都在感知外部环境，这种感知是多途径、多方面的，并且人多数都要通过人类在进化过程中不断变化的各种独立的感觉器官分别来接收、传导这些引起感官反应的外部刺激，然后经大脑分析，形成对客观事物的综合、完整认识。因此，感觉就是客观事物的各种特征和属性通过刺激人不同的感觉器官引起的兴奋，即眼、鼻、耳、口和皮肤的反应。

　　与之对应，人的感觉也有 5 种类型，即视觉、听觉、嗅觉、味觉和躯体感觉，这些感觉经神经传导反映到大脑皮层的神经中枢，从而产生反应，而感觉的综合就形成了人对这一事物的认识及评定。按照这样的观点，感觉应是客观事物的不同特性在人脑中引起的反应。一个物体有它的颜色、形状、滋味、质地、组织结构、口感、光线、声音、温度、气味等属性，我们没有一个感觉器官可以把这些属性都加以认识，每个感觉器官反映物体一个属性，产生一种感觉，如眼睛看到了光线、耳朵听到了声音、鼻子闻到了气味、舌头尝到了滋味、皮肤感受到了物体的温度和光滑程度。又如，一块面包，通过视觉可以感受到它的颜色和形状；通过嗅觉可以感受到它的气味；通过味觉可以感受到它的味道；通过触摸或咀嚼可以感受到它的软硬等。

　　感觉是生物（包括人类）认识客观世界的本能，是外部世界通过机械能、辐射能或化学能刺激到生物体的受体部位后,在生物体中产生的印象和(或)反应。因此,感觉受体可按下列不同的情况分类。

(1)机械能受体　听觉、触觉、压觉和平衡觉。

(2)辐射能受体　视觉、热觉和冷觉。

(3)化学能受体　味觉、嗅觉和一般化学感。

以上三者也可更广义地概括为物理感(视觉、听觉和触觉)和化学感(味觉、嗅觉和一般化学感觉,后者包括皮肤、黏膜或神经末梢对刺激性物质的感觉)。

感觉的产生包括以下3个环节:

(1)收集信息　内外环境的刺激直接作用于感觉器官。

(2)转换　把进入的能量转换为神经冲动,这是产生感觉的关键环节,其结构称为感受器(Receptor)。

(3)产生感觉　将感受器传出的神经冲动经过传入神经的传导,将信息传到大脑皮层,并在复杂的神经网络的传递过程中,被加工为人们所体验到的具有各种不同性质和强度的感觉。

2.1.2　感觉的特性

2.1.2.1　感觉的属性

人体形成的感觉是通过不同的感受器获得的。感受器是指分布在体表或组织内部的一些专门感受机体内外环境变化信息的结构或装置,它有多种多样的组成形式。例如,有些感受器本身就是外周感觉神经末梢,如痛觉感受器;有些感受器是在裸露的神经末梢外再包裹一些特殊的组织结构,如感受触压刺激的环形小体;还有些感受器是由结构和功能高度分化的感受细胞以突触的形式与感觉神经末梢相联系,形成了感觉器官,如眼、耳等。这些感受器或感觉器官具有一些共同的生理特性。

感觉是由感觉器官产生的,具有如下属性。

(1)人的感觉可以反映外界事物的属性。换句话说,事物的属性是通过人的感官反映到大脑被人们所认知的,感官是感觉事物的必要条件。

(2)人的感觉不仅反映外界事物的属性,也反映人体自身的活动和舒适情况。人感知自己是躺着或是走着、是愉悦或是忧郁。

(3)感觉虽然是低级的反映形式,但它是一切高级复杂心理的基础和前提。外界信息输入大脑是感觉最先提供了一切,有了感觉才会有随后一切高级心理感受,所以感觉对人的生活有重要作用和影响。

(4)感觉的敏感性因人而异,受先天因素和后天因素的影响。人的某些感觉可以通过后天训练或强化获得特别的发展,即敏感性增强。反之,某些感觉器官发生障碍时,其敏感性降低甚至消失。例如,食品感官评价员具有非常敏锐的感觉能力,能分辨食品中微弱的品质差别,评酒大师的嗅觉和味觉敏感性都超出常人。又如,后天失明的残疾人,其听觉等其他感觉必然会加强。在感官分析中,评价员的选择实际上主要就是对候选评价员感觉敏感性的测定。针对不同试验,挑选不同评价员。例如,参加评试酒的评价员,至少要具有正常人的味觉能力,否则,评试结果难以说明问题。另外,感觉敏感性可以通过后天培养得到提高,所以评价员的培训就是为了提高评价员的感觉敏感性。

2.1.2.2　感官的特征

在人类产生感觉的过程中,感觉器官直接与客观事物特性相联系。不同的感官对于外部刺激有较强的选择性。感官由感觉受体对外界刺激有反应的细胞组成,这些受体物质获得刺激后,能将刺激信号通过神经传导到大脑。感官通常具有下面几个特征:

(1)一种感官只能接受和识别一种刺激。

(2)对周围环境和机体内部的化学和物理变化非常敏感。

(3)只有刺激量在一定范围内才会产生反应。

(4)感官受某种刺激连续作用一段时间后,会产生疲劳现象,灵敏度随之明显下降。

(5)心理作用对感官识别刺激有影响。

(6)不同感官在接收信息时,会相互影响。

2.1.3　感官阈值

关于阈值,美国检验和材料协会(ASTM)提出以下定义:存在一个浓度范围,低于该值,某物质的气味或味道在任何实际情况下都不会被感觉到;而高于该值,任何具有正常嗅觉和味觉的个体会很容易地觉察到该物质的存在。

感觉用感觉阈来度量,感觉阈是感官或感受器所能接受刺激强度的上下限,以及在这个范围内对最微小变化产生感觉的变化量。感觉阈常用于两个方面的研究:①度量评价员或评价小组对特殊刺激物的敏感性,阈值的大小可用来判断评价员的评价水平;②度量化学物质能引起评价员产生感官反应的能力,可作为某种化学物质特性的度量指标。

绝对阈值是指以产生一种感觉的最低刺激量为下限,到刚刚导致感觉消失的最高刺激量为上限的一个范围值。刚刚能引起感觉的最小刺激量和刚刚导致感觉消失的最大刺激量为绝对感觉的两个阈限。通常我们听不到一根线落地的声音,也觉察不到落在皮肤上的尘埃,因为它们的刺激量不足以引起我们的感觉。但若刺激强度过大,超出正常范围,则原有的感觉消失而生成其他不舒服的感觉。低于该下限值的刺激称为阈下刺激,高于该上限值的刺激称为阈上刺激,而刚刚能引起感觉的刺激称为刺激阈值或察觉阈值。阈上刺激或阈下刺激都不能产生相应的感觉。例如,人眼只对波长为 380~780 nm 的光波刺激发生反应,人耳只对 20~20 000 Hz 范围的声波刺激起反应,其范围以外的声光刺激均不能形成感觉。

在人类感官功能中被测量的最早特性之一是绝对阈值,它反映了对外界刺激的敏感程度。味觉、嗅觉是人体对化学刺激的感官反应,视觉、听觉、触觉等是人体对物理刺激的感官反应,作为相应的刺激敏感性的度量,可分为 4 种类型,分别是察觉阈值(detection threshold)、识别阈值(recognition threshold)、差别阈值(difference threshold)、极限阈值

（terminal threshold），见表 2-1。

表 2-1　阈值分类

阈值	释义	备注
察觉阈值或刺激阈值	引起感觉所需要的感官刺激的最小值,这时不需要对感觉加以识别值	察觉阈值一般指从不含有这种成分到能觉察到差异而未识别其特征的最小浓度差别,测定方法一般是评价人员判断样品与空白样是否存在差别
识别阈值	感知到的可以对感觉加以识别的感官刺激的最小值	识别阈值是察觉阈值增大到一定程度可以正确识别感官特征,测定方法中需要评价人员正确判定感官特征
差别阈值	可感知到的两者刺激强度差别的最小值	差别阈值则主要在于两样品差别,样品可以是含有一定浓度的目标成分,差别阈与不同的样品浓度有关
极限阈值	一种强烈感官刺激的最小值,超过此值就不能感知刺激强度的差别	由于是感受器官达到极限导致的无法识别,一般不测定

　　例如,对味觉感受来讲,在感觉的起始阶段有察觉阈值、识别阈值,在感觉的终点存在极限阈值,而在感觉的转变或变化阶段,则可以用差别阈值来衡量。大量的统计试验表明,食盐水浓度为 0.037g/100mL 时,人们才能识别出它与纯水之间有区别,当食盐水浓度为 0.1g/100mL 时,人们才能感觉出有咸味。我们把前者称为察觉阈值,把后者称为识别阈值。阈值大小取决于刺激的性质和评判员的感官敏感度,同时所测量的阈值大小也因测定方法的不同而发生变化。而以绝对阈值为评价标准的敏感力、辨识力也就成了感官品评人员的能力基础。

2.1.3.1　察觉阈值

　　对刚刚能引起感觉的最小刺激量,也是可被感觉的刺激的最低物理量,或者说是在化学刺激情况下的最低浓度,我们称它为察觉阈值或感觉阈值下限。察觉阈值如果是一个固定的物理量,那么低于这一数值的刺激基本上不会被感觉到,而高于这一数值的刺激几乎总是能被感觉到。

　　理论上,察觉阈值是心理感受过程中的一个突变点,但事实上并不能在阈值的实际测量中起作用。察觉阈值是一个个体对某特定刺激反应的瞬时状态。但是,瞬时状态很难测量,化学感觉特别容易变化,在感官适应的过程中容易产生问题,这些对于测量的正确度和精度提出了一些挑战。在实验心理学中,由于个体所有时刻的感受性在分布上基本符合正态分布,根据统计学原理,对察觉阈值的操作定义是,有感觉与无感觉分界线上的刺激强度,或者在 50% 的试验次数中能引起感觉的刺激值。对不同的感觉,近似的察觉阈值如表 2-2 所示。

表 2-2　不同感觉的近似察觉阈值

感觉种类	察觉阈值	感觉种类	察觉阈值
视觉	清晰无雾的夜晚 48 km 处看到的烛光	嗅觉	一滴香水扩散到三室一厅的整个房间
听觉	安静条件下 6 m 处表的滴答声	触觉	一只蜜蜂翅膀从 1 cm 高处落到你的背部
味觉	一茶匙糖溶于 8 L 水中		

察觉阈值的数据常用于对评价人员或评价小组特殊刺激物的敏感性判断,即不同的察觉阈值可以反映人或小组的评价水平,同时化学物质引起人产生感官反应的浓度水平,也成了对其进行定量化评价的依据。不同人之间的察觉阈值呈现较大的差异。例如,盲人由于不能用眼睛来了解这个世界,听觉、触觉比一般人要敏锐等。随着个体年龄的增长和生活实践的丰富,人的察觉阈值也会随之逐渐发展,如某些特殊职业要求从业者长期使用某种感觉器官,因而这些从业者相应的感觉比一般人敏锐,如调味师的味觉、调香师的嗅觉均比常人敏锐。

2.1.3.2　识别阈值

识别阈值是表现出刺激特有的味觉或嗅觉所需要的最低水平,而且经常比察觉阈值高一点。例如,稀释的 NaCl 并不总是咸的,在刚刚高于察觉阈值的较低浓度下,它呈现出甜味的感觉。而 NaCl 表现出咸味时的浓度要高得多。在食品研究中,食品中某一特定风味的识别阈值是很重要的,也许比察觉阈值更为重要,因为感觉的对象和适当的标识都可以有意识地得到并发挥作用。识别阈值和察觉阈值之间的差别取决于刺激的类型。在测定识别阈值的过程中,除了正确感觉某种刺激外,观察者还必须正确地识别该刺激,并对刺激给出适当的描述。但是,很难设定一个必选实验来进行某些特征上的识别。例如,在味觉试验中让观察者从甜、苦、酸、咸 4 种典型的基本味觉中选择,但却不能保证这些标识对于描述所用的呈味物质是否足够。此外,由于 4 种味觉选择中是否有一个相等的味觉反应偏差还不清楚,导致统计检验或随机反应差别的期望频率或无差异假设难以确定。在一项关于苦味的试验中,有研究人员曾通过在一连串的包括盐、酸和糖的序列中插入应被识别的苦味来控制这一偏差。

人的味觉的感受能力受到多方面因素的影响,表 2-3 中显示了在不同温度下,人们对蔗糖、柠檬酸、氯化钠、硫酸奎宁等不同味觉物质感受能力的变化情况,随着温度的降低,甜味、酸味、咸味、苦味的识别阈值都随之增大,即敏感性减小。

表 2-3　不同物质在不同温度下的识别阈值

名称	味感	阈值浓度/%	
		25℃	0℃
蔗糖	甜	0.1	0.4
食盐	咸	0.05	0.25
柠檬酸	酸	2.5×10^{-3}	3.0×10^{-3}
硫酸奎宁	苦	1.0×10^{-4}	4.0×10^{-4}

一种物质的阈值越小,表示其敏感性越强。

不同区域人群的察觉阈值存在一定的差异。在以韩国人群为基础的测定中,蔗糖的察觉阈值为 7.8 mmol/L,识别阈值为 20.7 mmol/L;日本人的蔗糖的察觉阈值为 16.5 mmol/L;而中国女性的蔗糖察觉阈值为 10.83 mmol/L,中国男性对蔗糖的察觉阈值为

14.6 mmol/L。随年龄的增长,味觉阈值也会存在一定程度的差异。例如,在 3~6 岁的人群中,对蔗糖的察觉阈值为 31 mmol/L,对尿素的察觉阈值为 59 mmol/L;在 8~9 岁儿童和成人的对比研究中,4 种基本味觉察觉阈值之间却并没有明显差异,但女性成年人和男性及儿童之间存在显著差异,和成人相比,这可能和幼儿对作为能量来源的蔗糖需求水平有关。最近的研究显示,18~33 岁和 63~85 岁的人对蔗糖的察觉和识别阈值有显著性差异,这应该和生理功能随年龄的增加逐渐退化相关。

2.1.3.3 差别阈值

差别阈值是指感官所能接收到的刺激的最小变化量。在刺激物引起感觉之后,人体能否感觉到刺激强度的微小变化,这就是差别敏感性的问题。以重量感觉为例,把 100 g 砝码放在手上,若加上 1 g 或减去 1 g,一般是感觉不出重量变化的。根据实验,只有重量增减达到 3 g 时才刚则能够觉察到重量变化,即 3 g 为重量感觉在 100 g 情况下的差别阈值。在心理学中,把差别阈值定义为有 50% 的实验次数能引起差别感觉的两个刺激强度之差,而神经系统噪声背景下,将差别阈值理解为使神经系统产生差异感受所需的物理浓度的最小变化量。在绝对阈值之上是一个差别阈值的增加过程,并且每一个最小可觉差在心理上都是相等的。在感觉强度上的相等变化需要的浓度刺激并不相等,标准浓度越高,需要的浓度改变量就越大,即差别阈值越大,但差别阈值和标准浓度的比值却保持相对稳定。

差别阈值不是一个恒定值,它会随着一些因素而变化。韦伯(E. H. Weber)、费希纳(G. H. Fechner)和史蒂文斯(S. S. Stevens)相继提出了差别检验的三大定律:韦伯定律、费希纳定律、史蒂文斯定律。以这三大定律为基础的理论研究,在一定程度上对差别检验的发展起到了非常重要的作用,而且随着研究的不断深入也在不断完善和发展中。19 世纪 40 年代,德国生理学家韦伯在研究重量感觉的变化时发现,100 g 重量至少需要增减 3 g,200 g 重量至少需增减 6 g,300 g 至少需增减 9 g 才能察觉出重量的变化。也就是说,差别阈值随原来刺激量的变化而变化,并表现出差别阈与刺激量的比例为常数,在中等强度的刺激范围内,可用韦伯定律表示:

$$k = \frac{\Delta I}{I + I_r}$$

式中,ΔI 为差别阈;I 为刺激量;I_r 为刺激的变化量;k 为常数,称为韦伯分数。

I_r 代表因各种刺激的相互作用、神经敏感性的变化、注意力的转移或喜好程度不同等因素引起感觉差别所增加的刺激量。I_r 值在刺激量 I 值较高时,对 k 影响不大,而当刺激量降低时,随降低程度,I_r 逐步增大,以此保持 k 值的恒定。

如果知道了各种物质的韦伯分数也就知道了其差别阈值。韦伯定律的提出,为随后兴起的实验心理学奠定了重要的基础,被广泛应用于心理学、生理学、工程学等领域,为我们提供了一个比较辨别能力的重要指标。如果要比较不同个体某一感觉的辨别能力而所用的标准刺激不相同时,就不能用差别阈的绝对值进行比较,而要用韦伯分数来比较。韦伯分数越小,辨别能力就越强。此外,由于韦伯分数的倒数 $1/k$ 可以用来作为感受性的指标,所以通过韦伯分数还能对不同感觉的感受性进行比较。而在这一范围内的浓度—差别强度变化为基础的感觉差别研究,对感官品质、产品品质、货架期质量控制等都有着直接的意义。

由于差别阈值的广泛存在,从客观上也为食品产品的开发者提供了有用的信息。例如,为了节约成本或其他目的,在一定程度上对产品配方中相应的物质增加或减少,消费者将很难察觉。

不同的感觉通道对外界刺激的敏感程度并不相同。例如,味觉的韦伯分数的理想值为0.2左右,嗅觉的理想值约为0.01,即嗅觉对外界物质浓度的变化要比味觉更为灵敏。即使味觉的韦伯分数只有0.2左右,在实际生活中味觉系统仍然极其"粗糙",如在菜品中,在原来的基础上再放入一些盐并不会觉得咸味明显增加,这是由于这种差别阈值在复杂产品体系中可能比想象中要大得多。同样,人眼感觉不出的色彩差别量称为颜色的宽容度。由于色彩差别量主要取决于眼睛的判断,对色彩复制和其他颜色工业部门来说,这种位于人眼宽容度范围之内的色彩差别量是允许存在的。人眼的宽容度约1:50000,而数码相机只有1:64 ~ 1:32,彩色负片为1:64,黑白胶片为1:128,专业黑白胶片可以达到1:500左右。在音响的表现能力上,对各频段范围较大的宽容度才能保证在播放含有大量低音信息时不会增加失真的机会。对于产品的价格调整也是如此,价格改变量如果明显超过了消费者的差别感受能力,那么这种影响将会对消费者的购买行为产生直接的作用。

2.1.3.4　极限阈值

极限阈值是一种强烈的感官刺激的最小值,超过此值则不能感知刺激强度的差别,即刺激水平远远高于感官所能感受的刺激水平,或是物理刺激强度增加而反应没有进一步增加所涉及的刺激强度,通常也称为感觉阈值上限。在这个水平上,感官已感受不到强度的增加,且有痛苦的感觉。

换句话说,感官反应达到了某一饱和水平,因为感受器或神经达到了最大反应或者某些物理过程限制了刺激物接近感受器。因为感受器和神经数量是有限的,而且它们有最大的反应速率。

实际上极限阈值水平很少能达到,除了有一些非常甜的糖果和一些非常辣的辣椒酱可能是例外,很少有食品或其他产品的饱和水平就是普通的感觉水平,对于许多物质的饱和水平会由于一些新感觉的加入,如疼痛刺激而变得模糊。例如,一些气味在心理物理学函数的高水平处有一个低迷期,因为三叉神经的刺激开始产生,可能随后对气味强度有一个抑制作用。另外,关于糖精苦味的副味觉,在高水平时,对某些个体苦味会盖过甜味的感觉,这使得对于其他甜味剂在高水平时难以找到作为糖精的甜味类似物,浓度的进一步增加只增加了苦味,这一额外感觉对于甜味的感觉有一种抑制效应。所以,虽然反应的饱和似乎在生理学上是合理的,但非常强烈的、对该效应无法孤立测量的刺激可引起复杂的感觉。

一方面,在终点附近的感官反应接近饱和,超过该水平后感官对物质浓度的增加很难区分,较难测量。有文献指出可以利用差别阈值的三类反应的方法来确定极限阈值。而用排序法测试中,研究人员根据发生排列错误的起始浓度及对应人数的关系,确定了人对蔗糖的极限阈值为 1213.68 mmol/L。另一方面,较强的外界刺激可能会引起相应感觉器官的损伤,如导致视觉、听觉等的不可逆伤害,因此有关极限阈值测定的报道很少。同时,对甜味物质来讲,大多数甜味物质在到达其溶解度前会有物理性质的明显改变,实验中,葡萄糖溶液浓度在 1900 mmol/L、蔗糖溶液浓度在 1500 mmol/L、果糖溶液浓度在 2900 mmol/L 左右出现视觉可见的变稠、变黏等现象,对结果的测定产生了一定程度的影响。

2.2 影响感觉的因素

影响感官评价的因素包括环境因素和自身因素,而环境和自身都包含了多方面因素的影响。例如,实验的温度、湿度不仅可以影响食品的理化性质,还可能对评价员的感觉产生微妙的影响。再如,评价员自身对食品原料来源的厌恶,导致在评定过程中自发地、主观地将食品与其原料来源进行联系、比较,甚至作为评定依据。

2.2.1 影响感觉的生理因素

2.2.1.1 疲劳现象

疲劳现象也称为适应现象,是指当感官长时间受到同一种刺激后,该感官的敏感性发生变化,产生疲劳的现象。疲劳现象发生在感官的末端神经、感受中心的神经和大脑的中枢神经上,疲劳的结果是感官对感受刺激的灵敏度急剧下降。嗅觉器官若长时间嗅闻某种气体,就会使嗅感受体对这种气味产生疲劳,敏感性逐步下降,随着刺激时间的延长甚至达到忽略这种气味存在的程度。"入芝兰之室,久而不闻其香",就是典型的嗅觉适应的描述。再如,刚刚进入出售新鲜鱼品的水产鱼店时,会嗅到强烈的鱼腥味,随着在鱼店逗留时间的延长,所感受到的鱼腥味渐渐变淡,而对长期工作在鱼店的人来说甚至可以忽略这种鱼腥味的存在。对味觉也有类似现象产生,如吃第二块糖总觉得不如第一块糖甜。除痛觉外,几乎所有感觉都存在这种现象。

感觉的疲劳程度根据所施加刺激强度的不同而有所变化,在去除产生感觉疲劳的强烈刺激之后,感官的灵敏度会逐渐恢复。一般情况下,感觉疲劳产生越快,灵敏度恢复就越快。值得注意的是,强烈刺激的持续作用会使感觉产生疲劳,敏感度降低;而微弱刺激的持续作用,会使敏感度提高。

2.2.1.2 对比现象

对比现象是指当两个刺激同时或连续作用于同一个感受器,一般会对两个刺激进行对比的现象。

当两个刺激同时或连续作用于同一个感觉器官时,由于一个刺激的存在造成另一个刺激增强的现象称为对比增强现象。在感觉这两个刺激的过程中,两个刺激量都未发生变化,而感觉上的变化只能归因于这两种刺激同时或先后存在时对人心理上产生的影响。例如,在舌头的一边先舔上低浓度的食盐溶液,在舌头的另一边舔上甜味浓度在阈值以下的砂糖,也会感到甜味;将深浅度不同的同种颜色放在一起观察,会感觉颜色深者更深,颜色浅者更浅,这些都是对比增强现象。对比减弱现象与对比增强现象相反,是指一种刺激的存在减弱了另一种刺激的现象。

各种感觉都存在对比现象。对比现象提高了两个同时或连续刺激的差别反应。因此,进行感官检验时,应尽量避免对比现象的发生。

2.2.1.3　变调现象

变调现象是指当两个刺激先后施加时,一个刺激造成另一个刺激的感觉发生本质变化的现象。例如,尝过氯化钠或奎宁后,再饮用无味的清水也会感觉到微微的甜味。变调现象和对比现象虽然都是前一种刺激对后一种刺激的影响,但前者的结果是本质的改变。

2.2.1.4　相乘作用

相乘作用是指当两种或两种以上的刺激同时施加时,感觉水平超出每种刺激单独作用效果的现象。例如,20 g/L 的味精和 20 g/L 的核苷酸共存时,鲜味强度超过 20g/L 味精单独存在的鲜味与 20 g/L 的核苷酸单独存在的鲜味加和。目前,相乘作用的效果已广泛应用于调味料的复配。

2.2.1.5　阻碍作用

阻碍作用也称拮抗作用,是指由于某种刺激的存在导致另一种刺激的减弱或消失。例如,产自西非的神秘果会阻碍味感受体对酸味的感觉,在食用过神秘果后,再食用酸味物质,会感觉不出酸味的存在;匙羹藤酸能阻碍味感受体对苦味和甜味的感觉,但对咸味和酸味无影响。

2.2.2　影响感觉的外界因素

外界环境对食品感官分析的影响十分重要。研究表明,在防音、防振、恒温、恒湿和设备完善的感官评价室进行的感官评价,准确率为 71.1%;而在一般的感官评价室中准确率仅为 55.9%。外界因素包括微气候、环境照明、噪声、振动和空气洁净度等。

2.2.2.1　微气候

微气候又称工作环境的气象条件,由气温、湿度、气流速度(风速)和热辐射构成。气温、湿度、气流速度和热辐射对人及试样的影响是可以互相替代的。例如,人体受热辐射获得的热量可以被低气温抵消;当气温增高时,若气流速度增大,会使人体的散热增加。因此,微气候对感官分析的影响要进行综合分析。

(1)温度　人体对温度有一定的适应性,对低温的适应能力比对高温的适应能力差。在低温条件下,人体易产生不舒适感,机能迅速下降,人脑内高能磷酸化合物的代谢降低,神经兴奋性与传导能力减弱,出现痛觉迟钝和嗜睡的状态;随着温度降低,人体的灵活性下降;暴露的时间越长,灵活性会越差。

温度对分析试样的影响也极为显著,温度过高或过低都会使试样的品质劣化。例如,温度过高,会使试样的水分散失,香味物质挥发,色泽形状发生变化;而温度过低又会使一些试样的硬度增大等。

食物的温度对感觉也有影响。食物可分为热食食物、冷食食物和常温食用食物。理想的食物温度因食品的不同而异,热菜的温度最好在 60~65℃,冷菜最好在 10~15℃,常温食用的食物以体温为中心,一般在 25~30℃ 的范围内。适宜于室温下食用的食物不太多,一般只有饼干、糖果、西点等。

(2)湿度 空气相对湿度严重影响着人体的热平衡和湿热感。高温高湿时,人体散热困难;低温高湿时,人会感到更加寒冷。湿度变化也会影响试样的水分,进而引起试样的变化。湿度高时,试样水分含量增加,容易发生霉变;湿度低时,试样水分含量降低,各项感官质量指标也可能发生变化。

(3)气流速度 一定条件下空气的流动可促使人体散热,但当气温高于人体皮肤的温度时,空气流动将促使人体从外界环境吸收更多的热。在寒冷的冬季,气流使人感到更加寒冷,特别在低温高湿时,若气流速度大,则会使人因散热过多而冻伤。适当的气流速度,可以让人感到舒适的同时,还可以改善周边空气,充分发挥感官特性。

(4)热辐射 除太阳辐射外,热辐射还包括人体与周围环境之间的辐射。任何两种不同温度的物体之间,都存在热辐射,热量总是从温度较高的物体向温度较低的物体辐射,直至两物体的温度相平衡。当环境温度高于人体皮肤(或试料)温度时,热量从周围向人体(或试料)辐射,使人体(或试料)受热;当周围环境温度比人体皮肤(或试料)低时,热量从人体(或试料)向环境辐射,使人体(或试料)散热。

2.2.2.2 环境照明

环境照明可分为天然采光、人工照明和混合照明,食品感官分析需要有足够亮的照明环境及合理的光源布局,照明会影响人的视力、识别速度、明视持久度、视觉和视野等。一般来说,人体的视觉与物体的亮度呈正相关,这主要是因为视觉强度与刺激强度的对数呈正比;但过于光亮的表面也会产生刺眼的眩光,使人视力下降。照明过强或过弱,都会引起视觉器官疲劳,使工作不能持久。适当的照明能使物体轮廓清晰,凹凸分明,相对位置显著,易于辨认物体的高低、深浅、前后、远近等。照明条件差,会使视野减小,同时也会使视觉持续下降,引起眼睛疲劳,视觉下降,从而对感官评价过程造成影响。

2.2.2.3 噪声

噪声会使人产生烦恼、不愉快的感受,还会引起听觉疲劳、视觉下降、神经功能性障碍、心血管系统异常、消化系统异常、心理状态浮动、语言交流障碍、工作效率降低、精力分散、记忆力下降等,从而导致感觉失敏。

2.2.2.4 振动

当物体振动频率超过每分钟 1 万次时,人会产生烦躁、注意力不集中、视觉障碍和疲劳,从而影响人体感觉。

2.2.2.5　空气洁净度

如果空气的洁净度太低,不仅会污染试样,而且空气中的尘埃和水蒸气会散射与吸收试样反射的光线,使试样模糊不清,影响人的视觉。

2.2.3　影响感觉的其他因素

人的年龄、特殊生理周期、疾病情况、性别等都会对感觉产生影响。随着人年龄的增长,各种感觉的敏感程度下降,阈值升高,对食物的嗜好也会有很大的变化。人的生理周期对食物的嗜好也有很大的影响,平时觉得很好吃的食物,在特殊时期(如妇女的妊娠期)会有很大变化。同时,许多疾病也会影响人的感觉敏感程度。

2.3　食品感官属性的分类

在对食品进行感官评价时,我们通常将食品的感官属性分为以下 5 种:外观;风味;香气与滋味;黏度、浓度与质构;声音。

2.3.1　外观

2.3.1.1　色泽

食品呈现的各种颜色,主要来源于食品中固有的天然色素和人工合成的色素。

(1)食品中的天然色素　食品中固有的天然色素一般是指在新鲜原料中眼睛能看到的有色物质,或者本来无色而能经过化学反应呈现颜色的物质。天然色素一般都对光、热、酸、碱等条件敏感,在加工、贮存过程中容易发生褪色或变色的现象。

食品中天然色素按来源不同可分为:植物色素,如蔬菜中的绿色(叶绿素)、胡萝卜的橙红色(胡萝卜素)、草莓和苹果的红色(花青素)等;动物色素,如牛肉、猪肉的红色(血红素)、虾和蟹的表皮颜色(类胡萝卜素)等;微生物色素,如红曲色素等。在这 3 类色素中,以植物色素最为缤纷多彩,是构成食物色泽的主体。按化学结构不同天然色素可分为:四吡咯衍生物,如叶绿素、血红素和胆素;异戊二烯衍生物,如胡萝卜素;多酚类衍生物,如花青素、花黄素(黄酮素)、儿茶素、单宁等;酮类衍生物,如红曲色素、姜黄素等;醌类衍生物,如虫胶色素、胭脂虫红素等。按溶解性质的不同,天然色素还可分为:水溶性色素,如花青素;脂溶性色素,如叶绿素和类胡萝卜素。

天然色素安全性好,而且许多还具有营养成分或药理作用。允许使用的天然色素有叶黄素、天然胡萝卜素、甜菜红、紫甘薯色素等,使用时一般不做限量规定。

(2)人工合成色素　人工合成色素一般较天然色素色彩鲜艳、坚牢度大、性质稳定、着色力强,可任意调色,而且成本低廉,使用方便。但人工合成色素由于其化学性质可能危害人体健康,或因在代谢过程中产生有害物质,使用时有限量规定。

由于天然色素的不稳定性,以及产地、品种的差异和加工过程中的褪色等原因,制成食品的色泽会产生一些差异,因而有了人工着色的需要。人工着色可用天然色素,也可以用人工合成的食用色素。

(3)食品色泽的评定　要评定食品色泽的好坏,必须全面衡量和比较食品色泽的色调、明度和饱和度,这样才能得出公正、准确的结论,能用语言或其他方式恰如其分地表达出食品色泽的色调、明度、饱和度的微小变化,这是食品感官分析人员必须掌握的知识和能力。

色调对食品的色泽影响最大,因为肉眼对色调的变化最为敏感。如果某食品的色调不是其应有的,说明该食品的品质低劣或不符合相关质量标准。明度和食品的新鲜程度关系密切,新鲜食品常有较高的明度,不新鲜食品的明度往往会降低。饱和度和食品的成熟度有关,成熟度较高的食品,其色泽饱和度往往较高。

对食品来讲,以红色为主的食品,使人感到味道浓厚,吃起来有愉悦感,能刺激神经系统,使其兴奋,增加肾上腺素分泌,并促进血液循环;黄色的食品往往给人清香、酥脆的感觉,可刺激神经和消化系统;绿色能给人明媚、鲜活、清凉、自然的感觉,淡绿和葱绿能突出食品(蔬菜)的新鲜感,使人倍感清新味美,具有一定的镇静作用;白色则给人以质洁、鲜嫩、清香之感,能调节人的视觉平衡及安定人的情绪等。

2.3.1.2　大小和形状

食品的形状包括食品的外形(造型)、表面纹理或图案。食品的形状既可以是天然形成的,也可以是人工造就的。一个好的形状一般具有如下特征:①易于识别;②能给人留下深刻印象,不易遗忘;③能替代的形状少;④便于人们食用;⑤能充分利用包装、储存、运输空间;⑥美观。

2.3.1.3　表面的质构

产品的表面特性,包括光泽/暗淡、平滑/粗糙、干燥/湿润、软/硬、酥脆/发艮等。食品的质构是指食品的质地和组织结构,包括食品的机械特性和流变特性等,具体包括以下4个方面。

(1)硬度　即通常说的软硬,或者使食品变形所需的最小力。

(2)凝集性　包括3个方面。脆弱性,即食品内部结合力的大小;咀嚼性,即破碎食品所需的力;胶性,即咀嚼固体、半固体食品所需的能量。

(3)黏性　反映食品松散还是黏稠的指标,即1个单位的力使其流动的程度。

(4)弹性　即去掉外力时食品恢复原形的能力。

2.3.1.4　透明度

透明液体或固体的浑浊程度或透明程度,以及肉眼可见的颗粒存在情况,如浑浊的、澄清的、透明的和有颗粒的等。

2.3.2　风味

食品的风味是指食品入口前后对人体的视觉、味觉、嗅觉和触觉等器官刺激所引起的综合感受。人的各种感觉不是孤立存在的,它们在神经—体液系统的协同作用下互相联系、互相制约。一种风味可以通过多种方式感受到。例如,食品的味道可以直接通过口品尝,也可通过鼻嗅到,甚至通过眼睛看到食品的外观、色泽想象出其味道。可以说,人吃东西时,视觉、味觉、嗅觉、触觉、听觉等都不同程度地参与其中,因此,风味是一种综合感觉现象,同时风味也带有强烈的个体性、地区性和民族性倾向。食品的风味多种多样,好的风味可以助人雅兴、美人心灵,给人留下深刻的印象。

食品的色泽、形状属于外在感官质量;食品的香气、滋味、口感(质构)属于内在感官质量。如果食品只有悦目的形状、色泽,而香气不正、滋味低劣,难以咀嚼下咽,食之不化,此非美食也;如果食品只是香气诱人、滋味可口、质构良好,但形状、色泽不佳,这种食品,也不能说感官质量良好。因此,食品的色、香、味、形、质应该同时兼备、不可偏废。

2.3.3　香气与滋味

2.3.3.1　食品的香气

(1)食品香气中的香味物质。

食品的香气会增加人们的愉快感,促进人们的食欲,间接地促进人体对营养成分的消化和吸收,所以食品的香气备受人们重视。食品的香气由多种挥发性的呈香物质所组成。食品中呈香物质种类繁多,现已被证实的成分有 10 万余种,但含量极微,在食品中的总量为 1~1000 mg/kg。其中大多数属于非营养性物质,而且耐热性差,它们的香气与其分子结构有高度的特异性。近年来,凭借对气相色谱—质谱联用仪(GC—MS)、电子鼻等分析方法的应用,已能鉴别出食品香气的复杂组成中的各种物质。

判断一种物质在食品香气中所起作用的数值称为香气值(发香值)。

$$香气值 = 香味物质的浓度(mg/kg)/绝对阈值(mg)$$

香气的绝对阈值是指在同空白实验作比较时,能用嗅觉辨别出该种物质存在的最低浓度。只有当香气值大于或等于 1 时,人的嗅觉器官才能感觉到这种物质的香气。

香味物质的化学结构与气味的关系极其复杂。有些化学结构完全不同的香味物质,气味却很相似;而有些化学结构相似的香味物质,气味却大不一样;甚至有些香味物质的分子完全相同,只是某些原子的空间排列不同,也可能产生不同的气味。无机化合物中除 SO_2、NO_2,NH_3、H_2S 等气体有强烈的气味外,大部分均无气味。有气味的物质一般在分子中都具有某些原子或原子团,这些原子或原子团称为发香团。发香团有下列类型:羟基、羧基、醛基、醚基、酯基、羰基、苯基、硝基、亚硝酸基、酰胺基、异氰基、内酯等。大多数发香原子在化学元素周期表中属Ⅳ族至Ⅶ族。

(2)食品香气形成途径和评定。

食品香气形成的途径大体分为 5 种:生物合成、直接酶作用、间接酶作用、高温分解作用及微生物发酵作用,见表 2-4。

表 2-4　食品香气形成的不同途径

类型	说明	举例
生物合成	直接由生物合成形成的香味成分	香蕉、苹果、荔枝等水果香气的形成
直接酶作用	酶对香味前体物质作用形成香味成分	葱、蒜和卷心菜等香气的形成
间接酶作用	酶促生成氧化剂对香味前体物质氧化生成香味成分	红茶香气的形成
高温分解作用	加热或烘烤处理使前体物质成为香味成分	花生、芝麻、咖啡、面包、红烧肉等加热烘烤时产生的香气
微生物发酵作用	传统的发酵类食品或调味品的香味成分	黄酒、面酱、食醋、豆腐乳、酱油等香气的形成

　　食品香气的评定一般包括食品香气的正异、强弱、持续时间等几个方面。若不是某食品特有的香气或香气不正,通常认为该食品不新鲜或已腐败变质。食品香气的强度与食品的成熟度有关。香气强弱也不能作为判断食品香气好坏的依据,要具体分析,有时香气太强,反而使人生厌。一般来说,香气持久的食品优于放香短的食品。

2.3.3.2　食品的滋味

　　(1)食品中的呈味物质。

　　食品中的呈味物质是多种多样的,可溶于唾液,因为只有这样才能刺激舌面的味蕾,产生味觉。完全不溶于唾液的物质是没有味道的。呈味物质的呈味强度、引起味觉所需的时间和维持时间因其溶解度的不同而不同,这与其在舌各部位的味觉阈值有关(表2-5)。

表 2-5　舌各部位的味觉阈值/s

滋味(名称)	舌尖	舌边	舌根
甜(蔗糖)	0.49	0.72~0.76	0.79
咸(食盐)	0.25	0.24~0.25	0.28
酸(盐酸)	0.01	0.06~0.07	0.016
苦(硫酸奎宁)	0.00029	0.0002	0.00005

　　容易溶解的呈味物质,引起味觉较快,但消失也快;难溶的呈味物质则与此相反。例如,蔗糖比较容易溶解,因而味觉产生较快,其消失也快;较难溶解的味精,其味觉产生较慢,但维持的时间较长。

　　(2)滋味的评定。

　　一般从食品滋味的正异、浓淡、持续时间长短来评定食品滋味的好坏。滋味的正异是最为重要的,食品有异味或杂味,意味着该食品已腐败或有异物混入;滋味的浓淡要根据具体情况加以评定;滋味悠长的食品优于滋味维持时间短的食品。

2.3.4　黏度、浓度与质构

2.3.4.1　黏度

用以评定牛顿流体和非牛顿流体。黏度是指液体在某种力(如重力)的作用下流动的速度。不同物质的黏度差异很大,可以通过黏度计、流变仪等准确测量出来,变化范围大概在 1×10^{-3} Pa·s(如水和啤酒类)到 1 Pa·s(果冻类产品)之间。

2.3.4.2　浓度

用以评定非牛顿流体、均一的液体和半固体。浓度(如浓汤、酱油、果汁、糖浆等液体)原则上也能被测量出来,一些标准化评价测量需要借助于浓度计。

2.3.4.3　质构

用以评定固体或半固体。质构可以定义为产品结构或内部组成的感官表现。这种表现可以来源于两种行为:①产品对压力的反应,通过手、指、舌、颌或唇的肌肉运动知觉测定其机械属性(如硬度、黏性、弹性等);②产品的触觉属性,通过手、唇或舌、皮肤表面的触觉神经测量其几何颗粒(粒状、结晶、薄片)或湿润特性(湿润、油质、干燥)。

食品的质构属性包括 3 个方面:机械属性、几何特性、湿润特性。机械属性即是产品对压力的反应,可以通过肌肉运动的知觉测定,如易碎的、易裂的、塑性的、软的、硬的、稀的、稠的等(表 2-6)。产品的几何特性可以通过触觉感知颗粒大小、形状及其在产品中的排列,如粗粒的、颗粒的、细粒的、蜂窝状的、结晶状的、纤维状的等(表 2-7)。而湿润特性可以通过触觉感知产品的水、油或脂肪的特性,如油的、腻的、干燥的、潮湿的、多汁的等(表 2-8)。

表 2-6　食品的机械属性

机械属性	定义	描述
硬度	强迫变形	坚硬(压缩)、硬(咬)
黏结性	样品变形的强度(未破裂)	黏着的、不易嚼碎的
黏附性	迫使样品从某表面移除	黏的(牙齿、上腭、牙缝)
密度	横截面的精密度	稠密的、轻的、膨胀的
弹性	变形后恢复原来形状的比例	有弹性

表 2-7　食品的几何特性

描述	感知	描述	感知
光滑度	所有颗粒的存在程度	粉状的	细颗粒
有沙砾的	小、硬颗粒	含纤维的	长、纤维颗粒(有绒毛的织物)
多粒的	小颗粒	多块状物的	大、平均片状或突出物

表 2-8　食品的湿润特性

描述	感知	描述	感知
湿润度	水或油存在的程度	油的	液体脂肪含量
水分释放	水或油散发的程度	油脂的	固体脂肪含量

2.3.5　声音

咀嚼食物或抚摸纤维制品时产生的声音虽然是次要的感官属性,但却是不可忽视的一项感官特性。食品撕裂发出的声音可以为我们鉴定产品提供相关信息,因为这些声音可以和硬度、紧密性、脆性等相联系。声音特性是指感受到的声音,包括音调、音量的持续性。常见的声音特性包括以下几个方面:①音调,声音的频率;②音量,声音的强度;③持续性,声音随时间的持续程度。通常测量咀嚼时产生声音的频率、强度和持久性,尤其是频率与强度有助于加强评价员的整体感官印象。食品破碎时产生声音的频率和强度的不同,是判断产品新鲜与否的重要指标和方法之一,如苹果、花生和油炸薯片等发出的清脆声音是该类食品的主要特征和宣传点。声音持续的时间和产品的特性有关,这项指标可以帮助我们了解其他属性,如强度、硬度、新鲜度、韧性、黏性等。

2.4　食品感官评价中的主要感觉

每种感官或感受体都有较强的专一性。人体不同部位的感官受体分别接受外界不同的刺激会产生不同的感觉,这些感觉被划分成 5 种基本感觉:味觉、嗅觉、视觉、听觉和触觉。此外,人类还可辨认温度觉、痛觉、疲劳觉等多种感觉。

根据人体对外界的化学或者物理变化所产生的不同反应,可以将感觉分为化学感觉和物理感觉两大类。

化学感觉不是化学物质本身引起的感觉,而是化学物质与感觉器官产生一定的化学反应后出现的感觉。例如,人体口腔内带有味感受体,而鼻腔内有嗅感受体,当它们分别与呈味物质或呈嗅物质发生化学反应时,就会产生相应的味觉和嗅觉。人类有 3 种主要的化学感受,它们是味觉、嗅觉和三叉神经感觉。味觉通常用来辨别进入口中的不挥发化学物质;嗅觉用来辨别易挥发的物质;三叉神经的感受体分布在黏膜和皮肤上,它们对挥发与不挥发化学物质都有反应,更重要的是能区别刺激及化学反应的种类。在香味感觉过程中,虽然嗅觉起到主要作用,但另外两个化学感受系统都参与其中。

物理感觉是通过物理方式刺激感觉器官产生的感觉,不发生化学反应,包括视觉、听觉和触觉。视觉是由位于人眼中的视感受体接受外界光波辐射的变化而产生的;听觉是位于耳中的听觉受体接受声波的刺激而产生的;而触觉是遍布全身的触感神经接受外界压力刺激产生的。

2.4.1　味觉

味觉是指可溶性呈味物质溶解在口腔中对味感受体进行刺激后产生的反应。味觉伴随人类的进化和发展的全过程,是人的基本感觉之一。味觉一直是人类辨别、挑选和决定是否接受某一食物最关键的因素。同时,由于食品本身所具有的风味会对味觉产生不同的刺激和效果,使得人类在进食的时候,不仅可以满足维持正常生命活动吸收营养成分的需求,还可以在饮食过程中产生愉悦的精神享受。味觉在食品感官评价中占据重要地位。

2.4.1.1　味觉的产生

味觉是一种化学感觉,它涉及味蕾对可溶性呈味物质溶解在水、油和唾液中产生的刺激的辨别。呈味物质溶液对口腔内的味感受体形成的刺激,由神经感觉系统收集并传递信息到大脑的味觉中枢,经大脑的综合神经中枢系统的分析处理,使人产生味感。

(1)味感受体。

人类对味的感受体主要依靠覆盖在舌面上的味蕾及自由神经末梢。这些味蕾主要分布在舌头表面的乳突中,小部分分布在软腭、咽喉和会咽等处,尤其是舌黏膜皱褶处的乳突中最为稠密。人舌头的表面是不光滑的,乳突覆盖在极细的突起部位上。舌头上的味乳突(又叫味乳头)有两种:一种不能感受味道,只具有防滑的作用;另一种负责感受味道。医学上根据乳突的形状将其分类为丝状乳突、蕈状乳突、叶状乳突和轮廓乳突。丝状乳突最小、数量最多,主要分布在舌前 2/3 处,无味蕾,没有味感。蕈状乳突、轮廓乳突及叶状乳突上有味蕾。蕈状乳突呈蘑菇状,主要分布在舌尖和舌侧部。成人的叶状乳突不太发达,主要分布在舌的后部。

人们对五官感觉的认识以味觉最迟。19 世纪初期,著名生物学家贝尔第一次发现舌的味蕾是味觉的器官。味蕾的构成及在口腔中的分布如图 2-1 所示。

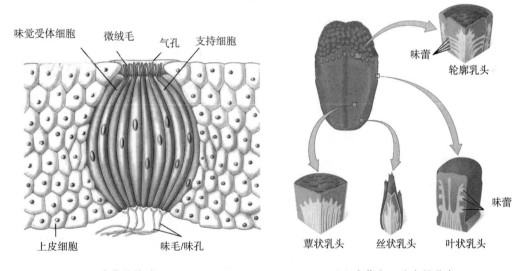

（a）味蕾的构成　　　　　　　　　　　　　　　（b）味蕾在口腔中的分布

图 2-1　味蕾的构成及在口腔中的分布

味蕾通常由 40~150 个香蕉形的味细胞按板样排列成桶状组成,内表面为凹凸不平的神经元突触。神经元突触由上皮细胞转变而成,每 10~14 天更换一次。味蕾有一个味孔与舌面相通,每个味觉细胞都有一根味毛经味孔伸入口腔,与来自下皮神经丛的神经纤维相接,这一构造要求味觉的刺激物为液体或能溶于唾液中时,才能与味觉细胞的神经末梢接触,从而产生兴奋或抑制。味细胞表面的蛋白质、脂质及少量的糖类、核酸和无机离子可以接受不同的味感物质,如蛋白质是甜味物质的受体,脂质是苦味和咸味物质的受体,也有人认为苦味物质的受体可能与蛋白质相关。

（2）味觉神经。

味觉系统可以认为由以下三部分组成：一是用于传导化学信号的受体元素；二是用于收集和传送化学神经信息的末端感觉神经系统；三是用于分析传导过来的感觉神经信息的一种复杂的中枢神经系统。

口腔内提供化学受体的末梢感觉神经系统位于4种不同的头部神经节内。味觉的神经传导见图2-2。这4种神经节为：三叉神经节、面部膝状神经节（面神经）、颞骨岩部神经节（舌咽神经）和迷走神经节。三叉神经节含有提供口腔所有部位的自由神经末端的感觉神经，另三个神经节支配着味蕾。覃状乳突上及前软腭上的味蕾受位于面部膝状神经节内的感觉神经支配；处于叶状乳突上、丝状乳突上、后软腭、扁桃体及咽门上的味蕾受舌咽神经的颞骨岩部神经节上的细胞支配；在会厌、喉部及食管上1/3以上的味蕾受迷走神经节上的神经支配。生理学和生理物理学对这些不同神经和神经节的功能性的研究表明：在不同神经节上的化学感觉系统，对化学物质不同的化学性能方面有选择性的反应。

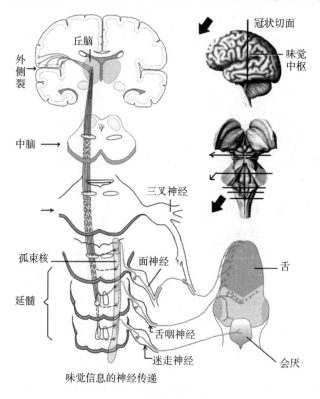

图2-2　味觉神经传导

当味蕾感受到味觉后，需要由神经传导至大脑中枢，将味的刺激传入脑的神经，不同的部位信息传递的神经不同。舌前的2/3区域由鼓索神经负责传递，舌后部1/3由舌咽神经负责传递，面部神经的分支称为岩浅大神经，负责传递来自上腭部的信息。另外，咽喉部感受的刺激由迷走神经负责传递。因而,它们在各自位置上支配着所属的味蕾。试验证明,不同的味感物质在味蕾上有不同的结合部位,尤其是甜味、苦味和鲜味物质,其分子结构有严格的空间专一性,即舌头上不同的部位有不同的敏感性。一般来说,人的舌前部对甜味最敏感,舌尖和边缘对咸味较为敏感,而靠腮两边对酸味敏感,舌根部则对苦味最为敏感,如图 2-3 所示。

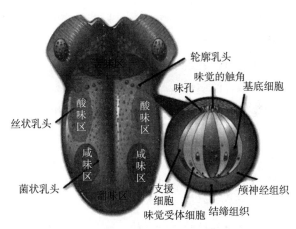

图 2-3 四种基本味在舌上的最敏感部位

各个味细胞反应的味觉,由神经纤维分别通过延髓、中脑、视床等神经核送入中枢,来自味觉神经的信号先进入延髓的孤束核中,由此发出味觉第二次神经元,反方向交叉神经进入视床,来自视床的味觉第三次神经元进入大脑皮层的味觉区域。延髓、中脑、视床等神经核还掌管反射活动,决定唾液的分泌和吐出等动作,即使没有大脑的指令,也会由延髓等的反射而引起相应的反应。大脑皮层中的味觉中枢,是非常重要的部位,如果因手术、患病或其他原因受到破坏,将导致味觉的全部丧失。

(3)口腔唾液。

唾液与味感关系极大,是呈味物质的良好溶剂。味蕾的构造,要求味感物质须溶于水才能进入刺激味细胞,口腔内腮腺、颌下腺、舌下腺和无数小唾液腺分泌的唾液是食物的天然溶剂。一块糖,当它未曾与口腔内的唾液拌和时,无法感觉到它的甜,只有当它融化于唾液中时,才能逐渐品味出它的味道。由此可以看出,唾液不仅是消化的媒介,而且是味觉不可缺少的中介。

唾液分泌的数量和成分,受食物种类的影响。其中,唾液的清洗作用,有利于味蕾准确地辨别各种味道。食物在舌头和硬腭间被研磨最易使味蕾兴奋,因为这时味觉通过神经几乎以极限速度传递信息。人的味觉感受到滋味仅需 1.6~4.0 ms,比触觉(2.4~8.9 ms)、听觉(1.27~21.5 ms)和视觉(13~46 ms)都快得多。

2.4.1.2 味觉的机制

关于味觉机制的研究尚处于探索阶段。当前已有定味基和助味基理论、生物酶理论、物理吸附理论、化学反应理论等,多数是依据化学感觉这一方面开展。借助现代仪器方法及化学各领域获得进展,可以用新的理论重新阐述机制。

现在普遍接受的机制是呈味物质分别以质子键、离子键、氢键和范德瓦耳斯力形成4类不同化学键结构,对应酸、咸、甜、苦4种基本味。在味细胞膜表层,呈味物质与味受体发生一种松弛、可逆的结合反应过程,刺激物与受体彼此诱导相互适应,通过改变彼此构象实现相互匹配契合,进而产生适当的键合作用,形成高能量的激发态,此激发态是亚稳态,有释放能量的趋势,从而产生特殊的味感信号。不同的呈味物质的激发态不同,产生的刺激信号也不同。甜味受体是由按一定顺序排列的氨基酸组成的蛋白体,若刺激物极性基的排列次序与受体的极性不能互补,就会受到排斥,不能产生甜感,可见,甜味物质是有严格结构的。苦味受体是由表蛋白结合的多烯磷脂组成的,对刺激物的极性和可极化性同样有相应的要求。咸味和酸味的受体与磷脂头部的亲水基团有关,因此,对咸味剂和酸味剂的结构限制较小。

20世纪80年代初期,中国学者曾广植(1984)提出了味细胞膜的板块振动模型。针对受体的实际构象和刺激物受体构象的不同变化,曾广植提出构型相同或互补的脂质和(或)蛋白质按结构匹配结为板块,形成一个动态的多相膜模型,如与体蛋白或表蛋白结合成脂质块,或以晶态、似晶态组成各种胶体脂质块。板块既能以阳离子桥相连,也可在有表面张力的双层液晶脂质中自由漂动,其分子间的相互作用与单层单尾脂膜相比,多了一种键合形式,即在脂质的头部除一般盐键外还有亲水键键合,其烃链的 C_9 前段还有一种由两个主链向两侧形成的疏水键键合,在其 C_9 后段则有范德瓦耳斯力的排斥作用。必需脂肪酸和胆固醇都是形成脂质板块的主要组分,两者在生物膜中发挥相反而相辅的调节作用。无机离子也影响胶体脂质块的存在,以及板块的数量、大小。对于味感的高速传导,曾广植认为,呈味物质与味受体的结合之初就已有味感,并引起受体构象的改变,通过量子交换,受体所处板块的振动受到激发,跃迁至某特殊频率的低频振动,再通过其他相似板块的共振传导,成为神经系统能接受的信息。由于使相同的受体板块产生相同的振动频率范围,不同结构的呈味物质可以产生相同味感。通过计算得出,在食物入口的温度范围内,食盐咸味的初始反应的振动频率为 213 Hz,甜味剂约在 230 Hz,苦味剂低于 200 Hz,而酸味剂则超过 230 Hz。

通过味细胞膜的板块振动模型,一些味感现象可以被合理的解释。

(1)镁离子、钙离子产生苦味,是因为它们在溶液中水合程度远高于钠离子,从而破坏了味细胞膜上蛋白质—脂质间的相互作用,导致苦味受体构象的改变。

(2)神秘果能使酸变甜和朝鲜蓟使水变甜,则是因为它们不能全部进入甜味受体,但能使味细胞膜发生局部相变而处于激发态,酸和水的作用只是触发味受体改变构象和启动低频信息。而一些呈味物质产生后味,是因为它们能进入并激发多种味受体。

(3)味盲是一种先天性变异。甜味盲者的甜味受体是封闭的,甜味剂只能通过激发其他受体而产生味感;少数几种苦味剂难打开苦味受体上的金属离子桥键,所以苦味盲者感受不到它们的苦味。

2.4.1.3　食品的味觉识别

4 种基本味的识别试验,制备甜(蔗糖)、咸(氯化钠)、酸(柠檬酸)和苦(咖啡碱)4 种呈味物质的两个或 3 个不同浓度的水溶液,按规定号码排列顺序(表 2-9)。然后,依次品尝各样品的味道。品尝时要求将样品一点一点地啜入口内,并使其滑动接触舌的各个部位(尤其应注意使样品能达到感觉酸味的舌边缘部位)。样品不得吞咽,在品尝两个样品的中间应用 35℃ 的温水漱口去味。

表 2-9　4 种基本味的识别

样品	基本味觉	呈味物质	试验溶液/ (g/100mL)	样品	基本味觉	呈味物质	试验溶液/ (g/100mL)
A	酸	柠檬酸	0.02	F	甜	蔗糖	0.60
B	甜	蔗糖	0.40	G	苦	咖啡碱	0.03
C	酸	柠檬酸	0.03	H	—	水	—
D	苦	咖啡碱	0.02	I	咸	NaCl	0.15
E	咸	NaCl	0.08	J	酸	柠檬酸	0.40

2.4.2　嗅觉

嗅觉是指挥发性物质刺激鼻腔嗅觉神经,并在中枢神经引起的感觉。嗅觉也是一种基本感觉,比味觉更加复杂。在人类没有进化到直立状态之前,原始人主要依靠嗅觉、味觉和触觉来判断周围环境。随着人类转变成直立姿态,视觉和听觉成为判断周围环境最重要的感觉,而嗅觉等退至次要地位。尽管现在嗅觉已不是最重要的感觉,但嗅觉的敏感性还是比味觉敏感性高很多。最敏感的气味物质——甲基硫醇只要在 $1\ m^3$ 空气中有 $4 \times 10^{-5}\ mg$(约为 $1.41 \times 10^{-10}\ mol/L$)就能感觉到;而最敏感的呈味物质——马钱子碱的苦味,要达到 $1.6 \times 10^{-6}\ mol/L$ 浓度才能感觉到。嗅觉感官能够感受到的乙醇溶液的浓度是味觉感官所能感受到的浓度的 $1/24000$。

食品除含有各种味道外,还含有各种不同气味。食品的味道和气味共同组成食品的风味特性,影响人类对食品的接受性和喜好性。因此,嗅觉与食品有密切的关系,是进行感官评价时所使用的重要感官之一。

2.4.2.1　嗅感器官的特征

人体的嗅觉器官是鼻子(图 2-4),鼻腔前庭部分有一块约 $5cm^2$ 的嗅感上皮区——嗅黏膜,这一位置对防止伤害也有一定的作用。只有很小比例的空气可传播物质流经鼻腔,真正到达这一感觉器官附近。许多嗅细胞和其周围的支持细胞、分泌粒在上面密集排列形成嗅黏膜。由嗅纤毛、嗅小胞、细胞树突和嗅细胞体等组成的嗅细胞是嗅感器官,人类鼻腔每侧约有 2000 万个嗅细胞。支持细胞上面的分泌粒分泌出的嗅黏液,形成约 $100\ \mu m$ 厚的液层覆盖在嗅黏膜表面,有保护嗅纤毛、嗅细胞组织及溶解食品成分的功能。嗅纤毛是嗅细胞上面生长的纤毛,不仅可在黏液表面生长,也可在液面上横向延伸,并处于自发运动状态,有捕捉挥发性嗅感分子的作用。

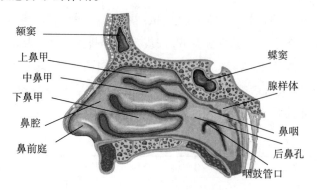

图 2-4　鼻腔解剖图和嗅黏膜构造图

人体嗅觉产生如图 2-5 所示,人在正常呼吸时,挥发性嗅感分子随空气流进入鼻腔,先与嗅黏膜上的嗅细胞接触,然后通过内鼻进入肺部。嗅感物质分子应先溶于嗅黏液中才能与嗅纤毛相遇而被吸附到嗅细胞上。溶解在嗅黏膜中的嗅感物质分子与嗅细胞感受器膜上的分子相互作用,生成一种特殊的复合物,再以特殊的离子传导机制穿过嗅细胞膜,将信息转换成电信号脉冲,经过与嗅细胞相连的三叉神经的感觉神经末梢,将嗅黏膜或鼻腔表面感受到的各种刺激信息传递到大脑。

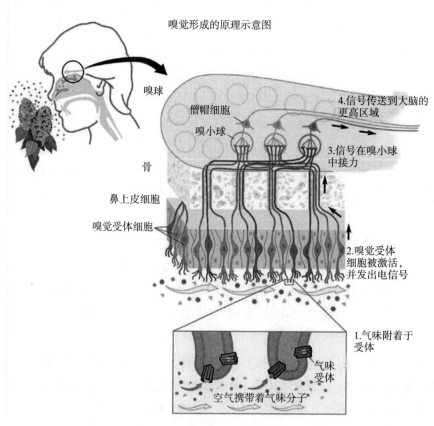

图 2-5　嗅觉产生的示意图

2.4.2.2　嗅觉的特征

人的嗅觉相当敏锐,可感觉到浓度很低的嗅感物质,灵敏度超过化学分析仪器。我们可以检测许多在 10^{-9} 水平范围内的重要风味物质,如含硫化合物。

在人能体验和了解的性质中,嗅觉的范围相当广泛。试验证明,人所能标识的比较熟悉的气味数量相当大,而且似乎没有上限,训练有素的专家能辨别 4000 种以上不同的气味。犬类嗅觉更加灵敏,它比普通人的嗅觉灵敏约 100 万倍,连现代化的仪器也不能与之相比。

嗅觉在区分强度水平上的能力相当差。相对于其他感觉而言,测定的嗅觉差别阈值经常较大。早期试验表明,对于未经训练的个体只能可靠地分辨大致 3 种气味强度水平,而且分析识别复杂气味混合物中的成分能力也十分有限。这主要是由于人体是将气味作为一个整体的形式而不是作为单个特性的堆积来感受的。

不同人的嗅觉差别很大,即使嗅觉敏锐的人也会因气味的不同而表现出差异。通常认为女性的嗅觉比男性敏锐。对气味极端不敏感的嗅盲则是由遗传因素决定的。

嗅觉细胞在持续的刺激下易产生疲劳而处于不灵敏状态,如人闻芬芳香水时间稍长就不觉其香,同样,长时间处于恶臭气味中也能忍受。因一种气味的长期刺激可使嗅球中枢神经处于负反馈状态,使感觉受到抑制,产生对其的适应现象。另外,注意力的分散会使人感觉不到气味,时间长些便对该气味形成习惯。由于疲劳、适应和习惯这 3 种现象是共同发挥作用的,因此很难彼此区别。

嗅感物质的阈值受身体状况、心理状态、实际经验等人的主观因素的影响尤为明显,当人的身体疲劳、营养不良或者生病时可能会发生嗅觉减退或过敏现象。例如,人患萎缩性鼻炎时,嗅黏膜上缺乏黏液,嗅细胞不能正常工作,造成嗅觉减退;人在心情好时,敏感性高,辨别能力强;实际生活中辨别气味的经验越多,越易于发现不同气味间的差别,其辨别能力就会提高。

2.4.2.3　嗅觉的机制

目前对嗅感学的研究多集中于嗅感物质与鼻黏膜之间的对应变化方面,对嗅感过程的解释则主要有化学学说、振动学说和酶学说。

(1)化学学说。

化学学说认为嗅感是嗅感气味分子微粒扩散进入鼻腔,与嗅细胞之间发生化学反应或物理化学反应(如吸附与解吸等)的结果。此类学说中较著名的有立体结构理论、外形—官能团理论、渗透和穿刺理论。

①立体结构理论:立体结构理论于 1949 年由 Moncrieff 首先提出,后经 Amoore 补充发展而成,其关键性论据已经由一些特殊而又明确的实验验证。利用这一理论,可依据分子的几何形状,预测它的气味,并确定原臭种类,找出数量组合,从而可以调配出这些天然气味。这一理论也曾在解释酶促反应机制、抗原与抗体的弹性反应、DNA 与 mRNA 的耦合作用等方面取得成功。

在嗅感由有限的几种原臭组成的基础上,通过比较每类原臭的气味分子外形,可以确定相同气味分子的外形有很大的共性,若分子的几何形状发生较大变化,其嗅感也相应发生变化,即决定物质气味的主要因素是分子的几何形状,而与分子结构的细节无关。此外,有些原臭的气味取决于分子所带的电荷。进一步采用 X 射线衍射、红外光谱、电子束探针等研究手段,针对某些已知结构式的分子三维空间模型进行研究后,研究人员得到了各种原臭的分子空间模型。

与气味分子(相当于"锁匙")相对应,在嗅黏膜上也存在有若干种形状各异的凹形嗅小胞(如同"锁眼"),某种气味的"锁匙"刺激,需要相应的"锁眼"——异嗅细胞匹配,从而产生嗅感,因此该理论也称"锁和锁匙学说"。对于那些原臭之外的其他气味,则相当于几种原臭同时刺激了不同形状的嗅细胞后产生的复合气味。

②外形—官能团学说:外形—官能团学说是 Beets 在 1957 年提出的另一个较为成功的嗅感学说。嗅感作用和分子识别是以模型识别原理及潜意识分析原理为基础的。用"基本模式"表示一类物质所表现的气味,与嗅细胞作用产生同型的信息,也可称为"信息单元",嗅觉及其识别是人脑对由不连续的、有限的基本模式所组成的信息图形的下意识感知和认识。不能感知某种基本模式就是嗅盲。

嗅觉器官没有特别的受体部位,嗅感分子与庞大数量的各种受体细胞膜的可逆性物理吸附和相互作用产生嗅觉,而具有受体功能的部位则位于细胞的外围膜上,其作用是使嗅细胞能够产生信息并传导到嗅觉体系中。嗅觉过程包含:气味分子以杂乱的向位和构象接近嗅黏膜,分子被吸附于界面时两者形成一个过渡状态。该过渡状态能否形成取决于气味分子形状、体积及官能团的本质、位置这两种属性,显然,当出现空间障碍会阻止分子的有关结构部位与受体部位的相互作用,或缺乏官能团,将导致相互作用的效率降低,不会产生嗅感;相反,其效率大,产生的能量效应也大,易引起嗅细胞的激发。大多数极性分子可能是处于定向和有序的状态,大多数非极性分子可能是处于混乱无章的状态。只有那些能形成定向和有序状态的分子,才能与嗅细胞产生作用。

③渗透和穿刺理论:该理论认为嗅细胞能被气味的刚性分子渗透和极化,穿过定向双脂膜进行离子交换,产生神经脉冲。

(2)振动学说。

振动学说认为嗅觉与嗅感物的气味固有分子振动频率(远红外电磁波)有关,当嗅感分子的振动频率与受体膜分子的振动频率一致时,受体接受气味信息,不同气味分子产生不同的振动频率,从而形成不同的嗅感。另一种观点认为,有效的刺激是嗅感分子中价电子等分子内振动,并只有与受体膜实际接触才能产生嗅感信息。

(3)酶学说。

酶学说认为嗅感是因为气味分子刺激了嗅黏膜上的酶,使酶的催化能力、变构传递能力、酶蛋白的变性能力等发生变化而形成的。不同气味分子对酶的影响不同,从而产生不同的嗅觉。

需要说明的是,各种嗅感学说目前都不够完善,每一种学说都有自己的道理,但还没有任何一个学说能提出足够的证据来说服其他的学说,各自都存在一定的矛盾,有的尚需要实验验证。但相比之下,目前化学学说被更多人所接受。

2.4.3　触觉

食品的触觉主要是口部和手与食品接触时产生的感觉,通过使食品的形变所施加力产生刺激的反应表现出来,表现为咬断、咀嚼、品味、吞咽等动作的反应。

2.4.3.1　触觉感官特性

(1)大小和形状　口腔能够感受到食品组成的大小和形状。针对糖浆沙粒性,研究人员评定了悬浮颗粒的大小、形状和硬度对口部知觉的影响。研究发现,无论是柔软的、圆的,还是相对较硬的、扁的颗粒,大小约在 80 μm,人们都感觉不到有沙粒。然而硬的、有棱角的颗粒在 11~22 μm 的大小范围内时,人们就能感觉到口中有沙粒。在口中可察觉的最小单个颗粒大小为小于 3 μm。

感官质地特性受到样品大小的影响。样品大小不同,口中的感觉可能也会不一样。一个有争论的问题是:人们对样品大小间的差异是否会做出一些自动的补偿,或是否只对样品大小的较大变化敏感。早在 1989 年,已有学者研究了样品大小对质地感知的影响。他们评定了在能感知到的范围内样品大小对咀嚼度的影响,如奶油乳酪、美国干酪、生胡萝卜和中间切开的黑麦面包、无皮的全牛肉及糖果卷。被评定的样品大小(体积)为 0.125 cm^3、1.00 cm^3 和 8.00 cm^3。研究发现:硬度和咀嚼度随着样品变大而增加,与主体对样品大小的意识无关。

(2)口感　口感特征是触觉的主要表现形式之一,原始的质地剖面法只有单一与口感相关的特征——黏度。20 世纪 80 年代,研究人员将口感分为 11 类:关于黏度的(稀的、稠的),关于软组织表面相关感觉的(光滑的、有果肉浆的),与 CO_2 饱和相关的(刺痛的、泡沫的、起泡性的),与主体相关的(水质的、重的、轻的),与化学相关的(收敛的、麻木的、冷的),与口腔外部相关的(附着的、脂肪的、油脂的),与舌头运动的阻力相关的(黏糊糊的、黏性的、软弱的、浆状的),与嘴部接触后感觉相关的(干净的、逗留的),与生理的后感觉相关的(充满的、渴望的),与温度相关的(热的、冷的),与湿润情况相关的(湿的、干的)。

(3)口腔中的相变化(融化)　由于在口腔中温度的增加,许多食品在嘴中经历了一个相的变化过程,巧克力和冰激凌就是很好的例子。有实验员提出了一个"冰激凌效应",他们认为动态的对比(口中感官质地瞬间变化的连续对比)是冰激凌和其他产品高度美味的原因所在。

研究人员对一个简单的可可黄油模型食品系统进行研究,发现这个系统可以用于研究脂肪替代品的质地和融化特性。按描述分析和时间—强度测定到的溶化过程中的变化,与碳水化合物的多聚体对脂肪的替代水平有关。

(4)手感　纤维或纸张的质地评定程序经常包括用手指对材料的触摸。感官评价在这个领域和食品领域一样,具有潜在的应用价值。

纤维和纸张感官评价方法是建立在一般食品质地剖面的基础上,并且包括一系列用于评估每个特性的参考值和精确定义的标准标度。与纤维和纸张相关的触觉性质,包括机械特性(强迫压缩、有弹力和坚硬)、几何特性(模糊的、有沙砾的)、湿度特性(油状的、湿润的)、耐热特性(温暖的、清凉的)。

2.4.3.2 触觉识别阈

对于食品质地的判断,主要靠口腔的触觉进行评价。通常口腔的触觉可分为以舌头、口唇为主的皮肤触觉和牙齿触觉两类。皮肤触觉识别阈主要有:两点识别阈、压觉阈和痛觉阈等。

(1)皮肤的识别阈 皮肤组成(图2-6)决定了其触觉敏感程度,常用两点识别阈表示。所谓两点识别阈,就是对皮肤或黏膜表面两点同时进行接触刺激,当距离缩小到一定程度刚要辨认不出两点位置区别时的尺寸,即可以清楚分辨两点刺激的最小距离。这一距离越小,说明皮肤在该处的触觉越敏感。

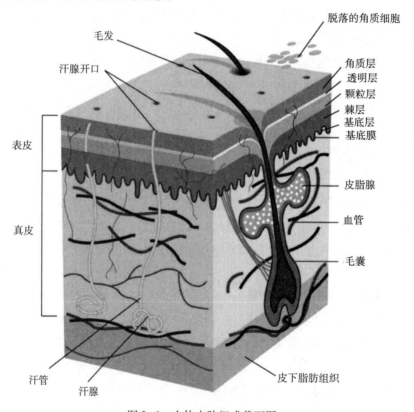

图2-6 人体皮肤组成截面图

口腔前部感觉十分敏感,因为这里是食品进入人体的第一关,需要敏感地判断这食物是否能吃、需不需要咀嚼,这也是口唇、舌尖的基本功能。感官品尝试验中,这些部位都是非常重要的检查关口。口腔中部因为承担着用力将食品压碎、嚼烂的任务,所以该部位感觉迟钝一些。口腔后部的软腭、咽喉部的黏膜也具有比较敏锐的感觉,这是因为咀嚼过的食物,在这里是否应该吞咽,要由它们进行判断。

口腔皮肤的敏感程度也可用压觉阈值或痛觉阈值来分析。压觉阈值是用一根细毛,压迫某部位,开始感到疼痛时的压强。痛觉阈值是用微电流刺激某部位,当觉得有不快感时的电流值。这两种阈值都同两点识别阈一样,可以反映出口腔各部位的敏感程度。例如,口唇舌尖的压觉阈值只有 10~30 kPa,而两腮黏膜在 120 kPa 左右。

(2)牙齿的感知功能　在多数情况下,对食品质地的判断是通过牙齿咀嚼过程感知的。因此,认识牙齿的感知机制,对研究食品的质地有重要意义。牙齿表面的牙釉质并没有感觉神经,但牙根周围包着具有良好弹性和伸缩性的齿龈膜,它被镶在牙床骨上。用牙齿咀嚼食品时,感觉是通过齿龈膜中的神经进行传递的。因此,安装义齿的人,由于没有齿龈膜,所以比正常人的牙齿感觉迟钝得多。据测定,义齿感知到的感觉是正常牙齿的 1/10。

(3)颗粒大小和形状的判断　在食品质地的感官评价中,试样组织颗粒的大小、分布、形状及均匀程度,也是很重要的评价项目。例如,某些食品从健康角度需要添加一些钙粉或纤维质成分,如果这些成分颗粒较大就会使口感变得粗糙。为了解决这一问题,就需要把这些颗粒粉碎到口腔的感觉阈值之下。与感觉相关的口腔器官有:口唇与口唇、口唇与牙齿、牙齿与牙齿、牙齿与舌头、牙齿与颊、舌与口唇、舌与腭、舌与齿龈等,通过这些器官的张合、移动而感知。在与食品接触中,各器官组织的感觉阈值不同,接受食品刺激的方式也不同。所以,很难把对颗粒尺寸的判断归结于某一部位的感知器官。一般在考虑颗粒大小时,需要从两个方面分析:一是口腔可感知颗粒的最小尺寸,二是对不同大小颗粒的分辨能力。金属箔的口腔识别阈试验表明,感觉敏锐的人,可以感到牙间咬有金属箔的最小厚度为 20~30 μm,但有些感觉迟钝的人,这一厚度要增加到 100 μm。对不同粗细的条状物料,口腔的识别阈为 0.2~2 mm,门齿附近比较敏感。有人用三角形、五角形、方形、长方形、圆形、椭圆形、十字形等小颗粒物料,对人口腔的形状感知能力做了测试,发现人口腔的形状识别能力较差,通常三角形和圆形尚能区分,多角形之间的区别往往分不清。

(4)口腔对食品中异物的识别能力　口腔识别食品中异物的能力很高。例如,吃饭时,食物中混有毛发、线头、灰尘等很小异物,往往都能感觉得到。由于加工工艺的不当,一些果酱糕点类食品中的糖结晶或其他正常添加物的颗粒,就可能作为异物被感知到,从而影响对食品的评定。因此,异物的识别阈对感官评价也很重要。在由 10 人组成的评审组的异物识别阈试验中,布丁中混入碳酸钙粉末,当添加量达到 2.9% 时,才有 100% 的评审成员感觉到了异物的存在,而对安装义齿的人,这一比例要增加到 9% 以上。

此外,口腔对异物的感知与异物的种类、浓度和尺寸大小都有一定关系。如人体口腔对钢粉末直径的感觉阈为 50 μm 左右,与混入食物的种类无关。

2.4.4　视觉

视觉是人类重要的感觉之一,绝大部分外部信息要靠视觉来获取。视觉是认识周围环境、建立客观事物第一印象最直接和最简捷的途径。由于视觉在各种感觉中占据非常重要的地位,因此在食品感官分析上(尤其是消费者试验中),视觉具有相当重要的作用。

2.4.4.1 视觉的生理特征及视觉形成

视觉是眼球接受外界光线刺激后产生的感觉。眼球形状为圆球形,其表面由三层组织构成。最外层是起保护作用的巩膜,它的存在使眼球免遭损伤并保持眼球形状。中间一层是布满血管的脉络膜,它可以阻止多余光线对眼球的干扰。最内层是对视觉感觉最重要的视网膜,视网膜上分布着柱形和锥形光敏细胞,在视网膜的中心部分只有锥形光敏细胞,这个区域对光线最敏感。在眼球面对外界光线的部分有一块透明的凸状体,称为晶状体,它的屈曲程度可以通过睫状肌肉的运动而变化,从而保持外部物体的图像始终集中在视网膜上。晶状体的前部是瞳孔,这是一个中心带有孔的薄肌隔膜,瞳孔直径可变化从而控制进入眼球的光线(图2-7)。

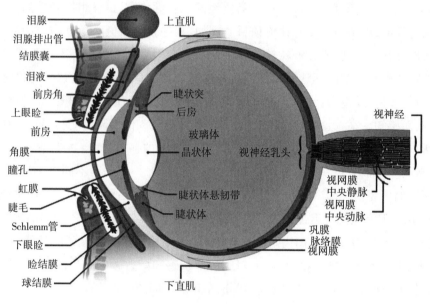

图2-7　眼球截面图

光波是产生视觉的刺激物质,但不是所有的光波都能被人所感受,只有波长在380~770 nm范围内的光波才是人眼可接受光波,在此范围之外的光波都是不可见光。物体反射的光线,或者透过物体的光线照在角膜上,透过角膜到达晶状体,经过晶状体的折射再透过玻璃体到达视网膜,大多数的光线落在视网膜中的一个小凹陷处——中央凹上。视觉感受器、视杆细胞和视锥细胞位于视网膜中,这些感受器含有光敏色素,当它受到光能刺激时会改变形状,导致电神经冲动的产生,这些神经冲动经视神经和神经末梢传导到大脑,再由大脑转换成视觉。

2.4.4.2 视觉的感觉特征

(1)闪烁效应　当用一系列明暗交替的光线刺激眼球时,就会产生闪烁感觉,当刺激频率增加到一定程度时,闪烁感觉消失,由连续的光感所代替。出现上述现象的频率称为极限融合频率(CFF)。在研究视觉特性及视觉与其他感觉之间关系时,都以CFF值变化为基准。

（2）颜色与色彩视觉　颜色是光线与物体相互作用后，眼睛对其结果的感知。感觉到的物体颜色受三个实体的影响：物体的物理和化学组成、照射物体的光源光谱组成和接收者眼睛的光谱敏感性。改变这三个实体中的任何一个，都可能改变感知到的物体颜色。

照在物体上的光线可以被物体折射、反射、传播或吸收。在电磁光谱可见光范围内，如果所用的辐射能量几乎完全被反射，那么该物体呈现白色；如果光线在整个电磁光谱可见光范围内被部分吸收，那么该物体呈现灰色；如果可见光谱的光线几乎完全被吸收，那么该物体呈现黑色。

物体的颜色能在3个方面变化：①色调，消费者通常将其代表性地作为物体的"色彩"；②明亮度，也称为物体的亮度；③饱和度，也称为色彩的纯度。

对物体颜色明亮度的感知，表明了反射光与吸收光之间的关系，但是没有考虑所含的特定波长。物体的感知色调是对物体色彩的感觉，这是由于物体对各个波长辐射能量吸收不同的结果。因此，如果物体吸收较多的长波而反射较多的短波（400~500 nm），那么，物体将被描述为蓝色；在中等波长处有最大光反射的物质可描述为黄绿色；而在较长波长（600~700 nm）处有最大光反射的物体会被描述为红色。颜色的饱和度（色度或纯度）表明某一特定色彩与灰色的差别有多大。

视觉感知到颜色是由于在电磁光谱的可见光范围（380~770 nm）内，光线中某些波长比其他波长强度大并刺激视网膜而引起的（紫色380~400 nm、蓝色400~475 nm、绿色500~575 nm、黄色570~590 nm、橙色590~700 nm、红色700~770 nm）。在没有被所视物体吸收的电磁光谱中，可见光部分的波长被眼睛所看到并被大脑翻译为对应的颜色。

色彩视觉通常与视网膜上的锥形细胞和适宜的光线有关。在锥形细胞上有三种类型的感受体，每一种感受体只对一种基色产生反应。当代表各种颜色的不同波长的光波以不同强度刺激光敏细胞时，便会产生色觉。对色彩的感觉还会受到亮度（即光线强度）的影响。在亮度很低时，只能分辨物体的外形、轮廓，分辨不出物体的色彩。每个人对色彩的分辨能力有一定差别，不能正确辨认红色、绿色和蓝色的现象称为色盲。色盲对食品感官评价会产生一定的影响，因此在挑选感官评价人员时应注意这个问题。

（3）暗适应和亮适应　当人从明亮处转向黑暗处时，会出现视觉短暂消失而后逐渐恢复的情况，这样一个过程称为暗适应。在该过程中，由于光线强度骤变，瞳孔迅速扩大以适应这种变化，视网膜也逐步提高自身灵敏度，从而使分辨能力增强。因此，视觉从一瞬间的最低程度渐渐恢复到该光线强度下正常的视觉。亮适应正好与此相反，是指从暗处到亮处视觉逐步适应的过程，但是所经历的时间要比暗适应短。这两种视觉效应与感官分析实验条件的选定和控制相关。

视觉感觉除上述特征外，还有残像效应、日盲、夜盲等。

2.4.4.3　视觉与食品感官评价

视觉虽不像味觉和嗅觉那样对食品感官评价起决定性作用，但仍有重要影响，视觉往往是感官评价的第一感觉。食品的颜色变化也会影响其他感觉。实验证实，只有当食品处于正常颜色范围内才会使味觉和嗅觉对该种食品正常评定,否则这些感觉的灵敏度会下降,甚至不能产生正确的感觉。颜色对食品的分析评定具有下列作用。

(1)便于挑选食品和判断食品的质量　食品的颜色比另外一些因素,诸如形状、质构等对食品的接受性和食品质量影响更大、更直接。

(2)食品的颜色和接触食品时环境的颜色会显著增加或降低人们对食品的食欲。

(3)食品的颜色常常决定其受人欢迎的程度　备受喜爱的食品常常是因为这种食品带有令人愉快的颜色。而没有吸引力的食品,颜色不受欢迎是一个重要因素。

(4)通过各种经验的积累,可以掌握不同食品应该具有的颜色,并据此判断食品所应具有的特性。

以上作用显示,视觉在食品感官分析尤其是喜好性分析上占据重要地位。

2.4.5　听觉

听觉也是人类用作认识周围环境的重要感觉。听觉在食品感官分析中主要用于某些特定食品（如膨化谷物食品）和食品的某些特性(如质构)的评价上。

2.4.5.1　听觉的感觉过程

听觉是接受声波刺激后而产生的一种感觉。感觉声波的器官是耳朵,人类的耳朵构造分为内耳和外耳,内耳、外耳之间通过耳道相连接。外耳由耳郭构成;内耳则由鼓膜、耳蜗、中耳、听神经和基膜等组成(图2-8)。外界的声波以振动的方式以空气为介质传送至外耳,再经耳道、鼓膜、中耳、内耳进入耳蜗,此时声波的振动已由鼓膜转换成膜振动,这种振动在耳蜗内引起耳蜗液体相应运动进而导致耳蜗后基膜发生移动,基膜移动刺激听觉神经,产生听觉脉冲信号,这种信号传至大脑皮层的听觉中枢,形成听觉。

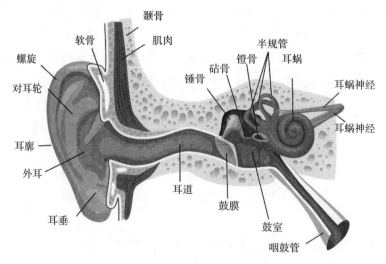

图2-8　耳朵解剖图

影响听觉的两大因素是声波的振幅和频率。声波振幅大小决定听觉系统所感受声音的强弱。振幅大则声音强,振幅小则声音弱。声波振幅通常用声压或声压级表示,即分贝(dB)。频率是指声波每秒钟振动的次数,它是决定音调的主要因素。正常人能感受频率为 30~15000 Hz 的声波,其中对 500~4000 Hz 频率的声波最为敏感。频率变化时,所感受的音调相应变化。通常把感受音调和音强的能力称为听力。和其他感觉一样,将能产生听觉的最弱/最强声信号定义为绝对听觉阈,而把辨别声信号变化的最小范围称为差别听觉阈。正常情况下,人耳的绝对听觉阈和差别听觉阈都很低,能够敏感地分辨出声音的变化并察觉出微弱的声音。

2.4.5.2　听觉与食品感官评价

听觉与食品感官评价有一定的联系。食品的质感特别是咀嚼时发出的声音,在决定食品质量和食品接受性方面起重要作用。例如,焙烤制品中的酥脆薄饼、坚果类和爆米花等食品,在咀嚼时应该发出特有的声响,否则会被消费者认为质量已变化而拒绝接受这类产品。同时声音对食品风味的判断以及食欲也有一定影响。

思考题

1. 感觉的概念、属性、特性和影响因素分别有哪些?
2. 食品的感官属性有哪些?
3. 影响食品感官的生理学因素和心理学因素是什么?
4. 概述味觉产生的机制和嗅觉的产生机制。

第3章 食品感官评价的组织

内容提要

本章主要介绍了食品感官评价的组织程序及要求,包括食品感官评价前的准备,感官评价实验室的设计及要求,样品的制备、呈送以及食品感官评价员的选拔与培训流程等内容。

教学目标

1. 了解食品感官评价前的准备程序。
2. 了解食品感官评价实验室的设计及要求。
3. 掌握食品感官评价室环境条件要求。
4. 掌握感官评价员的选拔和培训流程及要求。

3.1 食品感官评价前的准备

在感官评价过程中,其结果往往受到许多条件的影响。这些条件包括评价前的准备工作、感官实验室的外部环境、鉴评人员的基本条件和素质等。因此一般在进行感官实验前,需要做一些准备工作,主要包括8个方面的内容。

3.1.1 设定目标

充分理解项目的目标是至关重要的,它决定了评价类型的选择以及相应的实验设计和数据分析的关键因素。非常重要的是,应当提前强调不同方法可能导致的结果,客户可以由此知道不同方法的局限性,比如,差别检验中识别最甜的样品,那就会得到与偏好相关或样品实际有多甜等的任何结论。当与内部或外部客户打交道时,应当记录项目的目标并附有所有其他相关信息。

3.1.2 产品类型

当选择一种合适的方法来满足所期待的目标时,应重点考虑产品的类型,因为这对感官评价的设计有很大影响。在某些情况下,产品可能需要结合其他食物才能进行评价,比如,早餐谷物食品可以和牛奶搭配,橄榄油可以和中性载体如面包搭配。当评价目标包含很多方面的性能时,产品评价可能需要考虑它们的使用情况,比如洗发水、刮胡刀、护肤霜。在这种情况下,需要认真考虑实验设计的其他方面。例如,某些样品有强烈的遗留,因此进行感官评价的需要在两个样品间留有足够的时间间隔。

3.1.3　预算

在任何评价设计中都必须考虑到资金的限制。在某些情况下,"理想"的实验设计费用超过了预算,就要做一些恰当的取舍,如减少产品、评价人员及重复的数量、次数。通常可以接受将评价人员的数量从最大值减少到该评价方法推荐的最小值,尽管减少数量可能对统计学检验的效果产生不良影响,因而可能出现样品间的显著差异。减少样品的数量是减少开支的有效方法,尽管如此,从特定的感官评价方法设计中去除一些重复实验可能会产生较大的影响,比如做剖面分析。此外,有些评价方法,样品量最小值有要求,如偏好图,并且降低最小值会导致评价结果无效。

3.1.4　时间和周期

当设计感官检验时,时间期限可能会比所用的方法更影响最终的决定。提前知道是否存在时间期限是非常重要的。在包含多个检验要素,如消费者检验、描述性分析、仪器分析、货架期测试等的研究中,这些要素之间的相互协调是非常关键的。

3.1.5　选择评价方法

感官检验有许多不同的应用场合。所采用的检验方法取决于检验的目标。因此,需要在检验开始之前,调查并阐明感官检验的具体目标。通常,需要一系列的检验来满足这些目标。同时,检验的顺序也会产生一定的影响。

3.1.6　制定操作标准

操作标准是根据所需检验结果和要求来进行制定的,它们应当在测试进行前设置好。

操作标准可包括评价人员的数量和类型、统计标准和感官检验设计的要素(如产品同时或者循序地呈送? 产品是否贴商标? 产品是否按照市场理念提供?)

3.1.7　实验设计

实验设计时应确保可以实现检验目标。没有充分地考虑实验设计就匆忙地进入到检验阶段,或者试图进行一些未经思考的随机检验,会导致实验失败或无法达到目标,对照和重复实验也同样重要,不能被忽略。

设计实验时应考虑到所采用的数据分析方法,从而确定实验设计中必需的要素,以免影响分析结果。

3.1.8　数据分析

感官评价分析一般运用专门的数据分析方法,该方法称为"感官计量法"。感官计量学中很多领域比较复杂,数据分析中通常需要征求统计学家的意见和建议。

3.2　食品感官评价实验室

3.2.1　食品感官评价实验室概述

判断现代化的食品感官评价实验室是否符合要求,主要包括 4 个方面:合理、可靠、专业、全面。

合理,是指这个感官评价实验室是否符合国内标准或国际标准。现行的相关标准主要有:《GB/T 10220—2012 感官分析　方法学　总论》《GBT 13868—2009 感官分析　建立感官分析实验室的一般导则》和 ISO 8589:2007" Sensory Analysis — General Guidance for the Design of Test Rooms"。判断一个感官评价实验室是否合理,即它是否符合这几个标准的基本要求。

可靠,主要指两个方面,一是实验室的安全方面,包括水路安全、电路安全及走道安全等。二是能否确保感官实验结果的可靠性。感官评价实验室建立的目的是为每位评价员创建一个最小干扰的隔离环境,以便评价员可以快速适应新环境,并充分发挥感官作用,来完成检验任务。感官评价实验室的建设是否可以达到最小化外界干扰,以及样品准备和检验分析过程等,都对实验结果有影响,即决定实验结果是否可靠。

专业,是指实验室布局合理,不浪费空间,不对评价者产生影响,包括整体空间设计、小间设计、吊顶设计、照明系统设计、地板搭配、座椅搭配等。

全面,是指这个感官评价实验室的建设项目是否齐全。一个标准的感官评价实验室包括以下两个元素模块:一是人的感官品评系统的建设,包含感官评价实验室的建设和轻松感官分析系统的配置;二是感官分析仪器的配备,包括电子鼻、电子舌、质构仪和电子眼等仪器。

3.2.2　建立食品感官评价实验室的目的

人的感官评价作为最为传统的感官评价活动,已成为感官分析技术发展的重要组成部分。一个科学规范的感官实验室可以将人在感官品评中受到的环境因素、心理因素和身体因素的影响最小化,极力保证食品感官评价结果的可靠性和真实性,能够为正确地评价食品感官属性提供一个非常好的平台和支撑力量。

轻松感官分析系统作为一种标准的食品感官分析软件,它涵盖所有具有国家标准或 ISO 标准依据的感官分析方法以及按照国家标准或 ISO 流程与要求设计的实验过程管理,含有丰富的数学统计方法,能及时对感官评价结果进行统计分析并产生检测报告,具有流程化设计、规范化表格、检测间隔可控、检测活动可管理等特点,免去了自己动手设计实验,自己动手输入数据和进行统计分析,大大节省了人力和物力,已经成为人的感官评价系统建设中必不可少的一部分。

传统的感官评价方法很容易受到环境因素和人的生理因素、心理因素的影响。感官分析仪器能够保证感官分析结果的可靠性、有效性,可以客观地评价食品的品质和食品固有的质量特性。感官分析仪器主要包括电子鼻、电子舌、质构仪和电子眼等。

(1)电子鼻与色谱仪等化学分析仪器不同,它获得的不是被测物质气味组分的定性或定量结果,而是物质中挥发性成分的整体信息,即气味的"指纹数据",主要显示了被测物质的气味特征,从而实现对物质气味的客观检测、鉴别和分析。电子鼻非常适用于检测含有挥发性物质的气体、液体和固体样品。在众多食品的品质和质量控制,真假辨别,货架期和新鲜度评价,原产地保护,不同品牌、不同品种和不同加工方法样品的区分辨别,样品感官属性的定性和定量分析等方面得到了充分的应用。

(2)电子舌作为食品感官分析的重要工具,可以分析出酸、甜、苦、咸、鲜等基本的味道,还在多种质量控制与品质分析方面得到了充分的应用。

(3)质构仪作为一种物性分析仪器,可以检测样品硬度、脆度、胶黏性、粘聚性、回复性、弹性、凝胶强度、咀嚼性等物性指标,从而验证仪器测定值与食品感官分析结果对应关系的相关性和可重复性。质构仪可以通过分析加工工艺条件的改变对理化特性(引起感官刺激改变的理化性质)的影响,预测采用某种加工工艺后导致食品感官质构特性将产生的变化;可以根据消费者对食品的感官质构特性要求,确定食品生产最佳工艺条件;可以对食品生产原料和最终产品实施自动质量控制。质构仪已经在食品学科的发展中发挥着重要的作用。

(4)电子眼作为一种颜色识别和分析的仪器,在对食品的颜色判定,成熟度分析,品质鉴定,货架期分析,不同加工处理食品的研究,不同品牌和不同产地食品的差异,消费者喜好度探索等方面得到了很好的应用。

3.2.3 食品感官评价实验室的建立

3.2.3.1 前期准备阶段

该环节有 4 个大方向需要确定:

(1)确定评价目标和关注要素 不同的感官评价目标和关注要素决定建立感官评价实验室的类型。如高校科研机构需要建立研究性感官评价实验室,对实验室环境、小间个数、仪器配备均有一定要求,而企业由于资金和品评人员人数限制等因素,则对实验室建立要求则相对低些。教学型感官实验室需要考虑到教学便捷性、单次课程人数、是否需要学生掌握统计学计算方法等,若是仅用作单纯的感官评价,其要求也会相对低些,但对环境的要求会更高。

(2)确认房间朝向和格局 房间朝向和格局直接影响到感官评价实验室的光线环境及对品评人员心理影响的程度,据此要初步判断是建设高型感官小间还是矮小型感官小间。一般高型感官小间比较适用于光线较好、格局较方正、吊顶已固定(无法重新改造)的实验室,矮小型感官小间适用于各类实验室。

（3）设置感官评价实验室面积　感官评价实验室面积大小关系到感官小间的个数、是否可以隔离一部分作为样品准备间、是否设置讨论区等。常用的感官小间个数和房间尺寸见表3-1。

表3-1　感官测试空间分配推荐表

面积/m²	品评间数量/个	是否可隔准备间	是否可设讨论间（桌）
40	8-10	否	否
60	14-16	否	是
80	16-22	是	是
100	25-34	是	是
更大面积		以此类推	

（4）确定单次感官评价评价员人数　很多感官评价方法对于感官评价员人数均有限制,例如,三点检验,需要24~30名评价员,若人数不足,可增加实验轮次;成对比较检验需要32~36名评价员;"A"—非"A"检验需要20个以上优选评价员或30个以上初级评价员等。同时,是否只需要本单位人员进行评价或者需要引入外部普通消费者等,都需要考虑在单次感官评价评价员人数中,这与后期感官评价试验效率具有直接关系。

以上4点是感官评价实验室建设前期准备阶段最基础的内容。在实际操作时,我们可以采用表3-2来确认该阶段建设感官评价实验室的一些重要细节。

表3-2　感官实验室建设考察因素排查表

待确认项目	确认结果	备注
评价目标和关注要素？		
教学用？或者仅作为感官评价用？		
感官评价实验室面积多大？		
房间朝向？是否阳光充足？		
房间格局？方形或者狭长形？		
高型感官小间或者矮小型感官小间？		
单次感官评价人员数量？		
选何种色系小间搭配房间？		
小间是否需要吊顶？吊顶高度？		
小间电路如何安排？		
射灯是否安装在吊顶？还是安装在小间上？		
吊顶照明系统安装及电路是否需要改造？		
射灯电线？		
纸槽？		
开关和插座等是否已有固定插口？		

续表

待确认项目	确认结果	备注
是否需要安装软件？		
平板电脑还是一体机？		
若是平板电脑要立式支架还是挂式支架？		
若是一体机是否需要键盘抽？		
服务器怎么安排？		
网络怎么走？接哪里？		
抽纸盒怎么放置？		
纸杯架怎么放置？		
是否有原家具需要拆除？		
地面是否平整？		
是否需要铺设地板？		
房间的窗户？		
是否需要装窗帘？		
北方高校房间暖气是否要包裹？颜色如何安排？		
房间是否需要粉刷？		
空调如何布置？		
空调走线如何安排？		
房间是否需要排风？		
投影仪是否要挂起来，还是独立？		
投影仪幕布如何安放？		
中间讨论桌是否要做？		
是否要配椅子？		
是否有单独的房间作为样品准备间？		
如何安排衣帽间？		
是否要配备智能感官仪器？		

3.2.3.2　中期建设阶段

在和施工人员确定排查表中的所有要素后，就可以开始建设感官评价实验室了。主要步骤包括有：确认感官小间个数/类型/尺寸、CAD 制图、制作感官小间、预估并购买剩余原材料、规划水路及电路等以及安装感官小间、铺设电路和走水路。

食品感官评价实验室至少由两个基本部分组成，即进行食品感官评价的样品检验区和制备评价样品的制备区。若条件允许，也可设置一些附属部分，如办公室、休息室、更衣室、盥洗室、样品贮藏室等。食品感官评价实验室的布局示意图见图 3-1 至图 3-4。在评定间之前，感官评价实验室最好能有一个供评价员集合或等待的区域，此区域应易于清洁以保证良好的卫生状况。

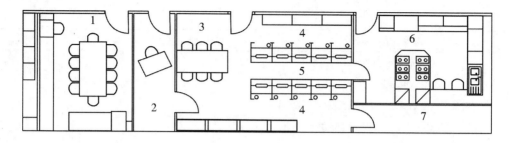

图 3-1 感官评价实验室平面图示例 1
1—会议室;2—办公室;3—集体工作区;4—评价小间;5—样品分发区;6—样品制备区;7—贮藏室

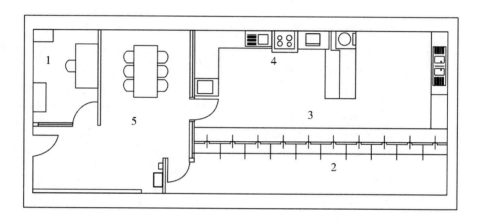

图 3-2 感官评价实验室平面图示例 2
1—办公室;2—评价小间;3—样品分发区;4—样品制备区;5—会议室和集体工作区

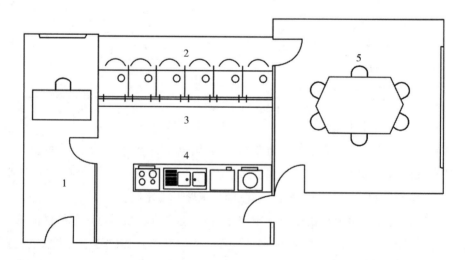

图 3-3 感官评价实验室平面图示例 3
1—办公室;2—评价小间;3—样品分发区;4—样品制备区;5—会议室和集体工作区

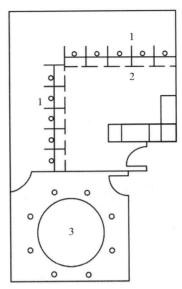

图 3-4 感官评价实验室平面图示例 4
1—评价小间;2—样品制备区;3—会议室和集体工作区

(1)样品检验区(评定区) 样品检验区是感官评价员进行感官评价的场所,也是感官评价实验室的核心部分。样品检验区应邻近样品制备区,以便于提供样品,但两个区域应完全隔开,以减少气味和噪声等干扰。

为避免对检验结果造成偏差,评价员进入或离开检验区时不允许穿过样品制备区。由于许多感官评价实验要求评价员独立进行评定,样品检验区通常由多个只能容纳一名感官评价员独自进行感官评价试验的评价小间构成,从而减少评价过程中的干扰和避免评价员之间相互交流。评价小间的数量应根据检验区实际空间的大小和通常进行检验的类型决定,并保证检验区内有足够的活动空间和提供样品的空间。

每一评价小间内应有如下设置。①工作台:应足够大,能放下待评价样品、器皿、回答表格和笔或用于传递回答结果的计算机等设备;②舒适的座位:座椅下应安装橡皮滑轮,或将座位固定,以防移动时发出响声;③信号系统:评价员在做好准备和检验结束可通过此系统通知检验主持人,特别是制备区与检验区有隔墙分开时尤为重要;④漱口设施:一般为水池或痰盂,并应备有带盖的漱口杯和漱口剂;如果安装水池,应控制水温、水的气味和水的响声;⑤数字或符号标识:方便感官评价员识别就座。

若评价小间是沿着检验区和制备区的隔断设立,则应在隔断上开一个窗口以传递样品(图 3-5 和图 3-6)。窗口的设计应便于样品的传递,并保证评价员看不到样品准备和样品编号的过程,同时安装静音的滑动门或上下翻转门等。为方便使用,可在制备区沿着评价小间外壁安装工作台。

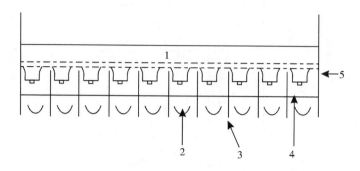

图 3-5　用隔断隔离开的评定小间和工作台示意图
1—制备区;2—评价小间;3—隔板;4—小窗;5—开有样品传递窗口的隔断

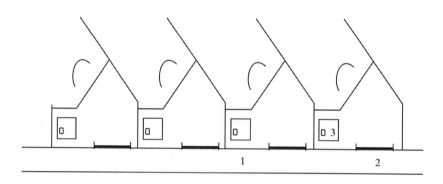

图 3-6　人字形评定小间
1—制备区;2—窗口;3—水池

　　评价小间尺寸应保证评价员舒适地进行评价工作,既能互不干扰,又应节省空间。推荐隔挡工作区长 900 mm,工作台宽 600 mm,工作台高 720~760 mm,座高 427 mm,两隔板之间距离为 900 mm。隔挡设计见图 3-7。

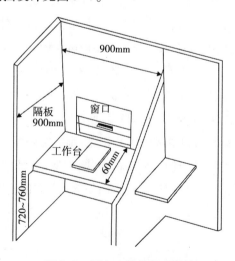

图 3-7　评定小间的尺寸设计

评价小间的照明应是可调控的、无影的和均匀的,并且有足够的亮度以利于评价过程顺利进行,推荐灯的色温为 6500 K。为了掩蔽样品的颜色或其他特性的差别,可使用调光器、彩色光源、滤色器、单一光源(如钠灯)等设施。一般用红色或绿色来掩蔽样品的颜色差别。在进行消费者检验时,灯光应与消费者家中照明相似。

有些检验可能需要检验主持人现场观察和监督,此时可在检验区设立座席供检验主持人就座(图 3-8)。

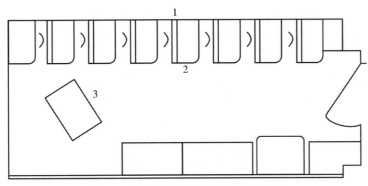

图 3-8　设立检验支持人座位的检验区
1—横向布置的评定小间;2—分发区;3—检验主持人座位

(2)样品制备区(准备区)　样品制备区是准备试验样品的场所,其功能类似于整体厨房,要求布局合理,从而使样品的准备工作便捷高效。样品制备区内应配备:工作台;水池;用于制备样品的必要设备(容器、盘子、天平等);用于样品的烹调、烹调过程的控制、用于保存样品及清洗的必要电器设备(如炊具、烤箱、温度控制器、冰箱、冷冻机、洗碗机等);仓储设施及辅助设施。用于制备和保存样品的器具和设施应采用无味、无吸附性的惰性材料制成,并且不能污染。同时还应充分重视样品制备区的通风性能,防止制备过程中样品的气味传入检验区。

样品制备区应靠近检验区,但要避免评价员进入检验区时看到样品的制备过程,更不允许评价员进入检验区,以防止评价员得到一些片面的、不正确的信息,影响其感官响应和判断。

样品制备区的工作人员应是经过一定培训,具有常规化学实验室工作能力、熟悉食品感官评价有关要求和规定的人员。

(3)集体工作区　集体工作区是评价员集体工作的场所。它用于评价员之间的讨论,也用于评价员的培训、授课等。

集体工作区应设一张大型桌子及 5~10 把舒适的椅子。桌子应较宽大,能放下每位评价员的检验用具及样品。集体工作区应配有黑板及图表,用以记录讨论要点。若条件允许,可配置投影仪等设备。

集体工作区一般设在检验区内,但也可设在单独房间内。

（4）办公室　办公室主要是感官分析师的办公场所,一般配置常用办公设备,使感官分析师能进行感官评价表单的设计、数据的统计分析、感官评价报告的撰写等工作,以及讨论试验方案和评价结果、征求意见反馈等。有条件的办公室可配置网络终端与评价小间的计算机相连,方便感官分析师随时在线察看评价过程的进展情况。

（5）辅助区　如果有条件,可在检验区附近建立休息室、更衣室和盥洗室等辅助区。

3.2.3.3　感官评价实验室建设基本要求

感官评价实验室建设的目的在于为每一位评价员创建一个最小干扰的隔离环境,以便每位评价员可以顺利完成检验任务。检验过程中,不应进行与检验无关的活动,包括样品准备,因为这些活动可导致结果发生偏离。检验室应温度舒适,通风良好,空气流动应有限定,以防止室内温度过度波动。不允许持久性的气味（如烟草味或化妆品味）污染检验室环境。对感官实验室基本建设,国标和ISO标准的基本要求见表3-3。感官实验室功能区规划建成效果图见图3-9。

表3-3　感官实验室建设基本要求参考表

感官品评区域

1. 方便残障人士使用,不要设置于喧闹区域,紧临着样品准备间,需要有隔离。品评员进出不要通过准备间

2. 温度湿度可控

3. 尽量减少噪音,使用声音轻的地砖

4. 装修色调中性,推荐白色或者浅灰色;地板和椅子为深灰色

5. 灯光要求一致、无阴影、可控。无色差灯光的要求:二聚体发光设备、有色光源、有色滤光片、黑光核对印鉴法、单色光源如钠蒸气灯

6. 安全考虑:安全出口、实验室化学清洗池、通风橱、消防设备

7. 电脑屏幕在合适的高度,避免眩光,取消电脑截屏功能、键盘和鼠标等在使用者舒适的位置

8. 品评员可以收到"间断休息"和发出"准备好进行实验"的示意

9. 品评小间要有足够的空间以容纳:样品、器具、漱口废液杯、水池（如有必要）、漱口杯、测试问卷和笔或电脑和输入设备

10. 点评小间建议尺寸,至少0.9m宽和0.6m深。品评员舒适的高度

11. 品评小间在台面上有横向分隔,测试台之间的横向分隔应延伸至少0.3m。品评小间也可以从地板到天花板完全封闭,从墙壁悬挂并且仅包围坐着的品评员。注意保持通风和清洁

12. 座椅高度宽度适合,如果不能移动的座椅,至少离工作面0.35m。如果是可移动的座椅,移动时声音小

13. 品评小间内可以安装水池,应确保水温和水质可控。水池应按照卫生要求布置,确保污水处理合理和下水声音小

14. 品评小间的颜色应为亮度因子约为15%的亚光灰色。当灯光是浅色和近白色的时候,相比之下,品评小间的内部可以被涂装成具有30%或更高的亮度因子的亚光灰色,以便与待测样品的颜色形成较低的亮度对比度

团队讨论区域

大小要容纳所有品评员坐下,桌子要容纳托盘、品评员所持选票和样品,以及纸笔、参考资料等其他物品,如有需要还应能够容纳一个电脑工作站

样品准备区域

1. 紧临着样品品评间,需要有隔离。品评员进出不要通过准备间

2. 必要的传递窗

3. 良好的通风

4. 如有必要应预留燃气管路和电力设施口,在这一区域的建设期间,增加关于允许将来改变设备的位置的考虑

5. 必要设施根据实验需求配备,基础设施包括:工作桌面,水池及其他必要的清洗设备,储存、准备、控制、传递样品的器具,清洁用具,废弃物收集容器。用具应采用无异味材质

辅助区域

1. 衣帽间及卫生间

2. 样品运输用具存放间

3. 样品储藏室

4. 品评员等候区

仪器分析区

应设置一些辅助人感官品评的仪器,用来模拟人的味觉、嗅觉、触觉等,如电子舌、电子鼻和质构仪

注:其中品评区域和准备区域是一个标准感官实验室应具备的最低配置。

　　　　(a)样品准备区　　　　　　　　　(b)感官评价区

　　　　　　　　(c)感官品评小间

　　　　(d)办公讨论区　　　　　　　　　(e)仪器分析区

图 3-9　感官实验室功能区规划效果图

3.2.4 食品感官评价室环境条件

3.2.4.1 实验区内的环境条件

（1）温度和湿度 感官评价人员对食品的喜好和味觉常会受到环境中温度和湿度的影响。当感官评价员处于不适当的温度、湿度环境中时，或多或少会影响评价员感官感觉能力的充分发挥。若温度、湿度条件进一步恶劣时，还会产生一些生理上的反应，对感官评价影响极大。所以，在实验区内最好有空气调节装置，使实验区内温度恒定在 20~22℃，湿度保持在 50%~55%。

（2）光线和照明 光线的明暗决定视觉的灵敏性。不适当的光线会直接影响感官评价人员对样品色泽的辨别。同时，在其他类型的感官评价实验中，光线也有不同程度的影响。大多数感官评价试验都采用自然光线和人工照明相结合的方式，以保证任何时候进行实验都有适当的光照。人工照明选择日光灯或白炽灯均可，以光线垂直照射到样品面上不产生阴影为宜，应避免在逆光、灯光晃动或闪烁的条件下工作。对于一些需要遮盖或掩蔽样品色泽的实验，可以通过降低实验区光照、使用滤光板或调换彩色灯泡来调整。通常使用红色、绿色、黄色遮盖样品的不同颜色。总之，实验区的灯光要求照明均匀、无阴影，并且具有灯光控制器，使评价员能正确评价样品特性。

（3）空气换气速度和纯净程度 有些食品本身带有挥发性气味，感官评价人员在工作时也会呼出一些气体，加速了室内空气的污染。因此，实验区应有足够的换气速度。为保证实验区内的空气始终清新，换气速度以半分钟左右置换一次室内空气为宜。空气的纯净程度主要体现在进入实验区的空气是否有气味和实验区内有无散发气味的材料和用具。前者可在换气系统中增加气体交换器和活性炭过滤器去除异味；后者则需在建立感官评价实验室时，精心选择所用材料和内部设施，要求要不吸附且不散发气味。

（4）感官评价实验室的位置 感官评价实验要求在安静、舒适的气氛中进行，任何干扰因素都会影响感官评价人员的注意力，影响评价的结果。因此，可将评价室的位置设置在远离噪声源的位置。若感官评价实验室设置在建筑物内，则应避开噪声较大的门厅、楼梯口、主要通道等。也可以对感官评价实验室或实验区进行隔音处理。此外，应制定一些制度以保证感官评价实验室的安静状态，如实验期间禁止在实验区及其附近区域谈话，禁止在实验区接听电话等。

3.2.4.2 样品制备区环境条件

样品制备区的环境条件除应满足实验区对样品制备的要求外，还应充分重视该区域的通风性能，以防止制备过程中有样品气味传入实验区。样品制备区应与实验区相邻，但感官评价人员进入实验区时不能通过样品制备区。样品制备区内所使用的器皿、用具和设施都应无气味。

3.3　样品的制备和呈送

样品间的差异性是感官评价的核心,也是感官评价的对象和出发点。样品制备过程中所使用的设备、盛样器皿及制备的方式和过程,都影响着评价结果的准确性和可靠性。样品的呈送顺序会引起时序误差、趋中误差、反差与趋同误差等,对感官评价产生一定的心理影响,进而影响评价结果的准确性和可靠性。样品的温度、体积、形状、大小及样品呈送的器皿等非试验因子,也可能对评价员产生心理暗示或影响。在感官评价试验中,必须标准化控制样品制备与呈送过程中的操作,尽可能保持样品间的真实差异,避免因为样品制备与呈送而扩大或缩小这种差异。

3.3.1　样品制备的要求

3.3.1.1　均一性

这是感官评价试验样品制备中最重要的因素。所谓均一性就是指同组中制备的样品除所要评价的特性外,其他特性应完全相同。样品在其他感官质量上的差别会造成对所要评价特性的影响,甚至会使评价结果完全失去意义。在样品制备中要达到均一的目的,除精心选择适当制备方式减少出现特性差别的机会外,还应选择一定的方法掩盖样品间的某些明显差别。例如,在评价某样品的风味时,就可使用无味的色素物质掩盖样品间的色差,使感官评价人员在品评样品时能准确地分辨出样品间风味的差异。在样品的均一性上,除受样品本身性质影响外,许多外部因素也会影响均一性,如样品温度、摆放顺序或呈送顺序等。

3.3.1.2　样品量

样品量对感官评价试验的影响,体现在两个方面,即感官评价人员在一次试验所能评价的样品个数及试验中提供给每个评价人员供分析用的样品数量。感官评价人员一次能够评价的样品数取决于下列因素。

(1)感官评价人员的预期值　这主要指参加感官评价的人员,事先对试验了解的程度和根据各方面信息对所进行试验难易程度的预估。有经验的评价员还会注意试验设计是否得当,若由于对样品、试验方法了解不够或对试验难度估计不足,可能造成试验时间拖延,从而会降低可评价样品数,且结果误差会增大。

(2)感官评价人员的主观因素　参加感官评价试验人员对试验重要性的认识,对试验的兴趣,理解和分辨未知样品特性和特性间差别的能力等也会影响感官评价试验中评价员所能正常评价的样品数。

(3)样品特性　样品的特性对可评价样品数也有很大的影响。特性强度不同,可评价的样品数差别很大。通常,样品特性强度越高,能够正常评价的样品数越少。如强烈的气味或味道会造成评价人员感官疲劳,从而使可评价的样品数明显减少。

大多数食品感官评价试验在考虑到各种影响因素后,每次试验可评价样品数控制在4~8个;对含酒精饮料和带有强刺激感官特性的样品,样品数应限制在3~4个。

(4)呈送给每个评价员的样品分量应随试验方法和样品种类的不同而分别控制 有些试验(如二—三点试验)应严格控制样品分量,另一些试验则不须控制,可给评价人员足够评价的量。通常,对需要控制用量的差别试验,每个样品的分量控制在液体30 mL,固体30~40 g为宜。嗜好试验的样品分量可比差别试验高一倍。描述性试验的样品分量可依实际情况而定。

3.3.1.3 样品温度

在食品感官评价试验中,样品温度除了会因为过冷、过热造成评价员感官不适、感觉迟钝,还会加快挥发性气味物质的挥发速度,改变样品的质构,如松脆性、黏稠性等其他物理特性,从而影响评价结果。温度变化会影响样品的风味、口感和组织形态,只有样品保持在恒定或适当的温度下进行评价,才能获得充分反映样品感官特性并可重复的结果。样品温度的控制应以最容易感受到所检验的特性为基础,通常是将样品温度保持在其日常食用的温度。

3.3.1.4 器皿

制备和呈送样品时应根据样品的数量、形状、大小、食用温度等选择合适的器皿,一般应为素色、无气味、清洗方便的玻璃或陶瓷器皿,同一组试验中的器皿、大小、形状、颜色、材质、重量、透明度等方面应保持一致。试验器皿应选择安全、无味的清洗剂洗涤,并在93℃下烘烤数小时以除去不良气味。

通常感官评价试验过程中器皿的使用量大,在实际工作中常使用一次性塑料或纸质的杯子、托盘,既减少了清洗处理的工作量,又不易破碎、不占空间。在使用一次性器皿时,需要特别注意环保、安全卫生和有无异味等问题。如果需要在较高温度下评价样品,就不能使用塑料的器皿,因为塑料会对样品(如热饮料)的风味产生负面影响。

3.3.2 不能直接感官评价的样品的制备

大多数食品感官评价都是将样品制备好后,按要求直接呈送给评价员的,但有些试验样品由于食品风味浓郁或物理状态(黏度、颜色、粉状度等)等原因而不能直接进行感官评价,如香精、调味料、糖浆等。为此,需根据检验目的进行适当稀释,或与化学组分确定的某一物质进行混合,也可将样品添加到中性的食品载体中,再按照常规食品的样品制备方法进行制备并分发、呈送。

3.3.2.1 为评价样品本身的性质

将均匀定量的样品用一种化学组分确定的物质(如水、乳糖、糊精等)稀释或在这些物质中进行分散,每一个试验系列的每个样品应使用相同的稀释倍数或分散比例。由于这种稀释可能改变样品的原始风味,因此配制时应避免改变其所测特性。

评价样品的性质也可采用将样品添加到中性的食品载体中的方法,如将样品定量地混入所选用的载体中或放在载体(如牛乳、油、面条、大米饭、馒头、薯片、面包、乳化剂和奶油等)上面,然后按直接感官评价样品的制备与呈送方法进行操作。在选择样品和载体混合的比例时,应避免二者之间的拮抗或协同作用。

3.3.2.2　为评价样品对食物制品的影响

本法适用于评价需要加到食物制品中的一类样品,如香精、香料等。

一般情况下,使用的是一个较复杂的制品,样品混于其中,在这种情况下,样品将与其他风味竞争。在同一检验系列中,评价每个样品所使用的样品/载体比例相同。制备样品的温度应与评估时的正常温度相同(如冰激凌处于冰冻状态),同一检验系列的样品温度也应相同。

3.3.2.3　载体的要求

食品不能直接进行感官评价时,需要借助载体,载体必须使样品的特性得以充分体现,因此应具备以下要求。

(1)在口中同样能均匀分散样品。

(2)没有强的风味,不能影响样品性质,载体风味与样品具有一定适合程度。

(3)载体必须简便,制备时间短,是常见食品,尽可能是熟食并且在室温下可即食,刺激小。

(4)载体应该容易得到,可以保证试验结果的重现性。

(5)载体应具有适宜的物质特性,并使其发挥应有的作用,样品与载体在唾液作用下同样可溶解或互溶,载体温度与样品品尝温度不能冲突。

3.3.3　样品的呈送

样品的呈送应是随机的,即每一个评价员评定的样品是随机的,评定样品的顺序也是随机的。样品的呈送与试验设计有关,考虑样品的感官性质和数量,常采用下面几种方法设计试验。

(1)完全随机设计　完全随机设计只考虑单一因素对试验结果的影响,适用于只有一种待测样品或者评价员不能同时评价多种样品的情况。这种试验设计把全部样品随机分送给每个评价员,即每个评价员只品尝一种样品。在不能做到所有评价员将所有样品都品尝一遍的情况下,如在不同地区进行的试验,可以使用该种方法。

(2)完全随机区组设计　完全随机区组设计是考虑评价员间差异和样品间差异这两个因素对试验结果的影响。此方法将评价员看成是区组,每个评价员评价所有的样品,各评价员得到的样品以随机或平衡的次序呈送,即是完全随机区组设计或随机区组设计。当待评价样品数量较少,评价员即使评价完所有样品也不会引起感官疲劳,即可采用该法。

(3)平衡不完全区组设计　平衡不完全区组设计常用于样品数量太多或其他容易引起感官疲劳的情况。此方法将评价员看成是区组,每个评价员不评定所有的样品,仅评定其中的部分样品,但要求试验完成后每一对样品出现的次数相同,以及每个样品被评定的次数也相同,从而使整个试验达到平衡。在试验中区组出现顺序是随机的,且组内提供样品的顺序也是随机的。

样品的相关信息,如样品的来源、加工工艺、贮藏条件、呈送状态等,对于试验设计和结果的分析是非常重要的,应在感官评价试验过程中详细记录。

3.3.4 影响样品制备和呈送的因素

在食品感官评价中,应该对样品的制备有相应的规定,控制样品制备及呈送过程中的各种影响因素。

3.3.4.1 温度

在食品感官评价试验中,只有以恒定和适当的温度提供样品才能获得稳定可靠的结果。样品温度的控制应以最容易感受样品所评价特性为基础,通常是将样品温度保持在该产品日常食用的温度范围内。

样品温度的影响除过冷、过热的刺激造成感官不适、感觉迟钝,还涉及温度升高,挥发性气味物质挥发速度加快,影响其他的感官感觉,以及食品的质构和其他一些物理特性会随温度的变化而产生相应的变化,从而影响检验结果。适当的呈送温度会带来较好的辨别度,像液体牛乳等乳制品中,如果产品加热到高于它们的保藏温度,可能会增强一些感官特性。因此,液体牛乳的品尝可在15℃而不是通常的4℃下进行,以增强对挥发性风味的感觉。冰激凌在品尝之前应在−15℃下至少保持12 h,最好在呈送前迅速从冰箱中直接舀冰激凌,而不是将冰激凌舀好后再存放在冰箱中。表3-4列出了几种样品的最佳呈送温度。在试验中,可采用事先制备好的样品保存在恒温箱内,然后统一呈送以保证样品温度恒定和均一。

表3-4 几种样品在感官评价时最佳呈送温度

样品	最佳温度/℃	样品	最佳温度/℃
啤酒	11~15	食用油	55
白葡萄酒	13~16	肉饼、热蔬菜	60~65
红葡萄酒、餐味葡萄酒	18~20	汤	68
乳制品	15	面包、糖果、鲜水果、咸肉	室温
冷冻橙汁	10~13		

当样品在环境温度下呈送时,样品准备人员应该在每一组试验期间测量和记录环境温度。对于在非环境温度下呈送的样品,呈送温度以及保温方法(如沙浴、保温瓶、水浴、加热台、冰箱、冷柜等)应做规定。此外,也应规定样品在指定温度下的保存时间。

3.3.4.2 编号

所有呈送给评价员的样品都应编码,通常采用随机的三位数字编码以免给评价员心理暗示。在同批次的感官评价试验中,呈送给每个评价员的样品,其编码最好互不相同;同一样品应有几个编码,以保证不同评价员拿到的样品编码不重复;在连续多次试验时,避免使用重复编码,以免干扰评价结果。此外,不要选择评价员忌讳或喜好的数字,如 250、888 等。

编号时应注意以下几点:

(1)用字母编号时,应避免使用字母表中相邻字母或开头与结尾字母,双字母最好,以防产生记号效应。

(2)用数字编号时,最好采用三位数以上的随机数字,但同次试验中各个编号的位数应一致,数字编号比字母编号干扰小。

(3)不要使用人们忌讳的数字或字母。

(4)尽量避免使用人们具有倾向性的编号。

(5)同次试验中所用编号位数应相同,同一个样品应编几个不同号码,保证每个评价员所拿到的样品编号不重复。

(6)在进行较频繁的试验时,必须避免使用重复编号数,以免使评价员联想起以前同样编号的样品,产生干扰。

3.3.4.3　样品摆放的顺序

呈送给评价员的样品摆放顺序也会对感官评价试验(尤其是评分试验和顺位试验)结果产生影响,要避免产生顺序效应、位置效应、预期效应等。

顺序效应是指由于试样的提供顺序对感官评价产生的影响。如在比较两种试样滋味时,往往对最初的刺激评价过高,这种倾向称为正顺序效果,反之称为负顺序效果。一般品尝两种试样的间隔时间越短越容易产生正顺序效果;间隔时间越长,负顺序效果产生的可能性越大,为避免这种倾向,一是可在品尝每一种试样后都用蒸馏水漱口,二是均衡安排样品不同的排列顺序。

位置效应是指将试验样品放在与试验质量无关的特定位置时,评价员往往会多次选择特定位置上试样的现象。在试样之间的感官质量特性差别很小或评价人员经验较少的情况下,位置效应特别显著。如在评价员较难判断样品间差别时,往往会多次选择放在特定位置上的样品。如在三点试验法中选择摆放在中间的样品,在五中取二试验法中,则选择位于两端的样品。可以采用以下方式减少评价时外界条件产生的干扰,保证试验的可信度。

(1)使样品在每个位置出现次数相同。

(2)每次重复的试验配置顺序随机化。

(3)呈送样品应尽量避免直线摆放,最好是圆形摆放。

预期效应是指将试验样品按连续性或对称性规则摆放时,往往会使评价员获得暗示而引起评价能力偏差的现象。在评价样品质量好坏时,如样品连续都是质量差的,评价员就会怀疑自己能力而认为其中有质量好的。样品好坏依次排列或好坏对称排列,也会使评价员对自己的评价结果产生怀疑。如品尝一组样品的浓度次序从高到低,评价人员无须品尝后面的样品便会察觉出样品浓度排列顺序而引起判断力的偏差。这种从样品排列规则上领会出的暗示现象,也称为预期效应。

3.4 食品感官评价员的选拔与培训

参加感官评价的人员的感官灵敏度和稳定性,严重影响最终的结果。由于个体感官灵敏度差异较大,而且有许多因素会影响到感官灵敏度的正常发挥,因此,食品感官评价人员的筛选和训练是使感官评价试验结果可靠和稳定的首要条件。

3.4.1 感官评价员的类型

3.4.1.1 专家型

这是食品感官评价员中层次最高的一类,这类评价员专门从事产品质量控制、评估产品特定属性和评选优质产品等工作。这类专家型评价员,数量最少且不容易培养,品酒师、品茶师等属于这一类人员。他们不仅需要多年积累的专业工作经验和感官评价经历,而且在特性感觉上需要具有一定的天赋,同时在特征的表述上具有突出的能力。

3.4.1.2 消费者型

这是食品感官评价员中最有代表性的一类。通常这种类型评价人员由各个阶层的食品消费者的代表组成。与专家型感官评价员相反,消费者型感官评价员仅从自身的主观愿望出发,评价是否喜爱或接受所试验的产品,以及对产品的喜爱和接受的程度。这类人员不对产品的具体属性或属性间的差别做出评价,一般适合于嗜好型感官评价。

3.4.1.3 无经验型

这也是一类只对产品的喜爱和接受程度进行评价的感官评价员,一般是在实验室小范围内进行感官评价,由与所试产品有关人员组成,无须经过特定的筛选和训练程序,根据实际情况轮流参加感官评价试验。

3.4.1.4 有经验型

通过感官评价员筛选试验并具有一定分辨产品属性间差别能力的感官评价试验人员,可以称为有经验型评价员。但此类人员需要经常参与相关的差别试验,以保持其分辨差别的能力。

3.4.1.5 训练型

这是从有经验型感官评价员中经过进一步筛选和训练而获得的感官评价员。他们都具有描述产品感官品质特性及特性差别的能力,专门从事对产品品质特性评价的工作。

通常建立在感官实验室基础上的感官评价员,都不包括专家型和消费者型,只考虑其他三类人员,即无经验型、有经验型和训练型。

3.4.2 感官评价员的选拔

食品感官评价试验能顺利进行,必须有充分可利用的感官评价员,这些感官评价员的感官灵敏度和稳定性,严重影响最终结果的趋向性和有效性。在初步确定感官评价员候选人后,应进行筛选工作。在实际工作中,为满足方便试验的需要,这些感官评价员通常来自机构组织内部,比如,研究机构内部、大学的学科内部、公司研发部门。当所需人数较多时,就需要在外界招募,如进行消费者调查等。

感官评价员的选拔程序包括挑选候选人员和在候选人员中通过特定试验手段筛选两个方面。根据不同的感官评价目的,对感官评价员的要求也不同,那么对这些人员在感官评价上的经验以及相应的训练要求也不同,据此可以将感官评价员进行分类,并对应进行筛选。

3.4.2.1　初选的方法和程序

感官评价试验组织者可以通过发放问卷或面谈的方式获得相关信息,表3-5、表3-6为常用表举例。调查问卷的设计一般要满足以下要求。

（1）应能提供尽量多的信息。

（2）应能满足组织者的需求。

（3）应能初步识别合格与不合格人选。

（4）应通俗易懂、容易理解。

（5）应容易回答。

面谈时,应注意如下几个方面。

（1）感官评价组织者应具有专业的感官分析知识和丰富的感官评价经验。

（2）面谈之前,感官评价组织者应准备所有的要询问的问题要点。

（3）面谈的气氛要轻松融合、不能严肃紧张。

（4）应认真记录面谈内容。

（5）面谈中提出的问题应遵循一定的逻辑性,避免随意发问。

表3-5　评价员筛选调查表

1. 个人情况

姓名：＿＿＿＿＿　　性别：＿＿＿＿＿　　年龄：＿＿＿＿＿

地址：＿＿＿＿＿＿＿＿＿＿＿＿＿＿＿＿＿＿＿＿＿＿＿＿＿＿＿＿＿＿＿＿＿＿＿＿＿＿

联系电话：＿＿＿＿＿＿＿＿＿＿＿＿＿＿＿＿＿＿＿＿＿＿＿＿＿＿＿＿＿＿＿＿＿＿＿

你从何处听说我们这个项目？＿＿＿＿＿＿＿＿＿＿＿＿＿＿＿＿＿＿＿＿＿＿＿＿＿＿

时间：＿＿＿＿＿＿＿＿＿＿＿＿＿＿＿＿＿＿＿＿＿＿＿＿＿＿＿＿＿＿＿＿＿＿＿＿＿

（1）一般来说,一周中,你的时间安排怎样？你哪一天有空余的时间？

＿＿

（2）从×月×日到×月×日之间,你是否要外出,如果外出,那需要多长时间？

＿＿

2. 健康状况

（1）你是否有下列情况？

假牙：_____

糖尿病：_____

口腔或牙龈疾病：_____

食物过敏：_____

低血糖：_____

高血压：_____

(2)你是否在服用对感官有影响的药物,尤其对味觉和嗅觉?

_____

3. 饮食习惯

(1)你目前是否在限制饮食? 如果有,限制的是哪种食物?

_____

(2)你每月有几次在外就餐? _____

(3)你每月吃速冻食品有几次? _____

(4)你每个月吃几次快餐? _____

(5)你最喜爱的食物是什么? _____

(6)你最不喜欢的食物是什么? _____

(7)你不能吃什么食物? _____

(8)你不愿意吃什么食物? _____

(9) 你认为你的味觉和嗅觉辨别能力如何?

	味觉	嗅觉
高于平均水平	_____	_____
平均水平	_____	_____
低于平均水平	_____	_____

(10)你目前的家庭成员中有人在食品公司工作吗?

_____

(11)你目前的家庭成员中有人在广告公司或市场研究机构工作吗?

_____

4. 风味小测验

(1)如果一种配方需要香草香味物质,而手头又没有,你会用什么代替? _____

(2)还有哪些食物吃起来像奶酪? _____

(3)为什么往肉汁里加咖啡会使其风味更好? _____

(4)你怎样描述风味和香味之间的区别? _____

(5)你怎样描述风味和质地之间的区别? _____

(6)用于描述啤酒的最适合的词语(一个或两个词)。 _____

(7)请对食醋的风味进行描述。 _____

(8)请对可乐的风味进行描述。 _____

(9)请对某种火腿的风味进行描述。 _____

(10)请对苏打饼干的风味进行描述。 _____

表 3-6　香味品评人员筛选调查表

1. 个人情况

姓名：_____　性别：_____　年龄：_____　地址：_____

联系电话：_____

你从何处听说我们这个项目？_____

时间：_____

(1)一般来说,一周中你哪一天有空余的时间？

_____

(2)从×月×日到×月×日之间,你是否要外出,如果外出,那需要多长时间？

_____

2. 健康状况

(1)你是否有下列情况？

鼻腔疾病：_____

低血糖：_____

过敏史：_____

经常感冒：_____

(2)你是否在服用一些对器官,尤其是对嗅觉有影响的药物？

_____

3. 日常生活习惯

(1)你是否喜欢使用香水？_____

如果用,是什么品牌？_____

(2)你喜欢带香味还是不带香味的物品？ 如香皂等。_____

陈述理由_____

(3)请列出你喜爱的香味产品_____

它们是何种品牌_____

(4)请列出你不喜爱的香味产品_____

陈述理由_____

(5)请列出你讨厌的香味产品_____

陈述理由_____

(6)你最喜欢哪些气味或者香气？_____

(7)你认为你辨别气味的能力在何种水平？_____

高于平均值_____　　平均值_____　　低于平均值_____

(8)你目前的家庭成员中有人在香精、食品或者广告公司工作吗？_____

如果有,是在哪一家？_____

(9)品评人员在品评期间不能用香水,在品评小组成员集合之前 1h 不能吸烟,如果你被选为选评人员,你愿意遵守以上规定吗？_____

4. 香气检测

(1)如果某种香水类型是"果香",你还可以用什么词汇来描述它？_____

(2)哪些产品具有植物气味？_____

(3)哪些产品有甜味？_____

(4)哪些气味与"干净""新鲜"有关?＿＿＿＿＿＿＿＿＿＿＿＿＿

(5)你怎样描述水果味和柠檬味之间的不同?＿＿＿＿＿＿＿＿＿＿

(6)你用哪些词汇来描述男用香水和女用香水的不同?＿＿＿＿＿＿

(7)哪些词语可以用来描述一篮子刚洗过的衣服的气味?＿＿＿＿＿

(8)请描述一下面包坊里的气味。＿＿＿＿＿＿＿＿＿＿＿＿＿＿＿

(9)请你描述一下某种品牌的洗涤剂气味。＿＿＿＿＿＿＿＿＿＿＿

(10)请你描述一下某种品牌的香皂气味。＿＿＿＿＿＿＿＿＿＿＿＿

(11)请你描述一下地下室的气味。＿＿＿＿＿＿＿＿＿＿＿＿＿＿＿

(12)请你描述一下某食品店的气味。＿＿＿＿＿＿＿＿＿＿＿＿＿＿

(13)请你描述一下香精开发实验室的气味。＿＿＿＿＿＿＿＿＿＿＿

3.4.2.2 挑选和筛选感官评价候选人

(1)挑选感官评价候选人员　在挑选各类感官评价人员时需要考虑下列几个因素。

①兴趣:兴趣是调动主观能动性的基础,只有对感官评价感兴趣的人,才会在感官评价试验中集中注意力,并圆满完成试验所规定的任务。

②健康状况:感官评价试验候选人应挑选身体健康、感觉正常无明显个人气味、无过敏症和服用影响感官灵敏度药物史的人员,戴假牙、色缺陷、光缺陷、敏锐缺陷、失嗅、味盲者及感官疲劳者不能进行感官评价。另外,心理健康也会对感官评价造成一定影响。

③表达能力:感官评价试验所需的语言表达及叙述能力与试验方法相关。差别试验重点要求参加试验者具有较强的分辨能力;而描述性试验则重点要求感官评价员叙述和定义出产品的各种特性,因此,对于这类试验需要良好的语言表达能力。

④准时性:感官评价试验要求参加试验人员每次能够按时出席。

⑤对试样的态度:作为感官评价试验候选人必须能客观地对待所有试验样品,即在感官评价中根据要求去除对样品的好恶感,否则就会因为对样品偏爱或厌恶而造成评价结果发生偏差。

⑥无不良嗜好:长期抽烟、酗酒将降低感官的灵敏度。有些嗜好是地域性的,有些嗜好有民族宗教习性,都有可能会影响感官评价结果。

另外,诸如职业、教育程度、工作经历、感官评价经验等因素也应充分考虑。

(2)筛选感官评价员　食品感官评价员的筛选工作要在初步感官确定评价候选人后再进行。筛选就是通过一定的筛选试验方法观察候选人员是否具有感官评价所要求的素质和能力,如普通的感官分辨能力、对感官评价试验的兴趣、分辨和再现试验结果的能力、适当的感官评价员行为(合作性、主动性和准时性)。根据筛选试验的结果决定候选人是否符合参加感官评价的条件。如果不符合,则被淘汰;如果符合,则进一步考察适宜作为哪种类型的感官评价员。

筛选试验通常包括基本识别试验(基本味或气味识别试验)和差异分辨试验(三点试验、顺位试验等)。有时根据需要也会设计一系列试验来多次筛选人员,或者采用初步选定的人员分组进行相互比较的试验。有些情况下,也可以将筛选试验和训练内容结合起来,在筛选的同时进行人员训练。

①感官功能的测试:每个候选人都要经过有关感官功能的检验,以确定其感官功能是否正常。如 4 种基本味道识别能力的测定——甜、咸、酸、苦阈值的测定,筛选去除感官缺陷人员。

②感官灵敏度的测试。

a. 匹配检验。用来评判评价员区别或者描述几种不同物质(强度都在阈值以上)的能力。可以给候选者第一组样品,为 4~6 个,并让他们熟悉这些样品。然后再给他们第二组样品,为 8~10 个,让候选者从第二组样品中挑选出和第一组相似或者相同的样品。匹配正确率低于 75% 和气味的对应物选择正确率低于 60% 的候选人将被淘汰。

b. 区别检验。此项检验用来区别候选人区分同一类型产品的某种差异的能力。可以用三点试验或二—三点试验来完成。试验结束后,对结果进行统计分析。在三点试验中,正确识别率低于 60% 则被淘汰。在二—三点试验中,识别率低于 75% 则被淘汰。

c. 排序和分级试验。此试验用来确定候选人员区别某种感官特性的不同水平的能力,或者判定样品某种性质强度的能力。在每次检验中将 4 个具有不同特性强度的样品以随机的顺序提供给候选评价员,要求他们以强度递增的顺序将样品排序。应以相同的顺序向所有候选评价员提供样品以保证排序结果的可比性,同时避免由于提供顺序的不同而造成的相关影响。只接纳正确排序和只将相邻位置颠倒的候选人。

③表达能力的测试:用于筛选参加描述分析试验的评价员。表达能力的测试一般分为两步进行,区别能力测试和描述能力测试。

(3)挑选感官评价候选人员应注意问题。

①最好使用与正式感官评价试验相类似的试验材料,这样既可以使参加筛选试验的人员熟悉今后试验中将要接触的样品的特性,也可以减少由于样品间差距过大而造成人员选择不适当。

②在筛选过程中,要根据各次试验的结果随时调整试验的难度。从参加筛选试验人员的整体水平来说能够分辨出差别或识别出味道(气味),但其中少数人员不能正确分辨或识别,为适宜难度。

③参加筛选试验的人数要多于实际感官评价试验需要的人数。若是多次筛选,则应采用一些简单易行的试验方法并在每一步筛选中随时淘汰明显不适合参加感官评价的人选。

④多次筛选以相对进展为基础,连续进行直至挑选出最佳人选。

⑤筛选的时间应与人们正常的进食习惯相符,如早晨不适合品尝酒类食物或风味很重的食物,饭后或者喝完咖啡也不适宜进行感官评价。

⑥在感官评价员的筛选中,感官评价试验的组织者起决定性的作用。他们不但要收集有关信息、设计整体试验方案、组织具体实施,而且要对筛选试验取得进展的标准和选择人员所需要的有效数据做出正确判断,从而达到筛选的目的。

3.4.3　感官评价员的训练

筛选出来的感官评价员,通常还要经过特定的训练以确保评价员都能以科学的、专业的方法从事评价工作。

3.4.3.1　对感官评价员进行训练的作用

(1)提高和稳定感官评价员的感官灵敏度　通过精心选择的感官训练方法,可以增加感官评价人员在各种感官试验中运用感官的能力,减少各种因素对感官灵敏度的影响,使感官敏感度经常保持在一定水平之上。

(2)降低感官评价员之间及感官评价结果之间的偏差　通过特定的训练,可以保证所有感官评价员对他们所要评价的特性、评价标准、评价系统、感官刺激量和强度间关系等有一致的认识。特别是在用描述性词汇作为分度值的评分试验中,训练的效果更加明显。通过训练可以使评价员达成对评分系统所用描述性词汇所代表的分度值的统一认识,减少感官评价员之间在评分上的差别及误差方差。

(3)降低外界因素对评价结果的影响　经过训练后,感官评价员能增强抵抗外界干扰的能力,将注意力集中于感官评价中。

感官评价组织者在训练中不仅要选择适当的感官评价试验以达到训练的目的,也要向受训练的人员讲解感官评价的基本概念、感官评价程序和感官评价基本用语的定义和内涵,从基本感官知识和试验技能两方面对感官评价员进行训练。

3.4.3.2　感官评价员的训练

(1)认识感官特性　认识并熟悉各有关感官特性如,颜色、质地、气味、味道和声音的特性。

(2)接受感官刺激方法训练　培训候选评价员正确接受感官刺激的方法,如感官评价员气味识别训练,可训练范式试验及其他识别不同气味的方法。

①范氏试验:一种气体物质不送入口中而在舌上被感觉出的技术,就是范氏试验。用手捏住鼻孔,然后把一个盛有气味物质的小瓶放在张开的口旁(注意:瓶颈靠近口,但不能咀嚼),迅速地吸入一口气并立即拿走小瓶,闭口,放开鼻孔使气流通过鼻孔流出(口仍闭着)从而在舌上感觉到该物质。

目前这个试验已广泛地应用于训练和扩展人们的嗅觉能力。

②不同气味识别:各种气味就像学习语言那样可以被记忆。人们时时刻刻都可以感觉到气味的存在,但由于无意识或习惯了某些气味也就觉察不到它们。因此要记忆气味就必须设计专门的试验,有意地加强训练这种记忆(注意:感冒者例外),以便能够识别各种气味,并详细描述其特征。

选用一些纯气味物(如十八醛、对丙烯基茴香醚、肉桂油、丁香等)单独或者混合用纯乙醇(99.8%)作溶剂稀释成 10 g/mL 或 1 g/mL 的溶液(当样品具有强烈辣味时,可制成水溶液),装入试管中,用纯净无味的白滤纸制作尝味条(长 150 mm,宽 10 mm),用尝味条蘸取适量溶液,蘸液部分悬空放入口中,闭口稍作停留,迅速取出尝味条后闭口,放开鼻孔使气流通过鼻孔流出(口仍闭着),从而在舌上感觉到该物质,并记忆该物质的气味特点。

③学习感官检验设备的使用。

④熟悉感官评价方法,如差别检验方法、标度的使用、设计和使用描述词、产品知识的培训。

3.4.3.3　感官评价的组织者在实施训练过程中应注意的问题

(1)训练期间可以通过提供已知差异程度的样品做单向差异分析或通过评析与参考样品相同的试样的感官特性,了解感官评价员训练的效果,决定何时停止训练,开始实际的感官评价工作。

(2)参加训练的感官评价员应比实际需要的人数多,以防止因疾病、度假或因工作繁忙而造成人员调配困难的问题。

(3)已经接受过训练的感官评价员,若一段时间内未参加感官评价工作,要重新接受简单训练之后才能再参加感官评价工作。

(4)训练期间,每个参训人员至少应主持一次感官评价工作,负责样品制备、设计试验、收集整理数据和召集讨论会等,使每一个感官评价人员都熟悉感官试验的整个程序和进行试验所应遵循的原则。

(5)除嗜好性感官试验外,在训练中应反复强调试验中客观评价样品的重要性,评价人员在评析过程中不能掺杂个人情绪。另外,应让所有参加训练的人员明确集中注意力和独立完成试验的意义,试验中尽可能避免评价员之间的谈话和结果讨论,从而使评价员独立进行检验。

(6)在训练期间尤其是训练开始阶段,要求感官评价员在试验前不接触影响评定结果的外来因素,避免相关感受器官受强烈刺激,如使用有气味的化妆品、喝咖啡、嚼口香糖、吸烟等。

思考题

1. 食品感官评价实验室通常应包括哪几个部分? 各部分的平面位置应如何排布?
2. 样品检验区的环境应如何控制? 样品制备区应满足哪些要求?
3. 食品感官评价时对样品的制备与呈送有哪些要求?
4. 候选评价员应具备哪些基本要求? 如何对候选评价员进行初选?
5. 感官评价员的训练有什么作用? 训练内容有哪些?

第4章 感官评价方法的分类及标度

> **内容提要**
>
> 　　本章主要介绍了常用感官评价方法的分类、特点及适用范围,详细介绍了标度的定义、形式及其应用。
>
> **教学目标**
>
> 　　1. 了解常见感官评价方法的特点及适用范围。
>
> 　　2. 掌握标度的定义及意义。
>
> 　　3. 了解常用的标度方法及其优缺点。

　　食品感官评价是在相对稳定的环境条件下,以感官评价员的感觉器官为基础,采用适当的数理统计方法检验产品的相关感官特性的一种试验方法。它广泛地应用于食品的生产、加工、贮运、贸易、消费等方面,在食品市场调研、新产品开发、生产质量控制等工作环节中起重要作用。

　　在食品生产过程中,可以利用感官评价方法来评价原材料质量,或通过中间产品的感官特性来预测产品的质量,同时也为加工工艺的合理选择、正确操作、优化控制提供可靠的数据参数,从而可以控制和预测出厂产品的质量及顾客的满意程度。食品感官评价主要是研究怎样选择必要的人选作为评价员,并在一定的条件下对试验样品加以评价,并将结果填写在问答卷(评分表)中,然后对结果进行统计分析,从而客观地评价食品的质量。可见,食品的感官评价绝不是简单的品尝,对于试样、评价员、环境等很多方面均具有严格的规定,由于测试目的和要求不同,其要采用的感官评价方法也就不同。

　　食品感官分析是建立在人的感官感觉基础上的统计分析法。随着科学技术的发展和进步,这种集人体生理学、心理学、食品科学和统计学为一体的新学科日趋成熟和完善,感官分析方法的应用也越来越广泛。目前食品领域中常用的感官分析方法有数十种之多。

4.1　感官评价方法的分类

4.1.1　感官评价按应用目的分类

感官评价方法按应用目的可分为分析型感官评价和嗜好型感官评价两类。

4.1.1.1　分析型感官评价

分析型感官评价,即把人的感觉器官作为测定分析仪器,测定食品的特性或差别的方法。在分析型感官评价方法中,一类主要是描述产品,另一类是区分两种或多种产品,其中区分的内容有确定差别、确定差别的大小、确定差别的影响等。质量检查、产品评优等都属于分析型感官评价。例如,检验酒的杂味;判断用多少人造肉代替香肠中的动物肉,消费者才能识别出它们之间的差别;评定各种食品的外观、香味、食感等特性,都属于分析型感官评价。

分析型感官评价是通过感觉器官的感觉对食品的可接受性做出判断。因为感官评价不仅能直接对食品的感官性状做出判断,而且可察觉是否存在异常现象,并据此提出必要的理化检测和微生物检验项目,便于食品质量的检测和控制。因此,为了降低个人感觉之间差异的影响,提高检测的重现性,以获得高精度的测定结果,必须注意评价基准的标准化、实验条件的规范化和评价员的相关素质。

(1)评价基准的标准化　在感官评价食品的质量特性时,对每一测定项目,都必须有明确、具体的评价尺度及评价基准物,也就是说评价基准应标准化,以防评价员采用各自的评价基准和尺度,使结果难以统一和比较。对同一类食品进行感官评价时,其基准及评价尺度,必须具有连贯性及稳定性。因此,制作标准样品是评价基准标准化的最有效方法。

(2)实验条件的规范化　感官评价中,分析结果很容易受环境及实验条件的影响,故实验条件应规范化,如必须有合适的感官实验室、有适宜的光照等,以防实验结果受环境条件的影响而出现大的波动。

(3)评价员的相关素质　从事感官评价的评价员,必须有良好的生理及心理条件,并经过适当的训练,相关感觉敏锐等。

4.1.1.2　嗜好型感官评价

嗜好型感官评价,即根据消费者的嗜好程度评价食品特性的方法,如饮料的甜度怎样算适宜、电冰箱颜色怎样最好等。它是以样品为工具来了解人的感官反应及倾向。这种评定必须用人的感官来进行,完全以人为测定仪器,调查、研究不同的食品特性对人的感觉、嗜好状态的影响。这种检验的主要问题是,如何能客观地分析不同检验人员的感觉状态及嗜好的分布倾向。

嗜好型感官评价不像分析型那样需要统一的评价标准和条件,而是依赖人们生理和心理上的综合感觉,即人的感觉程度和主观判断起着决定性作用。分析的结果受到生活环境、生活习惯、审美观点等多方面的因素影响,因此其结果往往是因人、因时、因地而异。例如,一种辣味食品在具有不同饮食习惯的群体中进行调查,所获得的结论肯定是有差异的,但这种差异并非说明群体之间的好坏,只是说明不同群体具有的不同饮食习惯,或者说,某个群体更偏爱于某种口味的食品。

弄清楚感官评价的目的,分清是利用人的感觉测定物质的特性(分析型),还是通过物质来测定人们的嗜好程度(嗜好型),这是设计感官评价的出发点。例如,对两种冰激凌,如果要研究二者的差别,就可以把冰激凌溶解或用水稀释,应在最容易检查出其差别的条件下进行评价;但如果要研究哪种冰激凌受消费者欢迎,通常必须在能吃的状态下进行评价检验。在食品的研制、生产、管理和流通等环节中,可根据不同的要求,选择不同的感官评价类型。

4.1.2 感官评价按方法性质的分类

感官评价按方法的性质又可分为差别检验、标度和类别检验及分析或描述性检验。差别检验用于确定产品间差异或相似的可能性;标度和类别检验用于估计差异的次序或大小,或者样品应归属的类别或等级;分析或描述性检验用于获得存在于样品中的完整感官特性的描述。

4.1.2.1 差别检验

在差别检验中要求评价员评定两个或两个以上的样品中是否存在感官差异(或偏爱其一),它是感官评价中经常使用的方法之一。差别检验中分析的主要方法是统计学中的二项分布参数检查,主要类型包括:成对比较检验法、三点检验法、二—三点检验法、"A"—"非 A"检验法、五中取二检验法和差异对照检验法。

(1)成对比较检验法　以随机顺序同时出示两个样品给评价员,要求评价员对这两个样品进行比较,判定整个样品或者某些特征强度顺序的一种评价方法,称为成对比较检验法或者两点检验法。成对比较检验有两种形式,一种称为差别成对比较法(双边检验),也叫简单差别实验或异同实验,另一种为定向成对比较法(单边检验)。决定采取哪种形式的检验,主要取决于研究的目的。如果感官评价员已经知道两种产品在某一特定感官属性上存在差别,那么就应采用定向成对比较法。如果感官评价员不知道样品间某种感官属性是否存在差异,那么就应采用差别成对比较法。

(2)三点检验法　三点检验是差别检验当中最常用的一种方法。在三点检验中,同时提供三个编码样品,其中有两个样品是相同的,另外一个样品与其他两个样品不同,要求评价员挑选出其中不同于其他两个样品的样品,该方法也称为三角实验法。三点检验法可使感官专业人员确定两个样品间是否有可觉察的差别,但不能表明差别的方向及程度。

三点检验法常被应用在以下几个方面:①确定产品的差异是否来自成分、工艺、包装和储存期的改变;②确定两种产品之间是否存在整体差异;③筛选和培训检验人员,以锻炼其发现产品差别的能力。

(3)二—三点检验法　在检验中,先提供给评价员一个对照样品,然后提供两个样品,其中一个与对照样品相同或者相似,要求评价员在熟悉对照样品后,从后提供的两个样品中挑选出与对照样品相同的样品,这种方法称作二—三点检验法,也被称为一—二点检验法。二—三点检验的目的是区别两个同类样品是否存在感官差异,但不能通过检验指明差异的方向。

(4)"A"—"非 A"检验法　在感官评价人员先熟悉样品"A"以后,再将一系列样品呈送给这些评价人员,样品中有"A",也有"非 A",要求评价人员对每个样品做出判断,哪些是"A",哪些是"非 A",这种检验方法被称为"A"—"非 A"检验法。这种是与否的检验法,也称为单项刺激检验。此检验方法适用于确定原料、加工、处理、包装和储藏等各环节的不同,所造成的两种产品之间存在的细微感官差别,特别适用于检验具有不同外观或后味强烈的样品的差异检验,也适用于确定评价员对产品某一种特性的敏感性。

(5)五中取二检验法　同时提供给评价员五个以随机顺序排列的样品,其中两个是同一类型,另三个是另一种类型。要求评价员将这些样品按类型分成两组的检验方法,称为五中取二检验法。该方法在测定上更为经济,统计学上更具有可靠性,但在评价过程中容易出现感官疲劳。

(6)差异对照检验法　差异对照检验法,又称与对照的差异检验,也称差异程度检验,是呈送给评价员一个对照样和一个或几个待检验样,并告知评价员,待检验样中的某些样品可能和对照样是一样的,要求评价人员按照评价尺度定量地给出每个样品与对照的差异程度。差异对照检验法适用于样品间存在可以检验到的差异,但检验的目标主要是通过样品间差异的大小来做决策的情形,如在进行质量保证、质量控制、货架寿命试验等研究时,不仅要确定产品间是否有差异,还需要知道差异的程度。

4.1.2.2　标度和类别检验

标度和类别检验的目的是估计差异的次序或大小,或者样品应归属的类别或等级。它要求评价员要对两个以上样品进行评价,并判定出哪种样品好、哪种样品差,以及它们之间的差异大小和差异方向等。

不同的方法有不同的处理形式,结果取决于检验的目的及样品数量,常用 x^2 检验、方差分析、t 检验等。它的主要类型有排序检验法、分类检验法、评估和评分检验法、分等检验法等。

(1)排序检验法　排序检验法是将一系列样品按某一指定特性强度或程度次序进行排列的一种分类方法。该方法不评价样品间差异的大小,只排出样品的次序,表明样品之间的相对大小、强弱、好坏等,属于程度上的差异。此法的优点是可利用同一样品,对其各类特征进行检验,排出优劣,且方法较简单,结果可靠,即使样品间差别很小,只要评价员很认真或者具有一定的检验能力,都能在相当精确的程度上排出顺序。

排序检验法可用于快速表征具有复杂特性的(如特性和风味)少量样品(6 个左右)或仅用外观特性评价的大量样品(20 个左右)。当实验目的是就某一项性质对多个产品进行比较时,如甜度、新鲜程度等,使用排序检验法是进行这种比较的最简单方法。排序法比其他方法更节省时间,它常被用在以下几个方面。

①确定由于不同原料、加工、处理、包装和储藏等各环节而造成的产品感官特性差异。

②当样品需要为下一步的实验预筛或预分类,即对样品进行更精细的感官评价之前,可应用此方法。

③对消费者或市场经营者订购的产品的可接受性调查。

④企业产品的精选过程。

⑤评价员的选择和培训。

（2）分类检验法　分类检验法是评价员品评样品后，将样品（以自身特征或者样品的识别标记）划归到预先定义类别中的方法。它是先由专家根据某样品的一个或多个特征，确定出样品的质量或其他特征类别，再将样品归纳入相应类别或等级的方法。此法是使样品按照已有的类别划分，可在任何一种检验方法的基础上进行。

分类检验法适用于欲将样品划归到无特定次序的、最适合的类别中的情形。例如，鱼可以按所属种分类、样品可按所具缺陷类型分类。分类的原则是将样品划归到最具典型特征的类别中去。

（3）评估和评分检验法　评分法是商业中比较推崇也经常使用的一种评价方法，由专业的打分员用一定的尺度进行打分，经常用评分法评价的商品有咖啡、茶叶、调味料、奶油、肉等。评分法在商业中十分有用，因为它可以保证产品的高质量，但它也有自身的缺点，由于评分法都是评分员给样品打一个总体分，它综合了该样品所有的性质，因此很难从统计学的角度对其中某项物理、化学性质进行分析。所以，评分法正在被许多其他方法逐步取代。但有一些经典方法仍在继续使用，如鱼的新鲜度评分标准、奶油和肉的评分标准等。

评估可以用于评价样品间一个或多个特性的强度或对其偏爱程度。如果对样品组之间的结果进行比较时，使用评估的方法更好些。由于此方法可同时评定一种或多种产品的一个或多个指标的强度及其差异，所以应用较为广泛，尤其适用于评定新产品。

（4）分等检验法　分等检验法是将样品按照质量的顺序标度进行分组的一种方法。分等适用于欲将样品划归到能反映质量特性的最适合的类别中。例如，鱼可按其新鲜程度分等，样品可按其缺陷程度分等。分等的原则是将样品划归到最具等级特征的类别中去，如果用数字代表等级类别，那么测量数据即与顺序标度相对应，这些数字仅表示等级差异的次序。

4.1.2.3　分析或描述性检验

分析或描述性检验的目的是识别存在于某样品中的特殊感官指标，这个检验可以是定性的，也可以是定量的。它要求评价员可判定出一个或多个样品的某些特征或对某特定特征进行描述和分析，从而得出样品各个特性的强度或样品全部感官特征，如外观特征、嗅闻的气味特征、口中的风味特性（味觉、嗅觉及口腔的冷、热、收敛等知觉和余味）、组织特性和几何特性等。因此，它要求评价员除具备感知食品品质特性和次序的能力外，还要具备描述食品品质特性的能力，以及对总体印象或总体风味特性的总结能力和总体差异分析能力。分析或描述性检验常采用 x^2 检验、图示法、方差分析、回归分析、数学统计等方法，主要类型有简单描述检验法、定量描述和感官剖面检验法。

（1）简单描述检验法　简单描述检验法要求评价员对样品特征的某个指标或各个指标进行定性描述，尽量完整地描述出样品的品质。描述的方式通常有自由式描述和界定式描述，前者由评价员自由选择自己认为合适的词汇，对样品的特性进行描述，而后者则是首先提供指标检查表，或是评定某类产品时的一组专用术语，由评价员选用其中合适的指标或术语对产品的特性进行描述。

（2）定量描述和感官剖面检验法 定量描述和感官剖面检验法要求评价员尽量完整地对样品感官特征的各个指标强度进行描述。这种检验可以使用简单描述实验所确定的术语词汇,定量描述样品整个感官印象并分析。可单独或结合地使用这种方法品评气味、风味、外观和质地。

4.2 标度

在食品的感官评价中,主要利用人的五官感觉来测定食品感官质量特征。标度就是将人的感觉、态度或喜好等用特定的数值表示出来的一种方法。这些数值可以是图形,可以是描述的语言,也可以是数字。在感官检验中,它是一门度量的科学,度量是将感官体验进行量化的关键一步,在此基础上才能将数据进行统计分析。标度的基础是感觉强度的心理物理学,由于物理刺激量或食品理化成分的变化会导致评价员在味觉、视觉、嗅觉等方面的感觉发生变化,在感官评价检验中要求评价员能够利用标度的方法来体现这些感觉上的变化,给出标度数值。由于食品本身感官质量的复杂性,以及改变产品配方或工艺对产品感官质量的影响的多样性,并且由此产生的感觉变化也是十分复杂的,对这种复杂的感觉变化进行度量很困难或很容易失真,因此需选用合适的标度方法进行表示。

感官评价标度包括两个基本过程:第一个过程是心理物理学过程,即人的感官接受刺激产生感觉的过程,这一过程实际是感受体产生的生理变化;第二个过程是评价员对感官产生的感觉进行数字化的过程,这一过程受标度的方法、评价时的指令及评价员自身的条件所影响。

标度法中既使用数字来表达样品性质的强度（甜度、硬度、柔软度）,也使用词汇来表达对该性质的感受（太软、正合适、太硬）。如果使用词汇,应该将该词汇和数字对应起来。例如,非常喜欢=9、非常不喜欢=1,这样就可以将这些数据进行统计分析。标度法也有它自身的不足,那就是品评人员容易只选择中间的数值。例如,要求某种苹果汁按照从0～9的标尺,对其苹果风味进行评价,评价员一般不会选用0、1和2,因为他们总以为还会有风味更低的样品,而这样的样品可能不会出现在试验中,同样,评价员也不太会选择7、8和9这几个数值,他们是等待风味更浓的样品的出现时才用这些数值,而这样的样品在该次试验中也可能根本不会出现,结果,这个标尺就不准确了,如苹果风味非常浓的样品只被标为6.8,而苹果风味稍高于平均水平的样品被标为6.2。

4.2.1 标度的形式

标度一个最大的优点是在同一属性因子下有较细致的感官标度区分,而这种区分的感官分辨率,又是根据实验心理学原理进行设计,感官评价人员只需要在一个小的区间内做出准确判断。无论是针对差别的测量还是对喜好的测定,多样化的标度形式为感官研究提供了极大的便利,主要可分为以下三类。

4.2.1.1　数值式标度

此类标度方式和生活实践活动的关联性较大,加之使用起来较为方便,因此在实际评价过程中被广泛采用,如图4-1所示,给出一个数字系列,最常见构成方式是3、5、7、9的形式(即该数值为标度的最大值),并不单独使用,需要提供给参与实验人员一个强度或态度的选择或注释,通过对端点或中心点适当的注释,使用者能够更好地理解数值的含义。例如,按照甜味从弱到强用1、2、3、4进行排序,对样品某一属性的喜好强度评价等,另外以评分方式出现的标度也被广泛使用,使用过程中通常对分数段也要进行适当注释。

1 2 3 4 5 6 7 8 9
弱　　　　　　　　　强

图4-1　一种数值标度形式

4.2.1.2　文字式标度

为了更好地了解参与实验人员对某种感受的体验,有时也用纯文字的形式对某种感受进行描述。例如,常用的9点喜好标度:极其不喜欢、非常不喜欢、一般的不喜欢、稍微不喜欢、既不喜欢也不会不喜欢、稍微喜欢、一般的喜欢、非常喜欢、极其喜欢;恰好标度:极其弱(-2)、弱(-1)、恰好(0)、强($+1$)、极其强($+2$)等。图4-2是一种常见的文字和数值相结合的标度形式,需要在统计分析时进行数字转换。

图4-2　一种文字与数值相结合标度形式

4.2.1.3　图形化标度

图形化标度有线性或图形方式等,较为常见的是一段长度在15 cm左右的线段,对适当的刻度加以注释,如图4-3所示是对气味强度评价的一种标度。按照提示,参与实验人员只需要根据自己的感受在相应的位置做出记号,使用起来比较方便,但通常需要借助计算机来完成数据的收集和转换工作。幼儿或较小年龄人员,由于他们对于数字的敏感性或文字的差异性表述可能会有理解上的、使用上的困难,针对这一特点设计了脸谱式的针对幼儿的面部表情的标度方法等,如图4-4所示,生动形象,便于特定人群的理解和使用。

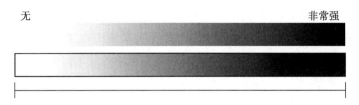

图 4-3　15 cm 的彩色、灰度或线性标度形式

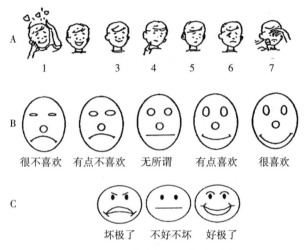

图 4-4　脸谱化的图形标度形式

4.2.2　标度的赋值方法

标度的产生源于人们对感官反应进行量化评价的需求,根据感官评价中的应用情况,较常用的有 4 种赋值方法,包括名义标度、顺序标度、等距标度和比率标度。

4.2.2.1　名义标度

名义标度中,对于事件的赋值主要是为了方便标记,数值赋值仅仅是用于分析的一个标记、一个类项或种类。例如,为性别编码,将 0 代表男性,1 代表女性,它不反映序列特征,仅为方便标记。对这类数据的分析主要是进行频率计算并报告结果。对于不同产品或环境的不同反应频率,可通过卡方分析或其他非参数统计方法进行比较。利用这一标度各单项间的比较可以说明它们是属于同一类别还是不同类别(相等与不相等的结果),而无法得到关于顺序、区别程度、比率或差别大小等结果。

4.2.2.2　顺序标度

顺序标度是以预先确立的单位或以连续级数排列的一种标度,它赋值是为了对产品的一些特性、品质或观点(如偏爱)标示顺序。该方法赋给产品的数值增加表示感官体验的数量或强度的增加。所以,对葡萄酒的赋值可根据感觉到的甜度来排序,或对香气的赋值可根据从喜爱到最不喜爱而排序。顺序标度既无绝对零点也无相等单位,只能提供对象强度顺序,而不能提供对象之间差异的大小,即此种标度中数值的大小能够对应事物属性的等级,但只要求将属性按某规则排出一个次序,并不需考虑标度间距离的大小。类似于比赛名次,我们知道第一、第二、第三等,但这种名次并不能说明选手间的差距。所以,根据顺序标度的结果我们既不能对感知到差别的程度下结论,也不能对差别的比率或数量下结论。

顺序标度常见于感官偏爱研究中。许多数值标度法可能只产生序级数据,选项间的间距主观上并不是相等的。例如,关于常用的市场研究标度,"极好—很好—好——一般—差"。这些形容词间的主观间距不均匀,评价为"好"与"很好"的两个产品间的差别比评价为"一般"和"差"的产品间的差别要小得多。但是,在分析时我们经常试图将数值 1~5 赋值给这些等级并取平均值,将这些赋值数据作为相等的间距一样进行统计。这显然是不合理的,一个合理的从"极好"到"差"的 5 点标度分析应该是计算各等级中反应者的数目,并进行频率比较。通常排序数据分析可以报告反映的中值作为主要趋势的概括,或者报告其他百分数以得到额外的信息,而包含加法和除法(如平均数的计算)的数学运算并不恰当。

4.2.2.3 等距标度

等距标度是有相等单位,但无绝对零点的标度。相等的单位是指相同的数字间隔代表相同的感官差别。等距标度可以度量对象之间强度差异的大小,但不能比较对象强度之间的比率。用于感官科学的标度,几乎没有哪种能够完全得到等距测量水平的检验。目前,公认的一种等距标度方法是用于喜爱-厌恶判断的 9 点类项标度,通常称为 9 点快感标度。这是一个相对平衡的标度法,所标明的反映选项有大致相等的间距,如下所示:

非常喜欢

很喜欢

一般喜欢

有些喜欢

既不喜欢也不厌恶

有些厌恶

一般厌恶

很厌恶

非常厌恶

这些选项通常从 1 到 9,或者等间距(如-4 ~ +4)赋值进行编码和分析。上述标度的区别在于强调主体反映强度差异的形容词。

4.2.2.4 比率标度

比率标度是既有绝对零点又有相等单位的标度,比率标度不但可以度量对象强度之间的绝对差异,而且可以度量对象强度之间的比率,这是一种最精确的标度。在这种方式下,0 点不是任意的,而数值也反映了相对比例。

比率标度中相同的数字比率代表相同的感官比率。例如,对于"甜度"特性,样品 A 得 6 分,样品 B 得 3 分,比率 6/3 表示:判定样品 A 的甜度是样品 B 的 2 倍;若与得 18 分的样品 C 比较,则判定样品 A 的甜度是样品 C 的 1/3。

在感官评价中,一般通过量值估计法来获得比率标度,参比样品的数值可以固定或由评价员来选择;在后一种情形中,要求通过随后的比值计算比较每个评价员的结果。

4.2.3　常用标度方法

在食品感官评价领域有三种常用的标度方法:线性标度、类项标度和量值估计法。其中,量值估计法来自于心理物理学研究方法,使用这种方法,评价员可以对感觉赋予任何数值来反映其比率;而类项标度法,经过实际应用和在食品研究中的推广已经相当常见。另外还有一些不常用的标度方法,如类项—比率混合标度、间接标度及选择排序法。

这些方法存在两大方面的差异。一方面是评价员所允许的自由度及对反应的限制。开放式标度法不设上限,其优点是允许评价员选择任何合适的数值进行标度。不过,这种开放式的反应难以在不同评价员之间进行比较分析,数据编码、分析及翻译过程会复杂化。相反,简单的分类法则易于确定固定值或使参照标准化,便于校准评价员,而且数据编码与分析常常很直观。标度方法间差异的第二个方面是允许评价员的区别程度。有的允许评价员根据需要使用任意多个中间值,而有的则被限制只能使用有限的离散的固定选择。采用合适的标度点数量可以减少这些差异。研究表明,9 点(或更多)类项标度法与分级更精细的量值估计法及线性标记法结果很接近,尤其是当产品差异不是很大时。

4.2.3.1　类项标度

在类项标度中,要求评价人员就样品的某项感官性质在给定的数值或等级中为其选定一个合适的位置,以表明它的强度或自己对它的喜好程度。类项标度的数值通常是 7 ~ 15个类项,主要取决于实际需要和评价人员能够区别出来的级别数。

类项标度的数值不能说明一个样品与另一个样品差别的大小,如在一个用来评价硬度的 9 点类项标度中,被标为 6 的样品其硬度不一定是被标为 3 的样品硬度的 2 倍,在 3 和 6之间的硬度差别可能与 6 和 9 之间的差别也不一样。类项标度中使用的数字有时是表示顺序的,有时是表示间距的。

类项标度有时也被通称为“评估标度”,尽管这个术语也用于指所有的标度方法。最简单的,也是最常见的形式是利用整数来反映逐渐增强的感官强度。简单类项标度的例子可见前述图 4-1 数值标度、图 4-4 适用于年幼儿童的脸谱化图示标度,还有如图 4-5 所示的形式。

类项标度方法应用广泛。常见的例子是用大约 9 个点的整数反应。分级也可以更多,如用 1 ~ 99 的选项来评估织物的手感特征。在以后的研究中,有研究者放弃使用标度或整数,以避免受试对象产生误解或偏见,因为人们常对特定的数字产生特定含意的联想。为解决这一问题,常采用未标注的方格标度法。

A 语言类项标度

例:氧化　无感觉

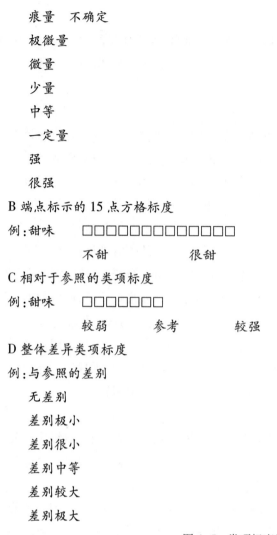

痕量　不确定

极微量

微量

少量

中等

一定量

强

很强

B 端点标示的 15 点方格标度

例：甜味　□□□□□□□□□□□□□□□

　　　　　不甜　　　　　　　很甜

C 相对于参照的类项标度

例：甜味　□□□□□□□

　　　　较弱　　　参考　　　较强

D 整体差异类项标度

例：与参照的差别

　　无差别

　　差别极小

　　差别很小

　　差别中等

　　差别较大

　　差别极大

图 4-5　类项标度举例

如果应用合理，类项标度可以很接近等距测量。主要的条件是要提供足够的选择，以表示评价人员能够分辨的差别。如果评价小组受过高度训练而能够辨别很多刺激水平的话，一个简单的 3 点标度是不够的。例如，在风味剖面标度的评价过程中，开始用 5 个点来表示无感觉、阈值感觉、微弱、中等和强烈，但很快又发现评价人员需要另外的中间点，特别是在标度的中间范围。然而，有规律表明使用太多的标度点会产生较多随机误差，从而降低回收率。

对于个人倾向问题，尤其在消费者工作中，会以去除选项或截去端点的方法来简化标度。回避端点会引起不良结果，一些受试者往往不愿使用端点类项，以防在后面的检验中出现更强或更弱的情况，因此，人们自然倾向于回避端点类项，例如，在 9 点标度中，将 9 点标度截为 7 点标度，可能使评价者实际上只能得到 5 点标度的作用。所以，最好避免在实验计划中截去标度点的倾向。

实验设计者要考虑是否对中间标度点给予物理学案例,这在端点类项中较为常见,而在中间点类项中的使用要少一些。这种做法的优点是可以获得一定的标准水平,这是受过训练的有描述能力的评价人员所希望的特征。如在质地剖面方法中用 9 点标度评价硬度时,所有的类项点都有相应的物理学案例,从非常软的像白色的煮鸡蛋那样到非常硬的像硬糖块那样,两个相邻的样品间保持的间距大致相等。其潜在的缺点是限制了受试者的标度。一些物理学案例在实验者看来是等距的,在参与者看来却未必是等距的。这种情况下,最好的做法是让受试者在可选标度范围内确定判断,但不假设中间点的案例是真正等距的。这一选择取决于实验者,训练有素的评价小组进行感官分析时更喜欢标准,而消费者偏爱评估时则喜欢减少限制。

在实践中,简单的类项标度对产品区别的敏感性几乎和其他标度技术一样。由于其简易性,所以特别适合于消费者工作。另外,类项标度在快速准确的数据编码和列表方面也有一些优势,其工作量要小于线性标度或变化更多的可能包含分数的量值估计法。当然,前提假设数据列表是手工进行的,如数据是利用计算机系统在线记录的,就不存在这一优势。

4.2.3.2　量值估计

量值估计方法是目前较流行的标度技术,它可以不受限制地应用数字来表示感觉的比率。在此过程中,评价员允许使用任意正数并按指令给感觉定值,数字间的比率则反映了感觉强度大小的比率。例如,假设产品 A 的甜度值为 20,产品 B 的甜度是它的 2 倍,那么 B 的甜度评估值就是 40。应用这种方法需要注意对评价员的指令明确并采取适宜的数据分析技术。

量值估计有两种基本变化形式。第一种形式,给评价员一个标准刺激作为参照或基准,此标准刺激一般会赋予一个固定数值,所有其他刺激与此标准刺激相比较而得到标示,这种标准刺激也称为"模数"。另一种变化形式则不给出标准刺激,参与者可选任意数字赋予第一个样品,然后将所有样品与第一个样品的强度比较而得到标示。

下面给出了参照样或赋以固定数值模数的量值估计应用示范指令:

请品尝第一个样品并注意其甜度。这是一个参照样品,它的甜度值定为"10"。请根据该参照样品来评价所有其他样品,并给这些样品相应的数值以表示样品间的甜度比率。例如,如果下一个样品的甜味是参照样的 2 倍,则将其定值为"20",如果其甜度是参照样的一半,则将其定值为"5",如果其甜度是参照样的 3.5 倍,则将其定值为"35"。你可以使用任意的正数,包括分数和小数。

在这种方法中有时允许用数字 0,因为在检验时有些产品实际上没有甜味,或者没有需要评价的感官特性。但参照样品不能用 0 来赋值,参照样品最好能选择在待测样品强度范围的中间点附近。

量值估计的另一种变化形式,即不使用参照样赋予固定数值。这种情况下可以采用以下指令:

请品尝第一个样品并选择任意数值进行标度。请根据该样品来评价所有其他样品,并给这些样品相应的数字以表示样品间甜度的比率。例如,如果下一个样品的甜味是第一个样品的 2 倍,则给该样品定值为第一个样品的 2 倍,如果其甜度是第一个样品的一半,则将其定值为第一个样品的一半,如果其甜度是第一个样品的 3.5 倍,则将其定值为第一个样品的 3.5 倍。你可以使用任意的正数,包括分数和小数。

参与者一般会选择他们感觉合适的数字范围。一般建议第一个样品的值在 30 ～ 100 为宜,应避免使用太小的数字。参与者应注意避免前面使用有界限类项标度的习惯,如限制数字范围为 0 ～ 10。有这种行为的评价人员可能没有理解指令中"比率"的特性。为避免这一问题,可以让参与者进行一些准备活动来帮助他们确切地理解标度指令。准备活动可以让他们估计不同几何图形的大小和面积,或者线段的长度。

如果允许参加者选择他们自己的数字范围,那么,在统计分析之前有必要进行再标度,使每个人的数据落在一个正常的范围内。这样,可以防止受试对象选择极大或极小数字而对集中趋势(平均值)测量和统计检验的不良影响。这一再标度过程也被称为"标准化"。再标度的一种常用操作方法是:①计算每个人全部数据的几何平均值;②计算所有数据(将全部评价员综合起来)的总几何平均值;③对各评价员计算总几何平均值与各自几何平均值的比率,由此得到各评价员的再标度因子,构建这一因子也可以不用总几何平均值,而选用任何正数,如选用数值100;④对于各评价员,用他们各自的数据点乘以他们相应的再标度因子。这样,得到的数据就可以进行统计学比较。如果数据在再标度前已经转化成对数值,那么,再标度因子则是基于对数的平均值,这样,它就变为用加法而不是用乘法了。因此,以对数计算更为方便。

在实践中,量值估计法可应用于训练有素的评价小组、消费者甚至是儿童。但是,比起受到限制的标度方法,量值估计法的数据变化更大,特别是出自未经训练的消费者的数据。该标度法的无界限特性,使得它特别适合于那些上限会限制评价人员区分感官体验的能力情况。例如,像辣椒的辣度这样的刺激或痛觉,在类项标度法中可能都被评估为接近上限的强度。但在端点开放的量值估计法中,允许评价人员有更大的自由度来运用数字反应极强烈的感觉变化。

在喜爱和厌恶的快感标度中,量值标度的应用有两种选择,一种使用单侧或单极标度来表示喜爱的程度,另一种使用双极标度,可以使用正数和负数,外加一个中性点。在喜爱和厌恶的双极量值标度中,允许使用正数和负数来表示喜爱和厌恶的比率或比例。对正数和负数的选择只表示数字代表的是喜欢还是不喜欢。在单极量值估计中,则只允许使用正数(有时包括0)。低端表示厌恶,随着数值的增大,表明喜爱的程度成比例逐渐升高。设计这种标度时,实验者应明确单极标度对参与评价的人员是否合适,如果能保证所有的结果都在快感的一侧,无论是都喜欢或都不喜欢,只是程度不同,那么单极标度才有意义。在少数情况下,对食品或消费产品的检验是可以采用的。因此,像 9 点类项标度的双极标度更符合评价人员的认知。

4.2.3.3　线性标度

线性标度也称为图标评估标度或视觉相似标度。该方法是评价员在一条线上做标记来评价感觉强度或喜爱程度。自从数字化设备出现,以及随着在线计算机化数据输入程序的广泛应用,这种标度方法变得特别流行。这种标度方法有多种形式,大部分情况下,只有端点做了标示。标示点也可以从线段两端缩进一点儿以避免末端效应,因为有的受试者不愿意使用标度的端点。其他中间点也可以标出来。一种常见的变化形式是标出一个中间的参考点,代表标准品或基线产品的感官值或标度值,所需检验的产品根据此参考点来进行标度,如图 4-6 所示。经过训练的评价员对多特性进行描述分析时,常用这些技术,在消费者研究中则较少应用。

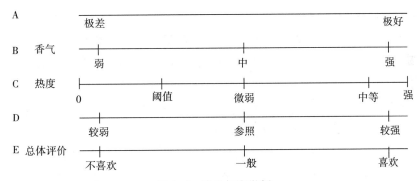

图 4-6　线性标度举例
A—端点标示;B—端点缩进;C—附加点标示;D—利用直线的相对参考点标示;
E—利用直线的快感标度

感官评价的线性标度起源于第二次世界大战中美国密歇根州农业实验站的一次实验。检验苹果的各种贮藏温度中,运用了简单的类项标度对水果的吸引力进行了评价(从很理想到很不理想分成 7 个选项进行评估),然后使用了 6in(1 in=2.54 cm)的线性标度,线的左端标示为"极差",线的右端标示为"极好",对显示在线上的结果用英寸为单位进行测量。参加者的投票结果表明他们更偏爱类项标度而不是线性标度。

带有许多标示选项的详细类项标度有助于某些评价员进行选择,但也会妨碍部分评价员的选择。线性标度是提供了选项的连续等级选择,只受限于数据列表的测量能力,而且线性标度很适合产品间的相对比较。当然这可能是由于在选票上将一种标度放在另一种上面,这样,评价员可同时看到两个标度。为了减小这种前后效应,现在通常除去前面的评估以获得对产品更为独立的判断。

有研究者推荐将线性标度用于定量描述分析(quantitative descriptive analysis, QDA),继而形成一种标示各种重要感官特性的新方法。

自 QDA 出现以来,线性标度技术已被用于需要感官评价的各种不同场合。例如,用线性标度法让消费者评价啤酒的风味强度、丰满度、苦味和后味特征。利用线性标度技术并结合比率指令,对口味和气味的强度及快感判断进行混合研究,这是一个综合的方法,受试者根据指令进行线性标度,如同进行量值评估一样。例如,如果一种产品的甜度是前一种的2倍,那么就在线上2倍距离的位置标示出来。在比较类项标度、线性标度和量值评估时,线性标度方法对产品的差别的识别与其他标度技术几乎同样灵敏。

4.2.4　标度的应用

由量值估计标度法得到的数据具有比例性质,它避免了评价人员不愿意使用两端数值这一问题,而在类项标度法中,试验组织者要设计标尺,并确保评价人员了解如何使用。而量值估计标度法也有其不足,就是评价人员容易使用5、10、15这样粗略、易记的数值,而不大愿意使用6、7或者1.3、4.2这样比较精确的数值。但实际上,一些应用表明,这两种方法并没有明显的差别。

有这么多的标度方法,那么到底哪一种更有效、更可靠或者比其他方法在某些方面更优越呢,研究人员在1986年进行了一次广泛的系列研究(超过20 000次试验),对集中场所的消费者利用不同的感官系统(包括嗅觉、触觉和视觉形式)进行了检验,比较了线性标度、量值估计和类项标度法,利用产品间统计上的差别程度来作为方法有效性的标准。试验结果表明,各标度法的表现大致相同。此外,另有学者在1985年对有经验的评价员的试验也得到相似的结论,这些建立在试验基础上的研究表明了各方法之间的等同性。

标度方法为感官评价提供了用途非常广泛而花费低廉的工具。在感官评价中的许多感觉使用标度是必要的。对于描述的、情感的感官评价甚至是简单差别检验,标度都可以广泛使用,证明利用标度方法具有简便性。虽然标度法有其优点,但使用时需要考虑它表现出前后关联效应的倾向以及所得数据的相对性。

思考题

1. 常见食品感官评价方法有哪些？分别具有什么特点？

2. 标度的定义是什么？标度具有哪些？

3. 标度有几种常用方法？各有何优缺点？

第 5 章 差别检验

> **内容提要**
> 　本章主要介绍差别检验的方法、应用以及检验评价结果的统计分析。
>
> **教学目标**
> 　1. 掌握不同差别检验的方法及其应用。
> 　2. 掌握不同差别检验评价结果的统计分析方法。
> 　3. 了解不同多重比较方法的区别。

5.1　概述

差别检验是感官评价中经常使用的方法之一。它要求品评员评定两个或两个以上的样品中是否存在感官差异（或偏爱其一）。差别检验一般不允许"无差异"的回答（即强迫选择），即使品评员未能觉察出样品之间的差异。如果允许出现"无差别"的回答，那么可用以下两种处理方法：①忽略"无差别"的回答，即从评价小组得到结果的总数中减去这些数；②将"无差别"的结果平均分配到其他类的回答中。在实验中需要注意样品外观、形态、温度和数量等表现参数的明显差别会引起误差，如果实验样品间的差别非常大，则差别实验是无效的。

差别检验的用途很广。有些情况下，实验者的目的是确定两种样品是否不同，而在另外一些情况下，实验者的目的是研究两种样品是否相似，以至达到可以互相替换的程度。以上这两种情况都可通过选择合适的实验敏感参数（如 α、β、P_d）来进行实验。在统计学上，假设检验也称显著性检验，它是事先做出一个总体指标是否等于某一个数值或某一随机变量是否服从某种概率分布的假设，然后利用样本资料采用一定的统计方法计算出有关的统计量，依据一定的概率原则，用较小的风险来判断假设总体与现实总体是否存在显著差异，是否应当接受或拒绝原假设选择的一种检验办法。假设检验是依据样本提供的信息进行判断的，也就是由部分来推断总体，因而不可能绝对准确。根据样本资料对原假设做出接受或拒绝的决定时，可能会出现以下 4 种情况：

（1）原假设为真，接受它；

（2）原假设为真，拒绝它；

（3）原假设为假，接受它；

（4）原假设为假，拒绝它。

上面的四种情况.很显然,(2)与(3)是错误的决定。因此,为了能够做出正确决定必须考虑错误的性质和犯错误的概率。原假设为真却被我们拒绝了,否定了未知的真实情况,把真当成了假,称为犯第 I 类错误原假设为假却被我们接受了,接受了未知的不真实状态,称为犯第 II 类错误。

在假设检验中,犯第 I 类型错误的概率记作 α,称其为显著性水平,也称为 α 错误或弃真错误;犯第 II 类型错误的概率记作 β,也称 β 错误或取伪错误。α 常用水平为 0.1、0.05、0.01,是按所要求的精确度而事先规定的,表示概率小的程度。它说明检验结果与拟定假设是否有显著性差异,如有就应拒绝拟定假设。

P_d(proportion of distinguisher),是指能分辨出的差异的人数比例。

在统计学上,α、β、P_d 值的范围所表示的意义如表 5-1 所示。

表 5-1　α、β、P_d 值的范围所表示的意义

α 值	存在差异的程度	β 值	差异不存在的程度	P_d 值	能分辨出差异的人的比例
10% ~ 5%	中等	10% ~ 5%	中等	< 25%	较小
10% ~ 5%	显著	10% ~ 5%	显著	25% ~ 35%	中等
10% ~ 5%	非常显著	10% ~ 5%	非常显著	> 35%	较大
< 0.1%	特别显著	< 0.1%	特别显著		

差别检验的目的不同,需要考虑的实验敏感参数也不同。在以寻找样品间差异为目的的差别检验中,只需要考虑 α 值风险,而 β 值和 P_d 值通常不需要考虑。而在以寻找样品间相似性为目的的差别检验中,实验者要选择合适的 P_d 值,然后确定一个较小的 β 值,α 值可以大一些。而某些情况下,实验者要综合考虑 α、β、P_d 值,这样才能保证参与评价的人数在可能的范围之内。

差别检验中常用的方法有:成对比较检验法、三点检验法、二—三点检验法、"A"—"非A"检验法、五中取二检验法、异同检验法及差异对照检验法。

组织和管理好差别检验的各个步骤是促使检验过程成功的要素。这些要素包括发生在检验进行之前、之中和之后的问题。在这些问题当中,有些是属于哲学范畴的,而另外的一些则更实际,和测试者数目、统计显著性等方面有关。对于评价人员来说,这些问题都是相互关联的。通过对差别检验进行充分的管理和计划,可以避免在"要做什么"和"检验结果该如何使用"方面出现混乱。管理检验意味着要有这样的一个系统,使得我们可以归档测试申请、筛选测试产品、明确测试目的、完成测试人员和相应测试方法的挑选、排期和落实并最终以明了和可行的方式及时报告测试的结果。

在对管理方面的问题进行讨论之前,辨别出组织行为的各种要素是很有用的。这些要素具体包括:

①明确说明差别检验的目的(可以避免错误使用检验方法)。

②关于每种检验方法的简介,包括成对比较法、二—三点检验法、三点检验法和其他可

能用到的方法。此外还应附上每种方法的记分卡和每种检验过程的具体描述,包括建议使用的容器和上样规程。

③简单介绍测试的申请过程,包括和申请人面谈、必要时的产品评审、测试时间表和测试报告的分发。

④测试申请表和报告形式的范例(包括书面和电子版本)。

⑤对测试人员挑选标准的描述,包括筛选规程和监控测试人员在评估中的表现。

⑥带有使用说明的精选实验设计方案。

⑦测试过程的指引,包括产品编号、样品量、时间等。

⑧分析和判读数据的方法。

⑨激励测试人员的建议方式。

除此之外,还可能会有一些其他要素,要根据实际情况来进行判断。

5.2　成对比较检验法

如果要确定两个样品间在某个感官属性上是否存在差异,如哪个样品更甜(酸、涩、苦)等,可采用成对比较检验(paired comparison test),也称 2 项必选检验(2 - alternative forced choice,2 - AFC)。

5.2.1　方法

此检验是以随机顺序同时呈送两个样品给评价员,要求评价员对这两个样品进行评价比较,判定两个样品在某个感官属性上的差异强度。一般情况下评价员要给出选择,若感觉不到可以猜测。

5.2.2　适用范围

成对比较检验是操作最简单、应用最为普遍的感官评价方法,可用于产品开发、工艺改进、质量控制等方面,也常用于更复杂感官评价之前。

5.2.3　评价员

成对比较检验试验过程比较简单,即使没有受过培训的人也可以参加试验,但作为评价员必须熟悉所要评价的感官属性。如果试验特别重要,需要针对某个特殊感官属性进行评价,就需要对评价员进行必要的培训、筛选,以确保评价员对要评价的样品属性特别敏感。经过筛选的评价员最少应该有 20 人,如果是没有受过培训的人员,则应该更多。

5.2.4　样品准备和呈送

成对比较检验时,在条件允许的情况下,尽可能同时呈送两个样品,而且样品排序为

AB、BA 的数量要相等,各个评价员得到哪个样品排序是随机的。所有呈送的样品均用 3 个数字组成三位随机数字给予编码,随机数字见附表1。

5.2.5 结果整理与分析

成对比较检验的统计分析采用二项分布进行检验。统计回答正确的人数 x,在规定的显著水平下与临界值 $x_{a,n}$ 比较并做出推断。如果 $x \geq x_{a,n}$,表明两个样品在 α 水平上感官性质有显著差异。否则,两个样品没有显著差异。

在成对比较检验中,有单边检验和双边检验之分。如果在试验前对两个样品所评价的感官性质差异没有预期,即在理论上不可能预期哪个样品更强,采用双边检验,统计假设的原假设为两个样品的强度无差异,备样假设为两个样品有差异。此时称为无方向性的差别成对检验。如果试验之前对两个样品某种感官性质差异方向有预期,即理论上可预期哪个样品的感官性质更强,此时检验为单边检验,统计假设的原假设为两个样品的强度无差异,而备择假设为其中一个比另一个强,这种方法称为方向性的成对比较检验、定向成对比较检验。例如,两种饮料 A 和 B,其中 A 明显甜于 B,则检验时采用单边的;如果这两种样品有显著差别,但没有理由认为 A 或 B 的特性强度大于对方或被偏爱,则检验采用双边的。

由于双边检验和单边检验时的统计假设不同,因此比较时的临界值也不相同。方向性成对比较检验属单边检验,其猜测概率为 1/2,与二—三点检验相同,所以方向性成对比较检验和二—三点检验正确响应临界值表相同如表5-2所示,表5-3所示为无方向性成对比较检验正确响应临界值表。

表 5-2 方向性成对比较检验(单边)和二—三点检验正确响应临界值表

评价员数量 n	显著水平			评价员数量 n	显著水平			评价员数量 n	显著水平		
	5%	1%	0.1%		5%	1%	0.1%		5%	1%	0.1%
7	7	7	—	21	15	17	18	35	23	25	27
8	7	8	—	22	16	17	19	36	24	26	28
9	8	9	—	23	16	18	20	37	24	27	29
10	9	10	10	24	17	19	20	38	25	27	29
11	9	10	11	25	18	19	21	39	26	28	30
12	10	11	12	26	18	20	22	40	26	28	30
13	10	12	13	27	19	20	22	41	27	29	31
14	11	12	13	28	19	21	23	42	27	29	32
15	12	13	14	29	20	22	24	43	28	30	32
16	12	14	15	30	20	22	24	44	28	30	32
17	13	14	16	31	21	23	25	45	29	31	34
18	13	15	16	32	22	24	26	46	30	32	34
19	14	15	17	33	22	24	26	47	30	32	35
20	15	16	18	34	23	25	27	48	31	33	36

续表

评价员	显著水平			评价员	显著水平			评价员	显著水平		
数量 n	5%	1%	0.1%	数量 n	5%	1%	0.1%	数量 n	5%	1%	0.1%
49	31	34	36	70	43	46	49	100	59	63	66
50	32	34	37	80	48	51	55				
60	37	40	43	90	54	57	61				

表 5-3 无方向性成对比较检验正确响应临界值表

评价员	显著水平			评价员	显著水平			评价员	显著水平		
数量 n	5%	1%	0.1%	数量 n	5%	1%	0.1%	数量 n	5%	1%	0.1%
6	6	—	—	23	17	19	20	40	27	29	31
7	7	—	—	24	18	19	21	41	28	30	32
8	8	8	—	25	18	20	21	42	28	30	32
9	8	9	—	26	19	20	22	43	29	31	33
10	9	10	—	27	20	21	23	44	29	31	34
11	10	11	11	28	20	22	23	45	30	32	34
12	10	11	12	29	21	22	24	46	31	33	35
13	11	12	13	30	21	23	25	47	31	33	36
14	12	13	14	31	22	24	25	48	32	34	36
15	12	13	14	32	23	24	26	49	32	34	37
16	13	14	15	33	23	25	27	50	33	35	37
17	13	15	16	34	24	25	27	60	39	41	44
18	14	15	17	35	24	26	28	70	44	47	50
19	15	16	17	36	25	27	29	80	50	52	56
20	15	17	18	37	25	27	29	90	55	58	61
21	16	17	19	38	26	28	30	100	61	64	67
22	17	18	19	39	27	28	31				

【例 5-1】方向性成对比较检验。

某啤酒生产企业市场调查报告发现消费者认为目前所生产的啤酒 A 苦味不够,因此改进工艺,加大酒花的使用酿造啤酒 B,拟评定使用更多酒花的啤酒 B 是否比啤酒 A 苦。

本试验只需判断啤酒 B 是否苦于啤酒 A,属于单边检验,所以

原假设 H_0:啤酒 A 的苦味与啤酒 B 的苦味相同。

备择假设 H_A:啤酒 B 的苦味大于啤酒 A 的苦味。

为确保试验结果的有效性,检验显著水平定为 $\alpha = 0.01$。

将样品编号为"379"和"473",呈送给 40 名评价员评价。评价单如表 5-4 所示,切忌不能问"样品 379 是否比 473 苦?"。

表 5-4   方向性成对比较检验评价单

成对比较检验

姓名：　　　日期：　　评价员编号：

样品类型：__啤酒__

评定的感官性质：__苦味__

试验说明：

1. 从左向右品尝样品,然后给出评判。

2. 请在你认为苦味更强的样品编号上划圈。如果没有明显的差异,可以猜一个答案。谢谢!

379　　　　　　473

其他评价：

评价结束后,收集评价单,统计评价结果,有 27 人选择啤酒 B,13 人选择啤酒 A。查方向性成对比较检验临界值表 5-2,当有效评价员为 40 人,显著水平 $\alpha = 0.01$ 时,正确响应临界值为 28。本试验选择啤酒 B 的有 27 人,小于临界值,所以认为啤酒 B 的苦味与啤酒 A 没有显著差异,尚未达到预期的改良目的。

【例 5-2】无方向性成对比较检验。

某柠檬汁饮品公司市场调查表明,消费者最感兴趣的是新鲜压榨的天然柠檬汁。所以公司现提供两种具有压榨柠檬汁风味的粉末混合物,拟通过感官评价判断哪种样品更类似于新鲜压榨柠檬汁风味。

由于不同的消费者对于新鲜柠檬汁风味认定是不同的,因此选用较多的评价员评价。

本研究的试验目的是评价两种样品中哪一个样品风味更类似于新鲜压榨柠檬汁风味,所以属于双边检验。

原假设 H_0:A 的新鲜压榨柠檬汁风味 = B 的新鲜压榨柠檬汁风味。

备择假设 H_A:A 的新鲜压榨柠檬汁风味 ≠ B 的新鲜压榨柠檬汁风味,有 $A>B$ 或 $A<B$ 两种结果。

为确保试验结果的有效性,检验显著水平定为 $\alpha = 0.05$。

样品 A 编号 673,样品 B 编号 217,呈送给 40 名评价员评定,评价单如表 5-5 所示。

表 5-5   无方向性成对比较检验评价单

成对比较检验

姓名：　　　日期：　　评价员编号：

样品类型：__柠檬汁__

评定的感官性质：__新鲜柠檬汁风味__

试验说明：

1. 从左向右品尝样品,然后做出你的判断。

2. 如果没有明显的差异,可以猜一个答案,如果猜不出,也可以做"无差异"的判断。谢谢!

试验组样品:　　　　　　　　　　哪一个样品更具有新鲜柠檬汁风味

673　　　　　217

其他评价:

收集评价单,结果发现 26 人选择"673"号样品,认为其风味更新鲜,10 人选择"217",4 人选择没有差异。因此将"无差异"人数平均分给两种答案。即 40 人中有 26 + 2 = 28 人认为"673"号样品压榨柠檬汁风味更新鲜。查无方向性成对比较检验正确响应临界值表 5-3 评价员为 40 人,显著水平 $\alpha = 0.05$ 时,临界值为 27。选择样品 A 的人数 28>27,表明两个样品间有明显差异,并且样品 A 更有新鲜柠檬汁风味。

5.3　三点检验

三点检验(triangle test)是用于判定两个样品间是否存在感官差别的分析评价方法。这种评价可能涉及一个或多个感官性质的差异分析,但三点检验不能表明产品在哪些感官性质上有差异,也不能评价差异的程度。

5.3.1　方法

在三点检验中,每次同时呈送三个编码样品给每个评价员,其中有两个是相同的,要求评价员从左到右按照呈送的样品次序进行评价,挑选出其中不同于其他两个样品的那个样品。三点检验是一种必选检验方法,这种方法也称三点试验法、三角试验法。其猜对率为 1/3,通常适用于鉴别两个样品之间的细微差别。

5.3.2　适用范围

当加工原料、加工工艺、包装方式或贮藏条件发生变化时,为确定产品感官特征是否发生变化,三点检验是一个有效的检验方法。但对于刺激性强的产品,由于可能产生感官适应或滞留效应,不宜使用三点检验。三点检验经常在产品开发、工艺开发、产品匹配、质量控制等过程中使用,也可用于对评价员的筛选和培训。

5.3.3　评价员

三点检验时,一般要求评价员的数量在 20~40 名之间。如果产品之间的差别非常大,容易辨别时,选12名评价员即可。如果实验目的是检验两种产品是否相似时,一般要求参评人数为50~100名。

对于评价员,必须基本具备同等的评价能力和水平,熟悉三点检验的形式、目的、评价过程以及用于测试的产品。

5.3.4　样品准备和呈送

作为待评样品,必须能够代表产品的性质,并且应该用相同的方法进行准备(如加热、溶解等),采用3个数字组成的三位随机数字对样品进行编码。

在三点检验中,对于比较的2种样品A和B,每组3个样品的可能排列次序有6种,即

AAB	ABA	BAA
BBA	BAB	ABB

在试验时,为了保证每个样品出现的概率相等,总的样品组数和评价员数量应该是6的倍数。如果样品数量或评价员的数量不能实现6的倍数时,也应该做到2个"A"1个"B"的样品组数和2个"B"1个"A"的样品组数相等,至于每个评价员得到哪组样品应随机安排。当评价员人数不足6的倍数时,可舍去多余样品组,或向每个评价员提供6组样品做重复检验。三点检验评价单见表5-6,三点检验示意图如图5-1所示。

表5-6　三点检验评价单

三点检验

姓名:　　　　日期:

试验说明:

在你面前有3个带有编号的样品,其中2个是一样的,而另1个和其他2个不同。请从左向右依次品尝3个样品,然后在与其他2个样品不同的那个样品编号上划圈。你可以多次品尝,但不能没有答案。谢谢!

624	801	199

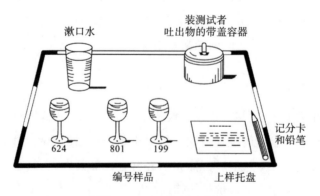

图5-1　三点检验示意图

5.3.5　结果整理与分析

收集评价单,统计回答正确的评价人员数,根据有效评价单查取三点检验时的正确回答临界值,比较判断两个产品间是否有显著性差异。

根据试验确定的显著水平 α(一般取 0.05 或 0.01)和评价员的数量 n,可以查到相应的临界值 $X_{a,n}$,如果试验得到的正确回答人数 $X \geqslant X_{a,n}$,表明所比较的两个样品间在 α 显著水平上有显著差异。如果 $X < X_{a,n}$,则比较的两个样品间没有显著性差异。

例如,38 张有效评价单中,有 22 张正确地选择出单个样品,查表 5-7,当 $n = 38$ 时,$X_{0.05,38} = 19$,$X_{0.01,38} = 21$,$X_{0.001,38} = 23$,由 $X_{0.01,38} < X = 22 < X_{0.001,38}$,则说明在 1% 显著水平上,两样品之间有差异。

表 5-7　三点检验正确响应临界值

评价员数量 n	显著水平			评价员数量 n	显著水平			评价员数量 n	显著水平		
	5%	1%	0.1%		5%	1%	0.1%		5%	1%	0.1%
4	4	—	—	28	15	16	18	52	24	27	29
5	4	5	—	29	15	17	19	53	25	27	29
6	5	6	—	30	15	17	19	54	25	27	30
7	5	6	7	31	16	18	20	55	26	28	30
8	6	7	8	32	16	18	20	56	26	28	31
9	6	7	8	33	17	18	21	57	26	29	31
10	7	8	9	34	17	19	21	58	27	29	32
11	7	8	10	35	17	19	22	59	27	29	32
12	8	9	10	36	18	20	22	60	27	30	33
13	8	9	11	37	18	20	22	61	28	30	33
14	9	10	11	38	19	21	23	62	28	31	33
15	9	10	12	39	19	21	23	63	29	31	34
16	9	11	12	40	19	21	24	64	29	32	34
17	10	11	13	41	20	22	24	65	29	32	35
18	10	12	13	42	20	22	25	66	30	32	35
19	11	12	14	43	20	23	25	67	30	33	36
20	11	13	14	44	21	23	25	68	31	33	36
21	12	13	15	45	21	24	26	69	31	34	36
22	12	14	15	46	22	24	26	70	31	34	37
23	12	14	16	47	22	24	27	71	32	34	37
24	13	15	16	48	22	25	27	72	32	34	38
25	13	15	17	49	23	25	28	73	33	35	38
26	14	15	17	50	23	26	28	74	33	36	39
27	14	16	18	51	24	26	29	75	34	36	39

评价员	显著水平			评价员	显著水平			评价员	显著水平		
数量 n	5%	1%	0.1%	数量 n	5%	1%	0.1%	数量 n	5%	1%	0.1%
76	34	36	39	82	36	39	42	92	40	43	46
77	34	37	40	84	36	39	43	94	41	44	47
78	34	37	40	86	38	40	44	96	41	44	48
79	35	38	41	88	38	41	44	98	42	45	49
80	35	38	41	90	38	42	45	100	42	45	49

当有效评价单大于 100($n>100$) 时, 正确回答临界值 X 为 $X = 0.4714Z\sqrt{n} + \dfrac{2n+3}{6}$ 的近似整数。其中, Z 取 $Z_{0.05} = 1.64$, $Z_{0.01} = 2.33$, $Z_{0.001} = 3.10$。

【例 5-3】某大型奶业公司, 欲对研发的两种酸奶 A、B 进行感官评价, 以判断是否有显著差别。

试验目的是检验两种酸奶产品是否有显著差异, 取检验显著水平 $\alpha = 0.05$。选择 18 名评价员参加检验, 每位评价员品评 1 组(3 个)样品, 所以共需准备 54 份样品, 其中 27 份 "A 样" 与 27 份 "B 样" 被随机分为 18 组, ABB、BAB、BBA、AAB、ABA、BAA, 每种组合各 3 次。采用 3 个随机数字的编码对样品进行编码, 将试验样品随机呈送给评价员评价。工作表见表 5-8。

表 5-8 三点差别检验样品准备表

日期: 编号: 评价员编号:

样品类型: <u>酸奶</u>

检验类型: <u>三点检验</u>

产品	含有 2 个 A 的编码		含有 2 个 B 的编码	
A	249	438	313	
B		231	267	622
评价员	样品编码及呈送顺序		实际样品	
1	249	438	231	AAB
2	313	267	622	ABB
3	267	622	313	BBA
4	231	438	249	BAA
5	249	231	438	ABA
6	267	313	622	BAB
7	249	438	231	AAB
8	313	267	622	ABB
9	267	622	313	BBA
10	231	438	249	BAA

评价员	样品编码及呈送顺序			实际样品
11	249	231	438	ABA
12	267	313	622	BAB
13	249	438	231	AAB
14	313	267	622	ABB
15	267	622	313	BBA
16	231	438	249	BAA
17	249	231	438	ABA
18	267	313	622	BAB

评价结束后,收回 18 份评价单,统计有 $X = 11$ 人做出正确回答,选择出了 3 个样中不同的那个样品。查表 5-7 三点检验正确响应临界值,在 $\alpha = 0.05$,$n = 18$ 时,对应临界值为 10,$X > X_{0.05,18}$,表明在 5% 水平上,两种酸奶有显著差异。

5.3.6　二项分布资料的统计分析

对于三点检验、二—三点检验、五中选二检验等差别检验的结果分析,是以回答正确的评价人员数量为基础来分析的,属于离散型数据,此数据为二项分布资料,符合二项分布。

对于二项分布数据资料,其事件发生(回答正确)的概率可由二项概率公式来精确计算:

$$P(X=k) = p_n(k) = C_n^k p^k q^{n-k} \quad (k = 0,1,2,\cdots,n) \tag{5-1}$$

但计算较麻烦,所以常用正态近似法来代替。

如样本容量 n 较大,p 较小,而 np 和 nq 又均不小于 5 时,可以将次数资料作正态分布处理,从而做近似的 Z 检验。适于用 Z 检验的二项样本容量 n 见表 5-9。

表 5-9　适用于正态 Z 检验的二项样本的 $\widehat{np}$ 值和 n 值

$\widehat{p}$(样本百分数)	$\widehat{np}$(样本次数)	n(样本容量)	$\widehat{p}$(样本百分数)	$\widehat{np}$(样本次数)	n(样本容量)
<0.5	≥15	≥30	<0.2	≥40	≥200
<0.4	≥20	≥50	<0.1	≥60	≥600
<0.3	≥24	≥84	<0.05	≥70	≥1400

当二项分布资料用次数表示时,如果满足表 5-9,则次数 $X \sim N(\mu_x, \sigma_x^2)$,平均数 $\mu_x = np$,标准差 $\sigma_x = \sqrt{npq} = \sqrt{np(1-p)}$,于是有

$$Z = \frac{X - \mu_x}{\sigma_x} = \frac{X - np}{\sqrt{np(1-p)}} \sim N(0,1) \tag{5-2}$$

在 $H_0: p = p_0$ 下

$$Z = \frac{X - np_0}{\sqrt{np_0(1-p_0)}}$$

由于二项次数资料属于间断性变数资料,理论分布是间断性的二项分布。而正态分布是连续性分布,若按正态分布做检验,会致使计算结果有些出入,一般易发生第一类错误。当样本容量较小时,这种出入会更大。补救的办法是在做假设检验时,进行连续性矫正。

如果直接用二项次数 X 做 Z 检验,则连续性矫正值为

$$Z = \frac{|X - np_0| - 0.5}{\sqrt{np_0 q_0}} \qquad (5-3)$$

对于三点检验,当样品间没有可觉察的差异时,评价员只能猜,其做出正确选择的概率是 1/3;而当评价员能够感觉到样品间的差异时,做出正确判断的概率将大于 1/3。因而,三点检验时的统计假设:

无效假设 $H_0 : p = 1/3$;备择假设 $H_A : p > 1/3$

在 $H_0 : p = p_0$ 下,$q = 1 - p_0 = 2/3$

$$Z = \frac{|X - np_0| - 0.5}{\sqrt{np_0 q_0}} = \frac{|X - \frac{n}{3}| - 0.5}{\frac{\sqrt{2n}}{3}} \qquad (5-4)$$

那么,有显著性差异时的最小 X 为

$$X = 0.4714 Z \sqrt{n} + \frac{2n+3}{6} \qquad (5-5)$$

其中,$Z_{0.05} = 1.64$,$Z_{0.01} = 2.33$,$Z_{0.001} = 3.10$。当 X 为整数时取整数,不是整数时取比其大的最近整数,如果 $n > 30$,也可用 Z 检验来近似分析。

5.4 二—三点检验法

5.4.1 方法

在评价时,同时呈送给每个评价员 3 个样品,一个样品为对照样,另外两个是编号的样品,其中一个编号样品与对照样相同。要求评价员先熟悉对照样之后,从另外两个样品中挑选出与对照样相同的样品。其实质是从 2 个样品中选 1 个,选对率为 1/2,所以也称——二点检验法。

5.4.2 适用范围

二—三点检验法(duo - trial test)是由 Peryam 和 Swartz 于 1950 年提出的,目的是区别两个同类样品间是否存在感官差异,特别是待比较两个样品中有一个是标准样或对照样

时,本方法更合适。与三点检验相比,从统计学上讲,其检验效率较差,猜对率较高,为1/2,但这种方法比较简单,容易理解,一般用于风味较强、刺激性较大、余味较持久的产品检验,以降低检验次数,避免感觉疲劳,对于外观有明显差别的样品不适宜使用此法进行检验。

5.4.3 评价员

一般来说,评价员至少为 15 人。如果能用 30 人、40 人甚至更多评价员来评价,试验效果更好。通常评价员要经过训练以熟悉评价方法、过程及对照样。

5.4.4 样品准备和呈送

根据对照样的不同,二—三点检验有固定对照模型和平衡对照模型两种评价模型。

(1)固定对照模型 当评价员对待评样品之一熟悉,或者已有确定的标准样时,可使用固定对照模型。在固定对照模型中,整个试验中都以评价员熟悉的正常生产的产品或标准样作为对照,所有评价员得到相同的对照样品。所以,样品可能的呈送顺序有 2 种:

$$R_A \ A B , R_A \ B \ A$$

使用固定对照模型需要评价员受过培训且熟悉对照样品,否则要使用平衡对照法。

(2)平衡对照模型 进行比较的两个样品随机做对照,但被对照次数要相同。一半的评价员得到一种样品类型作为对照,另一半评价员应得到另一种样品类型作为对照。此时样品呈送顺序有 4 种:

$$R_A \ B A , R_A \ A \ B$$
$$R_B \ A B , R_B \ B \ A$$

若采用固定对照模型进行试验,排列方式为 R_A AB、R_A BA,两种样品排列方式在试验中的次数应该相等,实验总次数是 2 的倍数。

若采用平衡对照模型,排列方式为 R_A B A、R_A A B、R_B A B、R_B B A,此时 A 和 B 分别作为对照样的次数应该相等,实验总次数为 4 的倍数。

在二—三点检验中,无论是平衡对照模型,还是固定对照模型,除对照样外,其余样品均采用 3 个数字组成的随机数字对其进行编码,随机呈送给评价员进行评价。二—三点检验评价单见表5-10。二—三点检验示意图如图5-2所示。

表 5-10 二—三点检验评价单

二—三点检验

姓名: 日期:

试验说明:

在你面前有 3 个样品,其中一个标明"对照"另外两个标有编号,请从左向右依次品尝 3 个样品,先是对照样,然后是两个编号的样品。品尝后,请在与对照相同的那个样品编号上划圈。你可以多次品尝,但必须要选择一个。谢谢!

| 对照 | 132 | 691 |

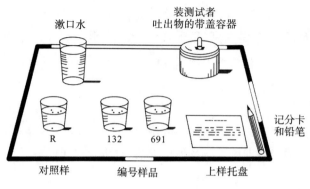

图 5-2　二—三点检验

5.4.5　结果整理与分析

统计正确选择的评价员人数。根据试验确定的显著水平 α，评价员数量 n，由表 5-2 查相应的临界值 $X_{a,n}$，如果试验得到的正确回答人数 $X>X_{a,n}$，表明比较的两个样品之间有显著差异。

当有效评价单 $n>100$ 时，对于二—三点检验，$p_0=\frac{1}{2}$，$q_0=1-p_0=\frac{1}{2}$，所以，由

$$Z=\frac{X-np_0-0.5}{\sqrt{np_0q_0}} \tag{5-6}$$

得

$$X=\frac{1}{2}Z\sqrt{n}+\frac{n+1}{2} \tag{5-7}$$

其中，Z 取 $Z_{0.05}=1.64$，$Z_{0.01}=2.33$，$Z_{0.001}=3.10$。

【例 5-4】某企业为降低生产成本，拟采用新工艺酿造啤酒，但传统工艺酿造的啤酒 A 具有一定的市场占有率，为了解新工艺酿造的啤酒 B 是否与传统工艺酿造的啤酒 A 有差别，选择 36 名评价员进行品评。

试验目的是通过感官评价来确定新工艺酿造的啤酒 B 与传统工艺酿造的啤酒 A 是否有差异：

由于啤酒 A 为大家所非常熟悉，所以采用固定对照二—三点检验模型进行分析。

啤酒 A 作为对照，对于 36 名评价员，共需准备 72 个 A、36 个 B 样，然后分成 18 个 AAB 和 18 个 ABA 组合，每个组合中最左边的样品 A 为对照，其余两个样品采用 3 位随机数字编码。每个评价员评价 1 组样品，样品采用随机呈送。

评价结束后，统计回答正确的人数为 27。查表 5-2，在 $n=36$、$\alpha=0.01$ 时的临界值为 26。可以看出本试验回答正确人数 27 大于临界值，表明采用新工艺酿造的啤酒 B 与传统工业酿造的啤酒 A 有极显著差别。

5.5　"A"—"非 A"检验

5.5.1　方法

先将样品"A"呈送给评价员评价,在评价员熟悉样品以后,以随机的方式再将一系列样品呈送给评价员,其中有"A"也有"非 A"的样品。要求评价员评价后指出哪些样品是"A",哪些是"非 A"。在评价过程中,可以考虑将"A"样品再次呈送给评价员,以提醒评价员。但 Meilgaard(1991)提出评价时可以将两个产品同时呈送评价员使其熟悉样品,在评价过程不再给出"A"或"非 A"提醒。每次样品间的评价应有适当的评价间隔,一般是 2~5 min。"A"—"非 A"检验结果也是通过 χ^2 检验来分析的。

5.5.2　适用范围

"A"—"非 A"检验("A"or"not A"test)不是常用的方法,但当二—三点检验和三点检验不适宜使用时,可以考虑该方法,该方法最早由 Pfaffmann 等人于 1954 年建立。

此检验方法特别适用于检验具有不同外观或后味强烈样品的差异,也适用于确定评价员对一种特殊刺激的敏感性检验。

当两种产品中的一个非常重要时,并且评价员非常熟悉该样品,可以作为标准产品或者参考产品;或者其他样品都必须和当前样品进行比较时,优先使用"A"—"非 A"检验,它的实质是一种顺序成对差别检验或简单差别检验。

5.5.3　评价员

评价员没有机会同时评价样品,他们必须根据记忆来比较两个样品,判断其相同还是不同,因此评价员必须经过训练,以便更好地理解此检验方法。评价员在检验开始前要对明确标示"A"和"非 A"样品进行辨认训练。评价人员数量一般为 10~50 名,在试验中,每个样品呈送 20~50 次,每个评价员可能收到一个样品("A"或"非 A"),或者两个样品(一个"A"和一个"非 A"),或者连续收到多达 10 个样品。在该检验中,允许评价的试验样品数由评价员的身体和心理疲劳程度来决定。

5.5.4　样品准备和呈送

对样品进行随机编码,一个评价员得到的相同样品应该用不同的随机数字编码。样品一个一个地随机呈送或以平衡方式呈送,但呈送"A"样品和"非 A"样品的数量应该保证相同,以便评价"A"样品和"非 A"样品的次数相等。

5.5.5 结果整理与分析

收集评价单,对评价员的评价结果整理统计如表 5-11 所示。表中 n_{11} 表示样品本身是"A"而被评判为"A"的评价员人数,而 n_{21} 表示样品本身是"A"而被误评判为"非 A"的评价员人数;n_{12} 表示样品本身是"非 A"而被误评判为"A"的评价员人数,n_{22} 表示样品本身是"非 A"而被评判为"非 A"的评价员人数。R_i、C_j 分别为各行、各列的和,此类统计表与异同检验统计表格相似,也是 2×2 四格表数据,也采用 χ^2 检验来进行统计分析。

表 5-11 "A"—"非 A"检验结果统计表

评定结果	评价员评定的样品		总和
	"A"	"非 A"	
判为"A"的人数	n_{11}	n_{12}	$R_1 = n_{11} + n_{12}$
判为"非 A"的人数	n_{21}	n_{22}	$R_2 = n_{21} + n_{22}$
总和	$C_1 = n_{11} + n_{21}$	$C_2 = n_{12} + n_{22}$	$n = R_1 + R_2$

【例 5-5】某饮料企业拟用 0.1% 新型甜味剂代替 5% 蔗糖来生产饮料,希望通过感官评价来确定添加两种甜味剂的饮料口感是否有差别。

试验目的是比较两种甜味剂,以明确使用 0.1% 的新型甜味剂能否替代 5% 的蔗糖。

筛选 20 名评价员进行参评,每位评价员评定 10 个样品,每个样品品尝一次,回答是"A"还是"非 A",然后用清水漱口,等待 1 min 后再品尝下一样品,其评价单见表 5-12。评价结果见表 5-13。

表 5-12 "A"—"非 A"检验评价单

"A"—"非 A"检验

姓名: 日期:

样品种类: 加糖饮料

试验说明:

1. 请先熟悉"A"样品和非 A"样品,记住它们的口味。

2. 取出编码的样品,这些样品中包括"A"和"非 A",其顺序是随机的。

3. 按顺序品尝样品,并在□中用"√"标识你的评价结果。

样品编码   样品为:

	A	非 A
	□	□
	□	□
	□	□
	□	□
	□	□
	□	□
	□	□
	□	□
	□	□
	□	□

表 5-13 "A"—"非 A"检验评价结果

评定结果	评定样品		总和
	"A"	"非 A"	
"A"	60	35	95
"非 A"	40	65	105
总和	100	100	200

样品总数 $n > 40$，$E_{ij} > 5$，可不进行连续性校正，所以

$$\chi^2 = \frac{(n_{11}n_{22} - n_{12}n_{21})^2 n}{C_1 C_2 R_1 R_2} = \frac{(60 \times 65 - 35 \times 40)^2 \times 200}{100 \times 100 \times 95 \times 105} = 12.53$$

查附表 2 可得 $\chi^2_{0.05,1} = 3.84$，$\chi^2_{0.01,1} = 6.63$，由于 $\chi^2 = 12.53 > \chi^2_{0.01,1}$，表明两个样品存在显著差异。用 0.1% 的新型甜味剂替代 5% 的蔗糖会对饮料口味产生可感知的变化。

5.6 五中取二检验法

5.6.1 方法

五中取二检验法(two out of five test)，是同时呈送给每位评价员 5 个已编码的样品，其中 2 个是同一种样品，另外 3 个是另一种样品。要求评价员在品尝后，将与其他 3 个不同的 2 个样品选出。

5.6.2 适用范围

五中取二检验法，是检验两种样品间是否存在总体感官差异的一种方法。在统计学上讲，五中取二检验法的猜对率仅为 1/10，比三点检验(1/3)、二—三点检验(1/2)猜对率低很多，检验效率高，是非常有效的一种检验方法。此检验可识别两样品间的细微感官差异。当评价员少于 10 名时，常采用此检验方法。由于要同时评定 5 个样品，检验中容易受感官疲劳和记忆效果的影响，一般此检验只用于视觉、听觉和触觉方面的检验，不适用于气味或滋味的检验。

5.6.3 评价员

采用五中取二检验时，评价员必须经过培训，一般需要 10~20 人。当样品间差异较大容易辨别时，5 位评价员也可以评价。

5.6.4 样品准备和呈送

五中取二检验法，需要同时呈送评价员 5 个样品，考虑到样品顺序对评价结果的影

响,5 个样品的平衡排列顺序有以下 20 种。

AAABB	ABABA	BBBAA	BABAB
AABAB	BAABA	BBABA	ABBAB
ABAAB	ABBAA	BABBA	BAABB
BAAAB	BABAA	ABBBA	ABABB
AABBA	BBAAA	BBAAB	AABBB

为保证每个样品被评价的次数相等,参与试验的评价员人数应是 20 的倍数。如果评价人员数少于 20 时,则呈送样品的顺序组合可以随机选择,但所选取的组合中包含 3 个 A 和包含 3 个 B 的组合数要相同。五中取二检验评价单可以是表 5-14 形式。

表 5-14　五中取二检验评价单

五中取二检验

姓名:　　　日期:

样品类型:

试验说明:

1. 在你面前有 5 个样品,其中有 2 个样品是相同的,另外 3 个样品是另一相同样品。

2. 按给定的样品顺序评价样品,然后,请在你认为相同的 2 个样品编号后画"√",谢谢!

编号样品	评语
862	
243	
389	
465	
735	

5.6.5　结果整理与分析

评定完成后,统计正确选择的人数,查表 5-15 得五中取二检验正确回答人数的临界值,比较并给出分析结果。

表 5-15　五中取二检验正确响应临界值

评价员	显著水平			评价员	显著水平			评价员	显著水平		
数量 n	5%	1%	0.1%	数量 n	5%	1%	0.1%	数量 n	5%	1%	0.1%
2	2	2	—	9	4	4	5	16	5	6	7
3	2	3	3	10	4	5	6	17	5	6	7
4	3	3	4	11	4	5	6	18	5	6	7
5	3	3	4	12	4	5	6	19	5	6	8
6	3	4	5	13	4	5	6	20	5	7	8
7	3	4	5	14	4	5	7	21	5	7	8
8	3	4	5	15	5	6	7	22	6	7	8

评价员数量 n	显著水平			评价员数量 n	显著水平			评价员数量 n	显著水平		
	5%	1%	0.1%		5%	1%	0.1%		5%	1%	0.1%
23	6	7	9	37	8	9	11	51	10	12	14
24	6	7	9	38	8	10	11	52	10	12	14
25	6	7	9	39	8	10	12	53	10	12	14
26	6	8	9	40	8	10	12	54	10	12	14
27	6	8	9	41	8	10	12	55	10	12	14
28	7	8	10	42	9	10	12	56	10	12	14
29	7	8	10	43	9	10	12	57	11	12	15
30	7	8	10	44	9	11	12	58	11	13	15
31	7	8	10	45	9	11	13	59	11	13	15
32	7	9	10	46	9	11	13	60	11	13	15
33	7	9	11	47	9	11	13	70	12	14	17
34	7	9	11	48	9	11	13	80	14	16	18
35	8	9	11	49	10	11	13	90	15	17	20
36	8	9	11	50	10	11	14	100	16	19	21

与三点检验、二—三点检验相似,也可以由下列公式去估算临界值 X,此时的 $p_0 = \frac{1}{10}$, $q_0 = \frac{9}{10}$,Z 依然取 $Z_{0.05} = 1.64$,$Z_{0.01} = 2.33$,$Z_{0.001} = 3.10$。

$$Z = \frac{X - np_0 - 0.5}{\sqrt{np_0 q_0}}$$

【例 5-6】某科研单位拟通过添加麦麸来提高面包中的膳食纤维含量。现采用感官评价方法比较添加 20% 麦麸的面包与未添加麦麸的面包口感是否有显著差异。

选择 12 人作为评价员,采用五中取二检验法进行评价。随机取两种面包组成 12 个组合,其中 6 个组合中有 3 个"A",6 个组合中有 3 个"B"。要求评价员评价出"哪两个样品的口感相同且与其他三个样品不同"。

12 名评价员中 8 位做出了正确的判断,查表 5-15,在显著水平为 0.001 时,临界值为 6,表明两种样品的口感有极显著差异,需继续改进。

5.7　异同检验

5.7.1　方法

在异同检验(same - difference test)中,评价员每次得到两个(一对)样品,要求评价后给出两个样品是"相同"还是"不同"的回答。在呈送给评价员的样品中，要求相同（AA、BB）和不同的（AB、BA）样品对数是相等的。为确保每个样品有相同的被评价次数，呈送样品是一半为相同样品，另一半为两种不同样品。统计评价结果，做χ^2检验。

5.7.2 适用范围

试验的目的是要确定两个样品之间是否存在感官上的差异，在不能同时呈送更多样品的时候应用此法，即三点检验和二—三点检验都不宜应用，在比较一些味道很浓或持续时间较长（延迟效应）的样品时，通常使用此检验法。

5.7.3 评价员

对于4种组合（AA、BB、AB、BA）中的每一组合一般都要求有20~50名评价员进行试验，最多可以用200人，也可以100人评定两种组合，或者50人评定4种组合。如果刺激味复杂，则每次最多只能向每位评价员呈送一对样品。采用该检验方法时，选择的评价员要么都接受过培训，要么都没有接受过培训，在同一个检验试验中，不能将接受过培训的和未接受培训的两类评价员混合在一起试验。

5.7.4 样品准备和呈送

采用随机数字对样品进行编码。如果每位评价员只能评价一对样品，则根据评价员人数，等量准备4种可能的样品组合（AA、BB、AB、BA），随机呈送给评价员。

如果试验要求每位评价员评价一对以上样品时，可以准备一对相同和一对不同，或者所有4种组合样品，编码后随机呈送。保证呈送样品中相同（AA、BB）和不同的（AB、BA）样品对数是相等的，且包含A样品和包含B样品的对数相等。

5.7.5 结果整理与分析

收集评价单，统计评价结果，如表5-16所示。表中n_{ij}表示实际相同的成对样品或不同的成对样品被判断为"相同"或"不同"的评价员人数。如n_{11}为相同组合样品被评定为"相同"的评价员人数，而n_{21}为相同组合样品被误评判为"不同"的评价员人数；n_{12}为不同组合样品被误评为"相同"的评价员人数，n_{22}为不同组合样品被评定为"不同"的评价员人数。R_i、C_j分别为各行、各列的和，此类统计表是统计学中2×2四格表数据，宜采用χ^2检验来进行分析。

表5-16 异同检验结果统计表

评定结果	评价员评定的样品		总和
	相同组合样品（AA、BB）	不同组合样品（AB、BA）	
相同	n_{11}	n_{12}	$R_1 = n_{11} + n_{12}$

评定结果	评价员评定的样品		总和
	相同组合样品(AA、BB)	不同组合样品(AB、BA)	
不同	n_{21}	n_{22}	$R_2 = n_{21} + n_{22}$
总和	$C_1 = n_{11} + n_{21}$	$C_2 = n_{12} + n_{22}$	$n = R_1 + R_2$

对于表5-16,行、列只有两种分类,所以其自由度 $df = (2-1)(2-1) = 1$,因此,进行 χ^2 检验时应该对其进行连续性校正。根据 χ^2 统计量校正公式。

$$\chi_c^2 = \sum_{i=1}^{r} \sum_{j=1}^{c} \frac{\left(|O_{ij} - E_{ij}| - \frac{1}{2}\right)^2}{E_{ij}} \tag{5-8}$$

式中,O_{ij} 为实际观察值;E_{ij} 为期望值,$E_{ij} = \dfrac{i \text{ 行的和} \times j \text{ 列的和}}{\text{行和列的总和}}$,如 $E_{11} = \dfrac{R_1 \times C_1}{n}$。

可以推导出直接计算公式为

$$\chi_c^{\,2} = \frac{\left(|n_{11}n_{22} - n_{12}n_{21}| - \frac{n}{2}\right)^2 n}{C_1 C_2 R_1 R_2} \tag{5-9}$$

当样品总数 $n > 40$ 和 $E_{ij}(i=1,2;j=1,2) > 5$ 时,χ^2 统计量也可以不进行连续性校正,即

$$\chi^2 = \frac{(n_{11}n_{22} - n_{12}n_{21})^2 n}{C_1 C_2 R_1 R_2} \tag{5-10}$$

查自由度为 $df = 1$ 时 χ^2 的临界值(附表2),当 $\alpha = 0.05$ 时,$\chi_{0.05(1)}^2 = 3.84$;当 $\alpha = 0.01$ 时,$\chi_{0.01(1)}^2 = 6.63$。将计算得到的 χ_c^2(或 χ^2)与 $\chi_{0.05(1)}^2$、$\chi_{0.01(1)}^2$ 比较,当 χ_c^2(或 χ^2)大于临界值时,表明两个样品在 α 水平上有显著差异。

【例5-7】为了使调味酱生产现代化,调味酱制造商对老式加工设备进行了改造。为了确定新设备制造的烤肉调味酱味道是否与老式设备加工的调味酱有区别,企业拟采用异同检验来评价。

由于烤肉调味酱产品味道辛辣,味道会有滞留效应,会影响评价结果,所以,采用简单差异检验比较合适。

以白面包做载体,共准备 60 对样品,其中 30 对为相同组合(AA、BB),30 对为不同(AB、BA)组合。选择 30 个评价员对其进行评价。每位评价员第一阶段评价一组相同产品(AA 或 BB),在第二阶段评价一组不同产品(AB 或 BA),共收集 60 个评价结果。评价时,为消除产品颜色的不同对结果的影响,试验在全红色光线的小房间内进行。

将调味酱涂抹到切好的面包片上,按设计次序将样品放在标记好的托盘中,呈送给每个评价员。异同检验评价单见表5-17。

表 5-17　异同检验评价单

异同检验

姓名：　　　日期：

样品种类：白面包上的烤肉调味酱

试验说明：

1. 从左向右品尝样品。

2. 确定样品是否一样或者不一样

注意：有些组的样品是相同的

_____样品相同

_____样品不同

收集评价单，整理评价结果见表 5-18，每列为试验样品，每行为评价结果。

表 5-18　烤肉调味酱检验结果统计表

评价结果	评价样品		总和
	相同组合（AA 或 BB）	不同组合（AB 或 BA）	
相同	17	9	26
不同	13	21	34
总和	30	30	60

采用 χ^2 检验，首先由 $E_{ij}=\dfrac{i\,行的和\times j\,列的和}{行和列的总和}$ 计算各单元的期望值 E_{ij}

$$E_{11}=\frac{R_1\times C_1}{n}=\frac{26\times30}{60}=13 \qquad E_{12}=\frac{R_1\times C_2}{n}=\frac{26\times30}{60}=13$$

$$E_{21}=\frac{R_2\times C_1}{n}=\frac{34\times30}{60}=17 \qquad E_{22}=\frac{R_2\times C_2}{n}=\frac{34\times30}{60}=17$$

则

$$\chi^2=\frac{(17-13)^2}{13}+\frac{(9-13)^2}{13}+\frac{(13-17)^2}{17}+\frac{(21-17)^2}{17}=4.34$$

由附表 2 查自由度 $df=(2-1)(2-1)=1$ 时的 χ^2 临界值，$\chi^2_{0.05,1}=3.84$，$\chi^2_{0.01,1}=6.63$，可以看出计算的 χ^2 大于 0.05 显著水平的临界值，小于 0.01 显著水平的临界值，表明比较的 A、B 两样品间有显著性差异，两种设备生产的调味酱是不同的。如果真想替换原有设备，可以将两种产品进行消费者试验，以确定消费者是否愿意接受新设备生产的产品。

χ^2 也可以由下式直接计算

$$\chi^2=\frac{(n_{11}n_{22}-n_{12}n_{21})^2 n}{C_1 C_2 R_1 R_2}=\frac{(17\times21-9\times13)^2\times60}{30\times30\times26\times34}=4.34$$

5.8　差异对照检验

差异对照检验(difference from control),又称与对照的差异检验、差异程度检验(degree of difference test,DOD),由 Aust 等 1985 年建立。

5.8.1　方法

要求检验时呈送给评价员一个对照样和一个或几个待测样(其中包括作为盲样的对照样),并告知评价员待测样中含有对照盲样,要求评价员按照评价尺度定量地给出每个样品与对照样的差异大小。差异对照试验的评价结果是通过各样品与对照间的差异结果来进行统计分析的,以判断不同产品与对照间的差异显著性。差异对照检验的实质是评估样品差别大小的一种简单差异试验。

5.8.2　适用范围

差异对照检验的目的不仅是判断一个或多个样品和对照之间是否存在差异,而且还要评估出所有样品与对照之间差异程度的大小。

差异对照检验在进行质量保证、质量控制、货架寿命试验等研究中使用,不仅要确定产品之间是否有差异,还希望给出其差异的程度,以便用于决策。对于那些由于产品中存在多种成分而不适于三点检验、二—三点检验的产品,如肉制品、焙烤制品等,差异对照检验是适用的。

5.8.3　评价员

差异对照检验实施时,一般需要 20~50 人参加评价。评价员可以是经过训练的,也可以是未经训练的,但两者不能混在一起来评价。所有评价员均应熟悉试验模式、尺度(等级)的含义、评价的编码、试验样品中有作为盲样的对照样。

5.8.4　样品准备和呈送

试验时如果有可能的话,将待评样品同时呈送评价员,样品包括标记出的对照样、其他待评的编码样品、编码的盲样。每个评价员提供一个标准对照样和数个编码样品(编码的其他样品、编码盲样)。

评价时使用的尺度可以是类别尺度、数字尺度或线性尺度。常用的类别尺度评分等级如表 5-19 所示。

表 5-19　常用的类别尺度评分等级

语言类别尺度	数字类别等级	语言类别尺度	数字类别等级
没有差异	0 =没有差异	差异大	5

语言类别尺度	数字类别等级	语言类别尺度	数字类别等级
极小的差异	1		6
较小程度差异	2	极大的差异	7
中等程度差异	3		8
较大的差异	4		9 =极大的差异

如果采用语言类别尺度评价,在进行结果分析时要将其转换成相应的数值。

5.8.5 结果整理与分析

收集评价单,整理试验结果,如表5-20所示。首先计算每一个样品与未知对照样的平均值,然后采用方差分析方法(如果仅有一个样品时可采用成对 t 检验)进行统计分析以比较各个样品间的差异显著性。

表5-20 差异对照检验结果统计表

评价员	样品			
	对照盲样	样品1	样品2	样品3
1	x_{10}	x_{11}	x_{12}	x_{13}
2	x_{20}	x_{21}	x_{22}	x_{12}
…	…	…	…	…
i	x_{i0}	x_{i1}	x_{i2}	x_{i2}
…	…	…	…	…
k	x_{k0}	x_{k1}	x_{k2}	x_{k2}

注:x_{i0} 为第 i 评价员对盲样与对照样差异大小的评价结果,x_{i1} 为第 i 评价员对样品1与对照样差异大小的评价结果,x_{i2} 为第 i 评价员对样品2与对照样差异大小的评价结果,以此类推。

考虑到不同评价员之间的评价水平差异性可能对评价结果产生影响,所以将评价员看成区组因素,可将表5-19所示资料看成带有区组的单因素试验资料进行方差分析,也可以看成两因素无重复试验资料进行方差分析。

5.8.5.1 方差分析基本步骤

若记样品为 A 因素,有 a 个水平;评价员为 B 因素,有 b 个水平,试验数据为 $x_{ij} = (i=1,2,\cdots,a;j=1,2,\cdots,b)$,如表5-21所示。

表5-21 两因素无重复试验数据模式

A 因素	B 因素						合计x_i	平均$\bar{x_i}$
	B_1	B_2	…	B_j	…	B_b		
A_1	x_{11}	x_{12}	…	x_{1j}	…	x_{1b}	$x_1.$	$\bar{x}_1.$
A_2	x_{21}	x_{22}	…	x_{2j}	…	x_{2b}	$x_2.$	$\bar{x}_2.$
⋮	⋮	⋮	…	⋮	…	⋮	⋮	⋮

A 因素	B 因素						合计 x_i	平均 $\bar{x}_i$
	B_1	B_2	...	B_j	...	B_b		
A_i	x_{i1}	x_{i2}	...	x_{ij}	...	x_{ib}	$x_{i.}$	$\bar{x}_{i.}$
⋮	⋮	⋮	...	⋮	...	⋮	...	...
A_a	x_{a1}	x_{a2}	...	x_{aj}	...	x_{ab}	$x_{a.}$	$\bar{x}_{a.}$
合计 x_j	$x_{.1}$	$x_{.2}$	...	$x_{.j}$	...	$x_{.b}$	$x_{..}$	$\bar{x}_{..}$
平均 $\bar{x}_j$	$\bar{x}_{.1}$	$\bar{x}_{.2}$	...	$\bar{x}_{.j}$	...			

表中 $x_{i.} = \sum\limits_{j=1}^{b} x_{ij}(i = 1, 2, \cdots, a)$, $\bar{x}_{i.} = \dfrac{1}{b} x_{i.}$, $x_{.j} = \sum\limits_{i=1}^{a} x_{ij}(j = 1, 2, \cdots, b)$,

$\bar{x}_{.j} = \dfrac{1}{a} x_{.j}$, $x_{..} = \sum\limits_{i=1}^{a} \sum\limits_{i=1}^{b} x_{ij} \bar{x}_{..} = \dfrac{1}{ab} x_{..} = \dfrac{1}{n} x_{..}$

（1）偏差平方和与自由度的分解。

总偏差平方和 $SS_T = \sum\limits_{i=1}^{a} \sum\limits_{j=1}^{b} (x_{ij} - \bar{x}_{..})^2$ （5 - 11）

$$= \sum\limits_{i=1}^{a} \sum\limits_{j=1}^{b} [(x_{ij} - \bar{x}_{i.} - \bar{x}_{.j} + \bar{x}_{..}) + (\bar{x}_{i.} - \bar{x}_{..}) + (\bar{x}_{.j} - \bar{x}_{..})]^2$$

$$= \sum\limits_{i=1}^{a} \sum\limits_{j=1}^{b} (x_{ij} - \bar{x}_{i.} - \bar{x}_{.j} + \bar{x}_{..})^2 + \sum\limits_{i=1}^{a} \sum\limits_{j=1}^{b} (\bar{x}_{i.} - \bar{x}_{..})^2 + \sum\limits_{i=1}^{a} \sum\limits_{j=1}^{b} (\bar{x}_{.j} - \bar{x}_{..})^2 +$$

$$2 \sum\limits_{i=1}^{a} \sum\limits_{j=1}^{b} (x_{ij} - \bar{x}_{i.} - \bar{x}_{.j} + \bar{x}_{..})(\bar{x}_{i.} - \bar{x}_{..}) + 2 \sum\limits_{i=1}^{a} \sum\limits_{j=1}^{b} (x_{ij} - \bar{x}_{i.} - \bar{x}_{.j} + \bar{x}_{..})(\bar{x}_{.j} - \bar{x}_{..}) +$$

$$2 \sum\limits_{i=1}^{a} \sum\limits_{j=1}^{b} (\bar{x}_{i.} - \bar{x}_{..})(\bar{x}_{.j} - \bar{x}_{..})$$

可以证明上述三个交叉积和为 0，所以

$$SS_T = \sum\limits_{i=1}^{a} \sum\limits_{j=1}^{b} (\bar{x}_{i.} - \bar{x}_{..})^2 + \sum\limits_{i=1}^{a} \sum\limits_{j=1}^{b} (\bar{x}_{.j} - \bar{x}_{..})^2 + \sum\limits_{i=1}^{a} \sum\limits_{j=1}^{b} (x_{ij} - \bar{x}_{i.} - \bar{x}_{.j} + \bar{x}_{..})^2$$

$$= b \sum\limits_{i=1}^{a} (\bar{x}_{i.} - \bar{x}_{..})^2 + a \sum\limits_{j=1}^{b} (\bar{x}_{.j} - \bar{x}_{..})^2 + \sum\limits_{i=1}^{a} \sum\limits_{j=1}^{b} (x_{ij} - \bar{x}_{i.} - \bar{x}_{.j} + \bar{x}_{..})^2$$

令 $SS_A = b \sum\limits_{i=1}^{a} (\bar{x}_{i.} - \bar{x}_{..})^2$ （5-12）

式中，SS_A 为因素 A 各水平间的平方和，反映了因素 A 对试验结果的影响，即样品之间的不同对评定结果的影响；

令 $SS_B = a \sum\limits_{j=1}^{b} (\bar{x}_{.j} - \bar{x}_{..})^2$ （5-13）

式中，SS_B 为因素 B 各水平间的平方和，反映了因素 B 对试验结果的影响，即样品之间的不同对评定结果的影响；

令 $SS_e = \sum\limits_{i=1}^{a} \sum\limits_{j=1}^{b} (x_{ij} - \bar{x}_{i.} - \bar{x}_{.j} + \bar{x}_{..})^2$ （5-14）

式中，SS_e 为误差平方和，反映了试验误差的影响大小。

于是总偏差平方和分解为样品平方和、评价员平方和以及误差平方和，记作

$$SS_T = SS_A + SS_B + SS_e \qquad (5-15)$$

其各项偏差平方和的简化计算公式为

$$修正项 \; CT = \frac{1}{n}x^2$$

$$SS_T = \sum_{i=1}^{a} \sum_{j=1}^{b} (x_{ij} - \bar{x}_{..})^2 = \sum_{i=1}^{a} \sum_{j=1}^{b} x_{ij}^2 - \frac{1}{n} \cdot x_{..}^2 = \sum_{i=1}^{a} \sum_{j=1}^{b} x_{ij}^2 - CT$$

$$SS_A = b \sum_{i=1}^{a} (\bar{x}_{i.} - \bar{x}_{..})^2 = \frac{1}{b} \sum_{i=1}^{a} x_{i.}^2 - \frac{1}{n} x_{..}^2 = \frac{1}{b} \sum_{i=1}^{a} x_{i.}^2 - CT$$

$$SS_B = a \sum_{j=1}^{b} (\bar{x}_{.j} - \bar{x}_{..})^2 = \frac{1}{a} \sum_{j=1}^{b} x_{.j}^2 - \frac{1}{n} x_{..}^2 = \frac{1}{a} \sum_{j=1}^{b} x_{.j}^2 - CT$$

$$SS_e = SS_T - SS_A + SS_B$$

同理

$$总自由度 \; df_T = ab - 1 = n - 1$$
$$A 因素的自由度 \; df_A = a - 1 \qquad (5-16)$$
$$B 因素的自由度 \; df_B = b - 1$$
$$误差的自由度 \; df_e = df_T - df_A - df_B = (a-1)(b-1)$$

（2）计算均方，构造 F 统计量，做显著性检验　由偏差平方和、自由度求出各自均方，即

$$MS_T = SS_T / df_T, MS_A = SS_A / df_A, MS_B = SS_B / df_B, MS_e = SS_e / df_e \qquad (5-17)$$

其中，MS_A、MS_B 和 MS_e 分别称为样品均方、评价员均方和误差均方。所以

$$F_A = \frac{MS_A}{MS_e}, \quad F_B = \frac{MS_B}{MS_e} \qquad (5-18)$$

（3）列出方差分析表　根据上述计算结果，编制出方差分析表，如表 5-22 所示。

表 5-22　双因素无重复试验方差分析表

变异来源	平方和	自由度	均方	F	F_α	显著性
因素 A	SS_A	$df_A = a-1$	$MS_A = SS_A / (a-1)$	$F_A = \dfrac{MS_A}{MS_e}$	（查表）	
因素 B	SS_B	$df_B = b-1$	$MS_B = SS_B / (b-1)$	$F_B = \dfrac{MS_B}{MS_e}$		
误差 e	SS_e	$df_e = (a-1)(b-1)$	$MS_e = SS_e / [(a-1)(b-1)]$			
总和	SS_T	$df_T = n-1$				

对于给定的显著水平 α，在相应自由度下查附表 3，得 $F_{\alpha\{(a-1),(a-1)(b-1)\}}$、$F_{\alpha\{(b-1),(a-1)(b-1)\}}$。对于因素 A，若 $F_A > F_{\alpha\{(a-1),(a-1)(b-1)\}}$，表明因素 A（样品）间差异

显著。否则,表明样品间显著差异。对于因素 B,若 $F_B > F_{\alpha\{(b-1),(a-1)(b-1)\}}$,表明因素 B 间有显著差异,即评价员的评价水平有显著差异,对试验结果有影响。

(4)多重比较 如果样品间差异显著,有必要进一步做两两样品间的多重比较,以判断哪个样品与哪个样品差异显著,哪个样品与哪个样品差异不显著。目前常用的多重比较方法有最小显著差数法(LSD 法)和最小显著极差法(LSR 法),其中最小显著极差法(LSR 法)又包括 q 法(SNK 法)和 Duncans 法(邓肯氏法)。

①最小显著差数法(LSD 法,least significant difference):此法实质上是 t 检验法。

此法的基本做法是:在 F 检验显著的前提下,先计算出显著水平为 α 的最小显著差数 LSD_α,然后将任意两个处理平均数之差的绝对值 $|\bar{x}_{i.} - \bar{x}_{j.}|$ 与其比较,若 $|\bar{x}_{i.} - \bar{x}_{j.}| > \mathrm{LSD}_\alpha$ 时,则 $\bar{x}_{i.}$ 与 $\bar{x}_{j.}$ 在 α 水平上差异显著;反之,则在 α 水平上差异不显著。这种方法又称保护性最小显著差数法(protected LSD,或 PLSD)。

由 t 检验可以推出,最小显著差数由下式计算,

$$\mathrm{LSD}_\alpha = t_{\alpha(\mathrm{d}f_e)} S_{\bar{x}_{i.} - \bar{x}_{j.}} \tag{5-19}$$

式中,$t_{\alpha(\mathrm{d}f_e)}$ 为误差自由度 $\mathrm{d}f_e$,显著水平 α 的临界 t 值(附表4),$S_{\bar{x}_{i.} - \bar{x}_{j.}}$ 为均数差数标准误差,由下式求得,

$$S_{\bar{x}_{i.} - \bar{x}_{j.}} = \sqrt{2MS_e/r} \tag{5-20}$$

式中,MS_e 为 F 检验中得误差均方(方差),r 为各处理的重复数。

当显著水平 $\alpha = 0.05$ 和 0.01 时,由 t 值表中查出 $t_{0.05(\mathrm{d}f_e)}$ 和 $t_{0.01(\mathrm{d}f_e)}$,代入式(5.21)计算出最小显著差数 $\mathrm{LSD}_{0.05}$,$\mathrm{LSD}_{0.01}$。

$$\mathrm{LSD}_{0.05} = t_{0.05(\mathrm{d}f_e)} S_{\bar{x}_{i.} - \bar{x}_{j.}}, \quad \mathrm{LSD}_{0.01} = t_{0.01(\mathrm{d}f_e)} S_{\bar{x}_{i.} - \bar{x}_{j.}} \tag{5-21}$$

利用 LSD 法进行多重比较时,其基本步骤如下:

第一步,计算样本平均数差数标准误 $S_{\bar{x}_{i.} - \bar{x}_{j.}}$;

第二步,计算最小显著差数 $\mathrm{LSD}_{0.05}$ 和 $\mathrm{LSD}_{0.01}$;

第三步,列出平均数的多重比较表,各处理按其平均数从大到小自上而下排列;

第四步,各处理平均数的比较,将平均数多重比较表中两两平均数的差数与 $\mathrm{LSD}_{0.05}$、$\mathrm{LSD}_{0.01}$ 比较,做出统计推断。

任何两处理平均数的差数大于 $\mathrm{LSD}_{0.05}$ 时,表明差异显著;大于 $\mathrm{LSD}_{0.01}$,表明差异极显著。

②q 检验法(q-test):是以统计量 q 的概率分布为基础的。q 值由下式求得:

$$q = R/S_{\bar{x}} \tag{5-22}$$

式中,R 为极差,$S_{\bar{x}}$ 为标准误,其分布依赖于误差自由度 $\mathrm{d}f_e$ 及秩次距 k。

为了简便起见,利用 q 检验法做多重比较时,是将极差 R 与 $q_{\alpha(\mathrm{d}f_e,k)} S_{\bar{x}}$ 进行比较,从而做出统计推断。所以,$q_{\alpha(\mathrm{d}f_e,k)} S_{\bar{x}}$ 就称为 α 水平上的最小显著极差。记为

$$\mathrm{LSR}_{\alpha,k} = q_{\alpha(\mathrm{d}f_e,k)} S_{\bar{x}} \tag{5-23}$$

其中

$$S_{\bar{x}} = \sqrt{MS_e/r} \tag{5-24}$$

当显著水平 $\alpha = 0.05$ 和 0.01 时,根据自由度 df_e 及秩次距 k 由附表5(q 值表)查出 $q_{0.05(df_e,k)}$ 和 $q_{0.01(df_e,k)}$,求得 LSR。

$$\text{LSR}_{0.05,k} = q_{0.05(df_e,k)} S_{\bar{x}}, \quad \text{LSR}_{0.01,k} = q_{0.01(df_e,k)} S_{\bar{x}} \tag{5-25}$$

利用 q 检验法进行多重比较时,其步骤如下:

第一步,列出平均数多重比较表;

第二步,由自由度 df_e、秩次距 k 查临界 q 值,计算最小显著极差 $\text{LSR}_{0.05,k}$,$\text{LSR}_{0.01,k}$;

第三步,将平均数多重比较表中的各极差与相应的最小显著极差 $\text{LSR}_{0.05,k}$,$\text{LSR}_{0.01,k}$ 比较,做出统计推断。

③新复极差法(new multiple range method):此法是由邓肯(Duncan)于 1955 年提出的又称 Duncan 法,也称 SSR 法(shortest significant range)。

新复极差法与 q 检验法的检验步骤相同,唯一不同的是计算最小显著极差时需查 SSR 表(附表6)而不是查 q 值表。最小显著极差计算公式为

$$\text{LSR}_{\alpha,k} = \text{SSR}_{\alpha(df_e,k)} S_{\bar{x}} \tag{5-26}$$

式中,$\text{SSR}_{\alpha(df_e,k)}$ 是根据显著水平 α、误差自由度 df_e、秩次距 k,由 SSR 表查得临界 SSR 值。$S_{\bar{x}}$ 为标准误,$S_{\bar{x}} = \sqrt{MS_e/r}$。

三种多重比较方法的检验尺度是不同的,其关系为

LSD 法 ≤ 新复极差法 ≤ q 检验法

一个试验资料,究竟采用哪一种多重比较方法,主要应根据否定一个正确的 H_0 和接受一个不正确的 H_0 的相对重要性来决定。如果否定正确的 H_0 是事关重大或后果严重的,或对试验要求严格时,用 q 检验法较为妥当;如果接受一个不正确的 H_0 是事关重大或后果严重的,则宜用新复极差法。生物试验中,由于试验误差较大,常采用新复极差法 SSR,即邓肯氏检验法;F 检验显著后,为了简便,也可采用 LSD 法。

当试验研究的目的在于比较处理与对照之间的差异性,而不在于比较处理之间差异性时也可采用邓肯氏法进行多重比较。

邓肯氏法适用于 k 个处理组与一个对照组均数差异的多重比较。

$$t = \frac{\bar{x}_{i.} - \bar{x}_{ck}}{S_{\bar{x}_{i.} - \bar{x}}} \tag{5-27}$$

式中,$\bar{x}_i$ 为第 i 个处理组的均数,$\bar{x}_{ck}$ 为对照组的均数,$S_{\bar{x}_{i.} - \bar{x}_{ck}} = \sqrt{MS_e\left(\dfrac{1}{n_i} + \dfrac{1}{n_{ck}}\right)}$ 为均数差值标准误。

根据误差自由度 df_e、处理组数 k 以及 α 查 Dunnett-t 临界值表(附表7),比较做出推断。若 $|t| \geq t'_\alpha$,则在 α 水平上否定 H_0。

（5）多重比较结果的表示　多重比较结果的表示方法较多,标记字母法是目前最为常用的方法。先将各处理平均数由大到小自上而下排列;然后在最大平均数后标记字母 a,并将该平均数与以下各平均数依次相比,凡差异不显著标记同一字母,直到某一个与其差异显著的平均数标记字母 b;再以标有字母 b 的平均数为标准,与上方比它大的各个平均数比较,凡差异不显著一律再加标 b,直至显著为止;再以标记有字母 b 的最大平均数为标准,与下面各未标记字母的平均数相比,凡差异不显著,继续标记字母 b,直至某一个与其差异显著的平均数标记 c;……;如此重复下去,直至最小一个平均数被标记比较完毕为止。这样,各平均数间凡有一个相同字母的即为差异不显著,凡无相同字母的即为差异显著。通常,用小写拉丁字母表示显著水平在 $\alpha = 0.05$,用大写拉丁字母表示显著水平在 $\alpha = 0.01$。此法的优点是占篇幅小,在科技文献中常见。

5.8.5.2　差异对照检验案例

【例 5-8】一家蜂蜜生产商希望增加原产品的黏度。现有两种在质地上比对照样品黏稠的样品(F、N)。产品研发人员想通过试验判断这两种样品与对照样品的差别大小,最终目的是判断哪个样品更接近现有产品。

将预先称量好的每种样品放置于已编号的玻璃器皿中。再将每种样品取相同量给评价员评价。评价过程需要 42 名评价员测试(或一次评价 2 个样品,共评价 3 次)。样品分组如下:①对照物与样品 F(C-F);②对照物与样品 N(C-N);③对照物与盲样(C-C),每位评价员先拿到标准对照物,再拿到测试样品。差异对照评价单见表 5-23。评定结果见表 5-24。

表 5-23　差异对照检验评价单

差异对照检验

姓　名:　　　日　期:

样品种类:　　样品编号:

试验说明:

1. 在你拿到的 2 个样品中,一个标记有"C"的为对照样,另一个是标有 3 位数字编码的待评样。

2. 比较评价对照样品与待评样,注意有时待评样可能与对照样相同。

3. 根据下列等级尺度,指出待评样与对照样黏度的差异大小。

```
_____0 =没有差异
_____1
_____2
_____3
_____4
_____5
_____6
_____7
_____8
_____9 =极大的差异
```

采用随机完全区组设计的方差分析（ANOVA）进行统计分析。42 名评价员为设计中的"区组"，3 个样品为"处理"。

表 5-24　样品 F、N 与对照差异评价结果

评价员	盲样	样品 F	样品 N	和（T_B）	评价员	盲样	样品 F	样品 N	和（T_B）
1	1	4	5	10	23	3	5	6	14
2	4	6	6	16	24	4	6	6	16
3	1	4	6	11	25	0	3	3	6
4	4	8	7	19	26	2	5	1	8
5	2	4	3	9	27	2	5	5	12
6	1	4	5	10	28	2	6	4	12
7	3	3	6	12	29	3	5	6	14
8	0	2	4	6	30	1	4	7	12
9	6	8	9	23	31	4	6	7	17
10	7	7	9	23	32	1	4	5	10
11	0	1	2	3	33	3	5	5	13
12	1	5	6	12	34	1	4	4	9
13	4	5	7	16	35	4	6	5	15
14	1	6	5	12	36	2	3	6	11
15	4	7	6	17	37	3	4	6	13
16	2	2	5	9	38	0	4	4	8
17	2	6	7	15	39	4	8	7	19
18	4	5	7	16	40	0	5	6	11
19	0	3	4	7	41	1	5	5	11
20	5	4	5	14	42	3	4	4	11
21	2	3	3	8	和（T_A）	100	200	226	526
22	3	6	7	16	平均值	2.38	4.76	5.38	

由方差分析基本思想分析，试验数据的差异源于 3 个方面：评价员之间的差异；样品间的差异（评价员对样品兴趣爱好的影响）以及试验误差。

如果以 a,b 分别表示样品和评价员数量，x_{ij} 表示各评价值，那么：

修正项 $CT = \dfrac{1}{n}T^2 = \dfrac{1}{ab}T^2 = \dfrac{526^2}{3\times42} = 2195.841$

总偏差平方和：

$$SS_T = \sum_{i=1}^{a}\sum_{j=1}^{b}(x_{ij}-\bar{x}_{..})^2 = \sum_{i=1}^{a}\sum_{j=1}^{b}x_{ij}^2 - CT$$
$$= (1^2+4^2+5^2+\cdots+4^2+4^2) - 2195.841 = 548.159$$

样品偏差平方和：

$$SS_A = b \sum_{i=1}^{a} (\bar{x}_{i.} - \bar{x}_{..})^2 = \frac{1}{b} \sum_{i=1}^{a} T_A^2 - CT$$

$$= \frac{1}{42}(100^2 + 200^2 + 226^2) - 2195.841 = 210.730$$

评价员偏差平方和：

$$SS_B = a \sum_{j=1}^{b} (\bar{x}_{.j} - \bar{x}_{..})^2 = \frac{1}{a} \sum_{j=1}^{b} T_B^2 - CT$$

$$= \frac{1}{3}(10^2 + 16^2 + \cdots + 11^2) - 2195.841 = 253.492$$

$$SS_e = SS_T - SS_A - SS_B$$

总自由度 $df_T = ab - 1 = 3 \times 42 - 1 = 125$

样品自由度 $df_A = a - 1 = 3 - 1 = 2$

评价员自由度 $df_B = b - 1 = 42 - 1 = 41$

误差自由度 $df_e = df_T - df_A - df_B = (a-1)(b-1) = 82$

方差分析见表 5-25。

表 5-25　差异对照检验结果方差分析

方差来源	平方和 SS	自由度 df	均方 MS	F 值	显著性
评价员间 A	253.492	41	6.183	6.04	* *
样品间 B	210.73	2	105.365	102.93	* *
误差 e	83.937	82	1.024		
总和	548.159	125			

注：$F_{0.05(2,82)} = 3.11$，$F_{0.01(2,82)} = 4.87$，$F_{0.05(41,82)} = 1.54$，$F_{0.01(41,82)} = 1.84$。

方差分析表明，评价员间有极显著差异，表明评价员间使用尺度的评价水平有差异，但使用方差分析时已将其对评价结果的影响分离出去，因而不会影响样品之间的差异比较。由于样品 $F_A > 102.93 > F_{0.01(2,82)} = 4.87$，差异达到极显著水平，表明样品间有极显著差异，需进一步做多重比较。

①采用最小显著差数法（LSD 法）进行样品间平均数的比较。查 t 值表得 $t_{0.05(df_e)} = t_{0.05(82)} = 1.99$，$t_{0.01(df_e)} = t_{0.01(82)} = 2.64$

由 $\mathrm{LSD}_\alpha = t_{\alpha(df_e)} \sqrt{\dfrac{2MS_e}{b}}$ 得

$$\mathrm{LSD}_{0.05} = 1.99 \times \sqrt{\frac{2 \times 1.024}{42}} = 0.44, \quad \mathrm{LSD}_{0.01} = 2.64 \times \sqrt{\frac{2 \times 1.024}{42}} = 0.58$$

产品 F 与对照比较：

$$\bar{x}_F - \bar{x}_{CK} = 4.8 - 2.4 = 2.4 > \mathrm{LSD}_{0.01}$$

产品 N 与对照比较：

$$\bar{x}_N - \bar{x}_{CK} = 5.4 - 2.4 = 3.0 > LSD_{0.01}$$

多重比较结果表明，待评两个样品与对照间有极显著性差异，值得进一步做性质差异检验或描述分析等。

②采用邓肯氏法进行样品间平均数的比较：邓肯氏多重比较结果见表 5-26。

表 5-26　邓肯氏多重比较结果

样品	均值	样品	均值
样品 F	4.8B	对照	2.4A
样品 N	5.4B		

分析表明样品 F、样品 N 与对照之间差异极显著。

思考题

1. 试比较三点检验、二—三点检验、五中取二检验的异同。
2. 简述"A"—"非 A"检验方法，试分析其检验结果的统计分析方法。
3. 试分析异同检验结果的统计分析方法。
4. 试分析差异对照检验结果的数据处理方法。

第6章　排列检验

6.1　排序检验法

　　差别检验在同一时间内只能比较两种样品。然而,在实践中往往要求对一组样品系列(商业性产品、风味成分等)做出判断,或者要对它们的质量进行预选(哪份样品质量好,哪份中等,哪份质量差等)。这种预选有助于节省时间或样品的用量(当竞争者的产品能得到的量较少,或该部分的产量非常小时),此时,就需要一种排序检验的方法来进行初步的感官评价了。

　　排序检验法,就是比较数个样品,按指定特性由强度或嗜好程度进行排序的方法,该方法只要求排出样品的次序,不要求评价样品间差异的大小。该方法适用于评价样品间的差别,如样品某一种或多种感官特性的强度,或者评价人员对样品的整体印象。排序检验法可用于辨别样品间是否存在差异,但不能确定样品间差异的程度。

　　当实验目的是就某一项性质对多个产品进行比较时,如甜度、新鲜程度等,使用排序检验法是进行这种比较的最简单的方法。排序法比任何其他方法更节省时间。

　　当评价少数样品(6个以下)的复杂特性(如质地、风味等)或多数样品(20个以上)的外观时,这种检验方法也是迅速而有效的。因此,排序检验法经常用在以下几个方面:

　　(1)评价员评估　包括培训评价员以及测定评价员个人或小组的感官阈值。

　　(2)产品评估:

　　①在描述性分析或偏爱检验前,对样品初步筛选。

　　②在描述性分析和偏爱检验时,确定由于原料、加工、包装、储藏以及被检样品稀释顺序的不同,对产品一个或多个感官指标强度水平的影响。

　　③在偏爱检验时,确定偏好顺序。也就是说,样品的系列可以以下列任何一种方式

排出：

a.按产品的某种性质(甜度、咸度、芳香度、酸度、酸败等)的强度排列；

b.按产品的质量(竞争产品、风味)等进行比较排序；

c.按评价员的快感性质(喜欢或不喜欢,偏爱度,可接受度等)进行排序。

排序检验法的优点是可利用同一样品,对其各类特征进行检验,排出优劣,且方法较简单,结果可靠,即使样品间差别很小,只要评价员很认真,或者具有一定的检验能力,都能在相当精确的程度上排出顺序。

6.1.1 方法特点

(1)此法的试验原则是以均衡随机的顺序将样品呈送给评价员,要求评价员就指定指标将样品进行排序,计算序列和,然后利用 Friedman 法等对数据进行统计分析。

(2)参加试验的人数不得少于 8 人,如果参加人数在 16 以上,区分效果会得到明显提升。根据实验目的,评价人员要有区分样品指标之间细微差别的能力。

(3)当评价少量样品的复杂特性时,选用此法是快速而又高效的。此时的样品数一般小于 6 个。

(4)样品数量较大(如大于 20 个),且不是比较样品间的差别大小时,选用此法也具有一定优势。但其信息量却不如定级法大,此法可不设对照样,将两组结果直接进行对比。

(5)进行检验前,应由组织者对检验提出具体的规定,对被评价的指标和准则要有一定的理解。如对哪些特性进行排列;排列的顺序是从强到弱还是从弱到强;检验时操作要求如何;评定气味时是否需要摇晃等。

(6)排序检验只能按照一种特性进行,如要求对不同的特性进行排序,则按不同的特性安排不同的顺序分别进行检验。

(7)在检验中,每个评价员以事先确定的顺序检验编码的样品,并安排出一个初步顺序,然后进一步整理和调整,最后确定整个系列的强弱顺序,如果实在无法区别两种样品,则应在问答表中注明。但是,在样品间差别小,种类多的情况下,得出的检验结果可能欠准确。

总的来说,排序法是进行多个样品比较的最简单的方法。花费的时间较短,特别适用于样品再做进一步更精细的感官评价之前的初步分类或筛选。

6.1.2 组织设计

评价员同时接受 3 份或 3 份以上随机排列的样品,按照具体的评价准则,如样品的某种特性、特性中的某种特征,或者整体强度(即对样品的整体印象),对被检样品进行排序。然后将排序的结果汇总,进行统计分析。如对两个样品进行排序时,通常采用成对比较法。

6.1.2.1 排序检验法步骤概述

根据检验目的召集评价员。如用于产品评价时,一般为 12~15 位优选评价员。确定偏好顺序时,需要至少60位消费者类型评价人员。而用于评价员表现评估时,人数无限制。尽可能采用完全区组设计,将全部样品随机提供给评价员。但若样品的数量和状态使其不能被全部提供时,也可采用平衡不完全区组设计,以特定子集将样品随机提供给评价员。评价员将提供的被检样品,依检验的特性排成一定顺序,并给出每个样品的秩次。统计评价小组对每个样品的秩和,根据检验目的选择相应的统计检验方法。如采用Spearma相关系数进行评价员个人表现判定,Page检验进行小组表现判定,Friedman检验或符号检验进行产品差异有无及差异方向检验。

6.1.2.2　排序检验法检验的一般条件

检验时,对样品、实验室和检验用具的具体要求,参照ISO 6658和ISO 8589等相关标准。

准备被检样品时,应注意以下3个方面。

(1)被检样品的制备、编码和提供。

(2)被检样品的数量　被检样品的数量应根据被检样品的性质(如饱和敏感度效应)和所选的实验设计来确定,并根据样品所归属的产品种类或采用的评价准则进行调整。如优选评价员或专家最多一次只能评价15个风味较淡的样品,而消费者最多只能评价3个涩味的、辛辣的或者高脂的样品。甜味的饱和度较苦味的饱和度偏低,甜味样品的数量可比苦味样品的数量多。

(3)被检样品的说明。

6.1.3　排序检验法的结果分析

在试验中,尽量同时提供样品,评价员同时收到以均衡、随机顺序排列的样品。其任务就是将样品排序。同一组样品还可以以不同的编号被一次或数次呈送,如果每组样品被评价的次数大于2,那么实验的准确性会得到最大提高。在倾向性实验中,告诉参评人员,最喜欢的样品排在第一位,第二喜欢的样品排在第二位,依次类推,不要把顺序搞颠倒。如果相邻两个样品的顺序无法确定,鼓励评价员去猜测,如果实在猜不出,可以取中间值,如4个样品中,对中间两个的顺序无法确定时,就将它们都排为$(2+3)/2=2.5$。如果需要排序的感官指标多于一个,则对样品分别进行编号,以免发生相互影响。排出初步顺序后,若发现不妥之处,可以重新核查并调整顺序,确定每个样品在尺度线上的相应位置。

6.1.3.1　结果概要和计算秩和

表6-1举例说明了由7名评价员对4个样品的某一特性进行排序的结果。如果需要对不同的特性进行排序,则一个特性对应一个表。

如果有相同秩次,取平均秩次(如表6-1中,评价员2对样品B、C有相同秩次评价,评价员3对样品B、C、D有相同秩次评价)。

表 6-1　结果与秩和计算

评价员	样品				秩和
	A	B	C	D	
1	1	2	3	4	10
2	4	1.5	1.5	3	10
3	1	3	3	3	10
4	1	3	4	2	10
5	3	1	2	4	10
6	2	1	3	4	10
7	2	1	4	3	10
每种样品的秩和	14	12.5	20.5	23	70

注：每行之和等于 $0.5p(p+1)$，其中 p 为样品数量。

如无遗漏数据，且相同秩次能正确计算，则表中每行应有相同的秩和。将每一列的秩次相加，可得到每个样品的秩和。样品的每列秩和表示所有的评价员对样品排序结果的一致性。如果评价员的排序结果比较一致，则每列秩和的差别较大。反之，若评价员排序结果不一致时，每列秩和差别不大。因此，通过比较样品的秩和，可评估样品间的差别。

6.1.3.2　统计分析和解释

依据检验的目的选择统计检验方法，见表 6-2。

表 6-2　根据检验目的选择参数

检验目的		评价员人数	评价员水平	统计方法		
				已知顺序比较（评价员工作评估）	产品顺序未知（产品比较）	
					两个产品	两个以上产品
评价员评估	个人表现评估	评价员或专家	无限制	Spearman 检验	符号检验	Friedman 检验
	小组表现评估	评价员或专家	无限制	Page 检验		
产品评估	描述性检验	评价员或专家	12~15 人			
	偏好性检验	消费者	不同类型消费者组，每组至少60人			

（1）个人表现判定　Spearman 相关系数。

在比较两个排序结果，如两个评价员所做出的评价结果之间或是评价员排序的结果与样品的理论排序之间的一致性时，可由公式（6-1）计算 Spearman 相关系数，并参考表 6-3 列出的临界值 r_s 来判定相关性是否显著。

$$r_s = 1 - \frac{6\sum d_i^2}{p(p^2-1)} \tag{6-1}$$

式中：p——参加排序的样品（产品）数；

d_i——样品 i 两个排序结果间的差异。

若Spearman相关系数接近+1,则两个排序结果非常一致;若接近0,两个排序结果不相关;若接近-1,表明两个排序结果极不一致。此时应考虑是否存在评价员对评价指示理解错误或者将样品用与要求相反的次序进行了排序。

表6-3 Spearman 相关系数的临界值

样品的数目	显著性水平(α)		样品的数目	显著性水平(α)	
	$\alpha=0.05$	$\alpha=0.01$		$\alpha=0.05$	$\alpha=0.01$
6	0.886	—	19	0.460	0.584
7	0.786	0.929	20	0.447	0.570
8	0.738	0.881	21	0.435	0.556
9	0.700	0.833	22	0.425	0.544
10	0.648	0.794	23	0.415	0.532
11	0.618	0.755	24	0.406	0.521
12	0.587	0.727	25	0.398	0.511
13	0.560	0.703	26	0.390	0.501
14	0.538	0.675	27	0.382	0.491
15	0.521	0.654	28	0.375	0.483
16	0.503	0.635	29	0.368	0.475
17	0.485	0.615	30	0.362	0.467
18	0.472	0.600			

(2)小组表现判定 Page 检验。

样品具有自然顺序或自然顺序已确认的情况下(例如样品成分的比例、温度、不同的储藏时间等可测因素造成的自然顺序),该分析方法可用来判定评价小组能否对一系列已知或者预计具有某种特性排序的样品进行一致的排序。

如果 $R_1,R_2,\cdots,R_p$ 是以确定的排序排列的 p 种样品的理论上的秩和,那么若样品间没有差别则:

①原假设可写成:

$$H_0:R_1=R_2=\cdots=R_p$$

备择假设则是:$H_1:R_1\leqslant R_2\leqslant\cdots\leqslant R_p$,其中至少有一个不等式是成立的。

②为了检验该假设,计算 Page 系数 L

$$L=R_1+2R_2+3R_3+\cdots+pR_p$$

其中 R_1 是已知样品顺序中排序为第一的样品的秩和,依次类推,R_p 就是排序为最后的样品的秩和。

③得出统计结论。表6-4给出了在完全区组设计中 L 的临界值,其临界值与样品数、评价员人数以及选择的统计学水平有关($\alpha=0.05$ 或 $\alpha=0.01$),当评价员的结果与理论值一致时,L 有最大值。

比较 L 与表 6-4 中的临界值：

如果 $L < L_\alpha$，产品间没有显著性差别。

如果 $L \geq L_\alpha$，则产品的排序存在显著性差异：拒绝原假设而接受备择假设（可以得出结论：评价员做出了与预知的次序相一致的排序）。

如果评价员的人数和样品数没有在表 6-3 中列出，按公式（6-2）计算 L' 统计量：

$$L' = \frac{12L - 3jp(p+1)^2}{p(p+1)\sqrt{j(p-1)}} \tag{6-2}$$

式中：p——参加排序的样品数；

j——评价员人数；

L'——统计量近似服从标准正态分布。

当 $L' \geq 1.64(\alpha = 0.05)$ 或 $L' \geq 2.326(\alpha = 0.01)$ 时，拒绝原假设而接受备择假设（见表 6-4）。

若实验设计为平衡不完全区组设计，则按公式（6-3）计算 L' 统计量：

$$L' = \frac{12L - 3j \cdot k(k+1)(p+1)}{\sqrt{j \cdot k(k-1)(k+1)p(p+1)}} \tag{6-3}$$

式中：p——参加排序的总样品数；

k——每个评价员排序的样品数；

j——评价员人数；

L'——统计量近似服从标准正态分布 $N(0,1)$。

同样，当 $L' \geq 1.64(\alpha = 0.05)$ 或 $L' \geq 2.326(\alpha = 0.01)$ 时，拒绝原假设而接受备择假设（见表 6-4）。

因为原假设所有理论秩和都相等，所以即便统计的结果显示差异性显著，也并不表明样品间的所有差别都已完全区分。

表 6-4　完全区组设计中 Page 检验的临界值

评价员的数目	样品（或产品）的数目 p											
	显著性水平 $\alpha = 0.05$						显著性水平 $\alpha = 0.01$					
	3	4	5	6	7	8	3	4	5	6	7	8
7	91	189	338	550	835	1204	93	193	346	563	855	1232
8	104	214	384	625	950	1371	106	230	393	640	975	1401
9	116	240	431	701	1065	1537	119	246	441	717	1088	1569
10	128	266	477	777	1180	1703	131	272	487	793	1205	1736
11	141	292	523	852	1295	1868	144	298	534	869	1321	1905
12	153	317	570	928	1410	2035	156	324	584	946	1437	2072
13	165	343*	615*	1003*	1525*	2201*	169	350*	628*	1022*	1553*	2240*

续表

评价员的数目	样品(或产品)的数目 p										
	显著性水平 $\alpha=0.05$						显著性水平 $\alpha=0.01$				
	3	4	5	6	7	8	3	4	5	6	7	8
14	178	368*	661*	1078*	1639*	2367*	181	376*	674*	1098*	1668*	2407*
15	190	394*	707*	1153*	1754*	2532*	194	402*	721*	1174*	1784*	2574*
16	202	420*	754*	1228*	1868*	2697*	206	427*	767*	1249*	1899*	2740*
17	215	445*	800*	1303*	1982*	2862*	218	453*	814*	1325*	2014*	2907*
18	227	471*	846*	1378*	2097*	3028*	231	479*	860*	1401*	2130*	3073*
19	239	496*	891*	1453*	2217*	3193*	243	505*	906*	1476*	2245*	3240*
20	251	522*	937*	1528*	2325*	3358*	256	531*	953*	1552*	2360*	3406*

注:标(*)的值是通过近似正态分布计算得到的临界值。

(3)产品理论顺序未知下的产品比较　Friedman 检验能最大限度地显示评价员对样品间差别的识别能力。

1)检验两个或两个以上产品之间是否存在差别。该检验应用于 j 个评价员对相同的 p 个样品进行评价。

$R_1,R_2,\cdots,R_P$ 分别是 j 个评价员给出的 $1\sim p$ 个样品的秩和。

原假设:$H_0:R_1=R_2=\cdots=R_P$,即认为样品间无显著差异。

备择假设:$H_1:R_1=R_2=\cdots=R_P$,其中至少有一个等式不成立。

完全区组设计中按公式(6-4)计算 F 值:

$$F_{\text{test}}=\frac{12}{jp(p+1)}(R_1^2+\cdots+R_p^2)-3j(p+1) \tag{6-4}$$

式中:R_i——第 i 个产品的秩和。

如果 $F_{\text{test}}>F$,就拒绝原假设(表 6-5)。评价员个数不同,样品数目不同或显著性水平不同($\alpha=0.05$ 或 $\alpha=0.01$),对应的临界值不同。

平衡不完全区组设计中按公式(6-5)计算 F 值:

$$F_{\text{test}}=\frac{12}{j\cdot p(k+1)}(R_1^2+\cdots+R_p^2)-\frac{3r\cdot n^2(k+1)}{g} \tag{6-5}$$

式中:R_i——第 i 个产品的秩和;

r——重复次数;

k——每个评价员排序的样品数;

n——每个样品被评价的次数;

g——每两个样品被评价的次数。

如果 $F_{\text{test}}>F$,就拒绝原假设(见表 6-5)。同样,评价员个数不同,样品数目不同或显著性水平不同($\alpha=0.05$ 或 $\alpha=0.01$),对应的临界值不同。

Table 6-5.

表 6-5 Friedman 检验的临界值(0.05 和 0.01 水平)

评价员的数目 j	样品(或产品)的数目 p									
	3	4	5	6	7	3	4	5	6	7
	显著性水平 $\alpha=0.05$					显著性水平 $\alpha=0.01$				
7	7.143	7.8	9.11	10.62	12.07	8.857	10.371	11.97	13.69	15.35
8	6.250	7.65	9.19	10.68	12.14	9.000	10.35	12.14	13.87	15.53
9	6.222	7.66	9.22	10.73	12.19	9.667	10.44	12.27	14.01	15.68
10	6.200	7.67	9.25	10.76	12.23	9.600	10.53	12.38	14.12	15.79
11	6.545	7.68	9.27	10.79	12.27	9.455	10.60	12.46	14.21	15.89
12	6.167	7.70	9.29	10.81	12.29	9.500	10.68	12.53	14.28	15.96
13	6.000	7.70	9.30	10.83	12.37	9.385	10.72	12.58	14.34	16.03
14	6.143	7.71	9.32	10.85	12.34	9.000	10.76	12.64	14.40	16.09
15	6.400	7.72	9.33	10.87	12.35	8.933	10.80	12.68	14.44	16.14
16	5.99	7.73	9.34	10.88	12.37	8.79	10.84	12.72	14.48	16.18
17	5.99	7.73	9.34	10.89	12.38	8.81	10.87	12.74	14.52	16.22
18	5.99	7.73	9.36	10.90	12.39	8.84	10.90	12.78	14.56	16.25
19	5.99	7.74	9.36	10.91	12.40	8.86	10.92	12.81	14.58	16.27
20	5.99	7.74	9.37	10.92	12.41	8.87	10.94	12.83	14.60	16.30
∞	5.99	7.81	9.49	11.07	12.59	9.21	11.34	13.28	15.09	16.81

如果样品(产品)数或者评价员人数未列在表中,可将 F_{test} 看作自由度为 $(p-1)$ 的 χ^2 分布,估算出临界值。χ^2 分布的临界值参照表 6-6,p 为样品(产品)数。

2)检验哪些产品之间存在显著性差别。当 Friedman 检验判定产品之间存在显著性差别时,则需要进一步判定哪些产品之间存在显著性差别。可通过选择可接受显著性水平($\alpha=0.05$ 或 $\alpha=0.01$),计算最小显著差数(LSD)来判定。其中,显著性水平的选择,可采用以下两种方法之一。

①如果风险由每对因素单独控制,其与 α 相关。如 $\alpha=0.05$,即 5% 的风险,则用来计算最小显著差数的参数 z 值为 1.96(相当于双尾正态分布概率)。称其为比较性风险或个体风险。

②如果风险由所有可能因素同时控制,则其与 α' 相关,$\alpha'=2\alpha/p(p-1)$。如 $p=8$,$\alpha=0.05$ 时,则 $\alpha'=0.0018$,$z=2.91$,称其为试验性风险或整体风险。

大多数情况下,往往方法②即实验性风险被用于产品之间显著性差别的实际判定。

表 6-6　χ^2 分布临界值

样品(或产品)的数目 p	χ^2 自由度 ($v=p-1$)	显著性水平		样品(或产品)的数目 p	χ^2 自由度 ($v=p-1$)	显著性水平	
		$\alpha=0.05$	$\alpha=0.01$			$\alpha=0.05$	$\alpha=0.01$
3	2	5.99	9.21	17	16	26.30	32.00
4	3	7.81	11.34	18	17	27.59	33.41
5	4	9.49	13.28	19	18	28.87	34.80
6	5	11.07	15.09	20	19	30.14	36.19
7	6	12.59	16.81	21	20	31.40	37.60
8	7	14.07	18.47	22	21	32.70	38.90
9	8	15.51	20.09	23	22	33.90	40.30
10	9	16.92	21.67	24	23	35.20	41.60
11	10	18.31	23.21	25	24	36.40	43.00
12	11	19.67	24.72	26	25	37.70	44.30
13	12	21.03	26.22	27	26	38.90	45.60
14	13	22.36	27.69	28	27	40.10	47.00
15	14	23.68	29.14	29	28	41.30	48.30
16	15	25.00	30.58	30	29	42.60	49.60

在完全区组实验设计中,LSD 值由公式(6-6)得出:

$$LSD=z\sqrt{\frac{jp(p+1)}{6}} \tag{6-6}$$

在平衡不完全区组实验设计中,LSD 值由公式(6-7)得出:

$$LSD=z\sqrt{\frac{r(k+1)(nk-n+g)}{6}} \tag{6-7}$$

计算两两样品的秩和之差,并与 LSD 值比较。若秩和之差等于或者大于 LSD 值,则这两个样品之间存在显著性差异,即排序检验时,已区分出这两个样品之间的差别。反之,若秩和之差小于 LSD 值,则这两个样品之间不存在显著性差异,即排序检验时,未区分出这两个样品之间的差别。

3)同秩情况。若两个或多个样品同秩次,则完全区组设计中的 F 值应替换为 F',由公式(6-8)得出:

$$F'=\frac{F}{1-\{E/[jp(p^2-1)]\}} \tag{6-8}$$

其中 E 值由公式(6-9)得出。

令 $n_1,n_2,\cdots,n_k$ 为每个同秩组里秩次相同的样品数,则:

$$E=(n_1^3-n_1)+(n_2^3-n_2)+\cdots+(n_k^3-n_k) \tag{6-9}$$

例如,表 6-1 中有两个组出现了同秩情况:

——第 2 行中 B、C 样品同秩次(评定结果来源于二号评定员),则 $n_1=2$;

——第3行中B、C和D样品同秩次(评定结果来源于三号评定员),则$n_2=3$。

故 $E=(2^3-2)+(3^3-3)=6+24=30$

因$j=7,p=4$,先计算出F,再计算F':

$$F'=\frac{F}{1-\{30/[7\times4(4^2-1)]\}}=1.08F$$

然后比较F'值与表6-5或表6-6中的临界值。

(4)比较两个产品 符号检验 某些特殊的情况用排序法进行两个产品之间的差别比较时,可使用符号检验。

如比较两个产品A和B的差别。k_A是产品A排序在产品B之前的评价次数。k_B表示产品B排序在产品A之前的评价次数。k则是k_A和k_B之中较小的那个数。而未区分出A和B差别的评价不在统计的评价次数之内。

原假设:

$$H_0:k_A=k_B$$

备择假设: $H_1:k_A\neq k_B$

如果k小于表6-7中对应的单个检验的临界值,则拒绝原假设而接受备择假设。表明A和B之间存在显著性差别。

表6-7 单个检验的临界值(双尾)

评定员的数目 (j)	显著性水平(α)		评定员的数目 (j)	显著性水平(α)	
	$\alpha=0.01$	$\alpha=0.05$		$\alpha=0.01$	$\alpha=0.05$
1			18	3	4
2			19	3	4
3			20	3	5
4			21	4	5
5			22	4	5
6		0	23	4	6
7		0	24	4	6
8	0	0	25	5	7
9	0	1	26	6	7
10	0	1	27	6	7
11	0	1	28	6	8
12	1	2	29	7	8
13	1	2	30	7	9
14	1	2	31	7	9
15	2	3	32	8	9
16	2	3	33	8	10
17	2	4	34	9	10

续表

评定员的数目 (j)	显著性水平 (α)		评定员的数目 (j)	显著性水平 (α)	
	$\alpha = 0.01$	$\alpha = 0.05$		$\alpha = 0.01$	$\alpha = 0.05$
35	9	11	63	20	23
36	9	11	64	21	23
37	10	12	65	21	24
38	10	12	66	22	24
39	11	12	67	22	25
40	11	13	68	22	25
41	11	13	69	23	25
42	12	14	70	23	26
43	12	14	71	24	26
44	13	15	72	24	27
45	13	15	73	25	27
46	13	15	74	25	28
47	14	16	75	25	28
48	14	16	76	26	28
49	15	17	77	26	29
50	15	17	78	27	29
51	15	18	79	27	30
52	16	18	80	28	30
53	16	18	81	28	31
54	17	19	82	28	31
55	17	19	83	29	32
56	17	20	84	29	32
57	18	20	85	30	32
58	18	21	86	30	33
59	19	21	87	31	33
60	19	21	88	31	34
61	20	22	89	31	34
62	20	22	90	32	35

当 $j > 90$ 时,临界值由公式 $(j-1)/2 - k\sqrt{j+1}$ 计算,并只保留整数。$\alpha = 0.05$ 时,k 值为 0.9800;$\alpha = 0.01$ 时,k 值为 1.2879。

6.1.3.3　检验报告

检验报告应包括以下内容:

(1)检验目的。

(2)样品确认所必须包括的信息:样品数;是否使用参比样。

（3）采用的检验参数：评价员人数及其资格水平；检验环境；有关样品的情况说明。

（4）检验结果及其统计解释。

（5）注明根据本标准检验。

（6）如果有与本标准不同的作法应予以说明。

（7）检验负责人的姓名。

（8）检验的日期与时间。

6.1.4 常用的排序检验法

6.1.4.1 味强度增加的排序检验（4 种基本味）

（1）训练样品的质量浓度系列：

①蔗糖溶液。

质量浓度：0.1,0.4,0.5,0.8,0.8,1.0,1.5,2.0 g/100mL 溶液。

②氯化钠溶液。

质量分数：0.08%,0.09%,0.1%,0.1%,0.2%,0.3%,0.4%,0.5% 。

③柠檬酸溶液。

质量分数：0.003%,0.01%,0.02%,0.03%,0.03%,0.04%,0.05% 。

（2）排序训练指导。

样品量：每人 30 mL。

品尝杯上的标记：C,D,E,F,G,H（用于 4 种基本味识别检验的杯子可以重复使用）。

告诉评价员他们将收到随机排列的系列样品溶液（浓度上的差异）。任务是将它们的强度按依次递增的顺序排列好。然而其中有两份样品的浓度是相同的，因此必须多加注意。

为了防止由太频繁的重复品尝引起的疲劳，建议先决定每种样品的近似强度，并记录在检验表格上（表 6-8）。然后在近似强度系列的基础上，确定出准确的强度系列。对于强度差有疑问的样品最好再做成对比较检验。样品按强度增加的顺序排列完成以后，将结果填在检验表的规定位置上（表 6-8）。不要忘记标出相同浓度的样品。

表 6-8 味浓度排序

排序检验法

姓名： 日期：

你将收到随机排列的样品系列。这些样品只有一种特性存在着浓度上的差异，在本实验中该特性是：

甜度

实验指令：

1. 首先决定每种样品的近似强度,并使用给定的强度标度。没有必要频繁地重复品尝。注意:有两种样品的浓度相同

2. 最后按强度递增的顺序排出样品。只重复检验强度有疑问的样品。标出强度相同的一对样品

实验结果:

样品编码	强度		强度标度
	预检	终检	
A			
B			
C			1=极弱
D			2=弱
E			3=稍强
F			4=强
G			5=极强
H			

最终的样品顺序:

强度最弱 强度最强

相同的样品:

尽量避免太频繁地重复品尝;第一次的感觉通常是正确的。在进行味觉强度的判断时,用35℃的水漱口对检验会有很大的帮助。漱口要从第一份样品就开始,而不要等到疲劳发生后再进行。

6.1.4.2　色泽强度的排序检验

在食品的质量评价中,色泽具有重要的作用,例如饼干的棕色程度、面包的褐变程度等。为了确定评价员对颜色差别的辨别能力,常用试液和食品(果汁)进行排序检验。下面举例说明(以焦糖的褐色系列为例)。

(1)试剂　焦糖粉。

(2)检验溶液的浓度。

表6-9和表6-10给出了两个检验系列。表6-9是为初学者设计的,当然,初学者用表6-10系列也可能会得到100%的正确结果。

表6-9　焦糖的色泽强度排序检验(1)

样品号	焦糖粉浓度/%	差别/%	将某毫升储存液稀释成			编码
			100 mL	500mL	1000 mL	
1	0.56		5.6	28.0	56	N
2	0.52	0.04	5.2	26.0	52	P
3	0.48	0.04	4.8	24.0	48	Q

样品号	焦糖粉浓度/%	差别/%	将某毫升储存液稀释成			编码
			100 mL	500mL	1000 mL	
4	0.44	0.04	4.4	22.0	44	M
5	0.40	0.04	4.0	20.0	40	R
6	0.37	0.03	3.7	18.5	37	S
7	0.34	0.03	3.4	17.0	34	L
8	0.31	0.03	3.1	15.5	31	O

注:储存液,500 mL溶液中含50 g焦糖。

表 6-10　焦糖的色泽强度排序检验(2)

样品号	焦糖粉浓度/%	差别/%	将某毫升储存液稀释成			编码
			100 mL	500mL	1000 mL	
1	0.60		6.0	30.0	60.0	M
2	0.57	0.03	5.7	28.5	57.0	L
3	0.54	0.03	5.4	27.0	54.0	S
4	0.51	0.03	5.1	25.5	51.0	Q
5	0.48	0.03	4.8	24.0	48.0	N
6	0.46	0.02	4.6	23.0	46.0	R
7	0.45	0.01	4.5	22.5	45.0	P
8	0.42	0.03	4.2	21.0	42.0	O

(3)样品提供　按实验人数、轮次数准备好若干试管,另外准备一个盛水杯和一个吐液杯。将样品注入试管中。分发时用双排试管架,这样可以很容易地取放试管及进行样品分析。试管架应放在明亮的背景前面(白纸、淡色的墙)。尽量不要在试管上进行样品编码,以免对检验有影响。可以将编码编在试管塞上,然后将塞子塞在试管上。

(4)样品的注入　为了避免由于溶液的数量不同而造成的色泽差异,用可倾式移液管向每支试管中注入 20mL 的样品液。

(5)实验过程　实验前,主持人要向评价员说明检验的目的,并组织对检验方法、判定准则的讨论,使每个评价员对检验的准则有统一的理解。组织评价员填写焦糖的色泽强度排序检验—排序表(表 6-11)。

表 6-11　焦糖的色泽强度排序检验—排序表

排序检验法

姓名:　　　　日期:

你将收到随机排列的样品系列。请在规定时间内完成实验,请将收到系列编码的样品按照从弱到强的次序进行排列,可将样品先初步排定顺序后再做进一步调整。可反复评价。这些样品只有一种特性存在差异。

实验结果:

样品编码	排序结果
N	☐
P	☐
Q	☐
M	☐
O	☐
L	☐
S	☐
R	☐

记录评价员的反应结果。

将评价员对每次检验的每一特性的排序结果汇总,并使用 Friedman 检验和 Page 检验对被检测样品之间是否有显著性差别做出判定。

若确定样品之间存在显著性差别时,则需要应用多重比较对样品进行分组,以进一步明确哪些样品之间有显著性差别。

6.1.4.3 偏好度的检验

适用于样品是不同种类的食品检验。最简单的方法是在市场上购买竞争性商品。对于不同风味的样品(如巧克力)检验也比较适合,如通过对不同巧克力偏爱性进行评价,为产品的开发、营销等做准备。

(1)实验原理 根据评价员对样品按某一单独特性的强度或整体印象排序,对结果进行统计分析,确定感官特性的差异。

(2)提供样品的份数 对于初学者,每次所检的样品最好不要超过 3~4 份,即使在实际检验中,也要把数量限制在 4~5 份,以避免出现疲劳。

(3)样品编码 样品的形状、大小等应尽量保持一致,并应去除商标等记号。在该类检验中,用字母编码比用数字效果更好。

(4)检验指导 样品按字母顺序进行检验。将最喜欢的样品放在左边,最不喜欢的放在右边。表 6-12 是填写检验表格的实例。

(5)实验步骤 实验前,主持人要向评价员说明检验的目的,并组织对检验方法、判定准则的讨论,使每个评价员对检验的准则有统一的理解。

将评价员对每次检验的每一特性的排序结果汇总,并使用 Friedman 检验和 Page 检验对被检测样品之间是否有显著性差别做出判定。

若确定样品之间存在显著性差别时,则需要应用多重比较对样品进行分组,以进一步明确哪些样品之间有显著性差别。

表 6-12　偏爱度的排序检验法

排序检验法

姓名：　　　　日期：

样品名称:巧克力

你将收到 4 份(A,B,C,D)样品。请按你的偏爱程度对它们排序。把你最喜欢的样品的编码写在最左边(第 1 位),最不喜欢的样品的编码写在最右边(第 4 位),其他的样品写在中间。

需要的情况下,在更换样品时,请用水漱口。

实验记录:

样品编码	最喜欢	喜欢	较喜欢	不喜欢	最不喜欢
A	□	□	□	□	□
B	□	□	□	□	□
C	□	□	□	□	□
D	□	□	□	□	□

实验结果:

最终的样品顺序:

第 1 位 (最喜欢)	第 2 位 (最不喜欢)	第 3 位	第 4 位

6.1.4.4　食品硬度排序

为了研究各种食品的硬度,某研究人员希望将 15 种食品按照硬度大小排列,为以后的打分做基础。

选用 105 人,每人品尝 3 种食品,按照硬度将样品排序,排序范围为 1~3,最硬为 3,最软为 1,处于中间的为 2。基本实验设计见表 6-13。

表 6-13　15 种食品硬度的实验设计

评价员编号	样品位置			评价员编号	样品位置			评价员编号	样品位置			评价员编号	样品位置		
1	1	2	3	11	1	6	7	21	1	10	14	31	1	14	15
2	4	8	12	12	2	9	11	22	2	12	14	32	2	4	6
3	5	10	15	13	3	12	15	23	3	5	6	33	3	8	11
4	6	11	13	14	4	10	14	24	4	9	13	34	5	9	12
5	7	9	14	15	5	8	13	25	7	8	15	35	7	10	13
6	1	4	5	16	1	8	9	26	1	12	13				
7	2	8	10	17	2	13	15	27	2	5	7				
8	3	13	14	18	3	4	7	28	3	9	10				
9	6	9	15	19	5	11	14	29	4	11	15				
10	7	11	12	20	6	10	12	30	6	8	14				

将以上实验重复 3 次进行。

实验结果:105 人实验结束后,得到的各种样品的排序和如表 6-14 所示。

表 6-14 食品硬度实验结果

样品	1	2	3	4	5	6	7	8	9	10	11	12	13	14	15
排序和	35	45	54	43	28	37	55	42	37	50	49	50	34	42	29

然后根据下面的公式计算 T 值:

$$T = \left[\frac{12}{p\lambda t(k+1)} \right] \sum_{i=1}^{t} R_i^2 - \frac{3(k+1)pr^2}{\lambda}$$

式中:p——基本实验被重复的次数,3;

　t——样品数量,15;

　k——每人品尝样品量,3;

　r——在每个重复中,每个样品被品尝的次数,7(35×3/15=7);

　λ——$r(k-1)/(t-1) = 7(3-1)/(15-1) = 1$;

　R_i^2——各种样品的排序平方和,27488。

因此,在本实验中,$T=68.53$,参照表 6-6,得到 $x^2=23.7$,因此,这 15 种食品的硬度之间具有显著差异。为了将其排序,根据下面公式计算 LSD:

$$LSD = z_a pk + 1rk - r + \lambda 6$$

$$= t_{a/2\infty} \sqrt{\frac{p(k+1)(rk-r+\lambda)}{6}}$$

$$= 1.96 \sqrt{\frac{3(3+1)(7\times3-7+1)}{6}}$$

$$= 10.74$$

将数值升次或降次排列,依次计算相邻两个数值之间的差,如果该差值大于 10.74 则说明这两个样品之间具有显著差异,反之,则没有显著差异。

6.1.4.5 饼干样品甜度排序实验

5 个评价员评价 4 种饼干样品的甜度(从最甜到最不甜排序),其结果的汇集,见表 6-15。

表 6-15 评定员的排序结果

评定员	秩次			
	1	2	3	4
1	C	D	A	B
2	C	A	D	B
3	C	A	B	D
4	C	A	B	D
5	A	C	B	D

统计样品秩和,见表6-16。

表6-16　样品的秩次与秩和

评定员	样 品				秩和
	A	B	C	D	
1	3	4	1	2	10
2	2	4	1	3	10
3	2	3	1	4	10
4	2	3	1	4	10
5	1	3.5	2	3.5	10
每种样品的秩和	10	17.5	6	16.5	50

（1）Friedman 检验　计算统计量 F'。

$$J=5, P=4, R_1=10, R_2=17.5, R_3=6, R_4=16.5, n_1=2$$

$$F = \frac{12}{JP(P+1)}(R_1^2+R_2^2+\cdots+R_p^2) - 3J(P+1)$$

$$= \frac{12}{5\times4\times(4+1)} \times (10^2+17.5^2+6^2+16.5^2) - 3\times5\times(4+1)$$

$$= 10.74$$

$$F' = \frac{F}{1-\{E/[JP(P^2-1)]\}}$$

$$= \frac{F}{1-\{(2^{3-}2)/[5\times4(4^2-1)]\}}$$

$$= \frac{F}{1-6/300} = 1.02F = 10.95$$

（2）统计结论　因为 $F'(10.95)$ 大于表 6-5 中对应 $J=5, P=4, \alpha=0.05$ 的临界值 7.80,所以可以认为,在 0.05 显著水平上这 4 种饼干的甜度有显著性差别。

（3）多重比较和分组。

1）初步排序。

根据各样品的秩和从小到大排列的情况:6,10,16.5,17.5 将饼干按甜度初步排序为

C　A　D　B

2）计算临界值 $\gamma(I, \alpha)$。

$$\gamma(I, \alpha) = q(I, \alpha)\sqrt{\frac{JP(P+1)}{12}}$$

$$=q(I,\alpha)\sqrt{\dfrac{\left[5\times4(4+1)\right]}{12}}$$

$$=q(I,\alpha)\times2.89$$

$$\gamma(4,0.05)=q(4,0.05)\times2.89=3.63\times2.89=10.49$$

$$\gamma(3,0.05)=q(3,0.05)\times2.89=3.31\times2.89=9.57$$

$$\gamma(2,0.05)=q(2,0.05)\times2.89=2.77\times2.89=8.01$$

3）比较与分组。

$$R_B-R_C=17.5-6=11.5>\gamma(4,0.05)=10.49$$

$$R_B-R_A=17.5-10=7.5<\gamma(3,0.05)=9.57$$

$$R_D-R_C=16.5-6=10.5>\gamma(3,0.05)=9.57$$

$$R_A-R_C=10-6=4<\gamma(2,0.05)=8.01$$

以上比较的结果表示如下：

C　　A　D　B

下划线的意义表示：

——未经连续的下划线连接的两个样品是不同的（在5%的显著性水平下）；

——由连续的下划线连接的两个样品相同；

——没有区别的C排在没有区别的A、D、B前面。

最后分为3组，即

C　A　D　B

结论是：在5%的显著性水平上，饼干C最甜，A次之，D与B最不甜，D与B在甜度上无显著性差别。

（4）Page检验　假若事先有某种理由相信饼干样品之间甜度有差别，则必然是饼干C、A、D、B依次递减，即

C的秩次≤A的秩次≤D的秩次≤B的秩次，其中至少有一个不等号成立。这时应做Page检验：

①求L值：根据公式（6-3）

$$L=1\times6+2\times10+3\times16.5+4\times17.5=145.5$$

②查表6-4相应于$J=5$，$P=4$，$\alpha=0.05$的临界值是137。

③做统计结论。

L值145.5大于137，所以在$\alpha=0.05$的显著水平上拒绝原假设，即认为饼干样品之间甜度有显著性差别，也就是饼干C、A、D、B的甜度依次递减，即

C的秩次≤A的秩次≤D的秩次≤B的秩次，其中至少有一个不等号成立。统计分组的方法和结果与前相同。

6.1.4.6　饮料口感排序检验法

8个评价员评价5种饮料的口感（从好到差排序）。

结果的汇集,见表 6-17。

表 6-17　评价员的排序结果

评价员	秩 次				
	1	2	3	4	5
1	E	A	D	B	C
2	D	E	C	A	B
3	A	E	D	B	C
4	A	B	D	E	C
5	A	C	D	E	B
6	E	A	B	C	D
7	D	E	C	A	B
8	E	A	B	D	C

统计样品秩和,见表 6-18。

表 6-18　样品的秩次与秩和

评价员	秩 次					秩和
	A	B	C	D	E	
1	2	4	5	3	1	15
2	4	5	3	1	2	15
3	1	4	5	3	2	15
4	1	2	5	3	4	15
5	1	5	2	3	4	15
6	2	3	4	5	1	15
7	4	5	3	1	2	15
8	2	3	5	4	1	15
每种样品的秩和	17	31	32	23	17	120

(1)Friedman 检验。

1)计算统计量 F。

$$J=8, P=5, R_1=17, R_2=31, R_3=32, R_4=23, R_5=17$$

$$F=\frac{12}{8\times5\times(5+1)}(17^2+31^2+32^2+23^2+17^2)-3\times8\times(5+1)$$

$$=10.60$$

2)统计结论　因为 10.60 大于表 6-5 中 $P=5, J=8, \alpha=0.05$ 的临界值 9.19,所以在 5%显著水平上样品之间有显著性差别。

(2)多重比较和分组。

1)初步排序。

根据秩和顺序 17,17,23,31,32 将样品初步排序为：

A E D B C

2)计算临界值 $\gamma(I,\alpha)$。

$$\gamma(I,\alpha) = q(I,\alpha)\sqrt{\dfrac{JP(P+1)}{12}}$$

$$= q(I,\alpha)\sqrt{\dfrac{[8\times5(5+1)]}{12}}$$

$$= q(I,\alpha)\times4.47$$

$$\gamma(5,0.05) = q(5,0.05)\times4.47 = 3.86\times4.47 = 17.25$$

$$\gamma(4,0.05) = q(4,0.05)\times4.47 = 3.63\times4.47 = 16.23$$

$$\gamma(3,0.05) = q(3,0.05)\times4.47 = 3.31\times4.47 = 14.80$$

$$\gamma(2,0.05) = q(2,0.05)\times4.47 = 2.77\times4.47 = 12.38$$

3)比较与分组　因为最大的秩和差即 $R_C-R_A = 32-17 = 15 < \gamma(5,0.05) = 17.25$，所以多重比较无法分组。

(3)利用最小显著差数分组。

1)计算最小显著差数 LSD。

在 $\alpha = 0.05$ 情况下，

$$\text{LSD} = 1.96\sqrt{\dfrac{JP(P+1)}{6}} = 1.96\times\sqrt{\dfrac{[8\times5(5+1)]}{6}} = 12.40$$

2)比较与分组。

$$R_C-R_A = 32-17 = 15 > \text{LSD} = 12.40$$

$$R_C-R_E = 32-17 = 15 > \text{LSD} = 12.40$$

$$R_C-R_D = 32-23 = 9 < \text{LSD} = 12.40$$

$$R_B-R_A = 31-17 = 14 > \text{LSD} = 12.40$$

$$R_B-R_E = 31-17 = 14 > \text{LSD} = 12.40$$

$$R_D-R_A = 23-17 = 6 < \text{LSD} = 12.40$$

以上比较的结果表示如下：

A E D B C

最后分为 3 组，即

A E D B C

结论是：饮料的口感 A、E 最佳，D 次之，B 与 C 最差。A 与 E、B 与 C 之间在口感上无显著性差别。但要知道，这样分组犯第一类错误的概率超过 0.05。

6.1.4.7　甜味剂甜味持久性的比较——简单排序实验法

比较 4 种人工合成甜味剂 A,B,C,D 甜味的持久性，即确定这 4 种甜味剂之间在吞咽之后是否在甜味的持久性上存在显著性差异。

因为甜味的持久性在不同的人身上反应可能差别很大,并且该试验的操作简单,不需要培训,因此尽可能召集更多的人参加试验。选择48人进行试验,每人得到4个样品,并就甜味的持久性进行排序。甜味排序检验法的问卷见表6-19。

在正式实验之前,要确保样品之间除了甜味之外,没有其他不同。

表6-19　4种甜味剂甜味持久性的排序检验法

排序检验法

姓名:　　　　日期:

样品名称:人工甜味剂

实验指令:

1.注意你得到的样品编号与问卷上的编号一致。

2.从左到右品尝样品,并注意甜味的持久性。在两个样品之间间隔30s,并用清水漱口。

3.在你认为甜味持久性最差的样品编号下方写"1",第二差的下方写"2",依次类推,在甜味持久性最长的样品编号下方写"4"。

4.如果你认为两个样品非常接近,就猜测它们的可能顺序。

实验记录:

样品编码A　　B　　C　　D

建议或评语:

分析结果:根据48名评价员对4个样品的排序结果,计算:

$$T = \left\{\left[\frac{12}{bt(t+1)}\right]\sum_{i=1}^{t}R_i^2\right\} - 3b(t) + 1 = 12.85$$

查表6-6可知,χ^2的临界值为7.81,因此,可以判定4种样品在甜味的持久性上存在显著差异,为了进一步说明哪两个样品有差异,计算LSD值:

$$LSD = t_{a/2\infty}\sqrt{\frac{bt(t+1)}{6}} = 24.8$$

如果两个样品之间的差距大于24.8,那么就说明这两个样品之间就存在着显著性差异。从结果可知,样品B、D和A、C之间在甜味的持久性上存在着显著性差异。

6.1.4.8　果蔬汁样品排序实验法——完全区组设计

由14个评价员评价5种果蔬汁样品,结果见表6-20。

表 6-20　果蔬汁品质排序实验结果

评定员	样　品				
	A	B	C	D	E
1	2	4	5	3	1
2	4	5	3	1	2
3	1	4	5	3	2
4	1	2	5	3	4
5	1	5	2	3	4
6	2	3	4	5	1
7	4	5	3	1	2
8	2	3	5	4	1
9	1	3	4	5	2
10	1	2	5	3	2
11	4	5	2	3	1
12	2	4	3	5	1
13	5	3	4	2	1
14	3	5	2	4	1
每种样品的秩和	33	53	52	45	27

（1）Friedman 检验。

1）计算统计量 F_{test}。

$$J=14, P=5, R_1=33, R_2=53, R_3=52, R_4=45, R_5=27$$

根据公式（6-4）

$$F_{test} = \frac{12}{14 \times 5 \times (5+1)}(33^2 + 53^2 + 52^2 + 45^2 + 27^2) - 3 \times 14 \times (5+1) = 15.31$$

2）统计结论　因为 F_{test}（15.31）大于表 6-5 中对应 $J=14, P=5, \alpha=0.05$ 的临界值 9.32，所以可以认为，在显著性 5% 时，5 个样品之间存在显著性差别。

（2）多重比较和分组　如果两个样品秩和之差的绝对值大于最小显著差数 LSD，可认为二者不同。

1）计算最小显著差数 LSD。

$$LSD = 1.96 \times \sqrt{\frac{14 \times 5 \times (5+1)}{6}} = 16.40 (\alpha = 0.05)$$

2）比较与分组　在显著性水平 0.05 下，A 和 B、A 和 C、E 和 B、E 和 C、E 和 D 的差异是显著的，它们秩和之差的绝对值分别为：

$$A-B: |33-53| = 20 \qquad E-B: |27-53| = 26$$
$$A-C: |33-52| = 19 \qquad E-C: |27-52| = 25$$

$$E - D: |27 - 45| = 18$$

以上比较的结果表示如下：

$$\underline{E \quad A} \quad \underline{D \quad C \quad B}$$

下划线的意义表示：

——未经连续的下划线连接的两个样品是不同的（在5%的显著性水平下）；

——由连续的下划线连接的两个样品相同；

——没有区别的A和E排在没有区别的D、C、B前面。

因此，5个样品可分为3组，一组包括A和E，另一组包括A和D，第三组包括B、D、C。

（3）Page检验 根据秩和顺序，可将样品初步排序为：$E \leqslant A \leqslant D \leqslant C \leqslant B$，Page检验可检验该推论。

1）计算L值。

$$L = (1 \times 27) + (2 \times 22) + (3 \times 45) + (4 \times 52) + (5 \times 53) = 701$$

2）统计结论。

由表6-4可知，$P = 5$，$J = 14$，$\alpha = 0.05$时，Page检验的临界值为661。

因为$L = 701 > 661$，所以$\alpha = 0.05$时，样品之间存在显著性差异。

（4）结论。

1）基于Friedman检验 在5%的显著性水平下，E和A无显著性差别；D和C、B无显著性差别；A和D无显著性差别，但A和C、B有显著性差异，E和D、C、B有显著性差异。

2）基于Page检验 在5%的显著性水平下，评价员辨别出了样品之间存在差异，并且给出的排序与预先设定的顺序一致。

6.1.4.9　排序实验法应用实例——平衡不完全区组设计

平衡不完全区组设计中，10个评价员每人检验5份样品中的3份，结果见表6-21。

（1）Friedman检验。

1）计算统计量。

$$J = 14, P = 5, K = 3, N = 6, \lambda = 3, R = 1, R_1 = 8, R_2 = 13, R_3 = 15, R_4 = 16, R_5 = 8$$

$$F_{test} = 12 \times (8^2 + 13^2 + 15^2 + 16^2 + 8^2) / [1 \times 3 \times 5 \times (3+1)] - [3 \times 1 \times 6^2 \times (3+1) / 3] = 11.6$$

2）统计结论 因为F_{test}（11.6）大于表6-5中对应$P = 5$，$\alpha = 0.05$的临界值9.25，所以可以认为，在显著性水平小于或等于5%时，5个样品之间存在显著性差别。

表6-21　评定结果

评定员	样 品				秩和
	A	B	C	D	
1	1	2	3		
2	1	2		3	
3	2	3			1

评定员	样 品				秩和
	A	B	C	D	
4	1		2	3	
5	2		3		1
6	1			3	2
7		1	3	2	
8		2	3		1
9		3		2	1
10			1	3	2
每种样品的秩和	8	13	15	16	8

（2）利用最小显著差数分组　如果两个样品秩和之差的绝对值大于最小显著差数 LSD，可认为二者不同。

1）计算最小显著差数 LSD。

$$LSD = 1.96 \times \sqrt{\frac{1 \times (3+1) \times (6 \times 3 - 6 + 3)}{6}} = 6.2\,(\alpha = 0.05)$$

2）比较与分组　在显著性水平 0.05 下，A 和 C、A 和 D、C 和 E、D 和 E 之间的差别是显著的，其秩和之差的绝对值分别为：

$$A-C: |8-15| = 7 \qquad C-E: |15-8| = 7$$
$$A-D: |8-16| = 8 \qquad D-E: |16-8| = 8$$

以上比较的结果表示如下：

$$\underline{A \quad E} \; \underline{\underline{\quad B \quad}} \; \underline{C \quad D}$$

（3）Page 检验　根据秩和顺序，可将样品初步排序为：$E \leqslant A \leqslant D \leqslant C \leqslant B$，Page 检验可检验该推论。

1）计算 L 值。

$$L = (1 \times 8) + (2 \times 8) + (3 \times 16) + (4 \times 15) + (5 \times 13) = 197$$

$P = 5, k = 14, j = 10$, 时，L' 的值为：

$$L' = \frac{12 \times 197 - 3 \times 10 \times 3 \times 4 \times 6}{\sqrt{10 \times 3 \times 4 \times 5 \times 6}} = 2.4$$

2）统计结论。

因为 $L > 2.33$，所以 $\alpha = 0.01$ 时，样品之间存在显著性差异。

（4）结论。

1）基于 Friedman 检验　在 5% 的显著性水平下，A、E 的秩和显著小于 C、D，而 B 与其他 4 种样品均无显著性差别。

2）基于 Page 检验　在 1% 的显著性水平下，评价员辨别出了样品之间存在差异，并且给出的排序与预先设定的顺序一致。

6.2　分类检验法

评价员品评样品后,划出样品应属的预先定义的类别,这种评价试验的方法称为分类检验法。

当样品打分有困难时,可用分类法评价出样品的好坏差异,得出样品的级别、好坏,也可以鉴定出样品的缺陷等。

它是先由专家根据某样品的一个或多个特征,确定出样品的质量或其他特征类别,再将样品归纳入相应类别的方法或等级的办法。此法是使样品按照已有的类别划分,可在任何一种检验方法的基础上进行。

6.2.1　方法特点

此法是以过去积累的已知结果为根据,在归纳的基础上,进行产品分类。

6.2.2　组织设计

把样品以随机的顺序出示给评价员,要求评价员按顺序评价样品后,根据评价表中所规定的分类方法对样品进行分类。分类检验法问答表的一般形式见表6-22及表6-23所示。

表6-22　分类检验法问答表(1)

姓名　　　　日期　　　　产品

评价您面前的4个样品后,请按规定的级别定义把他们分成3个级别,并在适当的级别下,填上适当的样品编码。

级别1:…

级别2:…

级别3:…

_____样品应为1级

_____样品应为2级

_____样品应为3级

表6-23　分类检验法问答表(2)

分类检验法

姓名　　　　日期

样品类型

试验指令:

1.从左到右依次品尝样品。

续表

试验指令：				
2.品尝后把样品划入你认为应属的预先定义的类别。				

试验结果

样品	一级	二级	三级	合计
A				
B				
C				
D				
合计				

6.2.3　结果分析

统计每一种产品分属每一类别的频数,然后用 χ^2 检验比较两种或多种产品落入不同类别的分布,从而得出每一种产品应属的级别。

下面举例说明采用分类检验法进行结果分析的方法。

例有 4 种搪瓷制品,它们的加工工艺不同。通过检验、了解由于加工工艺的不同,对制品质量所造成的影响。

统计各样品被划入各等级的次数,并把它们填入表6-24(由30位评价员进行评价分级)。

表 6-24　分类检验法结果汇总表

样品	一级	二级	三级	合计
A	7	21	2	30
B	18	9	3	30
C	19	9	2	30
D	12	11	7	30
合计	56	50	14	120

假设各样品的级别各不相同,则各个级别的期待值为:

$$E=\frac{该等级次数}{120}\times30=\frac{该等级次数}{4}, 而 E_1=\frac{56}{4}=14, E_2=\frac{50}{4}=12.5, E_3=\frac{14}{4}=3.5,$$ 而实际测定值 Q 与期待值之差 $Q_{ij}-E_{ij}$ 列出如表 6-25。

表 6-25　各级别期待值与实际值之差

样品	一级	二级	三级	合计
A	-7	8.5	-1.5	0
B	4	-3.5	-0.5	0

续表

样品	一级	二级	三级	合计
C	5	-3.5	-1.5	0
D	-2	-1.5	3.5	0
合计	0	0	0	

$$\chi_0^2 = \sum_{i=1}^{t} \sum_{j=1}^{m} \frac{(Q_{ij} - E_{ij})^2}{E_{ij}} = \frac{(-7)^2}{14} + \frac{4^2}{14} + \frac{5^2}{14} + L + \frac{3.5^2}{3.5} = 19.49$$

误差自由度：

$f = $样品自由度$\times$级别自由度$= (m-1) \times (t-1) = (4-1) \times (3-1) = 6$

查χ^2分布表，

$$\chi^2(6, 0.05) = 12.55; \quad \chi^2(6, 0.01) = 16.81$$

由于$\chi_0^2 = 19.49 > 16.81$，

所以，这3个级别之间在1%水平有显著性差异，即这4个样品可以分为3个等级，其中C、B之间相近，可表示为 CBAD，即C、B为一级，A为二级，D为三级。

6.2.4 分类实验法实例

6.2.4.1 实验目的及步骤

评价6种市售乳制品不同热处理方法对产品感官品质的影响，采用分类实验法进行。分类检验法是使样品按照已有的类别划分，可在任何一种检验方法的基础上进行。参加本次实验的评价人员，包含2位专家和16位优秀评价员、12位普通评价员。问答表的设计见表6-26。

具体实验设计和实验步骤如下：

样品随机编号表及准备工作表，分别见表6-27及表6-28。

每位评价员得到一组6个样品，依次品尝，评价，并填写问答表6-26，共30张有效问答表。

结果处理：统计每一种样品分属每一类别的频数，然后用χ^2检验比较这6种样品落入不同类别的分布，从而得出每一种样品应属的类别。

表6-26 分类检验法问答表

分类检验法

姓名　　　　日期　　　　产品

样品类型 根据加工过程中热处理方式的不同，通常可将液态纯乳制品划分为3类：巴氏杀菌乳、超高温灭菌（UHT）乳和二次灭菌乳。巴氏乳产品呈乳白色，奶味纯正，奶香浓郁；UHT乳产品颜色乳白（也有可能出现轻微褐变），奶香较浓，有轻微焦烟味；二次灭菌乳产品颜色发褐，奶香浓厚，有焦烟味。

实验指令 请仔细品尝您面前的6个液态乳样品，编号分别为A,B,C,D,E,F，然后把它们的编号填入您认为应属于的预先定义的类别。

巴士乳：_____　　　UHT乳：_____　　　二次灭菌乳：_____

表 6-27　样品随机编号表

样品名称	A	B	C	D	E	F
	533	298	219	304	377	654
随机编码	681	885	462	547	265	225
	576	372	743	615	439	748

表 6-28　样品准备工作表

评定员	供样顺序	样品检验时的号码顺序					
1	BAEDCF	298	533	377	304	219	654
2	ECABFD	377	219	533	298	654	304
3	DBEFCA	304	298	377	377	219	533
4	AFCEBD	681	225	462	462	885	547
5	CADBFE	462	681	547	547	225	265
6	FDCABE	225	547	462	462	885	265
⋮	⋮	⋮	⋮	⋮	⋮	⋮	⋮
30	BAFCED	372	576	748	748	439	615

6.2.4.2　分类实验结果分析

分类检验由 30 位评价员(其中包括 2 位专家和 16 位优秀评价员)参评,各样品被划入各类别的次数统计见表 6-29。

表 6-29　6 种样品的分类实验结果

样品	巴氏杀菌乳	UHT 杀菌乳	二次灭菌乳	合计
A	10	19	1	30
B	20	10	0	30
C	19	10	1	30
D	9	20	1	30
E	11	18	1	30
F	0	1	29	30
合计	69	78	33	180

假设各样品的类别不相同,则各类别的期待值为:

E = 该类别次数/6,即 $E_1 = 69/6 = 11.5$,$E_2 = 78/6 = 13$,$E_3 = 33/6 = 5.5$,而实际测定值 Q 与期待值之差如表 6-30 所示。

表 6-30　6 种样品的各类别期待值与实际值之差

样品	巴氏杀菌乳	UHT 杀菌乳	二次灭菌乳	合计
A	-1.5	6	-4.5	0
B	8.5	-3	-5.5	0
C	7.5	-3	-4.5	0
D	-2.5	7	-4.5	0

样品	巴氏杀菌乳	UHT 杀菌乳	二次灭菌乳	合计
E	-0.5	5	-4.5	0
F	-11.5	-12	23.5	0
合计	0	0	0	

经计算，$\chi^2 = 161.3$，查 χ^2 分布表（表 6-8）；$\chi^2(10, 0.05) = 18.31$；$\chi^2(10, 0.01) = 23.21$。由于 $\chi^2 = 161.3 > 23.21$，所以这 3 个类别之间在 1% 显著水平是有显著差异，即这 6 个样品可以分成 3 类，其中 B、C 之间相近，D、A、E 之间相近，可表示为 B 和 C 为一类，D、A 和 E 为一类，F 单独为一类，即 B、C 为巴氏杀菌乳，D、A、E 为 UHT 灭菌乳，F 为二次灭菌乳。

思考题

1. 什么是排序检验法？此方法的特点及应用范围是什么？

2. 排序检验法如何进行结果判定？

3. 什么是分类检验法？此方法的特点及应用范围是什么？

4. 分类检验法如何进行结果判定？

5. 排序检验法和分类检验法的优缺点是什么？

第7章 分级试验

内容提要

本章主要介绍了分级试验的概念,评分法、成对比较法、加权评分法、模糊数学法及阈值试验的特点、方法的设计和操作,以及试验结果的分析与判断。

教学目标

1. 掌握分级试验、刺激阈、分辨阈、主观等价值的概念。
2. 掌掌握评分法、成对比较法、加权评分法及模糊数学的特点及评价方法。
3. 掌握评分法、成对比较法、加权评分法及模糊数学的评价结果分析与判断。
4. 掌握阈值测定方法。

7.1 概述

感官分级通常是评价员感觉的综合过程。

分级试验是以某个级数值来描述食品的属性。在排序检验中,两个样品之间必须存在先后顺序,而在分级试验中,两个样品可能属于同一级数,也可能属于不同级数,而且它们之间的级数差别可大可小。排序检验和分级试验各有特点和针对性。

级数定义的灵活性很大,没有严格规定。例如,对食品甜度,其级数值可按表7-1定义。

表7-1 食品甜度的分级方法

甜度	分级方法				
	1	2	3	4	5
极甜	9	4	8	7	4
很甜	8	3	7		
较甜	7	2	6	6	3
略甜	6	1	5	5	
适中	5	0	4	4	2
略不甜	4	-1	3	3	
较不甜	3	-2	2	2	
很不甜	2	-3	1	1	1
极不甜	1	-4	0		

对于食品的咸度、酸度、硬度、脆性、黏性、喜欢程度或者其他指标的级数值也可以类

推。当然也可以用分数、数值范围或图解来对食品进行级数描述。例如,对于茶叶进行综合评判的分数范围为:外形 20 分,香气与滋味 60 分,水色 10 分,叶底 10 分,总分 100 分。当总分大于 90 分为 1 级茶,81～90 分为 2 级茶,71～80 分为 3 级茶,61～70 分为 4 级茶。其常见的问答表例见表 7-2。

在分级实验中,由于每组试验人员的习惯、爱好及分辨能力各不相同,使得各人的试验数据可能不一样。因此规定标准样的级数,使它的基线相同,这样有利于统一所有试验人员的试验结果。

表 7-2 分级检验法问答表例

姓名	日期	产品组

评价您面前的 4 个样品后,请按规定的级别定义把它们分成 3 级,并在适当的级别下,填上适当的样品号码:
级别定义:
1 级:…
2 级:…
3 级:…
_____样品应为 1 级
_____样品应为 2 级
_____样品应为 3 级

7.2 评分法

7.2.1 方法特点

评分法是要求评价员对样品的品质特性和嗜好程度等以数字标度形式进行评价的一种检验方法。食品感官评价按评分目的分为合格检查与产品评优,评分的目的不同,评分标准的侧重和评分方法也有所不同。要减少评分误差,使评出的分数能在很大程度上反映出产品质量的本来面貌,制定合理的评分标准至关重要。一个好的评分标准应具备如下特点:评分规则明确具体,而不是含义不清或伸缩性大;能方便、正确地衡量和掌握产品质量水平的高低、优劣及缺陷严重程度;能将被检产品的实际水平检查出来;能使样品间的差异,即使较微小的差异也能通过评分反映出来。制定评分标准时要认真、全面地进行考虑;在之后的评分实践中,还须用统计方法来检验标准本身的质量,并不断加以完善。评分标准本身的质量,可以用可信度、区分度以及分数的平均值与标准差等来衡量。在评分法中,所使用的数字标度为等距标度或比率标度,如 1～10(10 级),-3～3 级(7 级)等数值尺度。由于此方法可同时评价一种或多种产品的一个或多个指标的强度及其差别,所以应用较为广泛,尤其用于对新产品的评价。

检验前应首先确定使用的标度类型,评价员对每一个评分点所代表的意义要有一致的认识。评价时,把所有要求评价的样品同时提供给感官评价员。评价员根据自己所感觉的特性强度填写问答表。样品的出示顺序(评价顺序)可利用拉丁文随机排列。

首先将产品中需要做感官评价的项目分别列出,然后按其性质与内容的主次关系进行归并,以性质相互独立的主要项目为母项,从属于母项的各项内容为子项。各母项按其在产品质量中的地位分别赋以不同的分值,母项得分之和为产品得分,满分为 100 分。子项也与母项一样,按其在母项中的贡献大小分别赋予分值,如 A 项的满分值为 40,它由 a,b,c,d 4 个子项组成,赋予子项的分值可能分别为 15,10,8,7,总和为 40。一般评分只对子项进行,母项的得分与产品的总分都是通过计算子项得分后得出,因此,每个子项都要有得分和扣分的标准。该方法不同于其他方法的是所谓的绝对性判断,即根据评价员各自的评价基准进行判断。它出现的粗糙评分现象也可由增加评价员人数的方法来克服。

7.2.2　组织设计

评分法是最常用的一种食品感官评价方法。要做好食品感官质量的评分。首先要有一个好的评分标准;二是要有较高水平的分析员;三是评分程序要合理;四是评分结果的处理办法要先进。

评分法问答卷的设计应和产品的特性及检验的目的相吻合,尽量简洁明了。问卷形式可参考表 7-3 的形式。

表 7-3　评分法问答卷参考样式

姓名	性别	试样号	年　月　日

请你品尝面前的试样后,以自身的尺度为基准,在下面尺度中的相应位置上画"○"

极端好	非常好	好	一般	不好	非常不好	极端不好
1	2	3	4	5	6	7

7.2.3　结果分析

在进行结果分析与判断前,首先要将问答卷的评价结果按选定的标度类型转换成相应的数值。以上述问答卷的评价结果为例,可按 -3 ~3(7 级)等值尺度转换成相应的数值。极端好 =3;非常好 =2;好 =1;一般 =0;不好 =-1;非常不好 =-2;极端不好 =-3。当然,也可以用 10 分制或百分制等其他尺度。然后通过相应的统计分析和检验方法来判断样品间的差异性,当样品只有两个时,可以采用简单的 t 检验;而样品超过两个时,要进行方差分析并最终根据 F 检验结果来判别样品间的差异性。

7.2.3.1　评分的可信度

按照评分标准对产品评分,所得分数能较真实、可靠地反映出产品的实际质量水平,则其可信度较高。

评分标准可信度的计算方法如下：

（1）将评分标准的检查项目分为项目数相同、检查内容难度相近的 A、B 两组，并分别计算这两组的总评分 x_i 和 y_i；

（2）计算 A、B 两组总评分 x_i 和 y_i 的相关系数 r；

$$r = \frac{L_{xy}}{\sqrt{L_{xx} \cdot L_{yy}}} \qquad (7-1)$$

式中 $L_{xx} = \sum x^2 - \frac{1}{n}\left(\sum x\right)^2$，$n$ 为总评分对数；

$$L_{yy} = \sum y^2 - \frac{1}{n}\left(\sum y\right)^2$$

$$L_{xy} = \sum xy - \frac{1}{n}\left(\sum x\right)\left(\sum y\right)$$

（3）计算评分标准的可信度 A：

$$A = \frac{2r}{1+r} \qquad (7-2)$$

若 $A \geq 0.7$，评分标准的可信度较高；若 $A = 0.4 \sim 0.7$，可信度一般；若 $A \leq 0.4$，可信度较差。

【例 7-1】某分析小组按评分标准对 5 种同类饮料评分，其结果见表 7-4，试判断所采用评分标准的可信度。

表 7-4　评分结果表

n	A：总评分 x	B：总评分 y	x^2	y^2	xy
1	45	45	2025	2025	2025
2	43	42	1847	1844	1806
3	38	42	1444	1844	1596
4	37	35	1369	1225	1295
5	32	29	1624	841	928
Σ	195	193	7711	7779	7650

解：$L_{xx} = \sum x^2 - \frac{1}{n}\left(\sum x\right)^2 = 7711 - (195)^2/5 = 106.0$

$L_{yy} = \sum y^2 - \frac{1}{n}\left(\sum y\right)^2 = 7779 - (193)^2/5 = 329.2$

$L_{xy} = \sum xy - \frac{1}{n}\left(\sum x\right)\left(\sum y\right) = 7650 - (195 \times 193)/5 = 123.0$

$$r = \frac{L_{xy}}{\sqrt{L_{xx} \cdot L_{yy}}}$$

$$r = \frac{123.0}{\sqrt{106.0 \times 329.2}} = 0.66$$

将 r 代入式(7-2)得：

$$A = \frac{2r}{1+r} = \frac{2 \times 0.66}{1+0.66} = 0.795$$

因为 $A = 0.795 > 0.7$，所以，该评分标准的可信度较高。

7.2.3.2　评分标准的区分度

评分标准的区分度是指评分标准对产品质量水平的区分能力，评分标准的区分度的计算方法如下：

（1）求产品总得分 x_i 与项目得分 y_i 为的相关系数 r_i；

（2）求评分标准的区分度 R，R 等于产品总评分 x 与每一项目得分 y_i 为相关系数 r_i 的算术平均数，即

$$R = \frac{1}{N} \sum r_i \qquad (7-3)$$

式中：N——项目数。

评分标准的区分度 $R = 0.3 \sim 0.7$；$R < 0.3$ 时需修订标准；R 在 0.2 以下，则要重新修订评分标准。

【例 7-2】按评分标准对 8 个产品评分，结果见表 7-5。试求评分标准的区分度。

表 7-5　各产品的评分结果

n	产品总得分x_i	项目及项目得分y_i			
		1	2	3	4
1	95	40	20	25	10
2	90	35	20	20	15
3	84	32	18	15	19
4	80	30	15	17	18
5	78	30	16	15	17
6	70	28	14	13	16
7	64	25	12	12	15
8	50	20	10	10	10

解：先求 r_i，列表计算 r_1：

$$L_{xx} = \sum x^2 - \frac{1}{n} \left(\sum x \right)^2 = 48161 - (611)^2/8 = 1495.9$$

$$L_{yy} = \sum y^2 - \frac{1}{n} \left(\sum y \right)^2 = 7458 - (240)^2/8 = 258.0$$

$$L_{xy} = \sum xy - \frac{1}{n} \left(\sum x \right) \left(\sum y \right) = 18938 - (611 \times 240)/8 = 608.0$$

各产品的计算结果见表7-6。

表7-6　各产品的评分结果

n	x	y	x^2	y^2	xy
1	95	40	9025	1600	3800
2	90	35	8100	1225	3150
3	84	32	7056	1024	2688
4	80	30	6400	900	2400
5	78	30	6084	900	2340
6	70	28	4900	784	1960
7	64	25	4096	625	1960
8	50	20	2500	400	1000
$\sum$	611	240	48161	7458	18938

代入上式,得

$$r_1 = \frac{L_{xy}}{\sqrt{L_{xx} \cdot L_{yy}}} = \frac{608.0}{\sqrt{1495.9 \times 258.0}} = 0.98$$

同理可得:$r_2 = 0.97, r_3 = 0.90, r_4 = 0.24$

将 $r_1 \, r_2 \, r_3 \, r_4$ 代入式(7-3):

$$R = \frac{1}{N} \sum r_i = \frac{1}{4}(0.98 + 0.97 + 0.90 + 0.24) = 0.77$$

因为 $R > 0.7$,所以,该标准的区分度较高。

7.2.3.3　评分标准的难度

评分标准的难度,是表示项目难易程度的数量指标,其计算公式为:

$$C_i = 1 - (\bar{X}_i / a_i) \tag{7-4}$$

式中:C_i——项目难度;

　　　$\bar{X}_i$——该项目的平均分,$\bar{X}_i = \frac{1}{n} \sum_{i=1}^{n} X_i$,$n$ 为样品数;

　　　a_i——该项目的满分值。

评分标准的评分难度 C 等于各项目难度的算术平均值,即

$$C = \frac{1}{N} \sum_{i=1}^{N} C_i$$

式中:N——项目数。

项目的难度以 $C_i = 0.3 \sim 0.5$ 为宜;$C_i < 0.2$,该项目的难度小;$C_i > 0.7$,该项目难度大。难度过大、过小的项目都要重新修订。在一个标准中,中等水平的项目应占60%,较高水平项目占30%,高难度项目只占10%较为适宜。

7.2.3.4 平均分与标准差

平均分是反映产品得分的集中趋势。$\bar{X}$ 为平均分,则

$$\bar{X} = \frac{1}{n}\sum_{i=1}^{n} X_i \tag{7-5}$$

式中:X_i——第 i 个产品的得分;

$\quad\quad n$——样本大小。

作为合格性检查的评分,平均分数以 $\bar{X}=70\sim80$ 分(百分制时)为合适。标准差是反映所评分数的离散程度,设 S 为标准差,则

$$S = \sqrt{\frac{1}{n-1}\sum_{i=1}^{n}(X-\bar{X})^2}$$

S 值越大,表示高分与低分之间的差距越大,分数的分离程度越大。对于厂内合格性检查评分,S 值以在 10 左右为最好,8 ~ 12 为较好。S 值过大或过小,表示分数过于分散或集中,都不能区分出产品的质量水平。

7.2.3.5 异常分的剔除

在对食品感官品质进行评分时,经常会发生个别评分明显偏离大多数评分员所给评分的情况,这种评分称为异常分。异常分是脱离客观实际的评分,应予剔除。在一些食品感官质量评价中机械性地把一组评分中的最高分和最低分作为异常分剔除,这是不恰当的。

经大量实验证实,食品感官质量的评分值满足正态分布,因此可采用格拉布斯(Grubbs)判断法来判断一组评分中是否存在异常分,具体办法如下:

设 $X_1,X_2,X_3,\cdots,X_n$ 为 n 个分析员对某食品的评分,其平均值为 $\bar{X}$,如怀疑 X_i,为异常分,则进行下列步骤:

(1)选定置信度 α 的选定是很重要的,如果 α 选得太小,则使分数剔除的可能性大大减少,不能去掉异常分;α 选得太大,则会将稍偏离大多数评分的正常分剔除。α 一般取 0.05、0.025 或 0.01。

(2)计算 T 值。

当 $X_i > \bar{X}$ 时,$T = (X_i - \bar{X})/S$。

当 $X_i < \bar{X}$ 时,$T = (\bar{X} - X_i)/S$。

(3)根据 n 和 α 查 T 表(附表4),找出对应的 $T(n,\alpha)$。

(4)判断 如 T 大于或等于 $T(n,\alpha)$,则剔除所怀疑的评分;如 T 小于 $T(n,\alpha)$,则评分不属于异常分,应予以保留。

【例7-3】设 10 个分析员对某食品的评分为 78.0,80.0,81.0,79.5,79.3,51.5,82.0,80.5,79.5,73.0,试判断最小评分(X_b)73.0 分和最大评分(X_a)82 分是否为异常分。

解:(1)$\alpha=0.01$;

(2)计算 T_a 和 T_b。

$$\bar{X} = \frac{1}{n}\sum_{i=1}^{n}X_i = \frac{78.0+80.0+\cdots+73.0}{10} = 79.43$$

$$S = \sqrt{\frac{1}{n-1}\sum_{i=1}^{n}(X_i-\bar{X})^2}$$

$$= \sqrt{\frac{1}{10-1}(78.0-79.43)^2+(80.0-79.43)^2+\cdots+(73.0-79.43)^2}$$

$$= 2.54$$

将 $\bar{X}$、S、X_a、X_b 代入 T 值计算公式得：

$$T_a = \frac{(X_a-\bar{X})}{S} = \frac{(82.0-79.43)}{2.54} = 1.01$$

$$T_b = \frac{(\bar{X}-X_b)}{S} = \frac{(79.43-73.0)}{2.54} = 2.53$$

（3）查 $T(n,\alpha)$ 值表，得 $T(n,\alpha) = T(10,0.01) = 2.41$。

（4）判断。

因为　$T_b = 2.53 > T(10,0.01)$，$T_a = 1.01 < T(10,0.01)$

所以，73 分是异常分，82 分为正常分。

【例 7-4】为了比较 X、Y、Z 3 个公司生产的方便面质量，8 名评价员分别对 3 个公司的产品按上述问答卷中的 1~6 分尺度（表 7-3）进行评分，评分结果如表 7-7 所示，请问产品之间有无显著性差异？

表 7-7　各试样评分结果

评价员	1	2	3	4	5	6	7	8	合计
试样 X	3	4	3	1	2	1	2	2	18
试样 Y	2	6	2	4	4	3	6	6	33
试样 Z	3	4	3	2	2	3	4	2	23
合计	8	14	8	7	8	7	12	10	74

解：（1）求离差平方和 Q。

修正项　　$CF = \frac{x^2}{n \cdot m} = \frac{74^2}{8\times3} = 228.17$

试样　　$Q_A = \frac{(x_{1.}^2+x_{2.}^2+\cdots+x_{i.}^2+\cdots+x_{m.}^2)}{n} - CF$

$$= \frac{(18^2+33^2+23^2)}{8} - 228.17$$

$$= 242.75 - 228.17 = 14.58$$

评价员　　$Q_B = \frac{(x_{1.}^2+x_{2.}^2+\cdots+x_{j.}^2+\cdots+x_{n.}^2)}{m} - CF$

$$= \frac{(8^2+14^2+\cdots+10^2)}{3}-228.17$$

$$= 243.33-228.17 = 15.16$$

总平方和　　$Q_T = (x_{11}^2+x_{12}^2+\cdots+x_{ij}^2+\cdots+x_{mn}^2)-CF$

$$= (3^2+4^2+\cdots+2^2)-228.17 = 47.83$$

误差　　$Q_E = Q_T-Q_A-Q_B = 18.09$

（2）求自由度 f。

试样　$f_A = m-1 = 3-1 = 2$

评审员　$f_B = n-1 = 8-1 = 7$

总自由度　$f_T = m \times n-1 = 24-1 = 23$

误差　$f_E = f_T-f_A-f_B = 14$

（3）方差分析。

求平均离差平方和 $V_A = Q_A/f_A = 14.58/2 = 7.29$

$$V_B = Q_B/f_B = 15.16/7 = 2.17$$

$$V_E = Q_E/f_E = 18.09/14 = 1.29$$

求 F_0　　$F_A = V_A/V_E = 7.29/1.29 = 5.65$

$$F_B = V_B/V_E = 2.17/1.29 = 1.68$$

查 F 分布表（附表3），求 $F(f,f_E,\alpha)$。若 $F_0 > F(f,f_E,\alpha)$，则对信度 α，有显著性差异。

本例中，$F_A = 5.65 > F(2,14,0.05) = 3.74$

$F_B = 1.68 < F(7,14,0.05) = 2.76$

故对信度 $\alpha = 5\%$，产品之间有显著性差异，而评价员之间无显著性差异。

将上述计算结果列入方差分析表7-8。

表7-8　方差分析结果

方差来源	平方和 Q	自由度 f	均方和 V	F_0	F
产品A	14.58	2	7.29	5.65	$F(2,14,0.05) = 3.74$
评审员B	15.16	7	2.17	1.68	$F(7,14,0.05) = 2.76$
误差E	18.09	14	1.29		
合计	47.83	23			

（4）检验试样间显著性差异　方差分析结果表明试样之间有显著性差异时，为了检验哪几个试样间有显著性差异，采用重范围实验法，即

	X	Y	Z
求试样平均分：	18/8 = 2.25	33/8 = 4.13	23/8 = 2.88
按大小顺序排列：	1 位	2 位	3 位
	Y	Z	X
	4.13	2.88	2.25

求试样平均分的标准误差：$dE = \sqrt{V_E/n} = \sqrt{1.29/8} = 0.4$

查斯图登斯化范围表(附表8)，求斯图登斯化范围 rp，计算显著性差异最小范围 $R_p = rp \times$ 标准误差 dE，如表7-9所示。

表7-9　计算结果

P	2	3
$rp(5\% f = 14)$	3.03	3.70
R_p	1.21	1.48

1位-3位 = 4.13-2.25 = 1.88>1.48(R_3)

1位-2位 = 4.13-2.88 = 1.25>1.21(R_2)

即1位(Y)和2、3位(Z、X)之间有显著性差异。

2位-3位 = 2.88-2.25 = 0.63<1.21(R_2)

即2位(Z)和3位(X)之间无显著性差异。

故对信度 $\alpha = 5\%$，产品Y和产品X、Z比较有显著性差异，产品Y明显不好。

【例7-5】有原料配比不同的4种香肠制品，通过评分法判定这4种香肠的弹性、色泽等有无差别。由8个评价员进行评价，统计评价的结果，并转变为评分，列表7-10(以弹性为例说明结果的分析过程)。

根据表中的评分数值，进行以下计算：

误差校正值(CF) = (评分总和)²/实验总次数(8个评价员×4个样品)

$$= 18^2/32 = 10.125$$

表7-10　各评价员评分表

评价员	样品弹性				合计
	A	B	C	D	
1	-2	3	-1	3	3
2	1	3	0	-2	2
3	-3	3	1	-2	-1
4	-2	3	2	3	6
5	-1	3	2	1	5
6	3	3	-2	2	6
7	0	3	-1	-2	0
8	-3	-2	1	1	-3
合计	-7	19	2	4	18

样品平方和 = 各样品合计的平方和/各样品的实验数-CF

$$= [(-7)^2 + 19^2 + 2^2 + 4^2]/8 - CF$$

$$= 53.75 - 10.125 = 43.625$$

评价员平方和=各评价员合计评分的平方和/各评价员的实验数-CF

$$= \{[3^2+2^2+(-1)^2+6^2+5^2+6^2+0^2+(-3)^2]/4\}-CF$$

$$= 120/4-10.125 = 19.875$$

总平方和=各评分数的平方和-CF

$$= [(-2)^2+1^2+(-3)^2+(-2)^2+(-1)^2+\cdots+3^2+1^2+2^2+(-2)^2+1^2]-CF$$

$$= 156-10.125 = 145.875$$

表 7-11 为方差分析结果。

表 7-11　方差分析结果

差异原因	自由度	平方和	方差	F 值
样　品	3	43.625	14.5417	3.7072
评价员	7	19.875	2.8393	0.7238
误　差	21	82.375	3.9226	
总　计	31	145.875		

自由度:样品自由度为样品总数减 1,本例中有 4 个样品,所以样品自由度为 3。评价员自由度为评价员总数减 1,本例中有 8 人参加评价,所以评价员自由度为 7。总自由度为实验总数减 1,即(32-1)=31。

误差:①计算"误差"自由度时,以总自由度 31 减去其他变量的自由度。这里样品自由度为 3,评价员自由度为 7,所以"误差"自由度为 31-3-7=21。②计算"误差"平方和时,以总平方和(145.875)减去其他变量的平方和。这里样品平方和为 43.625,评价员平方和为 19.875,所以"误差"平方和为:145.875-43.625-19.875=82.375。

方差:各变量方差的计算以各自的平方和除以各自的自由度。

F 值:样品 F 值的计算为,样品方差除以"误差"方差,即 14.5417/3.9226=3.7072。评价员 F 值的计算为,评价员方差除以"误差"方差,即 2.8393/3.9226=0.7238。

在判定样品间是否存在差异时,以样品自由度为分子自由度,误差自由度为分母自由度,查 F 分布表(附表 3)中相应的临界值,并与所计算的 F 值比较,若所计算的 F 值大于某显著水平的 F 临界值,表示在此显著水平下存在显著差异。反之则不存在显著差异。本例的 F 值(3.7072)大于 F 临界值[$F_{21}^3(0.05)=3.07$],同时 3.7072 小于 $F_{21}^3(0.01)=4.874$,说明在 5%显著水平存在差异。那么结论就可以为:A、B、C、D 四个样品,由于原料配比不同,成品的弹性在 5%显著水平下存在显著差异。

由于样品间存在有显著差异,可应用 Duncan 复合比较实验来确定各样品间的差异程度。

样品	A	B	C	D
样品评分	-7	19	2	4

样品平均(评分/评价员数)	-7/8	19/8	2/8	4/8
样品平均数依大小排序				
样品	B	D	C	A
样品平均	2.375	0.5	0.25	-0.875

计算样品平均数的标准误差(SE)

$$SE = \sqrt{误差方差/各样品的实验数} = \sqrt{3.9226/8} = 0.70$$

中值2,3,4的"最短有效差异范围"可在附表6查出概率在5%显著水平的数值,以误差自由度20查附表6,查得中值2,3,4的标准范围。

然后,把这些值与"平均数的标准误差"相乘,得出最短有效差异范围 R_p 如下:

P	2	3	4
$rp(5\%)$	2.95	3.10	3.18
R_p	2.07	2.17	2.32

按照下列几点,把样品平均数间的差异与最短有效差异范围比较。

a.最大的减去最小的,最大的减去第2小的,如此下去至最大的减去第2大的。

b.第2大的减去最小的,并如此下去至第2大的减去第3大的。

c.依上述顺序至第2最小的减去最小的。

对于任何步骤,如果存在的差异未超过最短有效差异范围的话,那么比较就可至此为止,并可进行说明。

最短有效差异范围的确定:

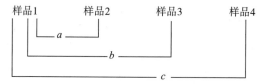

范围:$a=2, b=3, c=4$,于是,就可进行如下比较

$$B-A = 2.375-(-0.875) = 3.25 > 2.23(R_{p_4})$$

$$B-C = 2.375-0.25 = 2.125 < 2.17(R_{p_3})$$

$$D-A = 0.5-(-0.875) = 1.375 < 2.17(R_{p_3})$$

结果可表示如下:

<u>B   D   C   A</u>

最后分为3组,即

<u>B</u>   <u>DC</u>   <u>A</u>

结论:在5%显著水平,B样品的香肠弹性最好,D样品和C样品次之,A样品最次,D、C样品在弹性方面无显著性差别。

7.3　成对比较法

7.3.1　成对比较法特点

当试样数 n 很大时，一次把所有的试样进行比较是困难的。此时，一般采用将 n 个试样两个一组、两个一组地加以比较，根据其结果，最后对整体进行综合性的相对评价，判断全体试样的优劣，从而得出数个样品相对结果的评价方法，这种方法称为成对比较法。本法的优点很多，如在顺序法中出现样品的制备及实验实施过程中的困难等大部分都可以得到解决，并且在实验时间上，长达数日进行也无妨。因此，本法是应用最广泛的方法之一。如舍菲（Scheffe）成对比较法，其特点是不仅回答了两个试样中"喜欢哪个"，即排列两个试样的顺序，而且还要按设价的评价基准回答"喜欢到何种程度"，即评价试样之间的差别程度（相对差）。

成对比较法可分为定向成对比较法（2-选项必选法）和差别成对比较法（简单差别检验或异同检验）。二者在适用条件及样品呈送顺序等方面都存在一定差别。

7.3.2　问答表的设计和做法

设计问答表时，首先应根据检验目的和样品特性确定是采用定向还是差别成对比较法。

由于该方法主要是在样品两两比较时用于评价两个样品是否存在差异，故问答表应便于评价员表述样品间的差异，最好能将差异的程度尽可能准确地表达出来。同时还要尽量简洁明了。可参考表 7-12 所给的形式进行设计。

表 7-12　成对比较法问答表参考形式

姓名　　　　性别　　　　试验号　　　　年　月　日

评定你面前两种试样的质构并回答下列问题。

①两种试样的质构有无差别？

有　　　　无

②按下面的要求选择两种试样质构差别的程度，请在相应的位置上画"○"。

先品尝的比后品尝的：非常不好　很不好　不好　无差别　好　很好　非常好

③请评定试样的质构（相应的位置上画"○"）。

No. 21　　好　一般　不好

No. 13　　好　一般　不好

意见：

定向成对比较法用于确定两个样品在某一特定方面是否存在差异，如甜度、色彩等。

对试验实施人要求:将两个样品同时呈送给评价员,要求评价员识别出在这一指标感官属性上程度较高的样品。样品有两种可能的呈送顺序(AB,BA),这些顺序应在评价员间随机处理,评价员先收到样品 A 或样品 B 的概率应相等;感官专业人员必须保证两个样品只在单一的所指定的感官方面有所不同。此点应特别注意,一个参数的改变会影响产品的许多其他感官特性。例如,在蛋糕生产中将糖的含量改变后,不只影响甜度,也会影响蛋糕的质地和颜色;对评价员的要求:必须准确理解感官专业人员所指的特定属性的含义,应在识别指定的感官属性方面受过训练。

差别成对比较法使用条件是:没有指定可能存在差异的方面。该方法类似于三点检验或二—三点检验,但不经常采用。当产品有一个延迟效应、供应不足以及 3 个样品同时呈送不可行时,最好采用它来代替三点检验或二—三点检验。对实施人员的要求:同时被呈送两个样品,要求回答样品是相同还是不同。差别成对比较法有 4 种可能的样品呈送顺序(AA,AB,BA,BB)。这些顺序应在评价员中交叉进行随机处理,每种顺序出现的次数相同。对评价员的要求:只需比较两个样品,判断它们是相似还是不同。

7.3.3 结果分析与判断

和评分法相似,成对比较法在进行结果分析与判断前,首先要将问答表的评价结果按选定的标度类型转换成相应的数值。以上述问答表的评价结果为例,可按 $-3 \sim 3$(7 级)等值尺度转换成相应的数值。非常好 $=3$;很好 $=2$;好 $=1$;无差别 $=0$;不好 $=-1$;很不好 $=-2$;非常不好 $=-3$。当然,也可以用十分制或百分制等其他尺度。然后通过相应的统计分析和检验方法来判断样品间的差异性。下面结合例子来介绍这种方法的结果分析与判断。

【例 7-6】为了比较用不同工艺生产的 3 种(n)试样的好坏,由 22 名(m)评定员按问答表的要求,用 $+3 \sim -3$ 的 7 个等级对试样的各种组合进行评分。其中 11 名评定员是按 A→B、A→C、B→C 的顺序进行评判,其余 11 名是按 B→A、C→A、C→B 的顺序进行评判(各对的顺序是随机的),结果列于表 7-13,请对它们进行分析。

表 7-13 各评价员结果

评审员	1	2	3	4	5	6	7	8	9	10	11
(A,B)	1	1	3	1	1	-1	-2	1	-1	2	0
(A,C)	2	-2	0	0	-2	-1	0	1	-1	-1	-1
(B,C)	1	-1	-3	2	1	-1	-2	-2	-1	-1	-1
(B,A)	-1	1	-1	0	0	1	3	1	-1	3	-1
(C,A)	2	0	2	3	2	1	1	2	1	0	2
(C,B)	3	-1	2	-1	1	2	3	-1	2	-2	2

解:

(1)整理实验数据,求总分,嗜好度 $\widehat{\mu}_{ij}$,平均嗜好度 $\widehat{\pi}_{ij}$(除去顺序效应的部分)和顺序

效果 δ_{ij}。各评价员计算结果见表 7-14。

表 7-14 各评价员计算结果

组合	评分							总分	$\widehat{\mu}_{ij}$	$\widehat{\pi}_{ij}$
	−3	−2	−1	0	1	2	3			
(A,B)		1	2	1	5	1	1	6	0.545	0.045
(B,A)			4	2	3		2	5	0.455	
(A,C)		2	4	3	1	1		−5	−0.455	−0.955
(C,A)				2	3	5	1	16	1.455	
(B,C)	1	2	5		2	1		−8	−0.727	−0.636
(C,B)		2	3		1	8	2	6	0.545	
合计	1	7	18	8	15	11	6			

其中,总分 $=(-2)\times1+(-1)\times2+0\times1+1\times5+2\times1+3\times1=6$

$$\widehat{\mu}_{ij} = 总分/得分个数 = 6/11 = 0.545$$

$$\widehat{\pi}_{ij} = \frac{1}{2}(\widehat{\mu}_{ij} - \widehat{\mu}_{ji}) = \frac{1}{2}(0.545 - 0.455) = 0.045$$

按照同样的方法计算其他各行的相应数据,并将计算结果列于表 7-14。

(2)求各试样的主效果 α_i。

$$\alpha_A = \frac{1}{3}(\widehat{\pi}_{AA} + \widehat{\pi}_{AB} + \widehat{\pi}_{AC}) = \frac{1}{3}(0 + 0.045 - 0.955) = -0.303$$

$$\alpha_B = \frac{1}{3}(\widehat{\pi}_{BA} + \widehat{\pi}_{BB} + \widehat{\pi}_{BC}) = \frac{1}{3}(-0.045 + 0 - 0.636) = -0.227$$

$$\alpha_C = \frac{1}{3}(\widehat{\pi}_{CA} + \widehat{\pi}_{CB} + \widehat{\pi}_{CC}) = \frac{1}{3}(0.955 + 0.636 + 0) = 0.530$$

(3)求平方和。

总平方和 $Q_T = 3^2 \times (1+6) + 2^2 \times (7+11) + 1^2 \times (18+15) = 168$

主效果产生的平方和 $Q_a = 主效果平方和 \times 试样数 \times 评价员数$

$$Q_a = 22 \times 3 \times (0.303^2 + 0.227^2 + 0.530^2) = 28.0$$

平均嗜好度产生的平方和 $Q_\pi = \sum \widehat{\pi}_i^2 \times 评价员数$

$$Q_\pi = 22 \times (0.045^2 + 0.955^2 + 0.636^2) = 29.0$$

离差平方和 $Q_T = Q_\pi - Q_a = 1.0$

平均效果 $Q_\mu = 评定平方和 \times 评价员数的一半$

$$Q_\mu = 11 \times [0.545^2 + 0.455^2 + (-0.455)^2 + 1.455^2 + (-0.727)^2 + 0.545^2] = 40.2$$

顺序效果 $Q_\delta = Q_\mu - Q_\pi = 40.2 - 29.0 = 11.2$

误差平方和 $Q_E = Q_T - Q_\mu = 168 - 40.2 = 127.8$

(4)求自由度 f。

$$f_a = n - 1 = 3 - 1 = 2$$

$$f_r = \frac{1}{2}(n-1)(n-2) = \frac{1}{2} \times (3-1) \times (3-2) = 1$$

$$f_\pi = \frac{1}{2}n(n-1) = 3$$

$$f_\delta = \frac{1}{2}n(n-1) = \frac{1}{2} \times 3 \times (3-1) = 3$$

$$f_\mu = n(n-1) = 3 \times (3-1) = 6$$

$$f_E = n(n-1)\left(\frac{m}{2} - 1\right) = 3 \times (3-1) \times (11-1) = 60$$

$$f_T = n(n-1)\frac{m}{2} = 3 \times (3-1) \times 11 = 66$$

（5）做方差分析表（表7-15）。

表7-15　方差分析结果表

方差来源	平方和 Q	自由度 f	均方和 V	F_0	F
主效果 α	28.0	2	14.0	6.57**	$F(2,60,0.01) = 4.98$
离差 r	1.0	1	1.0	0.47	$F(1,60,0.05) = 4.0$
平均嗜好度 π	29.0	3			$F(3,60,0.05) = 2.76$
顺序效果 δ	11.2	3	3.7	1.74	
平均 μ	40.2	6			
误差 E	127.8	60	2.13		
合计	168	66			

求 F_0 的结果表明，对信度 $\alpha = 1\%$，主效果有显著性差异，离差和顺序效果无显著性差异。即A、B、C之间的好坏很明确，只用主效果表示也足够，如图7-1所示：

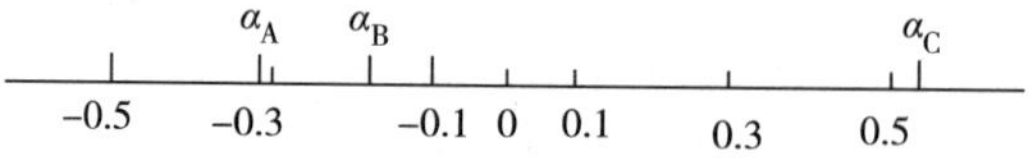

图7-1　3个样品的主效果

（6）主效果差（$\alpha_i - \alpha_j$）。

先求 $Y_{0.05} = q_{0.05}\sqrt{误差均方和/(评价员数 \times 试样数)}$

其中 $q_{0.05} = 3.4(n=3, f=60)$，所以

$$Y_{0.05} = 3.4 \times \sqrt{\frac{2.13}{22 \times 3}} = 0.612$$

$|\alpha_A - \alpha_B| = |-0.303 + 0.227| = 0.076 < Y_{0.05}$，故A，B之间无显著差异。

$|\alpha_A - \alpha_C| = |-0.303 - 0.530| = 0.833 > Y_{0.05}$，故A，C之间有显著差异。

$|\alpha_B - \alpha_C| = |-0.227 - 0.530| = 0.757 > Y_{0.05}$，故B，C之间有显著差异。

结论:对信度 α=5%,A 和 B 之间无差异,A 和 C,B 和 C 之间有差异。

【例7-7】要求评定员评定 4 种香肠的组织,运用成对比较法,两个两个地提供给评价员进行评定,其中 1 对样品的编码为 483 和 157(见表7-16)。

表7-16 成对比较法问答表

姓名	日期	产品组

请评价这 2 种香肠的组织结构,并在适当的空格内画"√"。

1. 这 2 个样品的组织有差异吗?

是 _____ 否 _____

2. 在下列的说明中任选一条,以表示 2 个样品组织的差异程度。

483 比 157
好得多 _____
好 _____
稍 好 _____

无差异 _____

157 比 483
稍 好 _____
好 _____
好得多 _____

3. 评定样品的组织结构

        157   483

好 _____   好 _____

一般 _____   一般 _____

不好 _____   不好 _____

结果分析:现有 4 个样品 A、B、C、D,每个样品都与其他样品配对比较,这样就形成 6 对样品[4×(4-1)/2=6]。每对样品都由 8 个评价员根据问答表进行评价。检验要求有一半评价员需先评价一对样品中的第 1 个样,另一半评价员需先评价该对样品中的第 2 个样品。

结果分析时,把评价员的评价转换为评分数值:+3、+2、-1、0、-2、-3。例:

样品	编号	
一对	A	483
	C	157

4 个评价员先评价 483 号样品,结果分析的评分数值见下列:

483 比 157
好得多(+3)
好 (+2)
稍 好(+2)

无差异(0)

157 比 483
稍 好(-1)
好 (-1)
好得多(-3)

4 个评价员先评价 157 号样品,结果分析的评分数值见下列:

$$
157 \text{ 比 } 483 \quad
\begin{cases}
\text{好得多}(+3) \\
\text{好} \quad (+2) \\
\text{稍} \quad \text{好}(+2)
\end{cases}
$$

无差异(0)

$$
483 \text{ 比 } 157 \quad
\begin{cases}
\text{稍} \quad \text{好}(-1) \\
\text{好} \quad (-1) \\
\text{好得多}(-3)
\end{cases}
$$

如果先评价 157 的评价员指出 483 比 157 好,那么他的评分应为 2。

把所有评价员评价的 6 对样品的总评分结果列于表 7-17。

表中数值按下法计算:

$$平均 = 总评分/评价员数 = 1/4 = 0.25$$

$$平均嗜好 = \frac{1}{2}(A、B \text{ 的平均} - B、A \text{ 的平均})$$

$$= \frac{1}{2}[0.25 - (-1.75)] = \frac{1}{2}(2.00) = 1.00$$

从 A→B 的平均嗜好为 1,从 B→A 的平均嗜好就为 -1。这样,A→C 的平均嗜好为 C→A 的平均嗜好的负数。

每个样品的平均结果(a)是通过该样品与其他样品比较的平均嗜好总和除以样品数获得。

$$a_A = \frac{1}{4}(A \to B \text{ 的平均嗜好} + A \to C \text{ 的平均嗜好} + A \to D \text{ 的平均嗜好})$$

$$= \frac{1}{4}(1.00 + 0.75 + 1.25) = 0.75$$

$$a_B = \frac{1}{4}(-1.00 - 0.25 + 0.625) = -0.15625$$

$$a_C = \frac{1}{4}(-0.75 + 0.25 - 0.75) = -0.3125$$

$$a_D = \frac{1}{4}(-1.25 - 0.625 + 0.75) = -0.28125$$

表 7-17　各样品评分结果

样品评价顺序	各评分出现的频率							总评分	平均	平均嗜好
	-3	-2	-1	0	1	2	3			
A、B			2		1	1		1	0.25	1.00
B、A		3	1					-7	-1.75	

续表

样品评价顺序	各评分出现的频率							总评分	平均	平均嗜好
	-3	-2	-1	0	1	2	3			
A、C				1	1	2		5	1.25	0.75
C、A		2			1	1		-1	-0.25	
A、D					1	2	1	-1	-0.25	-0.25
D、A		2			2			-2	-0.50	
B、C		1	1		2			-1	-0.25	-0.25
C、B			1	1	2			1	0.25	
B、D				2	1	1		3	0.75	+0.625
D、B			3		1			-2	-0.50	
C、D		1	1	2				-3	-0.75	-0.75
D、C				2	1	1		-3	+0.75	
合计	0	9	9	8	13	8	1			

顺序效果(δ)的计算为：各有序配对平均数的总和除以有序配对数（即 6 对×2 各顺序= 12）。

$$\delta=\frac{1}{4}(0.25-1.75+1.25-0.25-2.00-0.50-0.25+0.25+0.75-0.50-0.75+0.75)=0.104$$

样品平方和＝评价每对样品的评价员数×样品数×各平均结果 a 的平方和

$$=8×4×[0.75^2+(-0.15625)^2+(-0.3125)^2+(-0.28125)^2]$$

$$=24.4375$$

顺序平方和＝评价每对样品的评价员数×配对数×顺序效果的平方和$(\delta)^2$

$$=8×4×0.104^2=0.5192$$

总平方和用"评分结果表"中的各评分概率进行计算：

$$总平方和=3^2(0+1)+2^2(9+8)+1^2(9+13)+0^2(8)=99$$

误差平方和＝总平方和-样品平方和-顺序平方和

$$=99-24.4375-0.5192=74.0433$$

样品自由度＝样品数-1＝4-1＝3

顺序自由度＝每对样品的评定顺序-1＝2-1＝1

总自由度＝整个检验的测定总数＝48

误差自由度＝总自由度-样品自由度-顺序自由度＝48-3-1＝44

各变量的方差为各变量的平方和除以各变量的自由度。

样品方差＝24.4375/3＝8.1458

顺序方差＝0.5192/1＝0.5192

误差方差＝74.0433/44＝1.6828

F 值＝各变量方差/误差方差

把上面的计算数值列入方差分析表 7-18。

表 7-18　方差分析结果表

差异原因	自由度	平方和	方差	F 值
样品	3	24.4375	8.1458	4.84
顺序	1	0.5192	0.5192	
误差	44	74.0433	1.6828	
总计	48			

查 F 分布表(附表 3)。本例中 $F_{44}^3(0.05) \approx 2.84$。由于所计算的 F 值 ＝ 4.84 > F_{44}^3 (0.01) ≈ 4.31，以可说明，在 1%显著水平，4 种香肠的组织结构有显著差别。

为了进一步确定哪些样品有差别，差别情况如何，可根据样品平均结果的标准误差 (SE)，应用 Duncan 复合比较实验，对各样品的平均结果进行比较，从而得出各样品之间的差别情况。

$$SE = \sqrt{误差方差/每一样品的实验数}$$

具体分析方法、步骤与评分检验法相同。最后结果为：

<u>A</u>　<u>B D C</u>

即 A 样的组织结构最好，B、D、C 样品的次之，且 B、D、C 3 个样品的组织结构在 5% 水平无显著差别。但这并不意味 B、D、C 3 个样品的组织结构不好，若要确定样品的质量，还要把评价员评出的结果转换成数值，再确定样品质量好坏。

如设定样品的结果好＝3，一般＝2，差＝1。计算各样品的平均数，这样就可确定样品的组织结构，如某样品的平均评分数为 2.8，则说明该样品的质量偏好。

7.4　加权评分法

7.4.1　加权评分法的特点

7.2 节中所介绍的评分法，没有考虑到食品各项指标的重要程度，从而对产品总的评价结果造成一定程度的偏差。事实上，对同一种食品，由于各项指标对其质量的影响程度不同，它们之间的关系不完全是平权的，因此，需要考虑它的权重，所谓加权评分法是考虑各项指标对质量的权重后求平均分数或总分的方法。加权评分法一般以 10 分或 100 分为满分进行评价。该方法比评分法更加客观、公正，因此可以对产品的质量做出更加准确的评价结果。

7.4.2　权重的确定

所谓权重是指一个因素在被评价因素中的影响和所处的地位。权重的确定是关系到加权评分法能否顺利实施以及能否得到客观准确的评价结果的关键。权重的确定一般是邀请业内人士根据被评价因素对总体评价结果影响的重要程度,采用德尔菲法进行赋权打分,经统计获得由各评价因素权重构成的权重集。通常,要求权重集所有因素 a_i 的总和为1,这称为归一化原则。

设权重集 $A = \{a_1, a_2, \cdots, a_n\} = \{a_i\}, (i = 1, 2, 3, \cdots, n)$

则
$$\sum_{i=1}^{n} a_i = 1 \qquad\qquad (7-6)$$

工程技术行业采用常用"0~4 评判法"确定每个因素的权重。一般步骤如下:首先请若干名(一般 8~10 人)业内人士对每个因素两两进行重要性比较,根据相对重要性打分;很不重要~很重要,打分 0~4;不很重要~较重要,打分 3~1;同样重要,打分 2。据此得到每个评委对各个因素所打分数表。然后统计所有人的打分,得到每个因素得分,再除以所有指标总分之和,便得到各因素的权重因子。例如为获得番茄的颜色、风味、口感、质地这 4 项指标对保藏后番茄感官质量影响的权重,邀请 10 位业内人士对上述 4 个因素按 0~4 评判法进行权重打分。统计 10 张表格各项因素的得分列于表 7-19。

表 7-19　各因素得分表

评委打分		评委										
		A	B	C	D	E	F	G	H	I	J	总分
因素	颜色	10	9	3	9	2	6	12	9	2	9	71
	风味	5	4	10	5	10	6	5	6	9	8	68
	口感	7	6	9	7	10	6	5	6	8	4	68
	质地	2	5	2	3	2	6	2	3	5	3	33
	合计	24	24	24	24	24	24	24	24	24	24	240

将各项因素所得总分除以全部因素总分之和便得权重系数:
$$A = [0.296, 0.283, 0.283, 0.138]$$

7.4.3　加权评分的结果分析与判断

该方法的分析及判断方法比较简单,就是对各评价指标的评分进行加权处理后,求平均得分或求总分的办法,最后根据得分情况来判断产品质量的优劣。加权处理及得分计算可按下式进行。

$$P = \sum_{i=1}^{n} a_i x_i / nf$$

式中: P ——总得分;

n——评价指标数目;

a——各指标的权重;

x——评价指标得分;

f——评价指标的满分值。如采用百分制,则 $f=100$;如采用十分制,则 $f=10$;采用五分制,则 $f=5$。

【例 7-8】评价茶叶的质量时,以外形权重 20 分、香气与滋味权重 60 分、水色权重 10 分、叶底权重 10 分作为评价的指标。若评价标准为一级 91~100 分、二级 81~90 分、三级 71~80 分、四级 61~70 分、五级 51~60 分。现有一批花茶,经评价员评价后各项指标的得分数分别为:外形 83 分;香气与滋味 81 分;水色 82 分;叶底 80 分。问该批花茶是几级茶?

解该批花茶的总分为

$$\frac{(83\times20)+(81\times60)+(82\times10)+(80\times10)}{4\times100}=81.4(分)$$

故该批花茶为二级茶。

7.5 模糊数学法

在加权评分法中,仅用一个平均数很难确切地表示某一指标应得的分数,这样使结果存在误差。如果评价的样品是两个或两个以上,最后的加权平均数出现相同而又需要排列出它们的各项时,现行的加权评分法就很难解决。如果采用模糊数学关系的方法来处理评价的结果,以上的问题不仅可以得到解决,而且它综合考虑到所有的因素,获得的是综合且较客观的结果。模糊数学法是在加权评分法的基础上,应用模糊数学中的模糊关系对食品感官评价的结果进行综合评判的方法。

7.5.1 模糊数学基础知识

模糊综合评判的数学模型是建立在模糊数学基础上的一种定量评价模式。它是应用模糊数学的有关理论(如隶属度与隶属函数理论),对食品感官质量中多因素的制约关系进行数学化的抽象,建立一个反映其本质特征和动态过程的理想化评价模式。由于我们的评判对象相对简单,评价指标也比较少,食品感官质量的模糊评判常采用一级模型。模糊评判所应用的模糊数学的基础知识,主要为以下内容:

(1)建立评判对象的因素集 $U=\{u_1,u_2,\cdots,u_n\}$ 因素就是对象的各种属性或性能。例如评价蔬菜的感官质量,就可以选择蔬菜的颜色、风味、口感、质地作为考虑的因素。因此,评判因素可设改 $u_1=$ 颜色;$u_2=$ 风味;$u_3=$ 口感;$u_4=$ 质地;组成评判因素集合是:

$$U=\{u_1,u_2,u_3,u_4\}$$

(2)给出评语集 V:

$$V=\{V_1,V_2,\cdots,V_n\}$$

评语集由若干个最能反映该食品质量的指标组成,可以用文字表示,也可用数值或等级表示。

如保藏后蔬菜样品的感官质量划分为 4 个等级,可设:

$$V_1 = 优；V_2 = 良；V_3 = 中；V_4 = 差；$$

则 $V = \{V_1, V_2, V_3, V_4,\}$。

（3）建立权重集　确定各评判因素的权重集 X，所谓权重是指一个因素在被评定因素中的影响和所处的地位。其确定方法与前面加权评分法中介绍的方法相同。

（4）建立单因素评判　对每一个被评定的因素建立一个从 U 到 V 的模糊关系 R，从而得出单因素的评定集；矩阵 R 可以通过对单因素的评判获得，即从 U_i 着眼而得到单因素评判，构成 R 中的第 i 行。

$$R = \begin{cases} r_{11} & r_{12} & \cdots & r_{1n} \\ r_{21} & r_{22} & \cdots & r_{2n} \\ \vdots & \vdots & & \vdots \\ r_{m1} & r_{m} & \cdots & r_{mn} \end{cases}$$

即 $R = (r_{ij})$，$i = 1, 2, \cdots, n; j = 1, 2, \cdots, m$。这里的元素 r_{ij} 表示从因素 u_i 到该因素的评判结果 V_j 的隶属程度。

（5）综合评判　求出 R 与 X 后，进行模糊变换：

$$B = X \cdot R = \{b_1, b_2, \cdots, b_m\} \tag{7-7}$$

$X \cdot R$ 为矩阵合成，矩阵合成运算按照最大隶属度原则。再对 B 进行归一化处理得到 B'。

$$B' = \{b'_1, b'_2, \cdots, b'_m\}$$

B' 便是该组人员对高食品感官质量的评语集。最后，再由最大隶属原则确定该种食品感官质量的所属评语。

7.5.2　模糊数学评价方法

根据模糊数学的基本理论，模糊评判实施主要有：因素集、评语集、权重、模糊矩阵、模糊变换、模糊评价等部分组成。下面结合实例来介绍模糊数学评价法的具体实施过程。

【例 7-9】设花茶的因素集为 U，$U = \{$外形 u_1，香气与滋味 u_2，水色 u_3，叶底 $u_4\}$。评语集为 $V = \{$一级、二级、三级、四级、五级$\}$，其中一级 91~100 分，二级 81~90 分，三级 71~80 分，四级 61~70 分，五级 51~60 分。设权重集为 X，$X = \{0.2, 0.6, 0.1, 0.1\}$。即外形 20 分，香气与滋味 60 分，水色 10 分，叶底 10 分，共计 100 分。10 名评价员（$k = 10$），对花茶各项指标的评分如表 7-20 所示。

问该花茶为几级茶？

表 7-20　各指标评分表　　　　　　　　　　　　　　　单位：人

指标	分数			
	71~75	76~80	81~85	86~90
外形	2	3	4	1
香气与滋味	0	4	5	1

指标	分数			
	71~75	76~80	81~85	86~90
水色	2	4	4	0
叶底	1	4	5	0

分析:本例中,因素集为 U:U = {外形 u_1,香气与滋味 u_2,水色 u_3,叶底 u_4}。评语集 V:V = {一级、二级、三级、四级、五级};权重集 X = {0.2,0.6,0.1,0.1},均已经给出,即前面 3 个步骤都已经完成。下面只需要根据模糊矩阵的计算方法,求出模糊矩阵,然后再进行模糊评判就可以了。

其模糊矩阵为:

$$R = \begin{Bmatrix} 2/k & 3/k & 4/k & 1/k \\ 0 & 4/k & 5/k & 1/k \\ 2/k & 4/k & 4/k & 0 \\ 1/k & 4/k & 5/k & 0 \end{Bmatrix}$$

本例中:

$$R = \begin{Bmatrix} 0.2 & 0.3 & 0.4 & 0.1 \\ 0 & 0.4 & 0.5 & 0.1 \\ 0.2 & 0.4 & 0.4 & 0 \\ 0.1 & 0.4 & 0.5 & 0 \end{Bmatrix}$$

进行模糊变换:

$$Y = X \cdot R = (0.2,0.6,0.1,0.1) \begin{Bmatrix} 0.2 & 0.3 & 0.4 & 0.1 \\ 0 & 0.4 & 0.5 & 0.1 \\ 0.2 & 0.4 & 0.4 & 0 \\ 0.1 & 0.4 & 0.5 & 0 \end{Bmatrix}$$

其中 $b_1 = (0.2 \wedge 0.2) \vee (0.6 \wedge 0) \vee (0.1 \wedge 0.2) \vee (0.1 \wedge 0.1)$

$= 0.2 \vee 0 \vee 0.1 \vee 0.1 = 0.2$

"$\vee$"表示二值比较取其大;"$\wedge$"表示二值比较取其小。

同理得 b_2,b_3,b_4 分别为 0.4,0.5,0.1,即

$$B = (0.2,0.4,0.5,0.1)$$

归一化后得

$$B' = (0.17,0.33,0.42,0.08)$$

得到此模糊关系综合评判的峰值为 0.42,与原假设相比,得出结论:该批花茶的综合评分结果为 81~85,因此,应该是二级花茶。

如果按加权评分法得到的总分相同,无法排列它们的名次时,可用下述绘制模糊关系

曲线的方法处理。

设两种花茶评价的结果如表 7-21 所示。

表 7-21　两种花茶评价结果

品种	指标			
	外形	香气与滋味	水色	叶底
1	90	94	92	88
2	90	94	89	91

1 号花茶各项指标的评定结果如表 7-22 所示。

表 7-22　1 号花茶各项指标评定结果　　　　　　　　　　　　单位：人

指标	分数				
	86~88	89~91	92~94	95~97	98~100
外形	1	5	3	1	0
香气与滋味	0	3	4	2	1
水色	2	4	3	1	0
叶底	3	4	2	1	0

2 号花茶各项指标的评定结果如表 7-23 所示。

表 7-23　2 号花茶各项指标评定结果　　　　　　　　　　　　单位：人

指标	分数				
	86~88	89~91	92~94	95~97	98~100
外形	2	3	3	2	0
香气与滋味	1	2	4	2	1
水色	2	4	2	1	0
叶底	1	6	3	0	0

两种花茶的模糊矩阵分别为：

$$\boldsymbol{R}_1 = \begin{Bmatrix} 0.1 & 0.5 & 0.3 & 0.1 & 0 \\ 0 & 0.3 & 0.4 & 0.2 & 0.1 \\ 0.2 & 0.4 & 0.3 & 0.1 & 0 \\ 0.3 & 0.4 & 0.2 & 0.1 & 0 \end{Bmatrix}$$

$$\boldsymbol{R}_2 = \begin{Bmatrix} 0.2 & 0.3 & 0.3 & 0.2 & 0 \\ 0.1 & 0.2 & 0.4 & 0.2 & 0.1 \\ 0.2 & 0.4 & 0.2 & 0.1 & 0.1 \\ 0.1 & 0.6 & 0.3 & 0 & 0 \end{Bmatrix}$$

权重都采用 $\boldsymbol{X} = (0.2, 0.6, 0.1, 0.1)$ 处理得到

$$B_1 = (0.1, 0.3, 0.4, 0.2, 0.1)$$
$$B_2 = (0.2, 0.2, 0.4, 0.2, 0.1)$$

归一化处理后

$$B'_1 = (0.09, 0.27, 0.37, 0.18, 0.09)$$
$$B'_2 = (0.18, 0.18, 0.37, 0.18, 0.09)$$

两种茶叶的评价结果峰值均为 0.37,表明这两种茶叶均为一级品。这样无法评价出哪一种茶叶更好一些,这时可以采用模糊关系曲线来进一步评判这两种茶叶的优劣。

B_1 和 B_2 可用图 7-2 所示的模糊关系曲线表示。

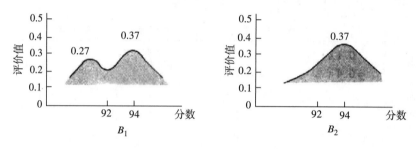

图 7-2 B_1 和 B_2 的模糊关系曲线

由图可知,虽然它们的峰值都出现在同一范围内,均为 0.37,但 B_1 和 B_2 中各数的分布不一样,B_1 中峰值左边出现一个次峰 0.27,这表明分数向低位移动,产生"重心偏移"。而 B_2 中各数平均分布,表明评价员的综合意见比较一致,分歧小。因此,虽然这两种花茶都属于一级茶,但 2 号花茶的名次应排在 1 号花茶之前。

【例 7-10】请 10 位评委对某玉米营养方便粥各项指标进行评分,玉米营养方便粥的评价因素集为色泽、香气与滋味、口感、冲调性,评语集为优、好、一般、差,专家评价的结果如表 7-24 所示。

表 7-24 各专家评价结果

评语	优 v_1	好 v_2	一般 v_3	差 v_4
色泽 u_1	1	4	3	2
香气与滋味 u_2	1	5	3	1
口感 u_3	0	4	4	2
冲调性 u_4	0	5	4	1

将表 7-24 中的数据都除以评价员人数(本例为 10),即得到模糊评判矩阵:

$$R = \begin{Bmatrix} 0.1 & 0.4 & 0.3 & 0.2 \\ 0.1 & 0.5 & 0.3 & 0.1 \\ 0 & 0.4 & 0.4 & 0.2 \\ 0 & 0.5 & 0.4 & 0.1 \end{Bmatrix}$$

4 个因素的权重分配为 $\tilde{A} = \{a_1, a_2, a_3, a_4\} = \{0.1, 0.4, 0.3, 0.2\}$。

用 $\tilde{Y}$ 表示评价结果向量，$\tilde{Y} = \tilde{A} O \tilde{R}$，式中，"$O$"叫作合成算子，一般采用最大最小算子，"$\wedge$"表示二值比较取其小，"$\vee$"表示二值比较取其大。本例中

$$\tilde{Y} = \tilde{A} O \tilde{R} = (0.1, 0.4, 0.3, 0.2) \begin{Bmatrix} 0.1 & 0.4 & 0.3 & 0.2 \\ 0.1 & 0.5 & 0.3 & 0.1 \\ 0 & 0.4 & 0.4 & 0.2 \\ 0 & 0.5 & 0.4 & 0.1 \end{Bmatrix}$$

$Y_1 = (0.1 \wedge 0.1) \vee (0.4 \wedge 0.1) \vee (0.3 \wedge 0) \vee (0.2 \wedge 0)$
  $= 0.1 \vee 0.1 \vee 0 \vee 0 = 0.1$

$Y_2 = (0.1 \wedge 0.4) \vee (0.4 \wedge 0.5) \vee (0.3 \wedge 0.4) \vee (0.2 \wedge 0.5)$
  $= 0.1 \vee 0.4 \vee 0.3 \vee 0 = 0.4$

$Y_3 = (0.1 \wedge 0.3) \vee (0.4 \wedge 0.3) \vee (0.3 \wedge 0.4) \vee (0.2 \wedge 0.4)$
  $= 0.1 \vee 0.3 \vee 0.3 \vee 0.2 = 0.3$

$Y_4 = (0.1 \wedge 0.2) \vee (0.4 \wedge 0.1) \vee (0.3 \wedge 0.2) \vee (0.2 \wedge 0.1)$
  $= 0.1 \vee 0.1 \vee 0.2 \vee 0.1 = 0.2$

即 $\tilde{H} = \{0.1, 0.4, 0.3, 0.2\}$

如果计算结果之和不等于 1，就要把计算结果归一化，即保持之间的比例不变。评判把归一化后的结果向量和评语集相比较，Y 中最大分量（峰值）所对应的评语就是该产品感官质量模糊综合评判的结果。本例中最大分量 0.4 出现在第二位，评语集中的第二位是"好"，所以这批玉米营养方便粥的综合评价级别是"好"级。

7.6 阈值试验

7.6.1 概念

7.6.1.1 刺激阈

能够分辨出感觉的最小刺激量叫作刺激阈（RL）。刺激阈分为：敏感阈、识别阈和极限阈。例如大量的统计实验表明，食盐水质量分数为 0.037% 时人们才能识别出它与纯水之间有区别，当食盐水质量分数为 0.1% 时，人们才能感觉出有咸味。我们把前者称为敏感

阈,把后者称为识别阈,即所谓敏感阈(味阈)是指某物质的味觉尚不明显的最低浓度。所谓极限阈是指超过某一浓度后溶质再增加也无味觉感变化的最低浓度。感觉或者识别某种特性时并不是在刺激阈附近有突然变化,而是刺激阈值前后从 0～100% 的概率逐渐变化,我们把概率为 50% 刺激量叫作阈值。阈值大小取决于刺激的性质和评价员的敏感度,阈值大小也因测定方法的不同而发生变化。

7.6.1.2 分辨阈

感觉上能够分辨出刺激量的最小变化量称分辨阈(DL)。若刺激量是由 S 增大到 $S+\Delta S$ 时,能分辨出其变化,则称 ΔS 为上分辨阈,用 ΔS 来表示;若刺激量由 S 减少到 $S-\Delta S$ 时,能分辨出其变化,则称 ΔS 为下分辨阈,用 $-\Delta S$ 来表示,上下分辨阈的绝对值的平均值称为平均分辨阈。

7.6.1.3 主观等价值

对某些感官特性而言,有时两个刺激产生相同的感觉效果,我们称为等价刺激。主观上感觉到与标准相同感觉的刺激强度称为主观等价值(DSE)。例如,当质量分数为 10% 的葡萄糖为标准刺激时,蔗糖的主观等价值质量分数为 6.3%,主观等价值与评价员的敏感度关系不大。

7.6.2 阈值的影响因素

影响阈值(味觉)的因素很多,例如年龄、健康状态、是否吸烟、睡眠状况、温度等,简述如下。

7.6.2.1 年龄和性别

随着年龄的增长,人们的感觉器官逐渐衰退,味觉的敏感度降低,但相对而言,对酸度的敏感度的降低率最小。在青壮年时期,生理器官发育成熟并且也积累了相当的经验,处于感觉敏感期。另外,女性在甜味和咸味方面比男性更加敏感,而男性在酸味方面比女性更加敏感,在苦味方面基本上不存在性别的差异。男女在食感要素的诸特性构成上均存在一定的差异(见表 7-25)。

表 7-25 男女在构成食感要素各种特性上的差异

性别	特性					
	质构/%	口感香味/%	色泽/%	外形/%	嗅感香味/%	其他/%
男性	27.2	28.8	17.5	21.4	2.1	3.0
女性	38.2	26.5	13.1	16.6	1.8	3.8

7.6.2.2 吸烟

有人认为吸烟对甜、酸、咸的味觉影响不大,其味阈与不吸烟者比较无明显差别,但对苦味的味阈值的影响却很明显。这种现象可能是由于吸烟者长期接触有苦味的尼古丁而形成了耐受性,从而使得对苦味敏感度下降。

7.6.2.3 饮食时间和睡眠

饮食时间的不同会对味阈值产生影响。饭后 1 h 所进行的品尝试验结果表明,试验人员对甜、酸、苦、咸的敏感度明显下降,其降低程度与膳食热量的摄入量有关,这是由于味觉细胞经过了紧张的工作后处于一种"休眠"状态。所以,其敏感度下降。而饭前的品尝试验结果表明,试验人员对 4 种基本味觉的敏感度都会提高。为了使试验结果稳定可靠,更具有说服力,一般品尝试验安排在饭后 2~3 h 内进行。

睡眠状态对咸味和甜味的感觉影响不大,但是睡眠不足会使酸味的味阈值明显提高。

7.6.2.4 疾病

疾病常是影响味觉的一个重要因素。很多病人的味觉敏感度会发生明显变化,降低、提高、失去甚至改变感觉。例如,糖尿病人,即使食品中无糖的成分也会被说成是甜味感觉;肾上腺功能不全的病人会增强对甜、酸、苦、咸味的敏感性;对于黄疸病人,清水也会被说成苦味。因此在试验之前,应该了解评价员的健康状态,避免对试验结果产生严重影响。

7.6.2.5 温度

温度对味觉的影响较为显著,甘油的甜味味阈由 17℃ 的 2.5×10^{-1} mol/L(2.3%)降至 37℃ 的 2.8×10^{-2} mol/L(0.25%),有近 10 倍之差。温度对酸、苦、咸味也有影响,其中苦味的味阈值在较高温度时增加较快。在食品感官评价中,除了按需要对某些食品进行热处理外,应尽可能保持同类型的试验在相同温度下进行。

7.6.3 阈值的测定

7.6.3.1 最小变化法

这是测定阈值的一种最直接的方法。将刺激信号按强度大小顺序呈现,刺激强度变化很小,每两次刺激的时间间隔相等。每次呈现刺激后让评价员报告是否感觉到。刺激强度从小到大依次呈现的方法叫渐增法,反之叫渐减。渐减法不宜用来测定刺激物的味觉和嗅觉阈值,因为嗅觉适应的速度很快,味觉的后作用不易消除。采用渐增法,刺激的起点要远在阈值以下,逐渐以较小的强度梯级增加,直到评价员报告"有"为止。评价员最后一次报告"没有"的刺激强度和第一次报告"有"的刺激强度的平均值就是阈值。

【例 7-11】用渐增法测定某甜味剂的绝对阈值。

呈现的甜味剂浓度范围为 0.01 ~0.008mol/L,每次增加 0.05mol/L。每次呈现刺激后,如评价员回答"甜"就以"+"号记录,如回答"无味"就以"-"号记录。15 次的测定结果见表 7-26。

把表 7-26 中所列的 15 次测定结果加在一起,求出平均值 0.0502mol/L,就是该甜味剂的绝对阈值。

【例 7-12】用渐增法测定柠檬酸的差别阈值。

为了提高橘粉夹心糖的酸度,需了解柠檬酸的差别阈值,以质量分数为 0.010 柠檬酸制成的夹心糖为标准刺激,并以质量分数为 0.002% ~0.02% 柠檬酸制成的夹心糖作为比较刺激。先向评价员呈现标准刺激,然后呈现比较刺激,让评价员分辨比较刺激比标准刺激的弱、强,还是相等。

以比标准刺激弱得多的比较刺激为起点,以小的梯级(0.002%)增加直到评价员报告"相等"并第一次报告"强"为止。表 7-27 列出了测定结果。

表 7-26 　以渐增法测定甜味剂绝对阈值的记录

浓度	测定次数														
	1	2	3	4	5	6	7	8	9	10	11	12	13	14	15
0.080															
0.075															
0.070															
0.065						+				+					+
0.060	+		+			+		+	+	+					+
0.055	+	+	+	+	+	−	+	+	+	−	+	+		+	−
0.050	−	+	−	+	+		+	−	−		+	+	+	+	
0.045													+		
0.040	−	−	−	−	−	−	−	−	−	−	−	−	−	−	−
0.035	−	−	−	−	−	−	−	−	−	−	−	−	−	−	−
0.030	−	−	−	−	−	−	−	−	−	−	−	−	−	−	−
0.025	−	−	−	−	−	−	−	−	−	−	−	−	−	−	−
0.020	−	−	−	−	−	−	−	−	−	−	−	−	−	−	−
0.015	−			−		−							−		−
0.010	−				−				−						−
阈值	0.0525	0.0475	0.0525	0.0475	0.0475	0.0575	0.0475	0.0525	0.0525	0.0575	0.0475	0.0475	0.0425	0.0475	0.0525

表 7-27 　以渐增法测定柠檬酸差别阈值的记录

刺激	测定次数							
	1	2	3	4	5	6	7	8
0.020								
0.018								
0.016	+							+
0.014	+	+		+	+	+	+	=
0.012	=	=	+	=	=	=	+	=
0.010	=	=	=	=	=	=	=	=
0.008						=		
0.006	−	−	−			−	−	−
0.004	−		−				−	

刺激	测定次数							
	1	2	3	4	5	6	7	8
0.002	-						-	
上限	0.002	0.002	0.002	0.002	0.002	0.003	0.001	0.005
下限	0.001	0.001	0.003	0.001	0.001	0.003	0.001	0.003
DL	0.0015	0.0015	0.002	0.0015	0.0015	0.003	0.001	0.003
K	0.15	0.15	0.20	0.15	0.15	0.30	0.10	0.30

表 7-27 中第一纵列,标准刺激为 0.01%,呈现的比较刺激从 0.002% 开始。可以看出,0.008% 为评价员最后一次报告比标准刺激弱的浓度,0.01% 为第一次和标准刺激相等的浓度,0.014% 为第一次报告比标准刺激强的浓度。因此,评价员判断从较标准刺激弱到等于标准刺激的转折点在 0.008% ~ 0.01% 之间;从比较刺激等于标准刺激到大于标准刺激的转折点在 0.01% ~ 0.014% 之间。把 0.008% 和 0.01% 的平均值 0.009% 叫作相等地带的下限,记为 Le,把 0.01% 和 0.014% 的平均值 0.012% 叫作相等地带的上限,记为 Lu。也可以说 0.009% 是评价员判断为刚刚小于标准刺激的比较刺激,0.012% 则是判断为刚刚大于标准刺激的比较刺激,处于 0.009% ~ 0.012% 之间的刺激与标准刺激不能分辨,因而把 0.009% ~ 0.012% 这段距离叫作不肯定间距,记为 IU,不肯定间距的中点叫主观相等点,记为 PSE。

比较刺激比标准刺激大多少才刚能觉得比它大,比标准刺激小多少才刚能觉得比它小呢? 这可以分别用相等地带的上限减去标准刺激(St)和用标准刺激减去相等地带的下限求得。前者叫上差别阈限,记为 DLu,后者叫下差别阈限,记为 DLe。二者不一定相等,其平均值就是差别阈限(DL)。这个差别阈值限是当标准刺激为 0.01 时求得的,如果标准刺激变了,这个差别阈限也会随之发生变化,所以这个差别阈限叫作绝对差别阈限,绝对差别阈限和标准刺激的比叫作相对差别阈限(K)。

上述计算方法用公式表示如下:

$$DLu = Lu - St$$
$$DLe = St - Le$$
$$DL = (DLu + DLe)/2$$
$$= [(Lu - St) + (St - Le)]/2$$
$$= (Lu - Le)/2$$

7.6.3.2　极限法

【例 7-13】果汁饮料生产中,用葡萄糖代替砂糖时,用极限法求 10% 的砂糖具有相同甜味的葡萄糖浓度。

此题是求与质量分数为 10% 的砂糖相对应的葡萄糖的主观等价值。

(1)试验步骤。

1)根据预备试验,先求出 10% 的砂糖相对应的葡萄糖的大体浓度,然后以此浓度为中心,往浓度两侧做一系列不同浓度的葡萄糖样品 $C_0, C_1, C_2, \cdots, C_n$,此时要注意,如果葡萄糖的浓度变化幅度太小,虽然可以提高试验精度,但会增大样品个数,引起疲劳效应。样品数 n 一般取 10～20 为宜。

2）根据浓度上升、下降系列和品尝顺序,做试验计划表。

3）制作记录表（如表7-28所示）。

4）确定浓度上升或者是下降系列的试验开始浓度。试验中,由于评价员具有盼望甜度关系早点变化的心理,故评价员实际指出的甜度关系（砂糖与葡萄糖的甜度比）变化区域可能超前（称为盼望效应）,因此试验时应制作不同长度的试验系列。例如试验次数为64次时,先准备20张卡片,其中6张卡写"长"字,表示样品从 C_1 至 C_{12},7张卡写"中"字,表示样品从 C_2 至 C_{11},7张卡写"短"字,表示样品从 C_3 至 C_{10}。然后把20张卡片随机混合后（像洗扑克牌一样）,从上边开始按卡片顺序做试验,反复循环即可。

5）按葡萄糖浓度上升或下降系列从右至左排好样品 C_i,同时准备好足够的标准样 S_i（即质量分数为10%的砂糖溶液）,评价员把根据试验要求按顺序比较 S_i 和 C_i,每次判断结果记入记录表中（表7-28）。

6）浓度下降系列中,从"?"变为"-"时或者从"+"变为"-"时;浓度上升系列中,从"?"变为"+"或者从"-"变为"+"时,结束试验。

表7-28　极限法测定结果

试验次数	1	2	3	4	5	6	7	8	9	10	11	12	…	61	62	63	64
评价员		1				2				3			…		16		
系　列	↓	↑	↑	↓	↑	↓	↓	↑	↓	↑	↑	↓	…	↑	↓	↓	↑
品尝顺序	Ⅰ	Ⅰ	Ⅱ	Ⅱ	Ⅰ	Ⅰ	Ⅱ	Ⅱ	Ⅰ	Ⅰ	Ⅱ	Ⅱ	…	Ⅰ	Ⅰ	Ⅱ	Ⅱ
C_{12}																	
C_{11}	+						+										
C_{10}	+			+			+										
C_9	+	+		+			+	+									
C_8	?	?	+	+			+	+	+								
C_7	?	?	?	?		+	+	+	?								
C_6	-	?	?	-		?	-	+	?								
C_5		-	?					?	-								
C_4	-	-		-			-										
C_3	-			-			-										
C_2		-															
C_1																	

注:↑ 表示浓度上升系列,↓ 表示下降系列;+ 表示 C_i 比 S_i 甜,- 表示 C_i 比 S_i 甜,? 表示 C_i 比 S_i 无差异;Ⅰ 表示砂糖→葡萄糖顺序,Ⅱ 表示葡萄糖→砂糖顺序。

（2）解题步骤。

1) 设浓度下降系列中,从"+"变为"?"时的 C_i 为 x_u,从"?"变为"-"时的 C_i 为 x_L,浓度上升系列中,从"-"变为"?"时的 C_i 为 x_L,从"?"变为"+"时的 C_i 为 x_u,从"+"变为"-"或者从"-"变为"+"时 x_L 与 x_u 相同。

例如表 7-28 第一次试验(下降系列)中

$$x_u = \frac{C_9 + C_8}{2}, x_L = \frac{C_7 + C_8}{2}$$

第二次试验:$x_L = \frac{C_5 + C_6}{2}, x_u = \frac{C_8 + C_9}{2}$

以此类推……

第六次试验:$x_u = x_L = \frac{C_7 + C_6}{2}$

2) 用下式计算阈值和主观等价值

上阈:$L_u = \frac{1}{N} \sum x_u$

下阈:$L_L = \frac{1}{N} \sum x_L$

主观等价值:$RSE = \frac{L_u + L_L}{2}$

3) 求葡萄糖的分辨阈 DL 时,可以把葡萄糖作为标准液。例如,求质量分数为 10% 的葡萄糖的分辨阈 DL 时,用 10% 质量分数的葡萄糖 C_0。代替上述试验 16 中的 10% 质量分数的砂糖 S_i 做试验,此时上分辨阈 $DL_u = L_u - C_0$,下分辨阈 $DL_L = C_0 - L_L$。

4) 求葡萄糖的刺激阈 RL 时,在浓度下降系列中,从明显感到甜味的浓度(+)出发逐渐减小浓度。开始感觉不出甜味(-)时的浓度与它前面浓度的平均值即为未知刺激阈,用 r_d 表示。在浓度上升系列中,从明显感到无甜味的浓度(-)出发逐渐增加浓度,最初感到甜味(+)时的浓度与它前面浓度的平均值即为可知刺激阈,用 r_a 表示,则 $RL = \frac{r_d + r_a}{2}$

5) 极限法中,为了避免盼望误差的影响,一般取上升系列和下降系列个数相同,但对于苦味试验来说,由于存在着先品尝的样品的残留效应,一般只用上升系列而不用下降系列。

思考题

1. 如何区分排列试验和分级试验?两者在实践中如何应用?

2. 评分法主要应用在哪些领域?茶叶的分级能用评分法吗?

3. 成对比较法对样品的要求如何?

4. 加权评分法与评分法的区别在哪里?加权评分法的特点如何?

5. 模糊数学应用于食品感官评价的优势和特点如何?

6. 何为阈值?如何测定?

第8章 描述性分析检验法

内容提要

　　本章主要介绍了简单描述检验法、定量描述和感官剖面检验法、质地剖面检验法等常用描述性分析检验方法的检测原理及其在食品感官分析中的应用。

教学目标

　　1. 掌握简单描述性分析检验法的基本原理和试验方法。

　　2. 掌握定量描述和感官剖面检验法的含义以及主要的定性和定量描述分析方法。

　　3. 了解质地剖面检验法的基本原理。

　　4. 理解各种描述分析方法的优缺点和异同。

8.1　概述

　　描述性分析检验是感官检验中最复杂的一种方法,它是由接受过培训的评价员对产品的感官性质进行定性和定量区别描述的技术。该方法适用于一个或多个样品,能够同时定性和定量地表示一个或多个感官指标,如外观、嗅闻的气味特征、口中的风味特征、组织特性等。描述性分析检验得到的结果不但能提供食品的详细信息,而且能精确分析一系列不同产品之间感官的具体差异、贮藏条件对其货架期的影响及获得食品化学性质和感官特征之间的相关性,有利于保证与提高产品的质量。

8.1.1　定义

　　描述性分析检验法(descriptive analysis evaluation)是根据感官所能感知到的食品各项感官特征,用专业术语形成对产品的客观性描述。描述性分析检验法是感官科学家的常用工具,所采用的是与差别检验等完全不同的感官评价原则和方法。根据这些方法,感官科学家可以获得关于产品完整的感官描述,从而帮助他们鉴定产品基本成分和生产过程中的变化,以及决定哪个感官特征比较重要或可以接受。

　　描述性分析检验法要求评价产品的所有感官特性,包括:①外观色泽;②嗅闻的气味特征;③品尝后口中的风味特征(味觉、嗅觉及口腔的冷、热、收敛等知觉和余味);④产品的组织特性及质地特性(包括机械特性中硬度、凝结度、黏度、附着度和弹性5个基本特性及碎裂度、固体食物咀嚼度、半固体食物胶黏度3个从属特性);⑤产品的几何特性(包括产品颗粒、形态及方向特性,是否有平滑感、层状感、丝状感、粗粒感等,以及反映油、水含量的油感和湿润感等特性)。

描述性分析检验通常可依据是否定量分析而分为简单描述检验法、定量描述和感官剖面检验法。在检验过程中,要求评价员除具备感知食品品质特性和次序的能力外,还要具备对描述食品品质特性专有名词的定义及其在食品中实际含义的理解能力,以及对总体印象或总体风味强度和总体差异的分析能力。

描述性分析检验依照检验方法的不同又可分为一致方法和独立方法两大类型。

8.1.1.1　一致方法

一致方法在检验中所有的评价员(包括评价小组组长)都是一个集体的一部分,目的是获得一个评价小组赞同的综合结论,使对被评价的产品风味特点达到一致的认识。最后由评价小组组织者报告和说明结果。

在一致方法中,评价员先单独工作,按感性认识记录特性特征、感觉顺序、强度、余味和滞留度,然后进行综合印象评估。当评价员完成剖面描述后,就开始讨论,由评价小组组织者收集各自的结果,讨论到小组意见达到一致为止。为了达到意见一致,可推荐参比样或者评价小组要多次开会。讨论结束后,由评价小组组织者做出包括所有成员意见的结果报告,报告的表达形式可以是表格,也可以是图。

8.1.1.2　独立方法

独立方法小组组织者一般不参加评价,评价小组意见不需要一致。由评价员先在小组内讨论产品的风味,然后由每个评价员单独工作,记录对食品感觉的评价,最后由评价小组组织者汇总和分析这些单一结果,用统计学的平均值,作为评价的结果。

8.1.2　应用范围

描述性分析检验适用于一个或多个样品,可以同时评价一个或多个感官指标。人们在检验竞争者的产品时,经常使用这一技术,因为描述性分析检验能够准确地显示在所评价的感官特性范围内,竞争产品与自己的产品存在着怎样的差别。另外,这种技术在检验产品货架寿命的应用中效果十分理想,尤其是受过良好训练的评价员。

感官描述常应用于研究和生产上,应用范围很广,包括:①定义新产品开发中目标产品的感官特征;②定义质量管理、质量控制及开发研究中的对照或标准的特征;③在进行消费者检验前记录产品的特征,以帮助选择《消费者提问表》里所包括的特征,在检验结束后说明消费者检验结果;④追踪产品贮存期、包装等有关特征随时间变化而改变的规律;⑤描绘产品与仪器、化学或物理特性相关的可察觉的感官特征。

8.1.3　专业描述用语

描述性分析检验要求准确地使用语言描述样品感官性状,要求评价员具有较高文学造诣,对语言的含义有正确的理解和恰当使用的能力。

常用的语言分为三类,即日常语言、词汇语言和科学语言。日常语言(即口语),是日常谈话用语,由于文化背景和地理区域的不同而有所差异。词汇语言(即书面语),是词典中的语言,在书面材料中,最好用词汇语言来表示。科学语言是为了科学而特别创造的,是被非常精确定义了的、与特定的科学学科有关的专业术语。

但是,关于食品的风味,却几乎很少能用准确的术语来描述。比如描述为"像新鲜焙烤的面包,闻起来味道很好",或者"像止咳糖浆,味道不好"等,都是模糊、朦胧的。颜色以蒙塞尔标准为坐标,同样我们希望研究食品风味时,能有准确定义(最好与参考标准相符)的科学语言,这些科学语言经常用于描述与所研究的产品有关的所有感官的感觉。

8.2 简单描述分析

评价员用合理、清楚的文字,对构成样品质量特征的各个指标尽量完整、准确地进行定性描述,从而定性评价样品感官品质的检验方法,称为简单描述分析(simple descriptive analysis)。简单描述分析常用于产品质量控制、储存期的变化或描述已经确定的差异检验,也可用于培训评价员。

8.2.1 风味剖面描述

风味剖面描述(flavor profile,FP)是最早的定性描述分析检验方法。这项技术是 20 世纪 40 年代末至 50 年代初由 Arthur D. Little 公司 Loren Sjostrom、Stanley Cairncross 和 Jean Caul 等建立发展起来的,最早被用于描述复杂风味系统。利用这个系统研究人员测定了谷氨酸钠(味精)对风味感知的影响。多年来,FP 已不断地改进,最新的 FP 被称为剖面特征分析。

FP 的方式通常有自由式描述和界定式描述。前者由评价员自由选择自己认为合适的词汇,对样品的特性进行描述;而后者则是首先提供指标检查表,或是评价某类产品的一组专用术语,由评价员选用其中合适的指标或术语对产品的特性进行描述。

FP 是一种一致性技术,用于描述产品的词汇和对产品本身的评价,可以通过评价小组成员达成一致意见后获得。FP 包含了一个食品系统中所有的风味,以及其中个人可检测到的风味成分。这个剖面描述了所有的风味和风味特征,并评估了这些特征的强度和整体的综合印象。该技术提供一张表格,表格中有感知到的风味、它们的强度、感知到的顺序、余味及整体印象(振幅)。如果对评价小组成员的训练非常好,这张表格的重现性就非常高。

试验的组织者要准确地选取样品的感官特性指标并确定合适的描述术语,制订指标检查表,选择非常了解产品特性且受过专门训练的评价员和专家组成 5 名或 5 名以上的评价小组进行品评试验,根据指标表中所列术语进行评价。

评价小组成员需要通过味觉区分、味觉差异区分、嗅觉区分和描述等生理学试验来选择。在准备、呈现、评价等过程中应使用标准化技术,在 2~3 周的时间内对评价人员进行训练,让他们能对产品的风味进行精确的定义。

　　培训时评价人员对食品样品进行品尝后,把所有能感知到的特征,按芳香、风味、口感和余味,分别进行记录。展示结束后,评价小组成员对使用过的描述术语进行复习和改进。在训练阶段可形成并产生每个描述术语的参比标准和定义。使用合适的参比标准,可以提高一致性描述的精确度。在训练的完成阶段,评价小组成员已经为后续试验表达所用的描述术语强度定义了一个参比系。

　　在评价小组成员单独完成对样品感官属性、强度、感知顺序、余味的评价后,评价小组组织者可以根据评价小组的整体反应,组织大家讨论,最终获得一致性的结论(即风味剖面)。该方法的结果通常不需要进行统计分析。

　　FP 的主要优点(同时也是主要的限制性)是最多只选择 5~8 个评价员。通过对评价员额外的训练和采用合适的评价方法,可以在一定程度上克服一致性和重现性上的缺陷。反对者认为,获得的一致性结论可能实际上是小组中占支配地位的人,或者是评价小组中权威成员的观点,这个具有权威的人通常是指评价小组的组织者。FP 的另一缺点是筛选方法中不能区分特殊的芳香或风味差异,而这种差异在特定的产品中往往是很重要的。但支持这种技术的人则认为,正确的训练就是个关键,评价小组组织者可以避免这种情况的发生,一个训练后的 FP 评价小组能够迅速地得出有效的结论。

8.2.2　案例分析

【例 8-1】风味剖面描述在奶味香精研发中的应用

　　某公司新研发一种奶味香精,需要对其做一个风味描述,主要评价的指标如表 8-1 所示,让评价员逐项进行品评,并用适当的词汇予以表达,或者用某一种标度进行评价。

表 8-1　奶味香精评价项目与强度标准

项目	强度	项目	强度
整体风味		动物味	
颜色		油脂味	
奶香味		烟熏味	
芝士味		酸味	
坚果味		氧化味	
木屑味		其他异味	
综合评价			

　　案例分析:奶味香精的风味剖面分析中,每个评价员独立进行样品品评,记录中要写清样品风味特征,并使用合适的参比标准评价其风味特征强度。评价员完成评价后,由评价小组组织者统计这些结果。根据每一描述性词汇的使用频率或特征强度得出评价结果,并

对评价结果进行讨论,最后得出结论。结论一般要求言简意赅,字斟句酌,以力求符合实际。该检验的结果通常不需要进行统计分析。

【例8-2】盒装即食早餐的感官评价

(1)产品介绍　由某公司生产的盒装即食早餐,是面食、荤食和调味品的混合物,用开水或温牛奶冲调,闷放数分钟后即可食用。该类型产品已在市场上获得广泛认同。

(2)评价目的　由本公司开发的盒装即食早餐欲投放市场,希望了解产品有无竞争力。

(3)评价项目与强度标准　评价项目与强度标准见表8-2。

表8-2　盒装即食早餐评价项目与强度标准

项目	强度	项目	强度
主要风味		混杂味	
颜色		细腻味	
咸味	1--------------------9	油味	1--------------------9
洋葱味	(弱)　　(强)	粉粒状感	(弱)　　(强)
鱼腥味		多汁性	
甜味		拌匀度	

(4)评价与记录　将样品编码后随机呈递给评价员,一般第一个样品为对照样品,每位评价员独立进行样品品评,根据表8-2的评定项目和强度标准,在评价表8-3中记录下每个样品的感官特征强度。

表8-3　描述性评价记录表

样品名称:　　评价员姓名:　　检验日期:　年　月　日

序号	项目	主要风味	颜色	咸味	洋葱味	鱼腥味	甜味	混杂味	细腻味	油味	粉粒状感	多汁性	拌匀度	综合评价
1	对照样品													
2														
3														
4														

(5)结果分析　所有评价员的检验全部完成后,在组长的主持下进行讨论,然后得出综合结论。综合结论描述依据是某描述词汇出现频率的多少及特征强度,一般要求言简意赅,字斟句酌,力求符合实际。

8.3　定量描述和感官剖面检验法

由于风味剖面描述得到的数据无法进行数据处理,20世纪70年代Tragon公司发明了定量描述分析法。定量描述分析法包括定量描述和感官剖面检验法、质地剖面描述检验法、自由选择剖析法和系列描述分析法几类。

评价员用一种特定的、可以复现的方式表述和评价食品的感官特性,并估计这些特性的强度,然后用食品的感官剖面图表达食品的整体感官特性印象即为定量描述和感官剖面检验法(quantitative descriptive and sensory profile test,QDA)。这种方法很大程度上依赖于统计分析决定描述术语、过程和评价人员的选用。

自由选择剖析法。这种方法与其他方法不同的是,非专业评价员使用的术语是他们在评价过程中建立的,评价时,评价员使用自己的词汇描述产品,其数据处理一般采用 GPA(generalized procrustes analysis)分析。这种方法最大优势是不用培训评价员,且可能发掘产品某些特殊性质;但由于评价员使用术语不同,最终统计时需花很多时间理解所有词汇,并且,自由选择剖析法的结果只显示样品之间整体差异,而不能显示出细微差别。

系列描述分析法。评价员不形成用于描述产品感官特征的特定词汇,而是使用标准术语"词典"。用于描述特定产品的语言经过预先挑选,可用于同一个类项内的所有产品,并且可用于多重参比点进行标度的标准化。

8.3.1　QDA 方法的特点

与 FP 相比较,QDA 方法的特点是数据不是通过一致性讨论而产生的,而是使用非线性结构的标度来描述评估特性的强度,通常称为 QDA 图或蜘蛛网图,并利用该图的形态变化定量描述试样的品质变化。

定量描述和感官剖面检验法依照检验方法的不同可分为一致方法和独立方法两大类型。

像 FP 一样,QDA 技术也已经广泛地应用于食品感官评价,尤其对质量控制、质量分析、确定产品之间性质的差异、新产品的研制、产品品质的改良等最为有效,并且可以提供与仪器检验数据对比的感官数据,提供产品特征的持久记录等。

检验的实施通常要经过三个过程:①决定要评价的产品的品质;②对评价小组开展必要的培训和预备检验;③评价样品与其他产品在品质上的差异程度。对于评价员感到生疏的产品,培训和预备检验非常重要。

QDA 方法中评价人员的筛选应以他们区分感官属性差异的能力为标准,选择出来的评价人员再进行培训。在培训期间,为了形成准确的概念,评价人员将面对许多可能类型的产品(取决于研究目的)。与 FP 相似,评价人员会形成一套用于描述产品差异的术语,决定参比标准和词语定义,还要决定每个特征的评价顺序。培训后期,要进行一系列的试验性评价,在此阶段可根据需要进行评价员的表现评估。在检验时,评价员在小组内讨论产品特征,然后单独记录他们的感觉;同时使用非线性结构的标度来描述评估特性的强度,由评价小组组织者汇总和分析这些单一结果。这种标度的使用,可以减少评价人员只使用标度的中间部分以避免出现非常高或非常低分数的倾向。

QDA 方法可在简单描述分析试验中所确定的词汇中选择适当的词汇,定量描述样品的整个感官印象,可单独或综合地用于评价产品的气味、风味、外观和质地等。

8.3.2 操作步骤

(1)了解相关类似产品的情况,建立描述的最佳方法和统一识别评价的目标,同时,确定参比样品(纯化合物或具有独特性质的天然产品)和规定描述特性的词汇。

(2)成立评价小组,对规定的感官特性的认识达到一致,并根据检验的目的设计出不同的检验记录形式。要记录的检验内容一般包括以下5种。①感觉顺序的确定,即记录显现和察觉到各感官特性所出现的先后顺序;②食品感官特性的评价,即用叙词或相关的术语描述感觉到的特性;③特性强度评价,即对所感觉到的每种感官特性的强度做出评价;④余味和滞留度的测定。余味是指样品被吞下(或吐出)后,出现的与原来不同的风味特征。滞留度是指样品已经被吞下(或吐出)后,继续感觉到的风味特征。在某些情况下,可要求评价员评价余味,并测定其强度,或者测定滞留度的强度和持续时间;⑤综合印象的评估,是指对产品总体进行全面的评估。考虑到感官特征的适应性、强度、相同背景特征的混合等,综合印象通常在3点或4点标度上评估。例如,0表示"差",1表示"中",2表示"良",3表示"优"。在独立方法中,每个评价员分别评价综合印象,然后计算其平均值。在一致方法中,评价小组应对一个综合印象取得一致性意见。

(3)根据设计好的检验表格,评价员可独立进行评价试验,按照感觉顺序,用同一标度测定每种特性强度、余味、滞留度及综合印象,记录评价结果。

(4)检验结束,由评价小组组织者收集评价员的评价结果,计算出各个特性强度(或喜好度)的平均值,并用表格或图形表示。QDA和FP一般都附有图形,如扇形图、棒形图、圆形图和蜘蛛网形图等。

当有数个样品进行比较时,可利用综合印象的评价结果得出样品间差别的大小及方向;也可以利用各特征的评价结果,用一个适宜的方法(如评分分析法)进行分析,以确定样品之间差别的性质和大小。

如果评价员检验的是样品刺激从开始施加到结束的时间内感觉强度的变化,则可根据数据做出曲线,如食品中甜味、苦味的感觉强度变化,品酒、品茶时味觉、嗅觉感觉强度的变化。图8-1为品茶时的味觉响应强度随时间的变化关系图。

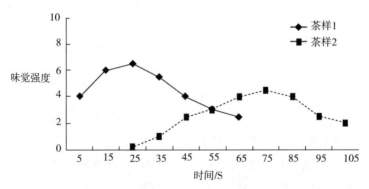

图8-1 品茶味觉相应强度—时间的关系曲线

8.3.3 感官特性强度的评估方式

定量描述法不同于简单描述法的最大特点是利用统计学方法对数据进行分析。统计分析的方法,依据对样品评价的方式而定。强度的评价主要有以下几种方式。

(1)数字评估法 0=不存在,1=刚好可识别,2=弱,3=中等,4=强,5=很强。

(2)标度点评估法 在每个标度的两端写上相应的叙词,中间级数或点数根据特性强度的改变,在标度点"□"上写出符合该点强度的 1~7 数值。

弱□□□□□强

(3)直线评估法 如在 100 mm 长的直线上,距每个末端大约 10 mm 处写上叙词(如弱—强),评价员在线上做一个记号表明强度,然后测量记号与线段左端之间的距离(mm),表示强度值(图 8-2)。评价人员单独对样品进行评价,试验结束后将测量到的长度数值输入计算机,经统计分析后得出平均值,然后进行分析并做图。

图 8-2 直线评估法

8.3.4 案例分析

【例 8-3】调味番茄酱风味剖面检验报告(一致方法)

(1)调味番茄酱风味特性特征评价结果如表 8-4 所示。

表 8-4 调味番茄酱风味评价结果表(5 点法)

	样品名称: 调味番茄酱	检验日期: 年 月 日
特性(感觉顺序)		强度
风味	番茄	4
	肉桂	1
	丁香	3
	甜度	2
	胡椒	1
	余味	无
	滞留度	相当长
	综合印象	2

(2)将表 8-4 的数字评估转换为如图 8-3 所示的图形标度。

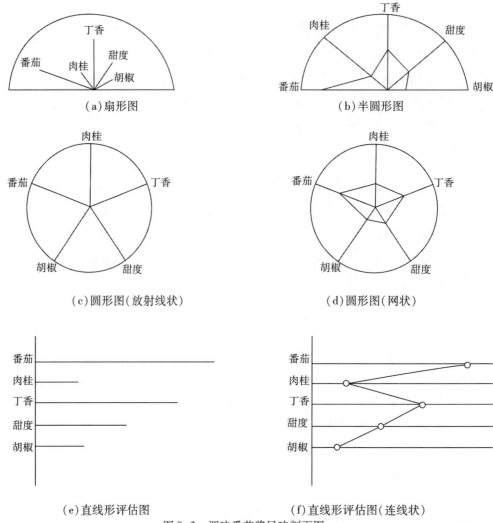

图 8-3　调味番茄酱风味剖面图

其中：扇形图——用线的长度表示每种特性强度,按顺时针方向表示特性感觉的顺序;

半圆形图——每种特性强度记在轴上,连接各点,建立一个风味剖面的图示;

圆形图(放射线状)——每种特性强度记在轴上,用线的长度表示每种特性强度;

圆形图(网状)——每种特性强度记在轴上,连接各点,建立一个风味剖面的图示;

直线形评估图——用线的长度表示每种特性强度,按上下方向表示特性感觉的顺序;

直线形评估图(连线状)——用线的长度表示每种特性强度,连接各点给出风味剖面。

【例8-4】沙司酱风味剖面分析报告(独立方法)

沙司酱风味剖面检验结果如表8-5所示。

表 8-5 沙司酱风味剖面分析报告

样品名称:沙司酱　　检验员:　　检验日期:　年　月　日

请评价样品的各个特性,并把相应的强度(或喜好程度)方格用铅笔涂满。

特性	强度							
	强7	6	5	4	3	2	1	0弱
鸡蛋	□	□	□	□	■	□	□	□
胡椒	□	□	□	□	□	□	■	□
柠檬	□	□	□	□	□	■	□	□
盐	□	□	□	□	□	□	■	□
黄油	□	□	■	□	□	□	□	□
余味	□	□	□	□	□	□	□	■
滞留度	□	□	□	□	□	■	□	□
综合印象				3				

注:综合印象通常以3点评度,其中1为低,2为中,3为高。

【例8-5】萝卜泡菜的 QDA 报告(独立方法)

(1)萝卜泡菜风味特性评价结果如表 8-6 所示。

表 8-6 萝卜泡菜风味特性评价结果表

样品名称:萝卜泡菜(样品1、2、3)　　　　检验日期:　年　月　日

特性	标度(0~7)		
	样品1	样品2	样品3
酸腐味	3.5	4	5
生萝卜气味	5	3.5	2
生萝卜味道	4.8	3.5	2
酸味	3.2	4	6
馊气味	2.8	4.3	5.2
馊味道	2.5	4	5
劲道	4.5	4	5
柔嫩	3.2	4	3
脆性	4.5	3.8	3.6

(2)对3种萝卜泡菜进行剖面分析,结果用 QDA 数据蜘蛛网图表示,见图 8-4。

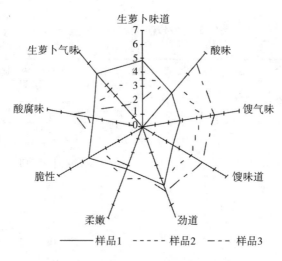

图 8-4 3 种萝卜泡菜的风味剖面图

8.4 质地剖面描述检验法

质地剖面分析(texture profile analysis)是通过系统分类、描述产品所有的质地特性(机械的、几何的和表面的)以建立产品的质地剖面。此法可呈现评价过程中样品的各种不同特性,并且用适宜的标度刻画特性强度。本方法可以单独或全面评价气味、风味、外貌和质地,适用于食品(固体、半固体、液体)或非食品类产品(如化妆品),并且特别适用于固体食品。

8.4.1 质地剖面的组成

根据产品(食品或非食品)的类型,质地剖面一般包含以下方面。

(1)可感知的质地特性 如机械的、几何的或其他特性。

(2)强度 即可感知产品特性的程度。

(3)特性显示顺序可列为咀嚼前或没有咀嚼、咬第一口或一啜、咀嚼阶段、剩余阶段、吞咽阶段。

①咀嚼前或没有咀嚼:通过视觉或触觉(皮肤、手、嘴唇)来感知所有几何特性、水分和脂肪特性。

②咬第一口或一啜:在口腔中感知到机械的和几何的特性,以及水分和脂肪特性。

③咀嚼阶段:在咀嚼和吸收期间,由口腔中的触觉接受器来感知特性。

④剩余阶段:在咀嚼和吸收期间产生的变化,如破碎的速率和类型。

⑤吞咽阶段:吞咽的难易程度,并对口腔中残留物进行描述。

8.4.2　质地特性的分类

质地由不同特性组成,质地感官评价是一个动力学过程。根据每一特性的显示强度及其显示顺序,可将质地特性分为三组:机械特性、几何特性及表面特性。

质地特性是通过对食品所受压力的反应表现出来的,可用以下方法测量。

(1)通过动觉测量　即测量神经、肌肉、腱及关节对位置、移动、部分物体张力的感觉。

(2)通过体觉测量　即测量位于皮肤和嘴唇上的接受器,包括黏膜、舌头和牙周膜对压力(接触)和疼痛的感觉。

8.4.2.1　机械性

半固体和固体食品的机械特性,可以划分为 5 个基本参数和 3 个第二参数,见表 8-7。

表 8-7　机械质地特性的定义和评价方法

	特性	定义	评价方法
基本参数	硬度	与使产品变形或穿透产品所需的力有关的机械质地特性。在口腔中它是通过牙齿间(固体)或舌头与上腭间(半固体)对于产品的压迫而感知	将样品放在臼齿间或舌头与上腭间,并均匀咀嚼,评价压迫食品所需的力量
	黏聚性	与物质断裂前的变形程度有关的机械质地特性	将样品放在臼齿间压迫它,并评价在样品断裂前的变形量
	黏度	与抗流动性有关的机械质地特性,黏度与下面所需力量有关;用舌头将勺中液体吸进口腔中或将液体铺开的力量	将一装有样品的勺放在嘴前,用舌头将液体吸进口腔里,评价用平稳速率吸液体所需的力量
	弹性	与快速恢复变形和变形程度有关的机械质地特性	将样品放在臼齿间(固体)或舌头与上腭间(半固体),并进行局部压迫,取消压迫并评价样品恢复变形的速度和程度
	黏附性	与移动粘在物质上材料所需力量有关的机械质地特性	将样品放在舌头上,贴住上腭,移动舌头,评价用舌头移动样品所需的力量
第二参数	易碎性	与黏聚性和粉碎产品所需的力量有关的机械质地特性	将样品放在臼齿间并均匀地咬,直至将样品咬碎,评价粉碎食品并使之离开牙齿所需力量
	易嚼性	与黏聚性和咀嚼固体产品至可被吞咽所需时间的特性有关的机械质地特性	将样品放在口腔中每秒钟咀嚼一次,所用力量与用 0.5s 内咬穿一块口香糖所需力量相同,评价当可将样品吞咽时所咀嚼次数或能力
	胶黏性	与柔软产品的黏聚性有关的机械质地特性,在口腔中它与将产品分散至可吞咽状态所需的力量有关	将样品放在口腔中,并在舌头与上腭间摆弄,评价分散食品所需的力量

(1)与五种基本参数有关的形容词。

硬度——常使用软、硬、坚硬等形容词。

黏聚性——常使用与易碎性有关的形容词:已碎的、易碎的、破碎的、易裂的、脆的、有硬壳等;常使用与易嚼性有关的形容词:嫩的、老的、可嚼的;常使用与胶黏性有关的形容词:松脆的、粉状的、糊状的、胶状等。

黏度——常使用流动的、稀的、黏的等形容词。

弹性——常使用有弹性的、可塑的、可延展的、弹性状的、有韧性的等形容词。

黏附性——常使用黏的、胶性的、胶黏的等形容词。

（2）第二参数与5种基本参数的关系。

易碎性——与硬度和黏聚性有关，在脆的产品中黏聚性较低而硬度可高低不等。

易嚼性——与度性、黏聚性和弹性有关。

胶黏性——与半固体的硬度、黏聚性有关。

8.4.2.2　几何特性

产品的几何特性是由位于皮肤（主要在舌头上）、嘴和咽喉上的触觉接受器官来感知的，这些特性也可通过产品的外观看出。

（1）粒度　粒度是感知到的与产品微粒的尺寸和形状有关的几何质地特性。类似于说明机械特性的方法，可利用参照样来说明与产品微粒的尺寸和形状有关的特性，如光滑的、白垩质的、粒状的、沙粒状的、粗粒的等术语构成了一个尺寸递增的微粒标度。

（2）构型　构型是可感知到的与产品微粒形状和排列有关的几何质地特性。与产品微粒的排列有关的特性体现产品组织结构的紧密程度。

不同的术语与一定的构型相符合，如：

"纤维状的"即指长的微粒在同一方向排列（如芹菜茎）；

"蜂窝状的"即指由球卵形微粒构成的紧密组织结构，或由充满气体的气室群构成的结构（如蛋清糊）；

"晶状的"即指菱形微粒（如晶体糖）；

"膨胀的"即指外壳较硬的充满大量不均匀气室的产品（如爆米花、奶油面包）；

"充气的"即指一些相对较小的均匀的小气孔并通常有柔软的气室外壳（如聚氨酯泡沫、蛋糖霜、果汁糖等）。

表8-8列出了适用于产品几何特性的参照样品。

表8-8　产品几何特性的参照样品

与微粒尺寸和形状有关的特性	参照样品	与微粒形状和排列有关的特性	参照样品
粉末状的	特级细砂糖	薄层状的	烹调好的黑线鳕鱼
白垩质的	牙膏	纤维状的	芹菜茎、芦笋、鸡胸肉
粗粉状的	粗面粉	浆状的	桃肉
沙粒状的	梨肉、细砂	蜂窝状的	橘子
粒状的	烹调好的麦片	充气状的	三明治面包
粗粒状的	干酪	膨化的	爆米花、奶油面包
颗粒状的	鱼子酱、木薯淀粉	晶状的	砂糖

8.4.2.3　其他特性

与口感好坏有关的特性同口腔内或皮肤上触觉接受器感知的产品含水量和脂肪含量有关,也与产品的润滑特性有关。

应当注意产品受热(接触皮肤或放入口中)融化时的动力学特性。强度与产品在口中被感知到的不同质地有关(如将一块冷奶油或一块冰块放入口中让其自然融化而不咀嚼)。

(1)含水量　含水量是一种表面质地特性,是对产品吸收或释放水分的感觉。用于描述含水量的常用术语不但要反映所感知产品水分的总量,而且要反映释放或是吸收水分的类型、速率及方式。这些常用术语包括干燥(如干燥的饼干)、潮湿(如苹果)、湿的(如荸荠、贻贝)、多汁的(如橘子)。

(2)脂肪含量　脂肪含量是一种表面质地特性,它与所感知的产品中脂肪的数量和质量有关。

建立第二参数,如"油性的""脂性的"和"多脂的"等以区别脂肪含量相关特性:

"油性的"反映了脂肪浸泡和流动的感觉(如法式调味色拉);

"脂性的"反映了脂肪渗出的感觉(如腊肉、炸马铃薯片);

"多脂的"反映了产品中脂肪含量高但没有脂肪渗出的感觉(如猪油、牛羊脂)。

8.4.3　建立术语

质地剖面描述必须建立一些术语用以描述任何产品的质地。传统的方法是,术语由评价小组通过对一系列代表全部质地变化的特殊产品的样品评价总结得到。

在培训课程的开始阶段,应提供给评价员一系列范围较广的简明扼要的术语,以确保评价员能尽量描述产品的单一特性。最后,评价员将适用于样品质地评价的术语列出一个表格。

评价员在评价小组组织者的指导下讨论并编制大家可共同接受的术语定义和术语表时应考虑以下几点:①术语是否已包括了关于产品的所有特性;②一些术语是否意义相同并可被组合或删除;③评价小组每个成员是否均同意并接受术语的定义和使用。

8.4.4　参照样品

8.4.4.1　参照样品的标度

基于产品质地特性的分类,建立标准比率标度并提供评价产品质地的机械特性的定量方法(见本节"8.4.6　参照样品标度举例")。这些标度仅列出参照产品的基本定义。它们仅说明一些基本现象,即使用熟悉的参照产品来量化每一感官质地特性的强度。这些标度反映了需要建立剖面的产品中一般机械特性的强度范围,可根据产品特点做一些修改或直接使用。这些标度也适用于培训评价员。但若不做修改,不能用于评价所有产品剖面。例如,在评价非常软的产品(如不同配方的奶油、奶酪)时,则硬度标度的低端必须扩展,并删除高端的一些点。

本节"8.4.6　参照样品标度举例"所给出的标度提供了量化质地评价的基准,其评价结果给出了产品的质地剖面。

8.4.4.2　参照样品的选择

在选择参照样品时,应尽量选用大家熟知的产品。应首先了解:

①在某地区适宜的食品在其他地区可能不适宜;

②即使在同一个国家内,某些食品的适宜性随着时间变化也在变化;

③一些食品的质地特性强度可能由于使用原材料的差别或生产上的差别而变化。

充分了解以上条件,并选择适宜的产品用于标度中。标度应包含所评价产品所有质地特性的强度范围。

所选理想参照样品应包括对应于标度上每点的特定样品;具有质地特性的期望强度,并且这种质地特性不被其他质地特性掩盖;易得到;有稳定的质量;是较熟悉的产品,或熟知的品牌;要求仅需很少的样品量即可评价;质地特性在较小的温度变化下或较短时间贮藏时不发生变化或仅有极小变化。

应尽量避免使用特别术语,参照样品尽量不选用实验室内制备的样品,并尝试选用一些市场上的知名产品。所选市场产品应具有特定特性强度要求,并且各批次具有特性强度的再现性,一般避免选用水果和蔬菜,因为这类产品质地变化受各种因素(如成熟度)影响较大。如果样品必须烹调后评价,则要避免使用要求烹调的一些术语。

参照样品应在尺寸、外形、温度和形态等方面应标准化。所用器具也应标准化。

许多产品的质地特性与其贮存环境的湿度有关(如饼干、马铃薯片),在这种情况下有必要控制检验时空气湿度以使检验在相同条件下进行。

8.4.4.3　参照样品的修正

若评价小组已掌握基本方法和参照标准,则可使用相同产品类型的一些样品建立一个参照框架,以建立和发展评价技术、评价术语和评价特性。评价小组评价每一系列参照样品时,应确定其在使用标度上的位置,以表达所感受到的特性变化的感觉。

用于这些质地标度的一些参照样品应能被其他样品替代或改变环境要求,以便带来如下所述的益处:

(1)得到一指定质地特性或强度的更精确说明;

(2)在参考标度中扩展强度范围;

(3)减少标度中两参照样品的标度间隔;

(4)提供更方便的环境条件(尺寸和温度)以便评价产品和感知产品质地特性;

(5)说明某些样品在标度中的不可用性。

用于硬度、黏聚性、弹性、黏度、吸湿性的标准标度将在"8.4.6　参照样品标度举例"中给出,可根据实际需要采用。

评价员在建立一种方法和一系列有恰当顺序的描述词后,则可制作相应的回答表格,这个表格用于指导每个评价小组成员的评价和报告数据,表格应列出每一评价阶段的过程、所评价的描述词和描述词的正确顺序及相应的强度标度。

8.4.5　评价技术

在建立标准的评价技术时,要考虑产品正常消费的一般方式,包括以下几个方面。

(1)食物放入口中的方式(如用前齿咬、用舌头从勺中舔、整个放入口中)。

(2)弄碎食品的方式(如只用牙齿嚼、在舌头与上腭间摆弄、用牙咬碎一部分然后用舌头摆弄并弄碎其他部分)。

(3)吞咽前所处状态(如食品通常是作为液体、半固体,还是作为唾液中微粒被吞咽)。

所使用的评价技术应尽可能与食物通常的食用条件相符合。一般使用类属标度、线性标度或比率标度表示评价结果。

图 8-5 是质地评价技术的使用步骤。

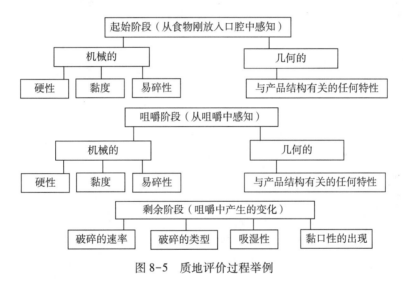

图 8-5　质地评价过程举例

8.4.6　参照样品标度举例

8.4.6.1　机械质地特性参照样品标度举例(表 8-9 ~ 表 8-16)

表 8-9　标准硬度标度的例子

一般术语	比率值	参照样品*	类型	尺寸	温度
软	1	奶油奶酪		$1.25\ cm^3$	7~13℃
	2	鸡蛋白	大火烹调 5min	$1.25\ cm^3$ 蛋尖	室温
	3	法兰克福香肠	去皮、大块、未煮过	$1.25\ cm^3$ 厚片	10~18℃
	4	奶酪	黄色、加工过	$1.25\ cm^3$	10~18℃
	5	绿橄榄	大个的、去核	1 颗	室温
	6	花生	真空包装、开胃品型	1 颗花生粒	室温

续表

一般术语	比率值	参照样品*	类型	尺寸	温度
	7	胡萝卜	未烹调	1.25 cm厚片	室温
	8	花生糖	糖果部分		室温
硬	9	水果软糖			室温

*在室温下融化。

表8-10 标准黏聚性标度的例子

一般术语	标度值	参照样品	类型	尺寸	温度
低黏聚性	1.0	玉米饼*	老式	1.25 cm³	室温
	5.0	美洲奶酪	黄色、处理过	1.25 cm³	5~7℃
	—	白三明治面包	片状、营养强化的	1.25 cm³	室温
	8.0	软椒盐卷饼		1.25 cm³ 一片	室温
	10.0	果干	无核葡萄干	1 粒	室温
	12.0	水果		1 片	室温
	13.0	焦糖	家常、色拉	1.25 cm³	室温
高黏聚性	15.0	口香糖		1 块	室温

*在室温下融化。

表8-11 标准黏度标度的例子

一般术语	比率值	参照样品	尺寸/mL	温度/℃
稀的	1	水	2.5	室温
	2	稀奶油(18%脂肪)	2.5	7~13
	3	厚奶油(35%脂肪)	2.5	7~13
	4	淡炼乳	2.5	7~13
	5	糖浆	2.5	7~13
	6	巧克力浆	2.5	7~13
	7	125mL 蛋黄酱和60mL 厚奶油的混合物	2.5	7~13
稠的	8	加糖炼乳	2.5	7~13

表8-12 标准弹性标度的例子

一般术语	比率值	参照样品	类型	尺寸	温度
低弹性	0	奶油奶酪		1.25 cm³	5~7℃
	5.0	法拉克福香肠*	热水中煮5min	1.25 cm³ 厚片	室温
	9.0	果汁软糖		1 块	室温
高弹性	15.0	果冻**		1.25 cm³	室温

*口中压迫要均匀平行。

**将1袋果冻和1袋明胶溶于热水中,加盖,5~7℃冷藏24h。

表 8-13　标准黏附性标度的例子

一般术语	比率值	参照样品	尺寸	温度
低黏性	1	氢化植物油	2.5mL	7~13℃
	2	酪乳饼干面团	饼干1/4大小	7~13℃
	3	奶油奶酪	2.5mL	7~13℃
	4	果汁软糖顶端配料	2.5mL	7~13℃
高黏性	5	花生酱	2.5mL	7~13℃

表 8-14　标准易碎性标度的例子

一般术语	比率值	参照样品	类型	尺寸	温度
软脆的	1	玉米饼		1.25 cm^3	室温
	2	松饼	85℃加热5min	1块	室温
	3	全麦克力架		1/2片	室温
	4	烤面包片	面包瓢片	1.25 cm^3	室温
	5	榛子饼		1.25 cm^3	室温
	6	姜汁脆饼		1.25 cm^3	室温
易碎的	7	花生糖	糖果部分	1.25 cm^3	室温

表 8-15　标准易嚼性标度的例子

一般术语	咀嚼数*	参照样品	类型	尺寸	温度
易嚼的	10.3	黑麦面包	面包瓢片	1.25 cm	室温
	17.1	法兰克福香肠	去皮、大块、未煮过	1.25 cm 厚片	10~21℃
	25.0	橡皮糖		1块	室温
	31.8	牛排	每块烤10min	1.25 cm^3	60~85℃
	33.6	淀粉制软糖		1块	室温
	37.3	花生黏糖		1块	室温
难嚼的	56.7	太妃糖		1块	室温

* 吞咽前咀嚼的平均数。

表 8-16　标准胶黏性标度的举例

一般术语	比率值	参照样品	尺寸	温度
低胶黏性	1	45%的面粉浆	1小勺	室温
	2	40%的面粉浆	1小勺	室温
	3	45%的面粉浆	1小勺	室温
	4	45%的面粉浆	1小勺	室温
高胶黏性	5	45%的面粉浆	1小勺	室温

8.4.6.2 评价饮料质地感官口感术语分类(表8-17)

表8-17 饮料质地评价的感官口感术语分类

分类	典型词	有此种特性的饮料	无此种特性的饮料
与稠性有关的术语	稀的	水、冰茶、热茶	杏酒、高营养乳、黄奶油
	厚的	高营养乳、蛋黄酒、番茄汁	苏打水、香槟、速溶饮料
表面软组织感觉	光滑的	牛奶、甜酒、热巧克力	—
	浆状的	橘汁、柠檬汁、菠萝汁	水、牛奶、香槟
	奶油状的	热巧克力、蛋黄酒、冰淇淋	水、柠檬汁、酸果汁
与碳酸化有关的术语	有气泡的	香槟、姜汁淡啤、苏打水	冰茶、柠檬汁、水
	杀口的	姜汁淡啤、香槟、苏打水	热茶、咖啡、速溶橘汁
	有泡沫的	啤酒、冰激凌	酸果汁、柠檬汁、水
与质体有关的术语	浓的	高营养乳、蛋黄酒、甜酒	水、柠檬汁、姜汁淡啤
	淡的	冰茶、热茶、速溶饮料、肉(清汤)	牛奶、杏酒
化学效应	淡的	水、冰茶、罐装果汁	酪乳、热巧克力
	涩的	热茶、冰茶、柠檬汁	水、牛奶、高营养乳
	烈的	甜酒、威士忌	牛奶、茶、速溶饮料
	辛辣的	伏特加	水、热巧克力、罐装果汁
黏口腔	糊嘴	牛奶、蛋黄酒、热巧克力	水、威士忌、苹果酒
	黏的	牛奶、高营养乳、甜酒	水、姜汁淡啤、牛肉清汤
黏舌头	黏性的	水、冰茶、葡萄酒	水、姜汁淡啤、香槟
	糖浆状	甜酒、蜂王浆	水、牛奶、苏打水
口腔中的延迟感觉	清爽	水、冰茶、葡萄酒	酪乳、牛奶、啤酒、罐装果汁
	干	热巧克力、酸果汁	水
	残留的	热巧克力、稀奶油、牛奶	水、冰茶、苏打水
	易消除的	水、热茶	牛奶、菠萝汁
生理上的延迟感觉	提神	水、冰茶、柠檬汁	热巧克力、酪乳、梅脯汁
	暖和	威士忌、甜酒、咖啡	柠檬汁、香槟、冰茶
	解渴	可口可乐、水、速溶饮料	牛奶、咖啡、酸果汁
温度感觉	冷	冰激凌、冰茶	甜酒、热茶
	凉	冰茶、水、牛奶	蛋黄酒
	热	热茶、威士忌	柠檬汁、冰茶、姜汁淡啤
温度感觉	湿	水	牛奶、咖啡、苹果酒
	干	柠檬汁、咖啡	水

8.5 小结

描述性感官分析检验是感官科学家使用的最新工具。运用此方法可以获得产品完整的感官描述,从而帮助评价产品成分、过程变化、产品详细的感官特性或产品之间存在着怎样的差别。此外,大多数描述方法都可以用来定义感官同仪器之间的相互关系,将产品的客观检验与主观检验结合,客观、准确地反映产品的特性,能够为改善产品品质或设计个性化产品提供参考,对食品感官分析方法和技术标准体系构建具有重要意义,为产品管理与控制提供了理论基础和实践依据。

思考题

　　1. 为什么描述性分析方法要采用专门的描述语言？专业用语与大众用语有何区别？

　　2. 风味剖面描述常用哪些描述方式？

　　3. 什么是 QDA 法及 QDA 图？

　　4. 质地剖面描述包括哪些类型？主要用到人体的哪些感官进行评价？

第9章 食品感官评价的应用

内容提要

　　本章主要介绍了食品感官评价在消费者试验、市场调查、产品质量控制及新产品开发中的应用,包括方法的选择、检验的内容以及注意事项。

教学目标

　　1. 掌握消费者感官检验的类型与常用的检验方法。

　　2. 掌握市场调查的要求与方法。

　　3. 掌握产品质量控制中感官评价的应用方面与方法。

　　4. 掌握新产品开发中感官评价的作用及注意事项。

9.1 概述

　　食品感官评价技术是现代食品工业中不可缺少的重要支撑技术。通过人的感觉器官对产品感知后进行评价,大大提高了工作效率,并解决了一般理化分析所不能解决的复杂的生理感受问题。与许多其他应用技术一样,食品感官分析或感官评价也在实际应用中不断发展和完善。食品感官评价技术已成为许多食品公司实现消费者问卷(顾客心理研究)、产品质量管理、新产品开发、市场调查等许多方面的重要手段。

　　利用感官评价可以认识市场趋势和消费者的取向,建立与消费者有关的数据库,为产品的研发提供数据支持。同时可以通过感官评价在市场和消费者与食品研发样品之间建立相应的关联,制定产品属性,为确定最终的产品和将来的市场运作打下基础,并通过感官评价,制定产品相应的理化属性标准,建立产品质量控制基础。在产品投产后,可利用感官评价控制产品质量,结合市场和消费者的反馈和投诉的数据,不断改进完善产品和提高质量,并解决生产中出现的问题。

9.2 消费者感官评价

　　食品作为快速消费品的一种,要在激烈的市场竞争中脱颖而出,一个重要的策略就是利用消费者感官检验,洞察该类产品的特性,用于确定公司产品优于竞争者产品的因素或是研发方向。一个新产品的推出,公司一般需要进行一系列的广告宣传和推销活动,但是在人们对这些新奇促销内容的兴趣消失后,在此后的很长一段时间里,他们感知产品质量的体验或评价起着至关重要的作用,这种对产品实际特性的感知,决定了消费者是否会再次购买该产品。

消费者购买行为由多种因素共同决定,表现为在同类商品中的选择倾向。在首次购买某产品时,消费者会考虑质量、价格、品牌、口味特征等。食品方面,消费者主要考虑卫生、营养、含量,价格则关注单位购买价格、质量价格比。现在食品市场逐步在产品标识上表现产品的口味特征,这一点也同样需要借助于消费者的感官体验。对于食品生产厂家来说,消费者行为中的二次购买被赋予了更多的关注,在质量、价格与同类产品无显著差别的情况下,口味特征表现更重要。这就体现出食品感官评价工作的重要性,必须能反映消费者的感受。

前面章节讲述的食品感官评价原理与技术都是基于实验室控制条件下进行的,与消费者消费产品的条件并不完全一致,因此,有必要对消费者领域进行研究。这里主要探讨针对消费者采用的食品感官评价方法,这种评价往往需要隐去产品特定的商标,即盲标。

消费者感官评价的首要目的是评价一个产品的可接受性,或者说是评价它优于其他产品的特性。一般来说,消费者感官评价常常被用于以下情况。

(1)一种新产品进入市场前,预测新产品被消费者接受的程度。

(2)对原有产品进行技术革新后,调查消费者对产品改变的感知和认可度,产品的改变包括对加工工艺的改变、对食品原料成分的添加或替代、包装的更新等。

(3)当需要从同性质的多份研发产品中选择出最具竞争力的产品时,可以从消费者的角度分析各产品的特性以及优缺点选择目标。

(4)有目的地进行监督,了解消费者对产品的评价　在进行消费者感官评价前,应进行消费者的筛选,合理地选择参加评价的消费者人群对象(消费者模型)对评价结果有重要的影响。

9.2.1　消费者筛选问卷

感官评价组织人员应向目标对象咨询调查,以便选择出有资格的感官评价人员。在消费者感官评价的市场研究中,进行实际产品评价的人一般应是那些对该产品概念表示有兴趣或反应积极的人。参与者首先应该是这类产品的食用者或者购买者;其次,应较经常地食用或购买该类产品;最后,如果不是有规律的使用者,也没有资格预测产品的可接受性,因为他们不是目标消费者。消费者筛选问卷一般会询问产品的使用频率,如表9-1对食用猪肉脯的消费者筛选问卷。

表 9-1　消费者筛选问卷

检验代码		
	筛选问卷	
公司(代理)	时间	地点

您好,我是公司＿＿＿(代理)的＿＿＿(您的名字)。我们在这里做关于猪肉脯的调查,能占用您一分钟的时间,问您几个问题吗?

可以——	继续问题1
不行——	结束
没有回答——	结束

问题 1. 您吃过猪肉脯吗?

吃过——	继续问题2
很少吃——	继续问题2
记不清是否吃过——	结束
从没吃过——	结束

问题 2. 您多久吃一次猪肉脯?

每周一次或更多可视为较高频率使用者,具有参加资格。

低于每周一次但至少每月一次可视为较高频率使用者,具有参加资格。

低于每月一次或根本不吃,结束,并表示感谢。

9.2.2　消费者模型

消费者"模型"存在多种类型,不同类型的消费者"模型"具有不同的特点。一般消费者评价有 4 种类型:雇佣消费者模型、当地固定的消费者评价小组模型、集中场所评价模型和家庭使用评价模型。对评价模型的选择,一方面要考虑时间、资金、安全等因素之间的协调,另一方面要考虑怎样才能得到最有效的信息。

(1)雇佣消费者评价模型　由一些受雇者,一般是当地的居民组成的"消费者"群以及公司或研究所内部的"消费者"群组成。这是最快、较昂贵也最安全的评价方法。但是,在公司中或研究的实验室中利用被雇佣者进行感官评价时,随着这些被雇佣者对产品的接触次数越来越多,由于产品不是盲标,而是熟悉的,对所评价的产品可能有其他潜在的偏爱信息或潜意识。在进行两种品牌产品的偏爱评价时,较容易对承担该消费者评价工作的公司的品牌产品产生偏爱。同时技术人员观察产品可能与消费者有很大的差别,他们主要着重于产品特性的不同。

(2)当地固定的消费者评价小组模型　即以当地固定的"消费者"群作为消费者评价小组,这也是一种比较快捷的评价方法。由此带来的问题是不能确认群体是否最大限度地代表了广大的消费者,即样本缺乏代表性,给评价带来可能做出错误判断的风险。

(3)集中场所评价模型　包括从属于学校或俱乐部的团体,或就近的其他组织。例如,夏季野餐或户外烧烤的食品指标检验可以在野营地、公园中或附近进行。面向孩子的产品可以带到学校去进行。这些评价小组可以在集中场所进行评价,以节省人力和时间。这种"消费者"模型同样存在着一些不利条件。首先,样本不一定代表在地理界限之外的群体的意见,如当地的消费者无法代表外地的消费者意见。第二,参与者可能互相之间有所了解,并且大家可能会互相交谈,因此,不能保证这些意见都具有独立性,即使对产品进行任意编码,也不能完全解决问题。第三,如果参与者发现是谁在进行这项评价,对相关公司产品的评价可能会有所偏爱。

(4)家庭使用评价模型 一般来说,对产品一段时间的日常食用,消费者才能做出客观正确的评价,最现实的情况就是让消费者把产品带回家,在正常情况下合适的场合中使用。实际上人的快感反应是很直接的,人们一般会迅速地评价食品的风味、外观和质地等具体情况,而把这些产品带回家日常食用,将给予消费者充裕的时间和机会评价产品,得出更真实的评价结果,有可能会得出与第一次食用不同的更丰富的评价。如有些产品,包装设计并不吸引人,但其质量好,家庭使用检验可以很好地检查这类产品。

消费者食用某产品一段时间后,可以评价该产品在各种场合下的表现情况,然后形成一个总体意见。同时,当家庭其他成员同样每天使用所购买的产品时,他们的意见也可以进入产品的评价中。

但家庭使用评价需要花费大量的时间和资金,特别是如果雇佣外单位或其他公司做消费者评价工作,花费更高。

9.2.3 面试的形式

面试的形式主要有两种,每种方法都各有利弊。

(1)消费者个人独自回答问卷 消费者个人独自回答问卷费用低,但无法探明消费者的全面真实的意见,容易出现回答混乱或错误,不适于那些需要解释的复杂问题,甚至不能保证消费者浏览回答了全部问卷,也不能保证消费者按问题的顺序逐个回答。因此,该方法问卷的完成情况都是比较差的。

(2)亲自面试(面试者与消费者个人面对面形式)或通过电话进行面试 对于不识字的回答者,如小朋友,电话或亲自面试是唯一有效的方法。亲自面试,也就是与消费者面对面地进行交谈,该方法最具灵活性。面试者可以把问卷读给回答者听,也可以采用视觉教具来举例说明标度和标度选择。这个方法费用会较高但效果明显。电话面试是一个合理的折中方法,但是复杂的多项问题一定要简短、直接。回答者也可能会希望快速地结束通话,对回答的问题可能只给出较短的答案。电话进行面试持续的时间一般短于面对面亲自面试的时间,有时候会出现回答者过早终止问题的情况。

9.2.4 设计问卷

问卷具体的形式和性质主要依赖于评价的目标、资金、时间以及其他资源的限制情况等。设计问卷时,要首先列出流程图,包括主题、消费者模型,按顺序详细列出主要的问题让顾客和其他人了解面试的总体计划,有助于顾客和其他人在实际感官评价前,全面了解采用的评价手段和问题。

一般地,应按照以下的流程询问问题:

(1)能筛选回答问卷的合适消费者的问题。

(2)消费者对产品的总体接受性。

(3)对产品喜欢或不喜欢的理由。

(4)一些特殊性质的问题。

(5)询问产品的可接受性(满意度)或偏爱程度。

构建问题并设立问卷时,有几条主要法则,如:

(1)问卷应简洁不宜过长(一般不超过 15~20min 的问题量),语言简单。

(2)内容详细而明确,避免含糊。

(3)内容不对答卷者起引导作用。

(4)必要时进行预检验。

这些简单的法则可以在调查中避免一般性的错误,也有助于确定问卷所设立的问题能够反映答卷者真实想要说明的意图。一般来说,问卷设立者应采用预检手段,也就是设计问卷后做预检验,观察一般人群对这些问题的理解,这样可以检查出人们是否知道你所要表达的问题含义,有无被误解或不完善的提问,参与预检验的人员可以是小范围的一些专业感官人员或消费者。预检验减少了正式开始问卷检验时出现失误的情况,举例如下(表9-2)。

表9-2 一些错误问题的举例

1. 您有多喜欢这个产品?

注:我喜欢它,不是一个平衡问题,应为更中性化态度的"您的总体意见是什么?"

2. 我国会禁止出口醉蟹产品吗?

注:"禁止"是一个很情绪化的词,会引导答卷者。

3. 您一个月食用多少斤大米?

注:不要问记忆中不能随口说出来的事情。

4. 鲜鱼和冷冻鱼,哪一个食用起来更加经济、方便?

注:经济、方便? 含糊的问题。

5. 您最后一次食用樱桃的时间?

注:往往记不清楚。

6. 您觉得哪一个产品的起酥性更强?

注:"起酥性"是什么,太专业化用词。

设计问卷的基本规律是从一般到特殊,也就是说,进行消费者感官评价时,首先应询问消费者关于产品的总体意见,再针对性地进行产品各项特性的调查。如猪肉脯的消费者调查问卷(表9-3)。

表9-3　猪肉脯品尝问卷

日期		(1—2)
地点		(3—4)
性别		(5)
年龄		(6)

问题 1. 您品尝产品容器中的数字是多少?(画圈)

　　　　257 632　　　　　　　　　　　　　　　　　　　　　　　　　(7—8)

问题 2. 全面考虑后,您感觉哪一个对产品的论述更好?(对回答者手持标度卡片)

极端喜欢	9	(9)
非常喜欢	8	
中等喜欢	7	
有点喜欢	6	
既没有喜欢也没有不喜欢	5	
有点不喜欢	4	
中等不喜欢	3	
非常不喜欢	2	
极端不喜欢	1	

如果回答是 5 以上,就到问题 3,再到问题 5。如果问题是 4 以下,就到问题 4,再到问题 5。

问题 3. 告诉我您为什么喜欢这个产品?

(10—11)

(12—13)

探查并表示:还有其他方面的内容吗?

(14—15)

(16—17)

问题 4. 告诉我您为什么不喜欢这个产品?

(18—19)

(20—21)

探查并表示:还有其他方面的内容?

(22—23)

(24—25)

接下来的问题必须要根据产品的特性来进行。

指定一个数表明您对产品的印象:

问题 5. 产品有多硬或软?

1　2　3　4　5　6　7　8　9　　　　　　　　　　　　　　　　　　　(26)

↓↓　　　　　　　　↓

非常软　　　　正好　　　　非常硬

问题6. 产品含油吗?

1 2　3　4　5　6　7　8　9　　　　　　　　　　　　　　　　　　　(27)

↓↓　　　　　　　↓

根本不含油　　　正好　　　　非常油

问题7. 产品有多湿?

1 2　3　4　5　6　7　8　9　　　　　　　　　　　　　　　　　　　(28)

↓↓　　　　　　↓

非常湿　　　　正好　　　　非常干

问题8. 产品色泽怎样?

1 2　3　4　5　6　7　8　9　　　　　　　　　　　　　　　　　　　(29)

↓↓　　　　　　↓

淡红　　　　　正好　　　　非常红

问题9. 产品的咸度如何?

1 2　3　4　5　6　7　8　9　　　　　　　　　　　　　　　　　　　(30)

↓↓　　　　　　↓

不够咸　　　　正好　　　　太咸

问题10. 产品的甜度如何?

1 2　3　4　5　6　7　8　9　　　　　　　　　　　　　　　　　　　(31)

↓↓　　　　　　↓

不够甜　　　　正好　　　　太甜

问题11. 您感觉产品的香料的风味水平如何?

1 2　3　4　5　6　7　8　9　　　　　　　　　　　　　　　　　　　(32)

↓↓　　　　　　↓

太弱　　　　　正好　　　　太强

问题12. 您对产品总体的满意程度是什么?

非常满意　　　　　　　　1　　　　　　　　　　　　　　　　　　(40)

稍微满意　　　　　　　　2

既没有满意也没有不满意　　3

有一些不满意　　　　　　4

非常不满意　　　　　　　5

再进行第二个产品检验之后,询问问题13和问题14

问题13. 两个产品您更偏爱哪个?(画图)　　　　　　　　　　　　(41)

　　257　　　　　632

问题 14. 您为什么喜欢那一个?
(42—43)
(44—45)
您希望产品在哪些方面有所改进?
(46—47)
(48—49)
谢谢您的回答,问卷结束了。

注释与解释

1. 括号中右边的数字是指数据输入的通道。

2. 给答卷者的指示用黑体字,应该清晰地显示给回答问卷的人。

9.2.5　问卷调查技巧

感官评价组织人员准备问卷调查,以及面试消费者,需要保持一些准则。在面试中,面试者的仪表、提问方式等会与回答者相互影响,我们应以促进良好的交流为目标,以便正确得到他们的意见。

以科学的方法进行问卷调查,是感官评价组织人员与消费者良好互动的保证,以获得消费者对产品的真实评价与意见。在调查现场应注意以下几点。

(1)穿着合理,主动介绍自己　与答卷者建立友好的关系,有益于他们主动提供更多的想法;人与人距离的适当缩短,可能会得到更加理想的调查结果。

(2)注意面谈询问以及填写问卷的时间不宜过长,应尽量在开始前告知答卷所需的确切时间;把握好答卷的时间,尽量不要花费比预期更多的时间。

(3)注意个人语言,规避不规范不合适用语　如在面谈时,不应随意交谈与问卷不相关的内容,包括夸奖或安慰答卷者,这不仅无助于友好关系的建立,并且会干扰答卷者回答问题。

(4)不要成为答案的"奴隶",在答卷者回答问题偏离主题时,应及时纠正。

(5)答卷者可能不了解某些标度的含意,适当给以合适的比喻来提供帮助答卷者更好地理解问题。

(6)有时结果数据可能会有很大变异,可能是由于可选择的回答没有做特别的限制引起的,答卷结束时,应该给答题者机会去表达被遗漏的想法。可以用这样的问题发起询问,"您还有其他方面想告诉我的事情吗?"

感官评价组织人员应该通过反复的积极实践,掌握面谈技巧,真正获得答卷者的合作和真诚的反应,并通过积极的口头感激使答卷者觉得他们的意见很重要并对产品产生兴趣。

9.3　市场调查

感官评价是市场调查中的组成部分,并且感官评价学科的许多方法和技巧也被大量运用于市场调查中。但是,市场调查不仅是了解消费者是否喜欢某种产品(即食品感官评价中的嗜好试验结果),更重要的是了解其喜欢或不喜欢的理由,从而为开发新产品或改进产品质量提供依据。

9.3.1　市场调查的目的和要求

市场调查的目的主要有两方面:一是了解市场走向,预测产品形式,即市场动向调查;二是了解试销产品的影响和消费者意见,即市场接受程度调查。两者都是以消费者为对象,不同的是前者多是针对流行于市场的产品而进行的,后者多是对企业所研制的新产品开发而进行的。在产品规划初期,为了制定企业产品整体策略,进行市场调查需要了解以下内容:产品市场定位,目标消费群体,目标区域分布,产品市场容量和需求大小。在整个产品销售周期,都必须重视消费者意向的研究,包括购买心理、动机、行为、态度、习惯以及客户满意度调查等。

在产品投放市场前或者投放过程中,市场预测分析将发挥非常重要的作用,它主要包括:产品市场占有率或份额;产品销量和市场走向的预测分析;市场动态和预警等。当然,并不是每次进行市场调查都必须满足以上全部目的,而是在进行调查之前根据具体需要确定相应的目标,拟定具体的调查内容。

9.3.2　市场调查的对象和场所

市场调查的对象应该包括所有的消费者。但是,每次市场调查都应根据产品的特点,选择特定的人群作为调查对象。如老年食品应以老年人为主;大众性食品应由低等、中等和高等收入家庭成员各 1/3 组成。营销系统人员的意见也应起很重要的作用。市场调查的人数每次不应少于 400 人,最好在 1 500~3 000 人之间,人员的选定以随机抽样方式为基本方法,也可采用整群抽样法和分等按比例抽样法。否则有可能影响调查结果的可信度。市场调查的场所通常是在调查对象的家中进行。复杂的环境条件对调查过程和结果的影响是市场调查组织应该考虑的重要内容之一。由此可以看出,市场调查与感官评价试验无论在人员的数量上,还是在人员组成上,以及环境条件方面都相差极大。

9.3.3　市场调查的方法

市场调查一般是通过调查人员与调查对象面谈来进行的。首先由组织者统一制作答题纸,把要调查的内容写在答题纸上。调查员登门调查时,可以将答题纸交予调查对象并要求他们根据调查要求直接填写意见或看法,也可以由调查人员根据要求与调查对象进行面对面的问答或自由问答,并将答案记录在答题纸上。调查常常采用顺序试验、选择试验、成对比较试验等方法,并将数据进行相应的统计分析,从而得出可信的结果。

市场调查的手段和方法主要有:电话调查、现场调查、邮寄调查、网上调查等。其中现场调查又分为:面谈、小组座谈会、街头调查、入户调查等。现场调查由于可以直面消费者,是相对比较重要的调查方式。

9.3.4　食品感官评价在市场调查中的应用举例

【例】不同啤酒瓶对啤酒感官品质影响的市场调查

问题:有关市场反应,黑瓶啤酒比青瓶啤酒更受消费者欢迎,为确定两者之间的品质差异进行青瓶、黑瓶啤酒感官品质的市场调查。

项目目标:确定一定贮藏时间内,黑瓶啤酒感官品质比青瓶啤酒更受消费者欢迎。试验设计:以 10° 纯生啤酒为样品,分别采用相同容量的黑瓶与青瓶包装,常温条件下贮藏 1 个月和 4 个月后分别进行感官调查研究。检验方法选用成对检验法、消费者接受性检验法,风险水平 $\alpha = 0.05$。具体调查试验方案见表 9-4。试验结果如表 9-5 所示。

表 9-4　不同啤酒瓶中啤酒感官品质调查方案

感官评价方法	评价员属性	人数	品评要求
成对偏爱检验	啤酒消费者(70%男性)	200	样品采用 3 位数随机编码,要求写出偏爱的样品及原因
	啤酒评酒员	15	
接受性检验	啤酒消费者(70%男性)	200	采用 5 点语言喜欢标度,要求写出对啤酒外包装、香气和口味喜爱的原因
	啤酒评酒员	15	

表 9-5　不同啤酒瓶中啤酒感官品质调查结果

啤酒贮藏期	感官评价方法	评价员属性	结果
1 个月	成对偏爱检验	啤酒消费者	105 人偏爱青瓶啤酒,不可区分
		啤酒评酒员	9 人偏爱青瓶啤酒,不可区分
4 个月	接受性检验	啤酒消费者	黑瓶平均接受度 4.5,青瓶平均接受度 3.1,$P<0.05$
		啤酒评酒员	黑瓶平均接受度 4.7,青瓶平均接受度 3.0,$P<0.05$

综合分析两种检验方法,在贮藏期 1 个月内,消费者和啤酒评价员检验结果表明,两种啤酒瓶中啤酒不存在显著偏爱差异;但经过 4 个月的自然老化后,黑瓶内啤酒接受度更高,可能是因为黑瓶的抗氧化能力更强。

结论:可以确定贮藏 4 个月后,黑瓶啤酒感官品质比青瓶啤酒更受消费者欢迎。

9.4 产品质量管理

9.4.1 产品质量概述

产品质量是消费者关心的最重要的特征之一。生产厂商也已充分认识到保证产品质量对于商业获利的重要性。如果能建立质量与商标的关系,就能激起人们再次购买的欲望。产品质量的一个普通定义是"适合于使用",这个定义是指,在消费者对产品前后进行使用或产品对于参照的标准产品比较时,产品的感官和表现试验结果应保持可靠性和一致性。

食品质量感官评价就是凭借人体自身的感觉器官,具体地讲就是凭借眼、耳、鼻、口(包括唇和舌头)和手,对食品的质量状况做出的客观评价,也就是通过用眼睛看、鼻子嗅、耳朵听、口品尝和手触摸等方式,对食品的色、香、味和外观形态进行综合性的鉴别和评价。

食品质量的优劣最直接地表现在它的感官性状上,通过感官指标来鉴别食品的优劣和真伪,不仅简便易行,而且灵敏度高,直观并且实用。与使用各种理化、微生物的仪器进行分析的方法相比,有很多优点,因而它也是食品的生产、销售、管理人员所必须掌握的一门技能。广大消费者从维护自身权益角度讲,掌握这种方法也是十分必要的。因此,应用感官手段来鉴别食品的质量有着非常重要的意义。

食品质量感官评价能否真实、准确地反映客观事物的本质,除了与人体感觉器官的健全程度和灵敏程度有关外,还与人们对客观事物的认知能力有直接的关系。只有当人体的感觉器官正常、人们又熟悉有关食品质量的基本常识时,才能比较准确地鉴别出食品质量的优劣。因此,各类食品质量感官评价方法,为人们在日常生活中选购食品或食品原料、依法保护自己的正当权益不受侵犯提供了必要的客观依据。

感官评价不仅能直接发现食品感官性状在宏观上出现的异常现象,而且当食品感官性状发生微观变化时也能很敏锐地察觉到。例如,食品中混有杂质、异物,发生霉变、沉淀等不良变化时,人们能够通过感官直观地将其鉴别出来并做出相应的决策和处理,而不需要再进行其他的检验分析。尤其重要的是,当食品的感官性状只发生微小变化,甚至这种变化轻微到有些仪器都难以准确发现时,人的感觉器官,如嗅觉等都能进行相应的鉴别。可见,食品的感官质量评价有着理化和微生物检验方法所不能替代的优越性。在食品的质量标准和卫生标准中,第一项内容一般都是感官指标,通过这些指标不仅能够直接对食品的感官性状做出判断,而且能够据此提出必要的理化和微生物检验项目,以便进一步证实感官评价的准确性。

9.4.2 质量控制与感官评价

感官评价与质量控制(QC)相结合,在感官评价项目中就会出现新的问题,需要针对具

体情况来进行调整:

(1)根据食品生产实际环境和需求安排感官评价。

在生产过程中,进行感官评价的生产环境会有许多变化,需要一个灵活而全面的系统,用于原料检验,成品、包装材料和货架寿命检验的系统。如在线感官质量检验需要在很短时间内完成,并且因时间原因不可能有很多的评价人员,只能用少量的质量评价指标来评价。有时由于资源的限制,可能无法进行一个详细的描述评论和统计分析。

(2)"标准品"产品质量控制。

以感官评价方法进行产品质量控制,需要提出"标准品"概念,通俗来说就是评价产品是否符合"标准品"的要求,这与普通的食品感官评价不同。感官质量控制系统运行的基本要求是在产品感官基础上对比标准或忍受限度,这需要校准工作,对标准产品和忍受限度进行鉴定可能会花费很高的费用,特别是要制定消费者曾经定义过可接受的质量限度,这种花费就更大。同时,评价小组或消费者定义的"标准品"会发生季节性的偏差和变化,使得"标准品"不再"标准",从而导致备选标准产品的感官特性难以确定。

(3)进行感官质量控制项目时需要结合仪器分析。

一些分析仪器,如有关分析化学或流变学分析的仪器可以起到鉴定感官质量良好性、产品理化特性等重要作用,但同时应了解某些感官性质与仪器分析结果之间不是线性相关的。

9.4.3　感官质量控制方法

9.4.3.1　规格内—外法

这是一种简单的质量控制方法,能通过感官检验把正常或常规的生产产品与不正常生产或常规之外的产品区别开来。该方法是在现场与大量劣质产品进行简单比较,评价小组成员经过训练后,能够识别定义为"规格之外"的产品性质,以及被认为是"规格之内"的产品性质。在没有标准和对照的前提下,评价小组需要评估大量的生产样品(20~40个),该评价小组主要来自管理队伍的公司职员(4~5人),他们对每一个产品都要进行讨论,以决定它是在规格之"内"还是之"外"。使用这种规格内—外法,没有产品评估的标准,也没有对评价人员进行训练或产品定向,这种方法依赖于每个评价员的个人经验以及对生产过程的熟悉程度,或以小组中最高等级人员的意见为基础做出决定。

规格内—外法的主要优点在于简单性,特别适用于简单产品或有一些特性变化的情况。缺点就是标准设置问题,有时在确定产品"规格之外"还是"规格之内"时会缺乏方向性。

9.4.3.2　标度方法

该方法是根据标准或对照的产品情况,进而评估整体产品的差别度。根据一个被维持的恒定的优质标准(样),能够很好地评估整体产品的差别度。这种方法也很适合于分析产品变化。评估所使用的简单标度,如下所示:

□　□　□　□　□　□　□　□　□　□　□　□　□　□　□　□　□

与标准完全不同　　　　　　　　　　　　　　　　　　　与标准完全相同

为达到快速分析的目的,对于这个标度可以存在其他变化。

对于该方法,评价小组成员需要受到良好的训练,要求在评价产品时,同小组成员获得一致意见。这种方法的主要缺点是:如果人们只使用单一标度进行评估,不提供任何有关产生差别的原因的判定信息,评价小组成员很难认清是由于产品的哪些不同性质产生的总体差别。

9.4.3.3　质量评估法

该方法需要评价小组成员进行更复杂的判断,比如哪些特性关系到产品的品质,具体判断产品的质量是如何的,分别有哪些差别。质量评估的一般特性如下:标度直接代表了人们对质量的评估,优于简单的感官差别,同时它还能使用像"劣质还是优秀"这样的词语。除了产品整体的质量之外,人们还能够对产品的某些特殊性质进行评估,例如,产品的质地、风味、外观等。在诸如葡萄酒的评估方案中,评价人员会把个人的评价分数相加,从而得出某种产品的一个总分。但是,人们很容易滥用质量得分方法,有时,有少量未受过良好训练的评价员会根据他们个人的标准,对许多产品进行评估,并在多数人意见(讨论)的基础上,做出某种判定。

使用质量评估法进行评价,要求受过训练的评价人员或专家有 3 个主要能力。第一,专家评估要保持一定的心理标准,即对理想的产品有恒定的标准。第二,评价员应要学习产品产生缺点的原因,如劣质原料成分、粗劣的加工处理或生产问题、微生物问题、不恰当的储存方法等。最后,评价员需要评估产品每个缺点对产品质量影响的严重程度,以及它们是如何降低产品整体质量的,这种推论应建立在理论知识的基础上。

这种方法明显节约时间和费用,当然,也有缺点和不足。如评价人员需要通过学习,熟悉产品出现的各项缺点,明确它们对产品质量的影响,并将此影响结合到质量得分中去,这可能需要一段长时间的训练过程。另外,评价人员会存在将个人喜好慢慢融入评价意见的倾向,这会使评分标准漂移。该方法对于质量指标只产生一个总体分数,没有更多的信息可以帮助人们确定这个食品质量问题是如何产生的。这些质量指标一般也使用专业技术词语,如收敛感、木质性等,这种词语对于非技术性的管理者来说可能不易理解。最后,由于该方法所需要的评价员应具备较丰富的专业培训经验,不易获得,评价小组可能会出现只有少量成员的情况,由于人数太少,无法将他们评价的这些数据应用于统计的差别检验中,因此只能作为一种定性的方法。

9.4.3.4　描述分析法

该方法是由受过训练的评价小组成员提供个人的感官性质的强度评估,是单一属性的可感知强度,而不是质量上或整体上的差别。

描述性分析方法适合于食品研究开发,人们对产品进行比较时,为了完整地说明感官性质,经常需要利用技术对所有的感官特性一一进行评估。如果仅从质量控制的目的出发,仅需要选择一些重要的感官属性对其加以描述分析,以便节约人力和资金。

　　描述分析方法如同其他技术中一样,它的评价标准需要进行校准。可以经由消费者评价和(或)专业评价小组进行先期的描述性分析,并逐步建立完善的描述分析方法的详细说明。描述分析方法详细说明由产品的各项重要感官特性组成,其感官强度由不同分数组成。表9-6举例说明了一项关于马铃薯片的描述性评价及其感官说明情况,这个马铃薯片的样品在可接受的色度平均规格的限度以下,并且有非常重的纸板味,这是脂肪发生氧化的特征。

表9-6　利用描述性的详细说明进行马铃薯片样品的评价

外观	小组分数	可接受范围	风味	小组分数	可接受范围	质地	小组分数	可接受范围
色泽强度	4.7	3.5~6.0	纸板味	5.0	3.0~5.0	硬度	7.5	6.0~9.5
平均色泽	4.8	6.0~12.0	着色过度	0.0	0.0~1.0	脆性	13.1	10.0~15.0
平均大小	4.1	4.0~8.5	咸味浓	12.3	8.0~12.5	稠密度	7.4	7.4~10.0

　　评价小组成员应接受广泛训练才能进行描述性分析,一般来说应做好以下几点。

　　(1)应该向评价小组成员展示参考标准,让他们明确关键单一感官属性的意义。如使用蔗糖溶液,通过要求评价员的品尝,明确告诉他们这就是“甜”。

　　(2)一定要向评价员展示强度标准,以便于他们可以进行定量的评估。如使用一定浓度的“甜”(1%蔗糖溶液),并告知评价员该甜度就是“5 分”,使用另一浓度的“甜”(0.5%蔗糖溶液),并告知评价员该甜度就是“1 分”,同时要求他们记忆。

　　(3)进一步要求评价员利用多项感官特性的食品,评价出其单项感官特性的分值,如在咸、甜混合液中,评价甜度的分值。注意:在混有咸味的溶液中,甜味可能会显得更甜。

　　该方法属于较难操作的一种方法。这种方法建立在强度标度良好的基础上,因此,评价小组成员进行训练时,就显得要比其他技术的训练更为辛苦,而且在评价中找出样品的每一个感官性质的强度范围,并由组织者(评价小组的领导者)建立一定的训练制度十分困难,样品的准备过程可能需要花费技术人员大量时间,资金要求高,实现起来也比较慢。该方法评价小组需要人员数较多,这样才能实现数据处理和统计分析的要求,得出评价结论。在实际检测中如果产品出现训练感官属性以外的其他属性的变化,评价员很难自主感知该特性及其强度。

　　该方法最适合用于成品的质量评价,评价小组有充裕的时间进行评价。而对于正在进行的生产线上的产品来说,特别是当生产连续进行时,则难以安排这样的描述性评价。

　　该方法的主要优点:

　　(1)有详细的特定感官属性描述分析,而这种详细而定量的性质说明有助于建立与其他测定值(如仪器分析)的相关性。

　　(2)评价员采用这种分析框架模式,使他们能够根据特定感官属性给出他们评判的分数,不会像要给出产品整体评价那样使人犹豫不决。

（3）因对单一的特殊的属性进行了评估,所以很容易推断出产品的缺陷在哪里以及如何改善产品。

9.4.3.5　质量等级与接受性评估相结合方法

这个方法的核心是一个整体质量的标度,质量标度和判定标度一起出现,是介于质量评估方法和全面的描述性方法之间的一个合理的折中办法(见表9-7)。

表9-7　质量等级与接受性评估结合常用的标度方式

质量评分	1	2	3	4	5	6	7	8	9	10
接受程度	拒绝		不能接受			能接受			符合标准	

在这个标度中,明显不符合要求而需要立即处理的产品只能得1~2分。不能接受但可能可以重新生产或混合的产品,其得分的范围在3~5分。如果在生产过程中在线进行评价的话,这些批次不会被放入零售的集装箱或包装中,而是会去进行重新生产或混合。如果样品与标准样品有所区别,但仍在可接受的范围以内,它们的得分在6~8分,而与标准品相一致的产品则分别得9或10分。

这一方法的优点在于明显的简单性,一方面它使用整体评估;另一方面使用属性标度,能提供拒绝产品的原因。同其他的方法一样,在人员进行培训之前,一定要规定"规格之外"产品的限度以及建立一个优质样品的标准。一定要向进行试验的评价员展示已被定义过的样品,以帮助他们建立标准产品的概念界限。

9.4.4　感官质量控制的管理

感官评价部门在感官项目建立的早期应考虑感官质量控制项目的费用和实践内容,还必须经过详细的研究与讨论,得出统一的结论形成研究方案。在初始阶段把所有的研究内容分解成子项目中的各种因素,有助于完整地、详细地完成感官质量控制项目开发。

9.4.4.1　设定标准(承受限度)

这是项目管理中的第一个管理主题。管理部门可以自己进行评价并设置限度。由于没有参与者,这个操作非常简单而迅速,因而需要承受一定风险。并且管理者与消费者的需求未必一致。而且,由于利益问题,对已经校准的项目,管理者可能不会随消费者的要求改进。最安全、但同时也是最慢、最贵的方法,就是把有代表性的产品和变化提供给专业评价小组消费者评价。这个校准设置包括可能发生的已知缺点,以及过程和因素变化的全部范围。另一个消费者校准方法是利用有经验的个人去定义感官说明书和限度。但应该对这类发起人的资格证明进行仔细评定,以确保他们的判断结果与消费者意见是相一致的。

9.4.4.2　费用相关因素

感官质量控制项目需要一定花费,如果要求雇佣者作为评价小组进行评估,还要包括评价小组进行评定的时间。感官质量控制项目的内容相当复杂,不熟悉感官评价的生产行政部门很容易低估感官评价的复杂性、技术人员进行设置需要的时间、小组启动和小组辩论筛选的费用,并且忽视对技术人员和小组领导人的培训工作。

9.4.4.3　取样问题

按照传统质量控制的项目,会根据产品的所有阶段,在每个批次和每项偏差中,分别取样测定,对于感官评价不具有实际意义。从一个批次生产的,由感官评价小组进行的重复测定中,对多重产品进行取样可以保证包含所有规格产品,但会增加检验的时间和费用。质量控制工作的目的是避免不良批次产品流入市场,只有通过对照的感官评价步骤,以及足够数量、受过良好训练的质量控制评价小组工作,才能保证获得维持检验的高敏感度。

质量控制应该根据产品的一些情况来确定取样量,比如在每个批次、新料投产等可能会出现产品质量偏差的产品中,分别取样测定,但要避免过度采样或过度评价。过多的评价样品或过烦琐而不必要的评价指标,只会增加评价小组的负担。

9.4.4.4　评价小组的培养管理

感官评价员应受过良好训练,才能参与质量控制评价小组的工作,保证检验的高敏感度。对评价小组的培养管理包括对小组成员的评价和再训练,参考标准的校正和更换,调节评价员由于精力不集中而造成标准下降等内容。评价小组应合理地补充人员、进行筛选以及训练。

独立的质量管理结构有益于感官质量控制,该质量控制部门应是一相对独立的部门,这样可以使他们免受其他方面压力,并能够真正控制不良产品的出现。

质量管理有很严谨的要求和规章制度,一般应该由在感官评价方面有着很强技术背景的领导者来制定和执行这些任务,如数据处理、报告的格式、历史的档案以及评价小组的监控等。

9.4.4.5　全面质量管理

独立的质量管理结构可能有益于质量控制。致力于合作质量项目的高级行政部门可以把质量控制部门从原有体系分离出来,使他们免受其他方面压力,实现能控制真正不良产品的出现。感官质量的控制系统适合这个结构,感官数据就能成为正常质量控制信息中的一部分。可能会有这样一种趋势,即感官质量的控制系统具有向研究开发部门报告感官质量控制的功能以便研究开发部门可以及时掌握产品的情况。

9.4.4.6　确保项目的连续性

感官评价所需设备需要专人定期维护、校正,并且放置在一个不移动的固定位置上。对感官质量控制的关注包括对小组成员的评价和再训练、参考标准的校正和更换,由于精力不集中而造成标准下降等情况,以及确保评定结果不发生负偏差等内容。在小型工厂中,感官质量控制小组可能不只要提供感官服务,也可能被要求进行其他目的的服务,如评价过程、影响因素、设备的变化甚至是消费者的抱怨、纷争等问题。在较大型的联合企业或国际的合作中,感官质量控制方法可能要保证成功地生产并扩大和出口。在联合企业,有必要使感官质量控制的步骤和协调行为标准化,包括维持生产样品和参考材料的一致性,以便于把它们送到其他的工厂中进行进一步的比较,最终达到质量控制的目的。

9.4.5　感官质量控制的要求

良好的感官质量控制评价对于正确、合理、高效地监控食品质量是非常重要的,需要注意以下几点。

(1)感官评价部门在建立感官质量控制检验时,应该对样品进行盲标,并按照随机顺序提供给评价小组。如果把一线生产工人也编入评价小组中,他们可能从实际加工过程中,已经知道了被评估产品的一些性质。这就要求技术人员一定要进行盲标,并可以把隐含的标准样暗插入检验的样品中。

(2)不要让可以接触原始样品的人,同时进行编码和评价样品的工作。

(3)样品准备人员应对产品的温度、体积和有关产品准备的其他细节,做标准化控制,并设定和控制的品尝方法。

(4)所有的品尝用容器应该是没有气味的,不会对评价的产品造成影响。

(5)应有专门的感官评价场所,可以是临时的,也可以是专门建设专用的,不能在仪器分析实验室的试验桌上或在生产区域的地板上进行评价。

(6)评价员应该品尝生产中有代表性的产品(产品既不应是最后的批次,也不是其他生产不规范情况下的产品)。

(7)评价员应该经过筛选、培训、考核等过程,并用合适的激励方式鼓励评价小组成员参与工作。有条件的话,可以按照一定时间间隔,进行评价小组的轮转,从而保持他们正常的评价动机,减轻其厌倦感。

(8)评价员应该处于良好的身体状态下,如没有出现像伤风或过敏等疾病。他们不应该受到来自评价工作以外的其他问题的精神困扰,应该处于放松状态下,并能够对即将到来的任务集中精力。

(9)应训练评价员识别产品的品质、根据标准定量评分等,锻炼他们的独立评估的能力。评估结束以后,组织者可以向评价员提供标准答案,并讨论评价情况,以利于提高每个评价员的评价水平。

(10)如果评价小组成员由一些生产工人组成,他们对产品及其生产过程一般充满绝对信任,这就会产生一个特殊的缺点——这样的评价小组成员可能不会指出问题,从而无法反映出产品的质量问题。面对这种问题,在评价的产品中,可以加入盲标"规格之外"的样品,或利用已知有缺陷的产品"进行尝试"检验等方式。如果出现这些缺陷样品通过评价,则可提醒评价员要及时改正这种对质量过度肯定的态度。

(11)为了获得具有统计学意义的评价数据,必须有规模较大的评价小组(10个或更多评价员),如果是规模非常小的评价小组,数据只能做定性处理,但如果出现一致认为质量低的评分时,生产者应给予足够的重视,并确认是否产品质量出现了问题。

（12）当评价结果,在同一评价小组内存在很强烈的争论或者评价小组的各成员的评价结果有特别大差异时,要进行重新品尝并评价,以保证结果的可靠性。

9.4.6　感官质量控制良好操作准则

感官质量控制实践准则包括以下几点内容。

（1）建立最优质量(优质标准)的目标以及可接受和不可接受产品范围的标准。

（2）如果可能,要利用消费检验来校准这些标准。实践中,可以由有经验的个人设置一些标准,但是这些标准应该由消费者的意见(产品的使用者)来检查。

（3）一定要对评价员进行训练,如让他们熟悉标准以及可接受变化的限制。

（4）不可接受的产品标准应该包括可能发生在原料、过程或包装中的所有缺陷和偏差。

（5）如果标准能充分展现会出现的问题,应该训练评价员如何获得缺陷样品的判定信息。可能要使用强度或类项的标度。

（6）应该从至少几个评价小组中收集数据。在理想情况下,要收集有统计意义的数据(每个样品 10 个或更多个观察结果)。

（7）检验的程序应该遵循优良感官实践的准则:盲样检验、合适的环境、检验控制、任意的顺序等。

（8）每个检验中标准的盲标引入应该用于评价员准确性的检查。对于参考目的来说,建立一个(隐性)优质标准是很重要的。

（9）隐性重复测试可以检验评价员的可靠性。

（10）评价小组必须达成一致。如果发生不可接受的变化或争议时,要保证评价人员可以进行再训练。

21 世纪以来,感官评价技术在产品质量检验中的重要性正在被逐渐认识,感官评价系统也在不断建立和完善。质量控制中的感官评价技术的发展前景主要包括:

（1）认识到质量控制中感官评价重要意义并增加其投入。

（2）增加公司内质量控制中感官评价员的数量。

（3）建立和完善感官质量控制系统。

（4）建立和完善感官检验标准。

（5）开发新的或改善感官评价方法。

（6）与产品开发部门合作,生产出质量更一致的产品。

（7）加强建立感官评价数据与仪器测定的相关性。

（8）感官质量控制实现网络化和全球化。

（9）逐渐利用多元的质量控制/数据统计和图表分析方法。

（10）最终目标:感官质量控制成为向消费者提供质量更加优良和一致产品的有效方法。

9.5 新产品的开发

9.5.1 感官评价在产品开发中的作用

产品开发包含两方面的含义,首先是构想一种新产品,这种产品对企业或者整个食品市场而言是新的,其次是对现有产品的改进,如采用新的技术、添加新的成分等。企业对产品开发具有浓厚的兴趣,因为它能提高收益,成为市场中新的增长点,品牌效应会影响市场上其他产品从而产生光环效应。在食品产品的设计与开发中,产品相关的专业知识与质量属性和感官评价密切相关。感官评价作为一种认知、测量或检测手段在食品产品开发不同活动中,包括产品的开发、改进、评价和基础研究等,都发挥着重要的作用,可为食品工业、企业及时解决生产问题,并持续改进现有的产品提供技术支撑,因此已成为食品企业的决策基础之一。

采用感官检验技术评价产品的性质是感官评价在产品开发中发挥的主要作用,除此之外还包括对目标消费者的描述、评估测试初产品的时机等。新产品的思路来源丰富,包括食品企业职工、消费者、市场调研人员、技术人员,以及更多的专业机构。这些想法可以通过小组讨论的形式进行分析总结。

9.5.2 在产品开发中常用的感官评价方法

在产品开发过程中,最有用的感官分析方法是描述分析法。第一,它给产品提供了一个定性描述,勾画出产品的特色;第二,此方法可以分析多种产品,如在实验室水平或是特定使用环境中评价多达 20 种甚至以上的产品;第三,可以通过不同的方法把不同的分析结果进行比较。

新开发的食品产品感官品质通过专家评价小组进行感官剖面分析来确定。在市场开发中,由消费者/消费者小组给出的情感评价结果常作为了解消费者行为的一种指示,可以预测他们的购买决定和新市场的开发潜力。通过探索产品的感官剖面和消费者的情感评价数据之间的关系,确定开发中的产品在不同阶段的可接受性,这样就可以开发出满足不同层次消费人群特定需要的新产品。

9.5.3 产品开发的不同阶段

新产品的开发包括若干阶段,对这些阶段进行确切划分是很难的,它与环境条件、个人习惯及产品特性等都有密切关系。但总体来说,一个新产品从设想构思到商品化生产,基本上要经过如下阶段:设想、研制、评价、消费者抽样检查、货架寿命研究、包装、生产、试销、商品化。当然,这些阶段并非一定按顺序进行,也并非必须各阶段全部进行。实际工作中应根据具体情况灵活运用,可以调整前后进行的顺序,也可以将几个阶段结合进行,甚至可以省略其中部分阶段。但无论如何,目的只有一个,那就是开发出适合于消费者、企业和社会的新产品。

9.5.3.1　设想阶段

设想阶段是新产品开发的第一阶段,它可以包括企业内部的管理人员、技术人员或普通工人的"突发奇想",以及竭尽全力的猜想,也可以包括特殊客户的要求和一般消费者的建议及市场动向调查等。为了确保设想的合理性,需要动员各方面的力量,从技术、费用和市场角度,经过若干月甚至若干年的可行性评估后才能做出最后决定。

9.5.3.2　研制和评价阶段

现代新食品的开发不仅要求味美、色适、口感好、货架期长,同时还要求营养性和生理调节性,因此这是一个极其重要的阶段。同时,在研制开发过程中,食品质量的变化必须由感官评价来进行,只有不断地发现问题,才能不断改正,以研制出适宜的食品。因此,新食品的研制必须要与感官评价同时进行,以确定开发中的产品在不同阶段的可接受性。

新食品开发过程中,通常需要两个评价小组,一个是经过若干训练或有经验的评价小组,对各个开发阶段的产品进行评价(差异识别或描述分析)。另一个评价小组由小部分消费者组成,以帮助开发出受消费者欢迎的产品。

9.5.3.3　消费者抽样调查阶段

消费者抽样调查阶段即新产品的市场调查。首先送一些样品给一些有代表性的家庭,并告知他们调查人员过几天再来询问他们对新产品的看法。几天后,调查人员登门拜访收到样品的家庭并进行询问,以获得关于这种新产品的信息,了解他们对该产品的想法、是否愿意购买、价格估计、经常消费的概率。一旦发现该产品不太受欢迎,那么继续开发下去将会犯错误,通过抽样调查往往会得到改进产品的建议,这些建议将增加产品在市场上成功的可能。

9.5.3.4　货架寿命和包装阶段

食品必须具备一定的货架寿命才能成为商品。食品的货架寿命除与本身加工质量有关外,还与包装有着不可分割的关系。包装除了具有吸引性和方便性外,还具有保护食品、维持原味、抗撕裂等作用。所以包装设计也是产品开发的一部分。

9.5.3.5　生产阶段和试销阶段

在产品开发工作进行到一定程度后,就应建立一条生产线了。如果新产品已进入销售试验,那么等到试销成功再安排规模化生产并不是明智之举。许多企业往往在小规模的中试期间就生产销售试验产品。

试销是大型企业为了进入全国市场之前,避免产品不受欢迎,销售不利遭到失败而设计的。大多数中小型企业的产品在当地销售,一般并不进行试销。试销方法也可与感官评价方法关联,同时进行产品满意度等评价。

9.5.3.6　商品化阶段

商品化是决定一种新产品成功失败的最后一举。新产品进入什么市场、怎样进入市场有着深奥的学问。这涉及很多市场营销方面的策略,其中广告就是重要的手段之一。

思考题

1. 消费者调查问卷的设计原则有哪些？进行问卷调查时注意点有哪些？

2. 消费者感官试验常用的方法有哪些？

3. 感官评价方法应用于食品质量控制,有什么特点？

4. 产品感官质量控制常用的方法有哪些？

5. 为什么说感官评价是市场调查的组成部分？感官评价在市场调查中的作用有哪些？

第 10 章　各类食品的感官评价

内容提要

　　本章主要介绍了谷物类及其制品、畜禽肉制品、蛋和蛋制品、乳和乳制品、水产品及其制品、食用植物油、豆制品、果蔬及其制品、酒类、饮料的感官评价方法及应用。

教学目标

　　1. 掌握各类食品的感官评价内容及相关评价指标。

　　2. 了解各类食品中感官评价方法的实例应用。

　　在日常生活中,应用感官检验手段来评价食品及食品原料的质量优劣是简单易行且有效方法。而且,有些食品在轻微变质时,精密仪器有时难以检出,但通过人体的感觉器官却可以敏感地将其识别出来,因此,食品感官评价在某种程度上具有极高的敏感度。而且,感官评价不像理化分析及微生物检测那样需要相应的药品、工具和仪器,是其他方法所无法替代的。本章将对常见的主要食品及食品原料的感官评价方法进行举例说明。

10.1　谷物类及其制品的感官评价

10.1.1　谷类感官评价与食用原则

　　谷类是我国人民膳食结构中的主食。但谷类及其制品保管不当就易吸潮变质,食用后会危害人们的身体健康。因此谷类及其制品一经感官评价确定了品级后,可按如下原则食用或处理:

　　(1)经感官评价后认定为良质的谷类可以食用、加工和销售。

　　(2)经感官评价后认定为次质的谷类应分情况进行具体处理。对于水分含量高的谷类,应及时采取适当的方式使其尽快干燥。对于生虫的谷类应及时熏蒸灭虫。对杂质含量高的谷物,应去除杂质使其达到国家规定的标准。有轻微霉变的谷物,应采取有效的物理或化学方法去除霉粒或霉菌的毒素,达到国家规定标准后方可食用。

　　(3)对于去除霉粒或毒素比较困难的谷类及其制品应改作饲料,制造酒精或作非食品工业原料。对于经感官评价为劣质的谷类,不得供人食用,可以改作饲料、非食品加工原料或予以销毁。

10.1.2　谷类的感官评价

感官评价谷类质量的优劣时,一般依据色泽、外观、气味、滋味等项目进行综合评价。眼睛观察可感知谷类颗粒的饱满程度,是否完整均匀,质地的紧密与疏松程度,以及其本身固有的正常色泽,并且可以看到有无霉变、虫蛀、杂物、结块等异常现象,鼻嗅和口尝则能够体会到谷物的气味和滋味是否正常,有无异臭异味。其中,注重观察其外观与色泽在对谷类做感官评价时有着尤其重要的意义。

10.1.2.1　鉴别稻谷的质量

(1)色泽鉴别　进行稻谷色泽的感官评价时,将样品在黑纸上撒一薄层,并在散射光下仔细观察。然后将样品用小型出白机或装入小帆布袋揉搓脱去米壳,看有无黄粒米,如有拣出称重。

良质稻谷——外壳呈黄色,浅黄色或金黄色,色泽鲜艳一致,具有光泽,无黄粒米。

次质稻谷——色泽灰暗无光泽,黄粒米超过2%。

劣质稻谷——色泽变暗或外壳呈褐色、黑色,肉眼可见霉菌菌丝。有大量黄粒米或褐色米粒。

(2)外观鉴别　进行稻谷外观的感官评价时,可将样品在纸上撒一薄层,仔细观察各粒的外观,并观察有无杂质。

良质稻谷——颗粒饱满,完整,大小均匀,无虫害及霉变,无杂质。

次质稻谷——有未成熟颗粒,少量虫蚀粒、生芽粒及病斑粒等,大小不均,有杂质。

劣质稻谷——有大量虫蚀粒、生芽粒、霉变颗粒,有结团、结块现象。

(3)气味鉴别　进行稻谷气味的感官评价时,取少量样品于手掌上,用嘴哈气使之稍热,立即嗅其气味。

良质稻谷——具有纯正的稻香味,无其他任何异味。

次质稻谷——稻香味微弱,稍有异味。

劣质稻谷——有霉味、酸臭味,腐败味等不良气味。

(4)鉴别早米与晚米　我国稻谷按栽培季节的不同,将大米分为早米与晚米两类。

早米:由于早稻的生长期短,只有80~120天,所以生产出来的早米,米质疏松,腹白度较大,透明度较小,缺乏光泽,比晚米吸水率大,黏性小,糊化后体积大。所以,用早米煮成的饭,吃起来口感差,质干硬。早米中含的稗粒和小碎米比晚米多,一般说来,早米的食用品质比晚米差。

晚米:由于晚稻的生长期较长,在150~180天,并在秋高气爽的时节成熟,有利于营养物质的积累,因此它的品质特征好,如米质结构紧密,腹白度小或无,透明度较大,富有光泽,煮熟的饭质地细腻,黏稠适中,松软可口。晚米中的稗粒和小碎米的数量比早米少。晚米为大多数人所喜爱,特别是老年人。根据米粒的营养成分测定,早米与晚米中的蛋白质、脂肪、B族维生素、矿物质等含量,以及产热量均相差无几。

(5)大米质量的分级与质量特征。

我国稻谷根据加工精度的不同,将大米分为 4 个等级,即特等米、标准一等米、标准二等米和标准三等米。

特等米的背沟有皮,而米粒表面的皮层除掉在 85% 以上,由于特等米基本除净了糙米的皮层和糊粉层,所以粗纤维和灰分含量很低,因此,米的涨性大,出饭率高,食用品质好。

标准一等米的背沟有皮,而米粒面留皮不超过五分之一的占 80% 以上,加工精度低于特等米。食用品质、出饭率和消化吸收率略低于特等米。

标准二等米的背沟有皮,而米粒面留皮不超过三分之一的占 75% 以上。米中的灰分和粗纤维较高,出饭率和消化吸收率均低于特等米和标准一等米。

标准三等米的背沟有皮,而米粒面留皮不超过三分之一的占 70% 以上,由于米中保留了大量的皮层和糊粉层,从而使米中的粗纤维和灰分增多。虽出饭率没有特等米、标准一等米和标准二等米高,但所含的大量纤维素对人体生理功能起到很多的有益功能。

10.1.2.2 鉴别小米的质量

小米是一种营养丰富的粮食,蛋白质含量高于大米和玉米,脂肪、热量、硫胺素和维生素 E 含量高于大米和小麦粉,用它煮饭或熬粥,色、香、味俱佳,并且容易为人体消化吸收,是孕妇、婴儿及老、弱和病人较理想的食品。

(1)色泽鉴别 进行小米色泽的感官评价时,可取小米样品在散射光下进行观察。

良质小米——色泽均匀,呈金黄色,富有光泽。

次质小米——色泽深黄,光泽较差。

劣质小米——色泽变暗,无光泽。

(2)外观鉴别 进行小米外观的感官评价时,可将样品在纸上撒一薄层,仔细观察各粒的外观,并观察有无杂质。

良质小米——颗粒饱满、完整、大小均匀,无虫害及霉变,无杂质。

次质小米——颗粒饱满度差,有少量破损粒、生芽粒、虫蚀粒,有杂质。

劣质小米——有大量虫蚀粒、生芽粒、霉变颗粒,有结团、结块现象。

(3)气味鉴别 进行小米气味的感官评价时,取样品于手掌上,用嘴哈热气,然后立即嗅其气味。

良质小米——具有小米正常的清香味,无任何其他异味。

次质小米——微有异味(如染色素气味)。

劣质小米——有霉变味、酸臭味、腐败味或其他不正常的气味。

(4)滋味鉴别 进行小米滋味的感官评价时,可取少许样品进行咀嚼品尝其滋味。

良质小米——味佳,微甜,无任何异味。

次质小米——无味或微有涩味。

劣质小米——有苦味、涩味及其他不良滋味。

10.1.2.3　鉴别小麦的质量

（1）色泽鉴别　进行小麦色泽的感官评价时，可取样品在黑纸上撒一薄层，在散射光下观察。

良质小麦——去壳后小麦皮色呈白色、黄白色、金黄色、红色、深红色、红褐色，有光泽。

次质小麦——色泽变暗，无光泽。

劣质小麦——色泽灰暗或呈灰白色，胚芽发红，带红斑，无光泽。

（2）外观鉴别　进行小麦外观的感官评价时，可取样品在黑纸上或白纸上（根据品种，色浅的用黑纸，色深的用白纸）撒一薄层，仔细观察其外观，并注意有无杂质。最后取样用手搓或牙咬，来感知其质地是否紧密。

良质小麦——颗粒饱满、完整、大小均匀，组织紧密，无虫害和杂质。

次质小麦——颗粒饱满度差，有少量破损粒、生芽粒、虫蚀粒，有杂质。

劣质小麦——严重虫蚀，生芽，发霉结块，有多量赤霉病粒（被赤霉苗感染，麦粒皱缩，呆白，胚芽发红或带红斑，或有明显的粉红色霉状物），质地疏松。

（3）气味鉴别　进行小麦气味的感官评价时，取样品于手掌上，用嘴哈热气，然后立即嗅其气味。

良质小麦——具有小麦正常的气味，无任何其他异味。

次质小麦——微有异味。

劣质小麦——有霉味、酸臭味或其他不良气味。

（4）滋味鉴别　进行小麦滋味的感官评价时，可取少许样品进行咀嚼品尝其滋味。

良质小麦——味佳微甜，无异味。

次质小麦——乏味或微有异味。

劣质小麦——有苦味、酸味或其他不良滋味。

10.1.2.4　鉴别玉米的质量

（1）色泽鉴别　进行玉米色泽的感官评价时，可取玉米样品在散射光下进行观察。

良质玉米——具有各种玉米的正常颜色，色泽鲜艳，有光泽。

次质玉米——颜色发暗，无光泽。

劣质玉米——颜色灰暗无光泽，胚部有黄色或绿色、黑色的菌丝。

（2）外观鉴别　进行玉米外观的感官评价时，可取样品在纸上撒一薄层，在散射光下观察，并注意有无杂质，最后取样品用牙咬判断质地是否紧密。

良质玉米——颗粒饱满完整，均匀一致，质地紧密，无杂质。

次质玉米——颗粒饱满度差，有破损粒、生芽粒、虫蚀粒、未熟粒等，有杂质。

劣质玉米——有多量生芽粒、虫蚀粒，或发霉变质、质地疏松。

（3）气味鉴别　进行玉米气味的感官评价时，可取样品于手掌中，用嘴哈热气后立即嗅其气味。

良质玉米——具有玉米固有的气味，无任何其他异味。

次质玉米——微有异味。

劣质玉米——有霉味、腐败变质味或其他不良异味。

（4）滋味鉴别　进行玉米滋味的感官评价时，可取样品进行咀嚼品尝其滋味。

良质玉米——具有玉米的固有滋味，微甜。

次质玉米——微有异味。

劣质玉米——有酸味、苦味、辛辣味等不良滋味。

10.1.2.5　鉴别高粱的质量

（1）色泽鉴别　进行高粱色泽的感官评价时，可取样品在黑纸上撒一薄层，并在散射光下进行观察。

良质高粱——具有该品种应有的色泽。

次质高粱——色泽暗淡。

劣质高粱——色泽灰暗或呈棕褐色、黑色，胚部呈灰色、绿色或黑色。

（2）外观鉴别　进行高粱外观的感官评价时，可取样品在白纸上撒一薄层，借散射光进行观察，并注意有无杂质，最后用牙咬籽粒，判断其质地。

良质高粱——颗粒饱满、完整，均匀一致，质地紧密，无杂质、虫害和霉变。

次质高粱——颗粒皱缩不饱满，质地疏松，有虫蚀粒、生芽粒、破损粒，有杂质。

劣质高粱——有大量的虫蚀粒、生芽粒、发霉变质粒。

（3）气味鉴别　进行高粱气味的感官评价时，可取高粱样品于手掌中，用嘴哈热气，然后立即嗅其气味。

良质高粱——具有高粱固有的气味，无任何其他的不良气味。

次质高粱——微有异味。

劣质高粱——有霉味、酒味、腐败变质味及其他异味。

（4）滋味鉴别　进行高粱滋味的感官评价时，可取少许样品，用嘴咀嚼，品尝其滋味。

良质高粱——具有高粱特有的滋味，味微甜。

次质高粱——乏而无味或微有异味。

劣质高粱——有苦味、涩味、辛辣味、酸味及其他不良滋味。

10.1.3　谷类制品的感官评价

10.1.3.1　鉴别米粉的质量

米粉又名米粉条，它是用特等米或加工精度高的米为原料，经过洗米、浸泡、磨浆、搅拌、蒸粉、压条、干燥等一系列工序加工制成的米制品。在市场上选购米粉时，其质量的鉴别有以下几个方面：

（1）色泽　洁白如玉，有光亮和透明度的，质量最好；无光泽，色浅白的质量差。

（2）状态　组织纯洁，质地干燥，片形均匀、平直、松散，无结疤，无并条的，质量最好；反之，质量差。

（3）气味　无霉味，无酸味，无异味，具有米粉本身新鲜味的质量最好；反之，质量差。如果霉味和酸败味重，不得食用。

（4）加热　煮熟后不糊汤、不黏条、不断条，质量最好，这种米粉吃起来有韧性，清香爽口，色、香、味、形俱佳；反之，质量次。

10.1.3.2　鉴别面粉的质量

（1）色泽鉴别　进行面粉色泽的感官评价时，应将样品在黑纸上撒一薄层，然后与适当的标准颜色或标准样品做比较，仔细观察其色泽异同。

良质面粉——色泽呈白色或微黄色，不发暗，无杂质的颜色。

次质面粉——色泽暗淡。

劣质面粉——色泽呈灰白或深黄色，发暗，色泽不均。

（2）组织状态鉴别　进行面粉组织状态的感官评价时，将面粉样品在黑纸上撒一薄层，仔细观察有无发霉、结块、生虫及杂质等，然后用手捻捏，以试手感。

良质面粉——呈细粉末状，不含杂质，手指捻捏时无粗粒感，无虫子和结块，置于手中紧捏后放开不成团。

次质面粉——手捏时有粗粒感，生虫或有杂质。

劣质面粉——面粉吸潮后霉变，有结块或手捏成团。

（3）气味鉴别　进行面粉气味的感官评价时。取少量样品置于手掌中，用嘴哈气使之稍热后，立即嗅其气味，也可将样品置于有塞的瓶中，加入60℃热水，紧塞片刻，然后将水倒出嗅其气味。

良质面粉——具有面粉的正常气味，无其他异味。

次质面粉——微有异味。

劣质面粉——有霉臭味、酸味、煤油味以及其他异味。

（4）滋味鉴别　进行面粉滋味的感官评价时，可取少量样品细嚼，遇有可疑情况，应将样品加水煮沸后尝试之。

良质面粉——味道可口，淡而微甜，没有发酸、刺喉、发苦、发甜以及外来滋味，咀嚼时没有砂声。

次质面粉——淡而乏味，微有异味，咀嚼时有砂声。

劣质面粉——有苦味，酸味，发甜或其他异味，有刺喉感。

10.1.3.3　鉴别面筋的质量

面筋存在于小的胚乳中，其主要成分是小麦蛋白质中的胶蛋白和谷蛋白，这种蛋白是人体需要的营养素，也是面粉品质的重要质量指标。鉴别面筋的质量，有以下4个方面的内容。

（1）颜色　质量好的面筋呈白色，稍带灰色；反之，面筋的质量就差。

（2）气味　新鲜面粉加工出的面筋，具有轻微的面粉香味。有虫害，含杂质多以及陈旧的面粉，加工出的面筋，则带有不良气味。

（3）弹性 正常的面筋有弹性,变形后可以复原,不黏手;质量差的面筋,无弹性,黏手,容易散碎。

（4）延伸性 质量好的面筋拉伸时,具有很大的延伸性,质量差的面筋,拉伸性小,易拉断。

10.1.3.4 鉴别方便面的质量

根据加工工艺不同分为油炸方便面(简称油炸面)、热风干燥方便面(简称风干面)等,主要原料有小麦粉、荞麦粉、绿豆粉、米粉等。

（1）形状 外形整齐,花纹均匀,无异物、焦渣。

（2）色泽 具有该品种特有的色泽,无焦、生现象,正反两面可略有深浅差别。

（3）气味 气味正常,无霉味、哈喇味及其他异味。

（4）烹调性 面条复水后应无明显断条、并条,口感不夹生、不黏牙。

10.1.3.5 鉴别水饺的质量

（1）感官特性 色泽呈白色、奶白色或奶黄色,有光亮,皮馅透明;爽口、不黏牙,有咬劲;口感细腻;耐煮性好,饺子表皮完好无损;煮后饺子汤清晰,无沉淀物。

（2）感官评价方法 由 5 位有经验的或经过培训的人员组成评价小组,对水饺进行外观鉴定和品尝评比,对饺子汤进行浑浊程度和沉淀物目测,并根据水饺的质量评分标准分别打分。评分采用百分制(取算术平均值),取整数,平均数中若出现小数,则采用"四舍、六入、五留双"的方法取舍,具体评分方法见表 10-1。

表 10-1 水饺感官评价评分表

项目	满分	评分标准
颜色	10	白色、奶白色、奶黄色(6~10 分);黄色、灰色或其他不正常色(0~5 分)
光泽	10	光亮(7~10 分);一般(4~6 分);不透明(0~3 分)
透明度	10	透明(7~10 分);半透明(4~6 分);不透明(0~3 分)
黏性	15	不黏牙(11~15 分);稍黏牙(6~10 分);发黏(0~5 分)
韧性	15	柔软、有咬劲(11~15 分);一般(6~10 分);较烂(0~5 分)
细腻度	10	细腻(7~10 分);较细腻(4~6 分);粗糙(0~3 分)
耐煮性	15	饺子表皮完好无损(11~15 分);饺子表皮有损伤(6~10 分);饺子破肚(0~5 分)
饺子汤特性	15	清晰、无沉淀物(11~15 分);较清晰,沉淀物不明显(6~10 分);浑浊、沉淀物明显(0~5 分)

10.1.4 影响谷物质量的因素

谷类在贮藏过程中,会因为受温度、湿度、氧气、微生物及昆虫等因素的影响,造成其质量的不良改变。

10.1.4.1 微生物污染对谷类质量的影响

谷类在收获、贮藏、加工等过程中极容易受到霉菌、细菌、酵母菌的污染,当条件适宜时,它们就能迅速在谷物中生长繁殖,并产生毒素,使谷类及其制品变质。因此谷类在贮藏时要采取防微生物污染的措施及控制微生物生长繁殖的手段。

10.1.4.2　温度、湿度、氧气对谷类质量的影响

微生物生长繁殖时需要适宜的温度、湿度和氧气(厌氧菌除外),如稻谷类贮藏时湿度过大,温度过高,氧气充足,则其中污染的微生物就能迅速生长繁殖,致使谷类及其制品发霉或腐败变质。谷物与其他有机体一样,不断地进行呼吸作用,这种呼吸作用由谷物中氧化酶(脱氢酶和氧化酶)所催化的。谷物中的单糖在氧气充足以及氧气不足或缺少的情况下,都在不断地氧化,生成二氧化碳和水或生成二氧化碳和乙醇,并放出热量。谷物的氧化在氧气充足时比氧气缺乏时所放出的热量高 26 倍。由于这种氧化作用而使谷堆中热度增高。谷堆中湿度增加超过 15%,温度达到 30℃时,其氧化酶活动会更加活跃,呼吸作用也因此加剧,使谷堆中温度更高。在细菌酶和谷物水解酶的作用下,谷物中有机物质会加速分解,发生腐臭味,最后可能完全腐败。因此,谷物在贮藏时不仅要求其本身含水量要低(不超过 15%),而且其贮藏环境也应保持低温、干燥、通风良好,为了控制粮堆中氧气的含量可充入一些惰性气体。

10.1.4.3　虫害对谷类质量的影响

害虫在原粮及半成品中都能生长,如仓库室温在 18℃ 以上、湿度在 60% 以上时,适合虫卵孵化繁殖,当室温在 10℃ 以下时,害虫活动能力会减弱。仓库中主要有甲虫、蠕类、蛾类等害虫,这些害虫不但损害大量粮食,而且会给粮食带有不良气味,减轻其重量,降低其品质,也容易使粮堆发热,加之微生物进一步作用就会使粮食霉烂变质。为防止谷类及其制品的害虫侵袭,应改善其储存条件,防止害虫侵入。必要时可用药物熏蒸以杀灭害虫和虫卵。

10.1.5　常见劣质或掺伪谷类的鉴别

10.1.5.1　鉴别小米被染色

在农贸市场上曾发现一些经过染色小米在出售。所谓染色,是指小米发生霉变,失去食用价值时,投机商将其漂洗之后,再用黄色色素进行染色,使其色泽艳黄,蒙骗购买者。人们吃了这种染色后的黄色米,会伤害身体。

(1)感官评价鉴别方法。

①色泽:新鲜小米,色泽均匀,呈金黄色,富有光泽;染色后的小米,色泽深黄,缺乏光泽,看去每粒色泽一样。

②气味:新鲜小米,有一股小米的正常气味;染色后的小米,闻之有染色素的气味,如姜黄素就有姜黄气味。

③水洗:新鲜小米,用温水清洗时,水色不黄;染色后的小米,用温水洗时,水色显黄。

(2)化学鉴别方法。

取样品 25 克置于研钵中,加入 25 mL 的无水乙醇,研磨,取其悬浊液 25 mL,置于比色

管中,然后加入 10%的氢氧化钠 2 mL,振荡,静置片刻,观察颜色变化,如果呈橘红色,说明小米是用姜黄素染色的。

10.1.5.2　鉴别糯米中掺有大米

在农贸市场上,常有投机商在糯米中掺入大米出售,以牟取钱财,欺骗消费者。鉴别糯米中掺入大米的方法如下:

(1)感官评价鉴别方法。

①色泽:糯米色泽乳白或蜡白,不透明,也有半透明的(俗称阴糯);大米腹白度小,多为透明和半透明的,有光泽。

②形态:糯米为长椭圆形,较细长;大米为椭圆形,较圆胖。

③质地:糯米硬度较小;大米硬度较大。

④米饭:糯米煮成的饭,胶结成团,膨胀不多,但黏性大,光亮透明;大米煮成的饭,颗粒膨大而散开,黏性小。

(2)化学鉴别方法　糯米中的淀粉是支链淀粉,大米中的淀粉是直链淀粉,不同的淀粉遇到碘溶液,会显示出不同的颜色,可以以此来鉴别糯米中是否掺入大米。

取米样数 10 粒,用水洗净表面,淋干,放在白色的瓷盘中,滴上碘溶液,拌匀,如果米粒呈褐棕色,则为糯米,如果米粒呈深蓝色,则为大米。

10.1.5.3　鉴别糯米面中掺有大米面

糯米面又叫糯米粉,大米面也叫大米粉。在糯米面中掺入大米面的现象比较普遍,甚至有的商家竟将大米面冒充糯米面出售,用大米面年糕冒充糯米面年糕出售。鉴别糯米面中掺入大米面的方法如下:

①色泽:糯米粉呈乳白色,缺乏光泽;大米粉色白清亮。

②粉粒:用手指搓之,糯米粉粉粒粗;大米粉粉粒细。

③水试:糯米粉用水调成的面团,手捏黏性大,大米粉用水调成的面团,手捏黏性小。

10.1.5.4　鉴别好米中掺有霉变米

市场上出现将发霉的米掺到好米中出售,也有将发霉的米,经漂洗、晾干之后出售,在进口米中也曾发现霉变米。人们吃了霉变米,身体会受到损害。感官评价鉴别方法如下:

①色泽:发了霉的米,其色泽与正常米粒不一样,它呈现出黑、灰黑、绿、紫、黄、黄褐等颜色。

②气味:好米的气味正常,霉变米有一股霉气味。

③品尝:好米煮成的饭,食之有一股米香味,霉变的米,食之有一股霉味。

10.1.5.5　鉴别小麦粉中掺有滑石粉

在农贸市场上,有些商贩为达到增加小麦粉重量的目的,在小麦粉中掺入大白粉、滑石粉,这些物质都是无机物。

正常小麦粉中矿物质(以灰分计)的含量:特制粉不超过 0.75%,标准粉不超过 1.2%,普通粉不超过 1.5%。小麦粉中掺入了石膏、滑石粉等,皆能使小麦粉中的灰分增加。如果在灰分中测出钙离子、硫酸根、二氧化硅，就能定性掺入的物质。

(1)灰分的测定方法　称取样品 2g 放入预先在 550℃灼烧恒重的坩埚中,在电炉上加热至炭化,再放入 550℃的马弗炉中,灼烧 2h,取出冷却降温。如果灰化不完全,再加水或硝酸使灰分湿润,微温至干,然后再放在马弗炉中灰化 2h,取出冷却至 200℃,移至干燥器中,30min 后称重,计算灰分。

正常小麦粉的灰分为 0.75%~1.5%,如果小麦粉中检验出的灰分在 1.5%~2%,则认为有可疑现象,如果灰分在 2%以上,说明小麦粉中掺入了石膏等无机物。采用这种测定方法,可测量出小麦粉中掺入 1%以上的石膏或滑石粉。

(2)二氧化硅定性方法　将测定完灰分含量后的灰分中,加入 2 倍量以上的研成细末的氢氧化钾,混合均匀,于 600℃熔融,冷却后加水溶解,向水溶液中滴加(1∶1)盐酸,使之呈酸性,如果有胶状物析出(H_3SiO_3),说明检出了二氧化硅,同时做空白对照。正常的小麦粉,一般用此法检不出二氧化硅,但掺入大白粉、滑石粉在 1%以上时,则可检出。

(3)钙离子和硫酸根检验方法　取样品灰分,加(1∶1)盐酸溶液 10mL,加热溶解、过滤,滤液分成两份,一份溶液中加入 1%氧化钡溶液 1mL,如果产生大量沉淀,说明检出了硫酸根,同时做空白对照。再在另一份滤液中加入饱和草酸铵溶液 1mL,滴加(1∶1)氨水呈弱碱性,若产生大量沉淀,则为阳性,同时做空白对照。

灰分中如果仅检出钙离子、硫酸根,可认为是掺入石膏,如果同时检出二氧化硅及上述两种离子,可认为是检出了滑石粉或大白粉。当前市场上出售的大白粉,是将滑石粉精制加工而成,其成分与滑石粉相同。

10.2　畜禽肉制品的感官评价

10.2.1　畜禽肉感官评价顺序

对畜禽肉进行感官评价时,一般按照如下顺序进行。首先是眼看其外观、色泽、组织状态,特别应注意肉表面和切口处的颜色与光泽,看有无色泽灰暗,是否存在淤血、水肿、囊肿和污染等情况。其次是嗅肉品的气味,不仅要了解肉表面的气味,还应感知其切开时和试煮后的气味,注意是否有腥臭味。最后是用手指按压、触摸,以感知其弹性和黏度,结合脂肪及试煮后肉汤的情况,才能对肉进行综合性评价。

10.2.2　肉的品质特性

(1)保水性　肉的保水性能以肌肉的系水力来衡量,指当肌肉受到外力作用时,其保持原有水分与添加水分的能力。肉的保水性是一项重要的质指标,它不仅影响肉的色泽、香味、营养成分、多汁性、嫩度等食用品质,而且有着重要的经济价值。

影响保水性的因素:

pH——pH>pI 时,带负电;pH<pI 时,带正电。静电荷增加蛋白质分子间的静电排斥力,使其网络结构松弛,保水性提高。当净电荷数减少后,蛋白质分子间发生凝聚紧缩,使保水性降低。即 pH=pI 时,肌肉的保水性最低。

尸僵和成熟——刚宰后的肌肉保水性很高,经过几小时后迅速下降,一般在 24~48 小时之内,过了这段时间保水性会逐渐回升。

无机盐——pH>pI 时,食盐可以提高肉的保水性;pH<pI 时,食盐的加入会降低肉的保水性。

(2)嫩度　肉的嫩度是肉品质的重要指标,它是消费者评价肉质优劣的最常用指标。所谓"肉老",是指肉品坚韧,难于咀嚼,所谓"肉嫩",是指肉品柔软、多汁和容易咀嚼的状态。肉的"老嫩"反映了肉的质地,该特性由肌肉中各种蛋白质结构特性所决定。

影响肉嫩度的因素:

年龄——通常情况下,幼龄畜禽肉比老龄畜禽肉嫩。

解剖学位置——例如牛的腰大肌最嫩,胸大肌最老。

营养状况——营养良好的畜禽,肌肉脂肪含量高,断面大理石纹丰富,肉的嫩度好,肌肉脂肪有冲淡结缔组织的作用,消瘦动物的肌肉脂肪含量低,肉质老。

尸僵和成熟——宰后尸僵发生时,肉的硬度将大大增加。

加热处理——加热既可以使肉变嫩,也可以使肉变软,主要取决于加热的温度和时间。

(3)颜色　肉的颜色与肉的营养价值并没有多大关系,但是在某种程度上会影响食欲和商品价值。如果是微生物引起的色泽变化,则会影响肉的卫生质量。

肉的颜色是由肌红蛋白和血红蛋白产生的。一般情况下:肌红蛋白呈紫红色,氧合肌红蛋白呈鲜红色,氧化型肌红蛋白呈褐红色。肌红蛋白为肉自身的色素蛋白,肉色的深浅与其含量的多少有关。血红蛋白存在于血液中,对肉颜色的影响视屠宰时放血的好坏而定。放血良好的肉,肌肉中肌红蛋白色素占 80%~90%。

影响肉颜色变化的因素:

环境中的含氧量——氧气分压的高低决定了肌红蛋白是形成氧合肌红蛋白还是氧化型肌红蛋白,从而直接影响到肉的颜色。

湿度——环境中的湿度越大,氧化越慢,主要是由于肉表面的水汽层影响氧的扩散,从而影响肉的颜色。

温度——高温促进氧化,温度低则氧化变慢。

pH——pH 过高易产生质地坚硬、表面干燥的干硬肉 DFD(dark,firm,and dry)牛肉,使颜色变深暗,pH 过低,易引起 PSE(pale,soft and exudative)牛肉,使肉色变苍白。

微生物——污染细菌会使蛋白质分解导致肉色变污浊,污染霉菌则在肉表面形成白色、红色、绿色、黑色等色斑。

(4)风味　肉的风味是生鲜肉的气味和加热后肉制品的香气和滋味,它是由肉中固有成分经过复杂的生物化学变化,产生的各种有机化合物所致。风味成分十分复杂,有 1000

多种,牛肉的香气经检测分析有 300 种左右。

肉香味化合物的产生,主要有 3 个途径:氨基酸与还原糖间的美拉德反应;蛋白质、游离氨基酸等生物物质的热降解;脂肪的热分解反应。

肉的滋味成分来源于核苷酸、氨基酸、酰胺、肽、有机酸、糖类、脂肪等前体物质。牛、猪、绵羊的瘦肉所含挥发性的香味成分,主要存在于肌肉脂肪中,如大理石样肉,脂肪分布越密风味越好。

(5)结合力　结合力表示肉自身所具有黏结物质而使肉块之间相互结合的能力,其大小则以对扭转、拉伸、破碎的抵抗程度来表示。

(6)乳化性　许多产品的加工依赖于瘦肉中的蛋白质在盐、水及聚磷酸盐和一些调味料等存在条件下,与脂肪形成混合物或乳化物,以增加稳定性,使脂肪不易从混合物中分离出来,这种作用叫肉的乳化性。

10.2.3　肉的成熟与腐败

动物屠宰后,肉温还没有散失,柔软,具有较小弹性,这种处于生鲜状态下的肉称为热鲜肉。屠宰后肉的变化包括肉的尸僵、肉的成熟、肉的腐败 3 个连续变化的过程。

尸僵——经过一段时间,肉的延展性消失,肉体变为僵硬状态。此时持水性差,肉质很硬,不适宜加工,常见畜禽肉尸僵开始和持续时间见表 10-2。

肉的成熟——僵直情况缓解,肉又变得柔软起来,持水性增加,风味提高。

肉的腐败——成熟肉在不良条件下储存,经酶和微生物作用分解变质,称作肉的腐败。

表 10-2　常见畜禽肉尸僵开始和持续时间

动物类型	开始时间/h	持续时间/h
牛	10	150~240
马	4	48
猪	8	72
兔	1.5~4.0	4~10
鸡	2.0~4.5	6~12

10.2.3.1　肉的成熟
肉的成熟时间因动物种类、肌肉含量、温度,以及其他条件不同而异。在 0~4℃ 的环境下,鸡需要 3~4 h,猪需要 2~3d,牛则需要 7~10d,成熟的时间越长,肉越柔嫩,但风味并不相应增强。

10.2.3.2　肉的腐败
肉的腐败变质是指肉在酶和微生物作用下发生品质的变化,最终失去食用价值。如果说肉的成熟主要是糖酵解过程,那么肉变质时的变化主要是蛋白质和脂肪分解过程。

由微生物作用引起的蛋白质分解过程,叫作肉的腐败;肉脂肪的分解过程叫作酸败。

10.2.4　猪肉的感官评价

10.2.4.1　鲜猪肉的感官评价

（1）外观鉴别。

新鲜猪肉——表面有一层微干或微湿的外膜，呈暗灰色，有光泽，切断面稍湿、不黏手，肉汁透明。

次鲜猪肉——表面有一层风干或潮湿的外膜，呈暗灰色，无光泽，切断面的色泽比新鲜的肉暗，有黏性，肉汁混浊。

变质猪肉——表面外膜极度干燥或黏手，呈灰色或淡绿色、发黏并有霉变现象，切断面也呈暗灰或淡绿色、很黏，肉汁严重浑浊。

（2）气味鉴别。

新鲜猪肉——具有鲜猪肉正常的气味。

次鲜猪肉——在肉的表层能嗅到轻微的氨味、酸味或酸霉味，但在肉的深层却没有这些气味。

变质猪肉——腐败变质的肉，无论在肉的表层还是深层均有腐臭气味。

（3）弹性鉴别。

新鲜猪肉——新鲜猪肉质地紧密却富有弹性，用手指按压凹陷后会立即复原。

次鲜猪肉——肉质比新鲜肉柔软、弹性小，用指头按压凹陷后不能完全复原。

变质猪肉——腐败变质肉由于自身被分解严重，组织失去原有的弹性而出现不同程度的腐烂，用指头按压后凹陷，不但不能复原，有时手指还可以把肉刺穿。

（4）脂肪鉴别。

新鲜猪肉——脂肪呈白色，具有光泽，有时呈肌肉红色，柔软而富于弹性。

次鲜猪肉——脂肪呈灰色，无光泽，容易黏手，有时略带油脂酸败味和哈喇味。

变质猪肉——脂肪表面污秽、有黏液，霉变呈淡绿色，脂肪组织很软，具有油脂酸败气味。

（5）肉汤鉴别。

新鲜猪肉——肉汤透明、芳香，汤表面聚集大量油滴，油脂的气味和滋味鲜美。

次鲜猪肉——肉汤混浊；汤表面浮油滴较少，没有鲜香的滋味，常略有轻微的油脂酸败的气味及味道。

变质猪肉——肉汤极混浊，汤内漂浮着有如絮状的烂肉片，汤表面几乎无油滴，具有浓厚的油脂酸败或显著的腐败臭味。

10.2.4.2　冻猪肉的感官评价

（1）色泽鉴别。

良质冻猪肉（解冻后）——肌肉色红，均匀，具有光泽，脂肪洁白，无霉点。

次质冻猪肉（解冻后）——肌肉红色稍暗，缺乏光泽，脂肪微黄，可有少量霉点。

变质冻猪肉(解冻后)——肌肉色泽暗红、无光泽,脂肪呈污黄或灰绿色,有霉斑或霉点。

(2)组织状态鉴别。

良质冻猪肉(解冻后)——肉质紧密,有坚实感。

次质冻猪肉(解冻后)——肉质软化或松弛。

变质冻猪肉(解冻后)——肉质松弛。

(3)黏度鉴别。

良质冻猪肉(解冻后)——外表及切面微湿润,不黏手。

次质冻猪肉(解冻后)——外表湿润,微黏手,切面有渗出液,但不黏手。

变质冻猪肉(解冻后)——外表湿润,黏手,切面有渗出液也黏手。

(4)气味鉴别。

良质冻猪肉(解冻后)——无臭味,无异味。

次质冻猪肉(解冻后)——稍有氨味或酸味。

变质冻猪肉(解冻后)——具有严重的氨味、酸味或臭味。

10.2.4.3 鉴别健康猪肉和病死猪肉

(1)色泽鉴别。

健康猪肉——肌肉色泽鲜红,脂肪洁白,具有光泽。

病死猪肉——肌肉色泽暗红或带有血迹,脂肪呈桃红色。

(2)组织状态鉴别。

健康猪肉——肌肉坚实,不易撕开,用手指按压后可立即复原。

病死猪肉——肌肉松软,肌纤维易撕开,肌肉弹性差。

(3)血管状况鉴别。

健康猪肉——全身血管中无凝结的血液,胸腹腔内无淤血,浆膜光亮。

病死猪肉——全身血管充满了凝结的血液,尤其是毛细血管中更为明显,胸腹腔呈暗红色、无光泽。

应注意,健康猪肉属于正常的优质肉品,病死、毒死的猪肉属劣质肉品,禁止食用和销售。

10.2.5 牛肉的感官评价

10.2.5.1 鲜牛肉的感官评价

(1)色泽评价。

良质鲜牛肉——肌肉有光泽,色红均匀,脂肪洁白或呈淡黄色。

次质鲜牛肉——肌肉色稍暗,用刀切开截面尚有光泽,脂肪缺乏光泽。

(2)气味评价。

良质鲜牛肉——具有牛肉的正常气味。

次质鲜牛肉——稍有氨味或酸味。

（3）黏度评价。

良质鲜牛肉——外表微干或有风干的膜，不黏手。

次质鲜牛肉——外表干燥或黏手，用刀切开的截面上有湿润现象。

（4）弹性评价。

良质鲜牛肉——用手指按压后的凹陷能完全恢复。

次质鲜牛肉——用手指按压后的凹陷恢复慢，且不能完全恢复到原状。

（5）煮沸后的肉汤评价。

良质鲜牛肉——牛肉汤，透明澄清，脂肪团聚于肉汤表面，具有牛肉特有的香味和鲜味。

次质鲜牛肉——肉汤，稍有浑浊，脂肪呈小滴状浮于肉汤表面，香味差或无鲜味。

10.2.5.2 冻牛肉的感官评价

（1）色泽评价。

良质冻牛肉（解冻后）——肌肉色红均匀，有光泽，脂肪呈白色或微黄色。

次质冻牛肉（解冻后）——肌肉色稍暗，肉与脂肪缺乏光泽，但切面尚有光泽。

（2）气味评价。

良质冻牛肉（解冻后）——具有牛肉的正常气味。

次质冻牛肉（解冻后）——稍有氨味或酸味。

（3）黏度评价。

良质冻牛肉（解冻后）——肌肉外表微干，或有风干的膜，或外表湿润，但不黏手。

次质冻牛肉（解冻后）——外表干燥或轻微黏手，切面湿润黏手。

（4）组织状态评价。

良质冻牛肉（解冻后）——肌肉结构紧密，手触有坚实感，肌纤维的韧性强。

次质冻牛肉（解冻后）——肌肉组织松弛，肌纤维有韧性。

（5）煮沸后的肉汤评价。

良质冻牛肉（解冻后）——肉汤澄清透明，脂肪团聚于表面，具有鲜牛肉汤固有的香味和鲜味。

次质冻牛肉（解冻后）——肉汤稍有浑浊，脂肪呈小滴浮于表面，香味和鲜味较差。

10.2.5.3 注水牛肉的评价方法

（1）观察 注水后的肌肉很湿润，肌肉表面有水淋淋的亮光，大血管和小血管周围出现半透明状的红色胶样浸湿，肌肉间结缔组织呈半透明红色胶冻状，横切面可见到淡红色的肌肉；如果是冻结后的牛肉，切面上能见到大小不等的结晶冰粒，这些冰粒是注入的水被冻结产生的，严重时这种冰粒会使肌肉纤维断裂，造成肌肉中的浆液（营养物质）外流。

（2）手触 正常的牛肉，富有一定的弹性；注水后的牛肉，破坏了肌纤维的强力，使之失去了弹性，所以用手指按下的凹陷，很难恢复原状，手触也没有黏性。

（3）刀切　注水后的牛肉,用刀切开时,肌纤维间的水会顺刀口流出。如果是冻肉,刀切时可听到沙沙声,甚至有冰疙瘩落下。

（4）化冻　注水冻结后的牛肉,在化冻时盆中化冻后水是暗红色,原因是肌纤维被注入的水冻结形成的冰胀裂,致使大量浆液外流。

注水后的牛肉,营养成分流失,不宜选购。

10.2.5.4　鉴别老龄牛肉与幼龄牛肉的质量

老龄牛肉肉体的皮肤粗老,多皱纹,肌肉干瘦,皮下脂肪少,肌纤维粗硬而色泽深暗,结缔组织发达,淋巴结萎缩或变为黑褐色,肉味不鲜。

幼龄牛肉含水量多,滋味淡薄,肉质松软,易于煮熟,脂肪含量少,皮肤细嫩柔软,骨髓发红。

10.2.6　羊肉的感官评价

10.2.6.1　鲜羊肉的感官评价

（1）色泽评价。

良质鲜羊肉——肌肉有光泽,色红均匀,脂肪洁白或呈淡黄色,质坚硬而脆。

次质鲜羊肉——肌肉色稍暗淡,用刀切开的截面尚有光泽,脂肪缺乏光泽。

（2）气味评价。

良质鲜羊肉——有明显的羊肉膻味。

次质鲜羊肉——稍有氨味或酸味。

（3）弹性评价。

良质鲜羊肉——用手指按压后的凹陷,能立即恢复原状。

次质鲜羊肉——用手指按压后凹陷恢复慢,且不能完全恢复到原状。

（4）黏度评价。

良质鲜羊肉——外表微干或有风干的膜,不黏手。

次质鲜羊肉——外表干燥或黏手,用刀切开的截面上有湿润现象。

（5）煮沸的肉汤评价。

良质鲜羊肉——肉汤透明澄清,脂肪团聚于肉汤表面,具有羊肉特有的香味和鲜味。

次质鲜羊肉——肉汤稍有浑浊,脂肪呈小滴状浮于肉汤表面,香味差或无鲜味。

10.2.6.2　冻羊肉的感官评价

（1）色泽评价。

良质冻羊肉（解冻后）——肌肉颜色鲜艳,有光泽,脂肪呈白色。

次质冻羊肉（解冻后）——肉色稍暗,肉与脂肪缺乏光泽,但切面尚有光泽,脂肪稍微发黄。

变质冻羊肉（解冻后）——肉色发暗,肉与脂肪均无光泽,切面也无光泽,脂肪微黄或淡污黄色。

（2）黏度评价。

良质冻羊肉（解冻后）——外表微干或有风干膜或湿润但不黏手。

变质冻羊肉（解冻后）——外表极度干燥或黏手,切面湿润发黏。

（3）组织状态评价。

良质冻羊肉（解冻后）——肌肉结构紧密,有坚实感,肌纤维韧性强。

次质冻羊肉（解冻后）——肌肉组织松弛,但肌纤维尚有韧性。

变质冻羊肉（解冻后）——肌肉组织软化、松弛,肌纤维无韧性。

（4）气味评价。

良质冻羊肉（解冻后）——具有羊肉正常的气味（如膻味等）,无异味。

次质冻羊肉（解冻后）——稍有氨味或酸味。

变质冻羊肉（解冻后）——有氨味、酸味或腐臭味。

（5）肉汤评价。

良质冻羊肉（解冻后）——澄清透明,脂肪团聚于表面,具有鲜羊肉汤固有的香味或鲜味。

次质冻羊肉（解冻后）——稍有浑浊,脂肪呈小滴浮于表面,香味、鲜味均差。

变质冻羊肉（解冻后）——浑浊,脂肪较少浮于表面,有污灰色絮状物悬浮,有异味甚至臭味。

10.2.7　禽肉的感官评价

10.2.7.1　鲜光鸡的感官评价

（1）眼球评价。

新鲜鸡肉——眼球饱满。

次鲜鸡肉——眼球皱缩凹陷,晶体稍显浑浊。

变质鸡肉——眼球干缩凹陷,晶体浑浊。

（2）色泽评价。

新鲜鸡肉——皮肤有光泽,因品种不同可呈淡黄色、淡红色和灰白色等,肌肉切面具有光泽。

次鲜鸡肉——皮肤色泽转暗,但肌肉切面有光泽。

变质鸡肉——表无光泽,头颈部常带有暗褐色。

（3）气味评价。

新鲜鸡肉——具有鲜鸡肉的正常气味。

次鲜鸡肉——仅在腹腔内可嗅到轻度不快气味,无其他异味。

变质鸡肉——体表和腹腔均有不快气味甚至臭味。

（4）黏度评价。

新鲜鸡肉——外表微干或微湿润,不黏手。

次鲜鸡肉——外表干燥或黏手,新切面湿润。

变质鸡肉——外表干燥或黏手腻滑,新切面发黏。

(5)弹性评价。

新鲜鸡肉——指压后的凹陷能立即恢复。

次鲜鸡肉——指压后的凹陷恢复较慢,且不完全恢复。

变质鸡肉——指压后的凹陷不能恢复,且留有明显的痕迹。

(6)肉汤评价。

新鲜鸡肉——肉汤澄清透明,脂肪团聚于表面,具有香味。

次鲜鸡肉——肉汤稍有浑浊,脂肪呈小滴浮于表面,香味差。

变质鸡肉——肉汤浑浊,有白色或黄色絮状物,脂肪浮于表面者很少,甚至能嗅到腥臭味。

10.2.7.2 烧鸡质量优劣的评价方法

(1)闻 如果有异臭味,说明烧鸡存放已久或是病死鸡加工制成的。

(2)看 看烧鸡的眼睛,如果眼睛是半睁半闭,说明是好鸡加工制成的;如果双眼紧闭,说明是病鸡或病死鸡加工制成的。

(3)动 用筷子或小刀挑开肉皮,肉呈血红色的,说明是病死鸡加工制成的,因病死鸡没有放血或放不出血。此外,买烧鸡时,不要只看其外表色泽的新鲜光滑,因为有的烧鸡其色泽是用红糖或蜂蜜和油涂抹在表面形成的。

10.2.7.3 健康禽肉与死禽肉的评价方法

(1)放血切口评价。

健康禽肉——切口不整齐,放血良好,切口周围组织有被血液浸润现象,呈鲜红色。

死禽肉——切口平整,放血不良,切口周围组织无被血液浸润现象,呈暗红色。

(2)皮肤评价。

健康禽肉——表皮色泽微红,具有光泽,皮肤微干而紧缩。

死禽肉——皮呈暗红色或微青紫色,有死斑,无光泽。

(3)脂肪评价。

健康禽肉——脂肪呈白色或淡黄色。

死禽肉——脂肪呈暗红色,血管中淤存有暗紫红色血液。

(4)胸肋、腿肌评价。

健康禽肉——切面光洁,肌肉呈淡红色,有光泽、弹性好。

死禽肉——切面呈暗红色或暗灰色,光泽较差或无光泽,手按在肌肉上会有少量暗红色血液渗出。

10.3　蛋和蛋制品的感官评价

鲜蛋的感官评价分为蛋壳评价和打开评价。蛋壳评价包括眼看、手摸、耳听、鼻嗅等方法,也可借助于灯光透视进行评价。打开评价是将鲜蛋打开,观察其内容物的颜色、稠度、性状、有无血液、胚胎是否发育、有无异味和臭味等。蛋制品的感官评价指标主要是色泽、外观形态、气味和滋味等。同时应注意杂质、异味、霉变、生虫和包装等情况,以及是否具有蛋品本身固有的气味或滋味。

鲜蛋等级划分为:三等和三级。

等别:①一等蛋,每个蛋重在 60 g 以上;②二等蛋,每个蛋重在 50 g 以上;③三等蛋:每个蛋重在 38 g 以上。

级别:①一级蛋,蛋壳清洁、坚硬、完整,气室深度 0.5 cm 以上者不超过 10%,蛋白清明,质浓厚,胚胎无发育;②二级蛋:蛋壳尚清洁、坚硬、完整,气室深度 0.6 cm 以上者不超过 10%,蛋白略显清明而质尚浓厚,蛋黄略显清明,但仍固定,胚胎无发育;③三级蛋:蛋壳污壳者不超过 10%,气室深度 0.8 cm 以上者不超过 25%,蛋白清明,质稍稀薄,蛋黄明显而移动,胚胎微有发育。

10.3.1　鲜蛋的感官评价

10.3.1.1　蛋壳的感官评价

(1)眼看　用眼睛观察蛋的外观形状、色泽、清洁度等。

良质鲜蛋——蛋壳清洁、完整、无光泽,壳上有一层白霜,色泽鲜明。

次质鲜蛋——一类次质鲜蛋:蛋壳有裂纹、格窝现象,蛋壳破损,蛋清外溢或壳外有轻度霉斑等;二类次质鲜蛋:蛋壳发暗,壳表面破碎且破口较大,蛋清大部分流出。

劣质鲜蛋——蛋壳表面的粉霜脱落,壳色油亮,呈乌灰色或暗黑色,有油样漫出,有较多或较大的霉斑。

(2)手摸　用手摸鲜蛋的表面是否粗糙,掂量蛋的轻重,把蛋放在手掌心上翻转等。

良质鲜蛋——蛋壳粗糙,重量适当。

次质鲜蛋——一类次质鲜蛋:蛋壳有裂纹、格窝或破损,手摸有光滑感;二类次质鲜蛋:蛋壳破碎,蛋白流出,手掂重量轻,蛋拿在手掌上自转时总是一面向下(贴壳蛋)。

劣质鲜蛋——手摸有光滑感,掂量时过轻或过重。

(3)耳听　即把蛋拿在手上,轻轻抖动使蛋与蛋相互碰击,细听其声,或用手握蛋摇动,听其声音。

良质鲜蛋——蛋与蛋相互碰击声音清脆,手握蛋摇动无声。

次质鲜蛋——蛋与蛋碰击发出哑声(裂纹蛋),手摇动时内容物有流动感。

劣质鲜蛋——蛋与蛋相互碰击发出嘎嘎声(孵化蛋)、空空声(水花蛋)。手握蛋摇动时内容物有晃动声。

（4）鼻嗅　用嘴向蛋壳上轻轻哈一口热气,然后用鼻子嗅其气味。

良质鲜蛋——有轻微的生石灰味。

次质鲜蛋——有轻微的生石灰味或轻度霉味。

劣质鲜蛋——有霉味、酸味、臭味等不良气体。

10.3.1.2　鲜蛋的灯光透视评价

灯光透视是指在暗室中用手握住蛋体紧贴在照蛋器的光线洞口上,前后上下左右来回轻轻转动,靠光线的帮助看蛋壳有无裂纹、气室大小、蛋黄移动的影子、内容物的澄明度、蛋内异物,以及蛋壳内表面的霉斑、胚胎发育等情况。在市场上无暗室和照蛋设备时,可用手电筒围上暗色纸筒(照蛋端直径稍小于蛋)进行评价。如有阳光,也可以用纸筒对着阳光直接观察。

良质鲜蛋——气室直径小于11mm,整个蛋呈微红色,蛋黄略见阴影或无阴影,且位于中央,不移动,蛋壳无裂纹。

次质鲜蛋——一类次质鲜蛋:蛋壳有裂纹,蛋黄部呈现鲜红色小血圈;二类次质鲜蛋:透视时可见蛋黄上呈现血环,环中及边缘呈现少许血丝,蛋黄透光度增强而蛋黄周围有阴影,气室大于11mm,蛋壳某一部位呈绿色或黑色;蛋黄部完整,散如云状,蛋壳膜内壁有霉点,蛋内有活动的阴影。

劣质鲜蛋——透视时黄、白混杂不清,呈均匀灰黄色,蛋全部或大部不透光,呈灰黑色,蛋壳内部均有黑色或粉红色斑点,蛋壳某一部分呈黑色且占蛋黄面积的1/2以上,有圆形黑影(胚胎)。

10.3.1.3　鲜蛋打开评价

将鲜蛋打开,将其内容物置于玻璃平皿或瓷碟上,观察蛋黄与蛋清的颜色、稠度、性状、有无血液,胚胎是否发育,有无异味等。

（1）颜色评价。

良质鲜蛋——蛋黄、蛋清色泽分明,无异常颜色。

次质鲜蛋——一类次质鲜蛋:颜色正常,蛋黄有圆形或网状血红色,蛋清颜色发绿,其他部分正常;二类次质鲜蛋:蛋黄颜色变浅,色泽分布不均匀,有较大的环状或网状血红色,蛋壳内壁有黄中带黑的黏痕或霉点,蛋清与蛋黄混杂。

劣质鲜蛋——蛋内液态流体呈灰黄色、灰绿色或暗黄色,内杂有黑色霉斑。

（2）性状评价。

良质鲜蛋——蛋黄呈圆形凸起且完整,并带有韧性,蛋清浓厚、稀稠分明,系带粗白而有韧性,并紧贴蛋黄的两端。

次质鲜蛋——一类次质鲜蛋:性状正常或蛋黄呈红色的小血圈或网状直丝;二类次质鲜蛋:蛋黄扩大,扁平,蛋黄膜增厚发白,蛋黄中呈现大血环,环中或周围可见少许血丝,蛋清变得稀薄,蛋壳内壁有蛋黄的粘连痕迹,蛋清与蛋黄相混杂(蛋无异味),蛋内有小的虫体。

劣质鲜蛋——蛋清和蛋黄全部变得稀薄浑浊,蛋膜和蛋液中都有霉斑或蛋清呈胶冻样霉变,胚胎形成长大。

(3)气味评价。

良质鲜蛋——具有鲜蛋的正常气味,无异味。

次质鲜蛋——具有鲜蛋的正常气味,无异味。

劣质鲜蛋——有臭味、霉变味或其他不良气味。

10.3.2 皮蛋(松花蛋)的感官评价

(1)外观评价 皮蛋的外观评价主要是观察其外观是否完整,有无破损、霉斑等,也可用手掂动,感觉其弹性,或握蛋摇晃听其声音。

良质皮蛋——外表泥状包料完整、无霉斑,包料剥掉后蛋壳也完整无损,去掉包料后用手抛起约 30 cm 高自然落于手中有弹性感,摇晃时无动荡声。

次质皮蛋——外观无明显变化或裂纹,抛动试验弹动感差。

劣质皮蛋——包料破损不全或发霉,剥去包料后,蛋壳有斑点或破、漏现象,有的内容物已被污染,摇晃后有水荡声或感觉轻飘。

(2)灯光透照评价 皮蛋的灯光透照评价是将皮蛋去掉包料后按照鲜蛋的灯光透照法进行评价,观察蛋内颜色、凝固状态、气室大小等。

良质皮蛋——呈玳瑁色,蛋内容物凝固不动。

次质皮蛋——蛋内容物凝固不动,或有部分蛋清呈水样,或气室较大。

劣质皮蛋——蛋内容物不凝固,呈水样,气室很大。

(3)打开评价 皮蛋的打开评价是将皮蛋剥去包料和蛋壳,观察内容物性状及品尝其滋味。

①组织状态评价。

良质皮蛋——整个蛋凝固、不黏壳、清洁而有弹性,呈半透明的棕黄色,有松花样纹理。蛋纵剖可见蛋黄呈浅褐色或浅黄色,中心较稀。

次质皮蛋——内容物或凝固不完全,或少量液化贴壳,或僵硬收缩。蛋清色泽暗淡,蛋黄呈墨绿色。

劣质皮蛋——蛋清黏滑,蛋黄呈灰色糊状,严重者大部或全部液化呈黑色。

②气味与滋味评价。

良质皮蛋——芳香,无辛辣气。

次质皮蛋——有辛辣气味或橡皮样味道。

劣质皮蛋——有刺鼻恶臭或有霉味。

10.3.3　咸蛋的感官评价

（1）外观评价。

良质咸蛋——包料完整无损,剥掉包料后或直接用盐水腌制的可见蛋壳也完整无损,无纹或霉斑,摇动时有轻度水荡漾感觉。

次质咸蛋——外观无显著变化或有轻微裂纹。

劣质咸蛋——隐约可见内容物呈黑色水样,蛋壳破损或有霉斑。

（2）灯光透视评价。

咸蛋灯光透视评价方法同皮蛋,主要观察内容物的颜色、组织状态等。

良质咸蛋——蛋黄凝结、呈橙黄色且靠近蛋壳,蛋清呈白色水样透明。

次质咸蛋——蛋清尚清晰透明,蛋黄凝结呈现黑色。

劣质咸蛋——蛋清浑浊,蛋黄变黑,转动蛋时蛋黄黏滞,蛋质量更低劣者,蛋清蛋黄都发霉或全部溶解成水样。

（3）打开评价。

良质咸蛋——生蛋打开可见蛋清稀薄透明,蛋黄呈红色或淡红色,浓缩黏度增强,但不黏固,煮熟后打开,可见蛋清白嫩,蛋黄口味有细沙感,富于油脂,品尝则有咸蛋固有的香味。

次质咸蛋——生蛋打开后蛋清清晰或为白色水样,蛋黄发黑黏固,略有异味,煮熟后打开蛋清略带灰色,蛋黄变黑,有轻度的异味。

劣质咸蛋——生蛋打开,蛋清浑浊,蛋黄已大部分融化,蛋清蛋黄全部呈黑色,有恶臭味,煮熟后打开,蛋清灰暗或黄色,蛋黄变黑或散成糊状,严重者全部呈黑色,有臭味。

10.4　乳和乳制品的感官评价

乳与乳制品的感官品价技术是近几年随着乳制品行业的快速发展而发展起来的,与使用各种物理化学仪器进行分析相比,应用感官评价技术进行评价分析具有简便易行、灵敏度高、直观而且实用等优点。应用感官评价手段来分析、评价乳与乳制品的质量具有非常重要的意义,因此被乳制品行业广泛接受,同时也是从事乳制品的研发、质量管理等工作所必须掌握的一门技能。

10.4.1　乳与乳制品的感官评价方法

10.4.1.1　生鲜乳及液体乳

（1）色泽和组织状态　取适量试样于50 mL烧杯中,在自然光下观察色泽和组织状态,并轻微晃动烧杯,观察杯壁上下落的牛奶薄层是否均匀细腻。

（2）滋味和气味　取适量经加热并冷却至室温的试样于50 mL烧杯中,先闻气味,然后用温开水漱口,再品尝样品的滋味。

10.4.1.2　乳粉类

(1)滋味和气味　首先在红灯下评价滋味和气味。先用清水漱口,然后取定量冲调好的样品,用鼻子闻气味,最后喝一口(约 5 mL)仔细品尝再咽下。

(2)组织状态和色泽　在日光灯或自然光线下观察其组织状态。首先按样品编号做样品色泽判定,其次进行组织状态评价。

(3)乳粉冲调性试验　乳粉的冲调性可通过下沉时间、热稳定性、挂壁及团块来判定。

①下沉时间:首先量取 60~65℃ 的蒸馏水 100 mL,放入 200 mL 烧杯中,称取 13.6 g 待检乳粉迅速倒入烧杯中,同时启动秒表开始计时。待水面上的乳粉全部下沉后结束计时,记录乳粉下沉时间。下沉时间直接反映的是乳粉的可湿性。质量较好的乳粉的下沉时间在 30s 以内,即可湿性好。如果乳粉接触水后在表面形成了大的团块,下沉时间会超过 30s,则认为乳粉的可湿性较差。

②热稳定性、挂壁和团块:检验完"下沉时间"后,立即用大号塑料勺沿容器壁按每秒钟转两周的速度进行匀速搅拌,搅拌时间为 40~50 s,然后观察复原乳的挂壁情况。将 2mL 复原乳倾倒到黑色塑料盘中观察小白点情况,最后观察容器底部是否有不溶团块。

优质乳粉无挂壁现象,没有或有极少量(不多于 10 个)小白点,无团块。

根据出现挂壁的严重程度、小白点的数量和出现团块的多少可以判定乳粉冲调性能的优劣。

10.4.1.3　其他乳制品类

(1)炼乳。

气味:取定量包装试样,开启罐盖(或瓶盖),闻气味。

色泽和组织状态:将上述试样缓慢倒入烧杯中,在自然光下观察色泽和组织状态。待样品倒净后,将罐(瓶)口朝上,倾斜 45° 放置,观察罐(瓶)底部有无沉淀。

滋味:用温开水漱口后,品尝样品的滋味。

(2)奶油及干酪。

色泽和组织状态:打开试样外包装,用小刀切取部分样品,置于白色瓷盘中,在自然光下观察色泽和组织状态。

滋味和气味:取适量试样,先闻气味,然后用温开水漱口,最后品尝样品的滋味。

10.4.2　乳与乳制品的色泽评价

10.4.2.1　鲜牛乳

正常、新鲜的全脂牛乳应该呈现不透明、均匀一致的乳白色或稍带微黄色,具有较好的亮度。

牛乳的不透明和乳白色是由于牛乳中含有的多种成分物质,对光的吸收和不规则反射、折射引起的。牛乳呈现的微黄色是由于其中含有少量黄色的核黄素、叶黄素和胡萝卜素所形成,这些物质主要来自饲料。一般由于春、夏季节青草饲料较多,所产牛乳呈黄色较显著,冬季则淡一些。由于胡萝卜素和叶黄素主要存在于乳脂肪中,脱脂乳中几乎不含胡萝卜素和叶黄素,故呈现乳白色,同时略带青色,分离出酪蛋白后的乳清则呈黄绿色。

根据牛乳的色泽可以初步判定牛乳的质量情况。例如,当牛乳的色泽呈现为明显的红色时,可能是掺入了乳房炎乳、奶牛乳头内出血、牛乳污染了某种产红色素的细菌等原因引起的;牛乳呈现深黄色,多数是因为掺入了较多的牛初乳;牛乳呈现明显的青色、黄绿色、黄色斑点或灰白发暗,则极有可能是牛乳已经被细菌严重污染或掺有其他杂质。所以通过色泽判定牛乳的质量既快速又方便,在实际的工作中,尤其是在原料乳的收购中具有重要意义。

气味:

良质鲜乳——具有乳特有的乳香味,无其他任何异味。

次质鲜乳——乳中固有的香味稍淡或有异味。

劣质鲜乳——有明显的异味,如酸臭味、牛粪味、金属味、鱼腥味、汽油味等。

滋味:

良质鲜乳——具有鲜乳独具的纯香味,滋味可口而稍甜,无其他任何异常滋味。

次质鲜乳——有微酸味(表明乳已开始酸败),或有其他轻微的异味。

劣质鲜乳——有酸味、咸味、苦味等。

10.4.2.2 液体乳制品

除了牛乳中的成分物质直接影响牛乳及其制品的色泽,生产过程中的加工工艺也对乳制品的色泽具有重要影响。

以均质工艺为例,牛乳经过高压均质后,脂肪球颗粒的变小和数量的增多,大大增强了光的漫反射现象,从而使牛乳的颜色变白。

此外,加热处理也能使牛乳的颜色发生改变。加热刚开始时,牛乳稍微有点变白,随着加热程度的增强,牛乳中的乳糖和氨基酸发生美拉德反应,反应产生的褐色素将明显改变光的反射情况,从而使牛乳的颜色变深。在实践中,我们通常采用与标准色泽比较的方法,通过感官(色觉)来评价加热产生的褐变程度。例如,由于超高温杀菌(UHT)处理强度高于巴氏杀菌处理,所以 UHT 乳的色泽明显比巴氏杀菌乳的色泽深,在光照条件下,根据色泽特性可以明显地区分 UHT 乳和巴氏杀菌乳产品。

巴氏杀菌调味乳和 UHT 调味乳的色泽取决于添加的色素和其他添加剂,尤其对于添加果料和色素的特定风味的乳制品,在评价这些乳制品的色泽指标时应根据该产品的类型进行具体评价。

10.4.2.3 乳粉类

乳粉是指以新鲜牛乳(或羊乳)为主要原料并配以其他辅料,经杀菌、浓缩、干燥等工艺过程制得的粉末状产品,俗称奶粉。

乳粉依加工方法及原料处理等的不同,可分为全脂乳粉、脱脂乳粉、全脂加糖乳粉、婴幼儿配方乳粉、牛初乳粉和特殊配方乳粉几类。不同类型的乳粉由于其添加的成分不同，加工工艺也不同，所以产品的色泽存在一些差异。

全脂乳粉是以牛乳或羊乳为原料，不添加任何物质，经浓缩干燥后得到的产品，所以优质的全脂乳粉呈乳黄色，色泽均一，有光泽。

脱脂乳粉在加工中去除了乳脂肪，因此脱脂乳粉的色泽会呈现乳白色，均一，有光泽。

婴幼儿配方乳粉由于加工中添加了植物油、乳清粉、维生素等多种成分物质，因此颜色呈现乳黄色、深黄色，色泽均一，有光泽。

牛初乳粉应呈现乳黄色或浅黄色。

特殊配方乳粉由于受添加的营养素和生产工艺的影响，颜色一般为乳黄色、浅黄色、深黄色，色泽均一，有光泽。

除直接观察乳粉色泽外，还要以乳粉还原成复原乳的形式再次进行评价。乳粉还原的浓度根据不同产品建议的冲调方式进行复原，再在光线明亮处评价该复原乳液的色泽。优质的产品其色泽为牛（或羊）乳的正常色泽，即乳白色或稍带淡黄色，有光泽。

当乳粉出现异常的红色、黄褐色、白色，光泽度差或无光泽，则可以判定该乳粉的质量已经发生改变。生产中可以根据乳粉出现的异常色泽判断乳粉的质量和形成原因，如当原料乳酸度过高而加入碱中和后，所制得的乳粉色泽较深，呈褐色；牛乳中脂肪含量较高，则乳粉色泽较深；乳粉颗粒较大时色泽较黄，乳粉颗粒较小时呈灰黄色；空气过滤器过滤效果不好，或布袋过滤器长期不更换，会导致乳粉呈暗灰色；乳粉生产过程中，物料热处理过度或乳粉在高温下存放时间过长，会使产品色泽加深等；乳粉在贮藏中色泽变深、变褐，是由于乳粉含水量过多、贮藏温度过高所致。

气味：

良质乳粉——具有消毒牛乳纯正的乳香味，无其他异味。

次质乳粉——乳香味平淡或有轻微异味。

劣质乳粉——有陈腐味、发霉味、脂肪哈喇味等。

滋味：

良质乳粉——有纯正的乳香滋味，加糖乳粉有适口的甜味，无任何其他异味。

次质乳粉——滋味平淡或有轻度异味，加糖乳粉甜度过大。

劣质乳粉——有苦涩或其他较重异味。

10.4.2.4　发酵乳制品

酸牛乳是牛乳经乳酸菌发酵后的产品。优质酸牛乳的色泽应呈现出均匀的乳白色、微黄色或所添加果料的固有颜色。酸牛乳最容易出现的色泽缺陷就是灰色、红色、绿色、黑色的斑点或有霉菌生长等，主要是由于产品污染了细菌、霉菌等微生物引起的。

10.4.2.5　干酪

世界上干酪的种类近 2000 种，被国际乳品联合会（IDF）认可的干酪品种有 500 种以上，每种干酪都具有该类产品特有的色泽，在判定干酪的色泽时需要按照每一种干酪的标准进行判定。如传统的切达干酪,其色泽为乳黄色或乳白色;菲达干酪,其色泽为乳白色,色泽均一,有光泽。若产品标识中已标明添加了某些色素,则该产品应该呈现出该色素应有的颜色。

10.4.2.6 其他乳制品

其他乳制品,如奶油、炼乳等产品,其色泽呈现乳白色或乳黄色,色泽均一,有光泽。冰激凌的色泽与产品生产时所添加的色素和果料具有密切关系。

10.5 水产品及其制品的感官评价

运用感官评价水产品及其制品的质量优劣时,主要是通过体表形态、鲜活程度、色泽、气味、肉质的弹性和洁净程度等感官指标来进行综合评价的。

对于水产品来讲,首先是观察其鲜活程度,是否具备一定的生命活力;其次是看外观形体的完整性,注意有无伤痕、鳞爪脱落、骨肉分离等现象;再次是观察其体表卫生洁净程度,即有无污秽物和杂质等;最后才是看其色泽,嗅其气味,有必要的话还要品尝其滋味。

对于水产制品,感官评价也主要是外观、色泽、气味和滋味几项内容。其中是否具有该类制品的特有的正常气味与风味,对于做出正确判断有着重要意义。

10.5.1 鱼类的感官评价

10.5.1.1 鲜鱼

在进行鱼的感官评价时,先观察其眼睛和鳃,然后检查其全身和鳞片,同时用一块洁净的吸水纸浸吸鳞片上的黏液来观察和嗅闻,评价黏液的质量。必要时用竹签刺入鱼肉中,拔出后立即嗅其气味,或者切割小块鱼肉,煮沸后测定鱼汤的气味与滋味。

(1)眼球。

新鲜鱼——眼球饱满突出,角膜透明清亮,有弹性。

次鲜鱼——眼球不突出,眼角膜起皱,稍变混浊,有时眼内溢血发红。

腐败鱼——眼球塌陷或干瘪,角膜皱缩或有破裂。

(2)鱼鳃。

新鲜鱼——鳃色清晰呈鲜红色,黏液透明,具有海水鱼的咸腥味或淡水鱼的土腥味,无异臭味。

次鲜鱼——鳃色变暗呈灰红或灰紫色,黏液轻度腥臭,气味不佳。

腐败鱼——鳃色呈褐色或灰白色,有污秽的黏液,带有不愉快的腐臭气味。

(3)体表。

新鲜鱼——有透明的黏液,鳞片有光泽且与鱼体贴附紧密、不易脱落(鲴、大黄鱼、小黄鱼除外)。

次鲜鱼——黏液多不透明,鳞片光泽度差且较易脱落,黏液黏腻而混浊。

腐败鱼——体表暗淡无光,表面附有污秽黏液,鳞片与鱼皮脱离殆尽,具有腐臭味。

(4)肌肉。

新鲜鱼——肌肉坚实有弹性,指压后凹陷立即消失,无异味,肌肉切面有光泽。

次鲜鱼——肌肉稍呈松散,指压后凹陷消失得较慢,稍有腥臭味,肌肉切面有光泽。

腐败鱼——肌肉松散,易与鱼骨分离,指压时形成的凹陷不能恢复或手指可将鱼肉穿破。

(5)腹部外观。

新鲜鱼——腹部正常、不膨胀,肛门白色、凹陷。

次鲜鱼——腹部膨胀不明显,肛门稍突出。

腐败鱼——腹部膨胀、变软或破裂,表面发暗灰色或有淡绿色斑点,肛门突出或破裂。

一般鱼类鲜度感官等级指标,见表 10-3 和表 10-4。

表 10-3　常见海水鱼的鲜度感官评价

品种	新鲜	不新鲜
海鳗	眼球凸出明亮,肉质有弹性,黏液多	眼球下陷,肉质松软
梭鱼	鳃盖紧闭,肉质坚实,肛门处污泥黏液不多	体软,肛门凸出有较重的泥臭味
鲈鱼	体色鲜艳,肉质紧实	体色发乌,头部发糊呈黄色
大黄鱼	色泽金黄,鳃鲜红,肌肉紧实有弹性	眼球下陷,头部发糊,体表色泽减退,渐至白色,腹部发软,肉易离刺
黄花鱼	眼凸出,鳃红,体表干净,色泽呈金黄色而有光泽。肌肉僵直而富有弹性	眼塌,鳃部有很浓的腥臭味,鳞片脱落很多,色泽渐退至灰白色,腹部发软甚至破裂
黄姑鱼	色泽鲜艳,鱼体坚硬	色泽灰白,腹部塌软
带鱼	眼凸出,银鳞多而有光泽	眼塌陷,鳃黑,表皮有皱纹,失去光泽变成香灰色,破肚,掉头,胆破裂,有胆汁渗出
鲳鱼	鲜明有光泽,鳃色红色,肉质坚实	体表发暗,鳃色发灰,肉质稍松
加吉鱼	体色鲜艳有光泽,肉质紧实,肛门凹陷	色泽无光,鳞片易脱落,肉质弹性差,有异味

表 10-4　常见淡水鱼的鲜度感官评价

品种	新鲜	不新鲜
青鱼	体色有光泽,鳃色鲜红	体表有多量黏液,腹部很软且开始膨胀
草鱼	鳃肉有青草气味,肌肉富有弹性	鳃肉有较重的饲草酸味,腹部甚软,肛门处有溢出物
鲢鱼	体表黏液较少,有光泽,鳞片紧贴鱼体	眼带白蒙,腹部发软,肌肉无弹性,肛门处有浑浊的肠内容物流出
鳙鱼	鳃色鲜红,鳞片紧密不易脱落	鳃有酸臭味,体表失去光泽,肉质特别松弛
鲫鱼	眼球透明,鳃色鲜红,体质结实	鳃有异臭味,腹部发软呈污黄色,肛门处有黑水
鲤鱼	鳃色鲜红,鳞片贴体牢固不易脱落	鳃内充满很多黏液,并有酸臭味,腹部稍膨胀

10.5.1.2　冻鱼

鲜鱼经-23℃低温冻结后,鱼体发硬,其质量优劣不如鲜鱼那么容易评价,冻鱼的评价应注意以下几个方面。

（1）体表。

质量好的冻鱼——色泽光亮与鲜鱼般的鲜艳,体表清洁,肛门紧缩。

质量差的冻鱼——体表暗无光泽,肛门凸出。

（2）鱼眼。

质量好的冻鱼——眼球饱满凸出,角膜透明,洁净无污物。

质量差的冻鱼——眼球平坦或稍陷,角膜混浊发白。

（3）组织。

质量好的冻鱼——体型完整无缺,用刀切开检查,肉质结实不离刺,脊骨处无红线,胆囊完整不破裂。

质量差的冻鱼——体型不完整,用刀切开后,肉质松散,有离刺现象,胆囊破裂。

10.5.2　虾类的感官评价

（1）头胸节和腹节的连接程度　在虾体头胸节末端存在着被称为"虾脑"的胃脏和肝脏。虾体死亡后,"虾脑"易腐败分解,并影响头胸节与腹节连接处的组织,使节间的连接变得松弛。这一指标能灵敏而确切地反映虾的鲜度。

（2）体表色泽　在虾体甲壳下的真皮层内散布着各种色素细胞,含有以胡萝卜素为主的色素质,常以各种方式与蛋白质结合在一起。当虾体变质分解时,即色素质与蛋白质脱离而产生虾红素,使虾体泛红。这一指标能确切地反映鲜度,但不如前一指标灵敏,到虾体接近变质时才能反映出来。

（3）伸屈力　虾体处在尸僵阶段时,体内组织完好、细胞充盈着水分,膨胀而有弹力,故能保持死亡时伸张或卷曲的固有状态,即使用外力使之改变,待等外力移去,仍能恢复原有姿态。当虾体发生自溶以后,组织变软,就失去这种伸屈力。这一指标能确切地反映其鲜度。

（4）体表是否干燥　鲜活的虾体外表洁净,触之有干燥感。但当虾体将近变质时,甲壳下一层分泌黏液的颗粒细胞崩解,大量黏液渗到体表,触之就有滑腻感。这一指标也能确切地反映出虾的鲜度。

10.5.3　蟹类的感官评价

（1）肢与体连接程度　蟹体甲壳较厚,当蟹体自溶作用而变软以后,由于有甲壳包被而见不到变形现象,但在肢、体相接的转动处,就会明显地呈现松弛现象,以手提起蟹体,可见肢体（步足）向下松垂。这一指标能灵敏而确切地反映其鲜度。

（2）腹脐上方的"胃印"　蟹类多以腐殖质为食饵,死后经一段时间,胃中食物就会腐败使蟹体腹面脐部上方泛出黑印,这一指标能确切地反映其鲜度。

（3）"蟹黄"是否凝固　蟹体内被称为"蟹黄"的物质,是多种内脏和生殖器官所在。当蟹体在尸僵阶段时,"蟹黄"是呈凝固状的,但当蟹体自溶作用以后,它即呈半流动状,到蟹体变质时更变得稀薄,手持蟹体翻转时,可感到壳内"蟹黄"的流动。这一指标能确切地反映其鲜度。

(4)鳃色洁净、丝清晰　海蟹在水中用鳃呼吸时,大量吞水吐水,鳃上会黏有许多污粒和微生物,当蟹体活着时,鳃能自净,死亡后则无自净能力,鳃丝就开始腐败而黏结。这一指标也能确切地反映其鲜度,但需剥开甲壳后才能观察。

10.5.4　干制水产品的感官评价

干制水产品是以鲜、冻动物性水产品、海水藻类等为原料经相应工艺加工而成的产品,主要包括干海参、烤鱼片、调味鱼干、虾米、虾皮、烤虾、虾片、干贝、鱿鱼丝、鱿鱼干、干燥裙带菜叶、干海带、紫菜等。

10.5.4.1　干海参

干海参是以新鲜海参为原料经水煮、盐渍、拌灰、干燥等工序制成的产品。

(1)感官特性　产品规格按个体大小分为 4 个等级:大规格 ≥ 15.1 g/个,中规格 10.1~15.0 g/个,小规格 7.6~10.0 g/个,特小规格 ≤ 7.5 g/个。

产品感官特性根据组织形态的不同分为三级:一级品体形肥满,肉质厚实,刺挺直无残缺,嘴部石灰质露出少,切口较整齐;二级品体形细长,肉质较厚,个别刺有残缺,嘴部石灰质露出较多;三级品体形不正,刺有残缺,嘴部石灰质露出较多。

产品色泽均呈黑灰色或灰色;体内洁净,基本无盐结晶,体表无盐霜,附着的木炭粉或草木灰少,无杂质,无异味。

(2)感官评价方法　在目测规格的基础上,随机取 10 个海参,用量程不大于 0.1 g 的天平逐个称量。

将样品平摊于白瓷盘内,于光线充足无异味的环境中,按感官特性的要求逐项检验,肉质及内部杂质应剖开后进行检验。必要时,水发后检验。

10.5.4.2　烤鱼片

烤鱼片是以冰鲜或冷冻的马面鱼、鳕鱼等原料鱼制成的调味鱼干,经烤熟、轧松等工序制成的产品。

(1)感官特性　产品规格按色泽、形态、组织、滋味及气味分成两级:一级品肉质呈黄白色,色泽均匀;鱼片平整,片形完好;肉质疏松,有嚼劲,无僵片;滋味鲜美,咸甜适宜,具有烤鱼特有香味;二级品肉质呈黄白色,边沿允许略带焦黄色,鳕鱼片允许一面有棕红色;鱼片平整,片形基本完好;肉质较疏松,有嚼劲,无僵片;滋味鲜美,气味正常,无异味。

(2)感官评价方法　将试样平摊于白瓷盘内,于光线充足、无异味的环境中,按感官特性的要求逐项检验。

10.5.4.3　虾皮

(1)感官特性　产品感官特性根据组织形态及色泽的不同分为三级:一级品色泽好,肉质厚实,壳软,片大且均匀,完整,基本无碎末和水产夹杂物;二级品光泽较好,壳软,片大较均匀,破碎较少,无明显碎末;三级品体色暗淡,外观不光亮,虾体不整齐,破碎的多,味道咸或苦。

（2）感官评价方法　将试样摊于白瓷盘内,于光线充足、无异味的环境中,按感官特性的要求逐项检验。

10.5.4.4　干贝

（1）感官特性　产品感官特性根据色泽、组织形态、滋味气味的不同分为三级:一级品光泽好,半透明,颗粒坚实,饱满,味鲜美,具浓厚特有的香味;二级品光泽较好,颗粒坚实较饱满,味较鲜美,具特有的香味;三级品光泽暗淡,颗粒不整齐,味较鲜,无异味。各级产品体表均洁净,无杂质,无污染,无虫害,无霉变。

（2）感官评价方法　将样品平摊于白搪瓷盘内,于光线充足、无异味的环境中,按感官特性的要求逐项检查。

10.5.4.5　鱿鱼丝

（1）感官特性　脱皮鱿鱼丝呈淡黄色,带皮鱿鱼丝呈棕褐色,色泽均匀;形态呈丝条状,每条丝的两边带有丝纤维,形状完好;肉质疏松,有嚼劲,无僵丝;滋味鲜美,口味适宜,具有鱿鱼丝特有香味,无异味;无杂质。

（2）感官评价方法　将试样平摊于白搪瓷盘内,于光线充足无异味的环境中,按感官特性的要求逐项检查。

10.5.4.6　紫菜

（1）感官特性　产品感官特性根据外观、色泽、张数、口感的不同分为三级。

一级品厚薄均匀,平整,无缺损;在重量为 250 g 紫菜所含有张数的 1/10 中,允许每张有 1~2 个直径小于 7 mm 的孔洞（3 mm 小洞不限）;无草竹屑、绳头、贝壳及绿藻等杂质;条斑紫菜和坛紫菜均呈黑紫色,两面有光泽;条斑紫菜 250 g,不少于 65 张,坛紫菜 250 g,不少于 45 张;口感鲜香、细嫩、无咸味、无泥沙。

二级品厚薄均匀,平整;允许有小缺角;在 250 g 质量内所规定张数的 1/3 中,允许每张有 3~4 个直径小于 1 cm 的孔洞（5 mm 小洞不限）;无草竹屑、绳头、贝壳及绿藻等杂质;条斑紫菜呈黑紫色,两面有光泽,坛紫菜呈深紫色,一面有光泽;条斑紫菜质量 250 g,不少于 55 张,坛紫菜质量 250 g,不少于 35 张;口感较鲜香、细嫩、无咸味、无泥沙。

三级品厚薄较均匀,在 250 g 质量内所规定张数的 1/2 中,允许每张有 1/5 的缺损或 3~4 个直径小于 1.5 cm 的孔洞（5 mm 小洞不限）;允许有少量绿藻,无草竹屑、绳头、贝壳等杂质;条斑紫菜呈黑紫色或深紫色,有光泽,坛紫菜呈深紫色带微绿色,略有光泽;条斑紫菜 250 g,不少于 45 张,坛紫菜 250 g,不少于 30 张;口感较鲜嫩、无咸味、无泥沙。

（2）感官评价方法　感官评价应在光线充足、无异味、清洁卫生的场所进行,按感官特性逐项检查。

10.5.5　鱼糜制品的感官评价

鱼糜制品是以鲜(冻)鱼、虾、贝类、甲壳类、头足类等动物性水产品的肉糜为主要原料,添加辅料,经相应工艺加工而成的产品,代表品种有冻鱼丸、鱼糕、虾丸、虾饼、墨鱼丸、贝肉丸、模拟扇贝柱和模拟蟹肉等,并根据是否熟化分为即食类和非即食类。

(1)感官特性。

冻品外观:包装袋完整无破损、不漏气,袋内产品形状良好,个体大小基本均匀、完整、较饱满,排列整齐,丸类有丸子的形状,模拟制品应具有特定的形状。

色泽:鱼丸、鱼糕、墨鱼丸、墨鱼饼、贝肉丸和模拟扇贝柱白度较好,虾丸和虾饼要有虾红色,模拟蟹肉正面和侧面要有蟹红色、肉体和背面色泽白度较好。

肉质:口感爽,肉滑,弹性较好,10分法评价不少于6分。

滋味:鱼丸和鱼糕要有鱼鲜味,虾丸和虾饼要有虾鲜味,贝肉丸和模拟扇贝柱要有扇贝鲜味,模拟蟹肉要有蟹肉特有的鲜。味道较好,10分法评价不少于6分。

杂质:允许有少量2 mm以下小鱼刺或鱼皮,但不允许有鱼骨鱼皮以外的夹杂物。

(2)感官评价方法　感官评价应在光线充足、无异味、清洁卫生的场所进行,按感官特性逐项检查。

冻品外观和色泽:先检查包装袋是否完整、有无破损,然后剪开包装袋检查袋内产品形状、个体大小是否完整和饱满,模拟蟹肉排列是否整齐;再检查样品色泽、风干程度。

肉质和滋味:将解冻后的样品水煮,品尝检验其肉质和滋味。水煮方法如下,将1 L饮用水倒入洁净的容器中煮沸,放入解冻后的试样100~200 g,盖严,煮沸1~2 min,停止加热,开盖即嗅气味,取出后品尝。用10分法评价肉质和滋味,以综合分数评价其质量。

10.6　食用植物油的感官评价

植物油料即压榨油脂,其农产品原材料主要包括大豆、油菜籽、花生、芝麻和葵花籽等种类。植物油料的质量优劣直接影响产油率和油脂的品质。植物油料的感官评价主要是依据其色泽、组织状态、水分、气味和滋味几项指标进行。评价方式是通过眼观籽粒饱满程度、颜色、光泽、杂质、霉变、虫蛀、成熟度等情况,借助牙齿咬合、手指按捏声响和感觉来判断其水分大小,此外就是鼻嗅其气味,口尝其滋味,以感知是否有异臭异味。其中尤其以外观、色泽、气味三项为感官评价的重要依据。

植物油脂的质量优劣,在感官评价上也可大致归纳为色泽、气味、滋味等几项,再结合透明度、水分含量、杂质沉淀物等情况进行综合判断。其中眼观油脂色泽是否正常,有无杂质或沉淀物,鼻嗅是否有霉、焦、哈喇味,口尝是否有苦、辣、酸及其他异味,是评价植物油脂好坏的主要指标。

10.6.1　食用植物油脂的感官评价

（1）气味　每种食用油脂均有其特有的气味,这是油料作物所固有的,如豆油有豆味,菜油有菜籽味等。油脂的气味正常与否,可以说明其质量、加工技术及保管条件等的好坏情况。国家油品质量标准要求食用油不应有焦臭、酸败或其他异味。检验方法是将油脂加热至50℃,用鼻子闻其挥发出来的气味,来判别食用油脂的质量。

（2）滋味　滋味是指通过嘴尝而得到的味感。除芝麻油带有特有的芝麻香味外,一般食用油多无任何滋味。油脂出现异味,说明油料质量、加工方法、包装或保管条件等出现异常。

（3）色泽　各种食用油由于加工方法、消费习惯和标准要求的不同,其色泽有深有浅。如在油料加工过程中,色素溶入油脂中,则油的色泽加深;油料经蒸炒或热压生产出的油,常比冷压生产出的油色泽深。检验方法是,取少量油放在50mL比色管中,在白色背景前借反射光观察试样的颜色。

（4）透明度　质量好的液体状态油脂,在20℃静置24h后,应呈透明状。如果油质浑浊,透明度低,说明油中水分、黏蛋白和磷脂等杂质多,加工精炼程度差。有时油脂变质后,形成的高熔点物质,也能引起油脂的浑浊,透明度低;掺假的油脂,也有浑浊和透明度差的现象。

（5）沉淀物　食用植物油在20℃以下,静置20h以后下沉的物质,称为沉淀物。油脂的质量越高,沉淀物越少。沉淀物少,说明油脂加工精炼程度高,包装质量好。

10.6.2　常见植物油脂的感官评价

植物油脂的原料、质量、加工工艺和储藏等方面都会在感官效果上体现出来,因而感官评价是评价植物油脂质量优劣的一个重要方法。

10.6.2.1　大豆油质量的感官评价

大豆油取自大豆种子,是目前世界上产量最多的植物油脂。大豆油中含有大量的亚油酸,亚油酸是人体必需的脂肪酸,具有重要的生理功能。

（1）色泽评价　纯净油脂是无色、透明,略带黏性的液体。但因油料本身带有各种色素,在加工过程中,这些色素溶解在油脂中而使油脂具有颜色。油脂色泽的深浅,主要决定于油料所含脂溶性色素的种类及含量、油料籽品质的好坏、加工方法、精炼程度及油脂储藏过程中的变化等。

进行大豆油色泽的感官评价时,先将样品混匀并过滤,然后倒入直径50 mm、高100 mm的烧杯中,油层高度不得小于5 mm。在室温下先对着自然光线观察,然后再置于白色背景前借助反射光线观察。冬季油脂变稠或凝固时,取油样250 g左右,加热至35~40℃,使之呈液态,并冷却至20℃左右按上述方法进行评价。

良质大豆油——呈黄色至橙黄色。

次质大豆油——呈棕色至棕褐色。

（2）透明度评价　品质正常的油质应该是完全透明的,如果油脂中的磷脂、固体脂肪、蜡质含量过多或含水量较大时,就会出现浑浊,使透明度降低。

进行大豆油透明度的感官评价时,将 100 mL 充分混合均匀的样品置于比色管中,然后置于白色背景前借助反射光线进行观察。

良质大豆油——完全清晰透明。

次质大豆油——稍浑浊,有少量悬浮物。

劣质大豆油——油液浑浊,有大量悬浮物和沉淀物。

（3）水分含量评价　油脂是一种疏水性物质,一般情况下不易和水混合。但是油脂中常含有少量的磷脂、固醇和其他杂质等能吸收水分的物质,从而形成胶体物质悬浮于油脂中,所以油脂中仍有少量水分,同时还会混入一些杂质,会促使油脂水解和酸败,影响油脂储存时的稳定性。

进行大豆油水分含量的感官评价时,可用以下三种方法进行。

①取样观察法:取干燥洁净的玻璃扦油管,斜插入装油容器内至底部,吸取油脂,在常温和直射光下进行观察。如油脂清晰透明,则水分杂质含量在 0.3% 以下;若出现浑浊,则水分杂质在 0.4% 以上;油脂出现明显浑浊并有悬浮物,则水分杂质在 0.5% 以上;把扦油管的油放回原容器,观察扦油管内壁油迹,若有乳浊现象,观察模糊,则油中水分含量在 0.3% ~ 0.4% 之间。

②烧纸验水法:取干燥洁净的扦油管,插入静置的油容器里,直到底部,抽取油样少许涂在易燃烧的纸片上点燃,听其发出声音,观察其燃烧现象。如果纸片燃烧正常,水分在 0.2% 以内;燃烧时纸面出现气泡,并发出“滋滋”的响声,水分为 0.2% ~ 0.25%;如果燃烧时油星四溅,并发出“叭叭”的爆炸声,水分在 0.4% 以上。

③钢精勺加热法:取有代表性的油约 250 g,放入普通的钢精勺内,在炉火或酒精灯上加热到 150 ~ 160℃,看其泡沫、听其声音和观察其沉淀情况(霉坏、冻伤的油料榨得的油例外),如出现大量泡沫,又发出“吱吱”响声,说明水分较大,在 0.5% 以上;如有泡沫但很稳定,也不发出任何声音,表示水分较小,一般在 0.25% 左右。

良质大豆油——水分不超过 0.2%。

次质大豆油——水分超过 0.2%。

（4）杂质和沉淀评价　油脂在加工过程中混入机械性杂质(泥沙、料坯粉末、纤维等)和磷脂、蛋白质、脂肪酸、黏液树脂、固醇等非油脂性物质,在一定条件下沉入油脂的下层或悬浮于油脂中。

进行大豆油脂杂质和沉淀物的感官评价时,可用以下三种方法。

①取样观察法:用洁净的玻璃扦油管,插入盛油容器的底部,吸取油脂,直接观察有无沉淀物、悬浮物及其量的多少。

②加热观察法:取油样于钢精勺内加热不超过 160℃,拨去油沫,观察油的颜色。若油

色没有变化,也没有沉淀,说明杂质少,一般在 0.2% 以下;如油色变深,杂质在 0.49% 左右;如勺底有沉淀,说明杂质多,在 1% 以上。

③高温加热观察法:取油于钢精勺内加热到 280 ℃,如油色不变,无析出物,说明油中无磷脂;如油色变深,有微量析出物,说明磷脂含量超标;如加热到 280 ℃,油色变黑,有较多量的析出物,说明磷脂含量较高,超过国家标准;如油脂变成绿色,可能是油脂中铜含量过多。

良质大豆油——可以有微量沉淀物,其杂质含量不超过 0.2%,磷脂含量不超标。

次质大豆油——有悬浮物及沉淀物,其杂质含量不超过 0.2%,磷脂含量超过标准。

劣质大豆油——有大量的悬浮物及沉淀物,有机械性杂质,将油加热到 280 ℃ 时,油色变黑,有较多沉淀物析出。

(5)气味评价 可以用三种方法评价大豆油的气味。一是盛装油脂的容器打开封口的瞬间,用鼻子挨近容器口,闻其气味。二是取 1~2 滴油样放在手掌或手背上,双手合拢快速摩擦至发热,闻其气味。三是用钢精勺取油样 25 g 左右,加热到 50 ℃ 左右,用鼻子接近油面,闻其气味。

良质大豆油——具有大豆油固有的气味。

次质大豆油——大豆油固有的气味平淡,微有异味,如青草等味。

劣质大豆油——有霉味、焦味、哈喇味等不良气味。

(6)滋味评价 进行大豆油滋味的感官评价时,应先漱口,然后用玻璃棒取少量油样,涂在舌头上,品尝其滋味。

良质大豆油——具有大豆固有的滋味,无异味。

次质大豆油——滋味平淡或稍有异味。

劣质大豆油——有苦味、酸味、辣味及其他刺激味或不良滋味。

10.6.2.2 花生油质量的感官评价

花生油含不饱和脂肪酸 80% 以上,另外还含有软脂酸、硬脂酸和花生酸等饱和脂肪酸约 19.9%。花生油的脂肪酸构成比较好,易于人体消化吸收。另外,花生油中还含有甾醇、麦胚酚、磷脂、维生素 E、胆碱等对人体有益的物质。

(1)色泽评价 花生油色泽的感官评价,参照大豆油色泽的感官评价方法。

良质花生油——一般呈淡黄至棕黄色。

次质花生油——呈棕黄色至棕色。

劣质花生油——呈棕红色至棕褐色,并且油色暗淡,在日光照射下有蓝色荧光。

(2)透明度评价 花生油透明度的感官评价,参照大豆油透明度的感官评价方法。

良质花生油——清晰透明。

次质花生油——微浑浊,有少量悬浮物。

劣质花生油——油液浑浊。

(3)水分含量评价 花生油水分含量的感官评价,参照大豆油水分含量的感官评价方法。

良质花生油——水分含量在 0.2% 以下。

次质花生油——水分含量在 0.2% 以上。

（4）杂质和沉淀物评价　花生油杂质和沉淀物的感官评价，参照大豆油杂质和沉淀物的感官评价方法。

良质花生油——有微量沉淀物，杂质含量不超过 0.2%，加热至 280℃ 时，油色不变深。

劣质花生油——有大量悬浮物及沉淀物，加热至 280 ℃ 时，油色变黑，并有大量沉淀析出。

（5）气味评价　花生油气味的感官评价，参照大豆油气味的感官评价方法。

良质花生油——具有花生油固有的香味（未经蒸炒直接榨取的油香味较淡），无任何异味。

次质花生油——花生油固有的香气平淡，微有异味，如青豆味、青草味等。

劣质花生油——有霉味、焦味、哈喇味等不良气味。

（6）滋味评价　花生油滋味的感官评价，参照大豆油滋味的感官评价方法进行。

良质花生油——具有花生油固有的滋味，无任何异味。

次质花生油——花生油固有的滋味平淡，微有异味。

劣质花生油——具有苦味、酸味、辛辣味及其他刺激性或不良滋味。

10.6.2.3　芝麻油质量的感官评价

芝麻油又叫香油，为我国三大油料之一，是一种普遍受到消费者欢迎的食用油，它不仅具有浓郁的香气，而且含有丰富的维生素 E。

（1）色泽评价　进行芝麻油色泽的感官评价时，可取混合搅拌均匀的油样置于直径 50 mm、高 100 mm 的烧杯内，油层高度不低于 5 mm，放在自然光线下进行观察，随后置白色背景下借反射光线再观察。

良质芝麻油——呈棕红色至棕褐色。

次质芝麻油——色泽较浅（掺有其他油脂）或偏深。

劣质芝麻油——呈褐色或黑褐色。

（2）透明度评价。

良质芝麻油——清澈透明。

次质芝麻油——有少量悬浮物，略浑浊。

劣质芝麻油——油液浑浊。

（3）水分含量评价。

良质芝麻油——水分（体积分数）不超过 0.2%。

次质芝麻油——水分（体积分数）超过 0.2%。

（4）杂质和沉淀物评价。

良质芝麻油——有微量沉淀物，其杂质含量不超过 0.2%；将油加热到 280℃ 时，油色无变化且无沉淀物析出。

次质芝麻油——有较少量沉淀物及悬浮物,其杂质含量超过 0.2%;将油加热到 280℃时,油色变深,有沉淀物析出。

劣质芝麻油——有大量的悬浮物及沉淀物存在,油被加热到 280℃时,油色变黑且有较多沉淀物析出。

(5)气味评价。

良质芝麻油——具有芝麻油特有的浓郁香味,无任何异味。

次质芝麻油——芝麻油特有的香味平淡,稍有异味。

劣质芝麻油——除芝麻油微弱的香气外,还有霉味、焦味、油脂酸败味等不良气味。

(6)滋味评价。

良质芝麻油——具有芝麻固有的滋味,口感滑爽,无任何异味。

次质芝麻油——具有芝麻固有的滋味,但是显得淡薄,微有异味。

劣质芝麻油——有较浓重的苦味、焦味、酸味、刺激性辛辣味等不良滋味。

10.6.2.4　玉米油质量的感官评价

玉米油是从玉米胚芽中提炼出来的油,是一个新品种的高级食用油,营养成分很丰富,不饱和脂肪酸含量高达 58%,油酸含量在 40% 左右,胆固醇含量最少,人们食用这种油非常有益。玉米油的质量评价,有以下几个方面。

(1)色泽　质量好的玉米油,色泽淡黄,质地透明莹亮。

(2)水分　水分不超过 0.2%,油色透明澄清,质量最好;反之质量差。

(3)气味　具有玉米的芳香风味,无其他异味的,质量最好;有酸败气味的质量差。

(4)杂质　油色澄清明亮、无悬浮物、杂质在 0.1% 以下的,质量最好;反之质量差。

10.6.3　常见植物油脂掺伪的感官评价方法

10.6.3.1　掺伪芝麻油的评价

近年来市场上的掺伪芝麻油是一个比较严重的问题。掺假的物质主要有三大类:水、淀粉和低于芝麻油价格的植物油脂。感官评价掺伪芝麻油的方法如下。

(1)看色泽　不同的植物油,有不同的色泽,可倒一定量油在手心上或白纸上观察,大磨芝麻油呈淡黄色,小磨芝麻油呈红褐色。目前集市上出售的芝麻油,掺入多是毛麻籽油、菜籽油等,掺入毛麻籽油后的油色发黑,掺入菜籽油后的油色呈棕黄色。

(2)闻气味　每种植物油都具有本身种子的气味,如芝麻油有芝麻香味,豆油有豆腥味,菜油有菜籽味等。如果芝麻油中掺入了某一种植物油,则芝麻油的香气消失,而含有掺入油的气味。

(3)看亮度　在阳光下观察油质,纯质芝麻油澄清透明,没有杂质;掺假的芝麻油油液浑浊,杂质明显。

(4)看泡沫　将油倒入透明的玻璃瓶内,用力摇晃,如果不起泡沫或有少量泡沫,并能很快消失的,说明是真芝麻油;如果泡沫多且呈白色,消失慢,说明油中掺入了花生油;如泡沫呈黑色,且不易消失,闻之有豆腥味的,则掺入了豆油。

(5)尝滋味　纯质芝麻油,入口浓郁芳香,掺入豆油、菜籽油的芝麻油,入口发涩。

10.6.3.2　掺伪大豆油的评价

豆油的真假评价,首先要知道豆油的品质特征,豆油的正常品质特征改变了,说明豆油的质量有了改变。评价掺假方法如下。

(1)看亮度　质量好的豆油,质地澄清透明,无浑浊现象。如果油质浑浊,说明其中掺假。

(2)闻气味　豆油具有豆腥味,无豆腥味的油,说明其中掺假。

(3)看沉淀　质量好的豆油,经过多道程序加工,其中的杂质已被分离出,瓶底不会有杂质沉淀现象,如果有沉淀,说明豆油粗糙或掺有淀粉类物质。

(4)试水分　将油倒入锅中少许,加热时,如果油中发出"啪啪"声,说明油中有水。也可在废纸上滴数滴油,点火燃烧时,如果发出"叭叭"声,说明油中掺了水。

10.6.3.3　食用油中掺入其他成分的评价

(1)掺入棉籽油　植物油中掺入棉籽油的感官评价方法:油花泡沫呈绿色或棕黄色,将油加热后抹在手心上,可嗅出棉籽油味。

(2)掺入矿物油。

看色泽:食用油中掺入矿物油后,色泽比纯食用油深。

闻气味:用鼻子闻时,能闻到矿物油的特有气味,即使食用油中掺入矿物油较少,也可使原食用油的气味淡薄或消失。

口试:掺入矿物油的食用油,入嘴有苦涩味。

(3)掺入盐水。

看色泽:兑入盐水的食用油,失去了纯油质的色泽,使色泽变淡。

看透明度:由于盐水比较明亮,兑入食用油中以后使食用油的浓度降低,油液更为淡薄明亮。

口试:兑入盐水的食用油,入嘴有咸味感。

热试:兑入盐水的食用油,入锅加热后,会发出"叭叭"声。

(4)掺入米汤　用油中掺入米汤是较为常见的掺伪方式,掺入米汤的食用油,虽然对人体无害,但能使油质变差。

看色泽:不论何种植物油,兑入白色的米汤,则油质失去了原有色泽,使其色泽变浅。夏季观察时,油和米汤分成两层。

看透明度:米汤是一种淀粉质的糊状体,缺乏透明度,一旦兑入食用油中,会使油的纯度降低,折光率增大,透明度变差。

闻气味:每一种纯质食用油都具有该油料本身的气味,兑入米汤的食用油,闻之油的气味淡薄或消失。

热试:兑入米汤的食用油,入锅加热后,会发出"叭叭"声。

(5)掺入蓖麻油 若食用油中掺入蓖麻油,将油样静置一定时间,植物油与蓖麻油自动分离成两层,植物油在上层,蓖麻油在下层。

10.6.4 植物油料与油脂评价后的食用原则

植物油料与油脂是日常生活中不可缺少的食品原料和必备消费品。植物油料与油脂的主要成分是脂肪酸等有机物质,它极易氧化酸败而变质,从而导致质量上的不良改变。因此,为保证食用安全性,对植物油料与油脂进行感官评价后,一经评价出品级便可按下述原则食用或做出处理。

(1)经感官评价确认为良质的植物油料与油脂,可供食用或销售,植物油料也可以用于榨取食用油。

(2)对于感官评价为次质的植物油料与油脂,必须进行理化检验。对于理化指标检定合格的,可以销售或食用,油料也可以用来榨取食用油,但必须限期售完或用完,不可长期贮存。理化检验不合格的植物油料与油脂,不得供人食用,应改作非食品工业用料(如生产肥皂等)。

(3)对于经感官评价为劣质的植物油料与油脂,不得供人食用,可作为非食品工业原料或予以销毁。

10.7 豆制品的感官评价

豆制品的感官评价,主要是依据观察其色泽、组织状态,嗅闻其气味和品尝其滋味来进行。其中应特别注意其色泽有无改变,手摸有无发黏的感觉以及发黏程度如何;不同品种的豆制品具有本身固有的气味和滋味,气味和滋味对鉴别豆制品很重要,一旦豆制品变质,即可通过嗅闻和品尝感觉到;故在鉴别豆制品时,应有针对性地注意鼻嗅和品尝,不可一概而论。

10.7.1 豆腐质量的感官评价

(1)色泽评价。

优质豆腐——呈均匀的乳白色或淡黄色,有光泽。

次质豆腐——色泽变深直至呈浅红色,无光泽。

劣质豆腐——呈深灰色、深黄色或者红褐色。

(2)组织状态评价。

优质豆腐——块形完整,软硬适度,富有一定的弹性,质地细嫩,结构均匀、无杂质。

次质豆腐——块形基本完整,切面处可见比较粗糙或嵌有豆渣,质地不细嫩,弹性差,有黄色液体渗出;表面发黏,用水冲后即不黏手。

劣质豆腐——块形不完整,组织结构粗糙而松散,触之易碎,无弹性,有杂质;表面发黏,用水冲洗后仍然黏手。

(3)气味评价。

优质豆腐——具有豆腐特有的香味。

次质豆腐——特有的香气平淡。

劣质豆腐——有酸味、苦味、涩味及其他不良滋味。

10.7.2　豆腐干质量的感官评价

(1)色泽评价。

优质豆腐干——呈乳白色或浅黄色,有光泽。

次质豆腐干——比正常豆腐干的颜色稍深。

劣质豆腐干——色泽呈深黄色略微发红或发绿,无光泽或光泽不均匀。

(2)组织状态评价。

优质豆腐干——质地细腻,边角整齐,有一定的弹性,切开处挤压不出水,无杂质。

次质豆腐干——质地粗糙,边角不齐或缺损,弹性差,切口处可挤压出水珠。

劣质豆腐干——质地粗糙无弹性,表面黏滑,切开时黏刀,切口挤压时有水流出。

(3)气味评价。

优质豆腐干——具有豆腐干特有的清香气味,无其他任何异味。

次质豆腐干——特有香气平淡。

劣质豆腐干——有馊味、腐臭味等不良气味。

(4)滋味评价。

优质豆腐干——滋味纯正,咸淡适中。

次质豆腐干——本身滋味平淡,偏咸或偏淡。

劣质豆腐干——有酸味、苦涩味及其他不良滋味。

10.7.3　干豆腐质量的感官评价

(1)色泽评价。

优质干豆腐——呈均匀一致的白色或淡黄色,有光泽。

次质干豆腐——呈深黄色或色泽暗淡发青,无光泽。

劣质干豆腐——色泽灰暗而无光泽。

(2)组织状态评价。

优质干豆腐——组织结构紧密细腻,富有弹性,软硬适度,厚薄均匀一致,不黏手,无杂质。

次质干豆腐——组织结构粗糙,厚薄不匀,韧性差。

劣质干豆腐——组织结构杂乱,无韧性,表皮发黏起糊,摸之黏手。

（3）气味评价。

优质干豆腐——具有干豆腐固有的清香味，无其他任何不良气味。

次质干豆腐——固有的气味平淡，微有异味。

劣质干豆腐——具有酸臭味、馊味或其他不良气味。

（4）滋味评价。

优质干豆腐——具有干豆腐固有的滋味，微咸味。

次质干豆腐——固有滋味平淡或稍有异味。

劣质干豆腐——有酸味、苦涩味等不良滋味。

（5）掺假干豆腐的评价。

色泽鉴别：色泽不正常，往往呈黄色或深黄色，颜色不均匀，无光泽。

质地和口味鉴别：掺假后的干豆腐渣散，锅炒易碎，入口有生米面感。

10.7.4　腐竹质量的感官评价

（1）色泽评价。

优质腐竹——呈淡黄色，有光泽。

次质腐竹——色泽较暗淡或泛洁白、清白色，无光泽。

劣质腐竹——呈灰黄色、深黄色或黄褐色，色泽暗而无光泽。

（2）外观评价。

优质腐竹——呈枝条或片叶状，质脆易折，条状折断有空心，无霉斑、杂质、虫蛀。

次质腐竹——呈枝条或片叶状，并有较多折断的枝条或碎块，有较多实心条。

劣质腐竹——有霉斑、虫蛀、杂质。

（3）气味评价。

优质腐竹——具有腐竹固有的香味，无其他任何异味。

次质腐竹——固有的香气平淡。

劣质腐竹——有霉味、酸臭味等不良气味及其他外来气味。

（4）滋味评价。

优质腐竹——具有腐竹固有的鲜香滋味。

次质腐竹——固有的滋味平淡。

劣质腐竹——有苦味、涩味或酸味等不良滋味。

10.7.5　腐乳质量的感官评价

腐乳按颜色和加工方法不同分为红腐乳（俗称红方）、白腐乳（又名糟豆腐，俗称糟方）、青腐乳（又名臭豆腐，俗称青方）3种。

（1）色泽评价。

优质腐乳——红方表面呈红色或枣红色，内部呈杏黄色，色泽鲜艳，有光泽；糟方外表呈乳黄色;青方外表呈豆青色。

次质腐乳——各种腐乳色泽不鲜艳,暗淡无光。

劣质腐乳——色调灰暗,无光泽,有黑色、绿色斑点。

(2)组织状态评价。

优质腐乳——块形整齐均匀,质地细腻,无霉斑、霉变及杂质。

次质腐乳——块形不完整,质地不细腻。

劣质腐乳——质地稀松或变硬板结,有蛹虫,有霉变现象。

(3)气味评价。

优质腐乳——具有各品种的腐乳特有的香味或特征气味,无任何其他异味。

次质腐乳——各品种腐乳特有的气味平淡。

劣质腐乳——有腐臭味、霉味或其他不良气味。

(4)滋味评价。

优质腐乳——滋味鲜美,咸淡适口,无任何其他异味。

次质腐乳——滋味平淡,口感不佳。

劣质腐乳——有苦味、涩味、酸味以及其他不良滋味。

10.7.6　豆浆质量的感官评价

(1)色泽评价。

优质豆浆——呈均匀一致的乳白色或淡黄色,有光泽。

次质豆浆——呈白色,微有光泽。

劣质豆浆——呈灰白色,无光泽。

(2)组织状态评价。

优质豆浆——呈均匀一致的悬浊液型浆液,浆体质地细腻,无结块,稍有沉淀。

次质豆浆——有多量的沉淀及杂质。

劣质豆浆——浆液出现分层现象,结块,有大量的沉淀。

(3)气味评价。

优质豆浆——具有豆浆固有的香气,无任何其他异味。

次质豆浆——固有的香气平淡,稍有焦煳味或豆腥味。

劣质豆浆——有浓重的焦煳味、酸败味、豆腥味或其他不良气味。

(4)滋味评价。

优质豆浆——具有豆浆固有的滋味,味佳而纯正,无不良滋味,口感滑爽。

次质豆浆——固有的滋味平淡,微有异味。

劣质豆浆——有酸味、酸泔水味、苦涩味或其他不良滋味,颗粒粗糙在饮用时带有刺喉感。

10.7.7　豆芽质量的感官评价

（1）色泽评价。

优质豆芽——颜色洁白,根部显白色或淡褐色,头部显淡黄色,色泽鲜艳而有光泽。

次质豆芽——色泽灰白且不鲜艳。

劣质豆芽——色泽发暗,根部呈棕褐色或黑色,无光泽。

（2）外观评价。

优质豆芽——芽身挺直,长短合适,芽脚不软,组织结构脆嫩,无烂根、烂尖现象。

次质豆芽——长短不一,粗细不匀,枯萎蔫软。

劣质豆芽——严重枯萎或霉烂。

（3）气味评价。

优质豆芽——具有豆芽固有的鲜嫩气味,无异味。

次质豆芽——固有的气味淡薄或稍有异味。

劣质豆芽——有腐烂味、酸臭味、农药味、化肥味或其他不良气味。

（4）滋味评价。

优质豆芽——具有本种豆芽固有的滋味。

次质豆芽——固有滋味平淡或稍有异味。

劣质豆芽——有苦味、涩味、酸味或其他不良滋味。

10.8　果蔬及其制品的感官评价

果蔬的感官评价方法主要是目测、鼻嗅和口尝。

目测包括三方面的内容:一是看果品的成熟度和是否具有该品种应有的色泽及形态特征;二是看果型是否端正,个头大小是否基本一致;三是看果品表面是否清洁新鲜,有无病虫害和机械损伤等。

鼻嗅则是辨别果品是否带有本品种所特有的芳香味,有时候果品的变质可以通过其气味的不良改变直接辨别出来,像坚果的哈喇味和西瓜的馊味等,都是很好的例证。

口尝不但能感知果品的滋味是否正常,还能感觉到果肉的质地是否良好,它也是很重要的一个感官指标。

干果品虽然较鲜果的含水量低或是经过了干制,但其感官评价的原则与指标都基本上和前述三项大同小异。

蔬菜有种植和野生两大类,其品种繁多且形态各异,难以确切地感官评价其质量。我国主要蔬菜种类有80多种,按照蔬菜食用部分的器官形态,可以将其分成根菜类、茎菜类、叶菜类、花菜类、果菜类和食用菌类六大类型。

从蔬菜色泽看,各种蔬菜都应具有本品种固有的颜色,大多数有发亮的光泽,以此显示蔬菜的成熟度及鲜嫩程度。除杂交品种外,别的品种都不能有其他因素造成的异常色泽及色泽改变。从蔬菜气味看,多数蔬菜具有清香、甘辛香、甜酸香等气味,可以凭嗅觉识别不同品种的质量,不允许有腐烂变质的亚硝酸盐味和其他异常气味。从蔬菜滋味看,因品种不同而各有特点,多数蔬菜滋味甘淡、甜酸、清爽鲜美,少数具有辛酸、苦涩等特殊风味以刺激食欲;如失去本品种原有的滋味即为异常,但改良品种除外,例如大蒜的新品种就没有"蒜臭"气味或该气味极淡。从蔬菜形态看,应观察是否具有由于客观因素而造成的各种蔬菜的非正常、不新鲜状态,例如蔫萎、枯塌、损伤、病变、虫害侵蚀等引起的形态异常,并以此作为评价蔬菜品质优劣的依据之一。

10.8.1　水果类的感官评价

10.8.1.1　苹果质量的感官评价

良质苹果——果形端正,具有本品种的特征形状,无畸形果,果个中等偏大,整齐均一,果面新鲜洁净,有光泽,具有本品种成熟时应有的色泽,无病斑虫孔和机械伤等缺陷。肉质细腻,甜脆爽口,具有本品种成熟时特有的香气。

劣质苹果——果形不端正或有畸形,果个大小不均且偏小,果面着色不良,不具有该品种成熟时应有的色泽与香气。果肉香气淡薄或过酸,汁液少,肉质干硬,口感发涩,甚至有苦味。果锈或垢斑较多,无果梗,有较大病、虫斑或碰压机械伤,严重时有腐烂斑。

例如,富士系苹果感官质量要求如表 10-5 所示。

表 10-5　富士系苹果感官质量要求

等级	表面色泽	外观状态	果梗	气味与滋味
优等	色泽均匀而鲜艳,表面洁净光亮	果面无缺陷,个头以中上等大小且均匀一致为佳,果形正,无病虫害,无外伤	果梗完整(不包括商品和处理造成的果梗缺省)	具有固有的水果清香味,肉质香甜鲜脆,味美可口
一等	色泽均匀而鲜艳,表面洁净光亮	果面无缺陷,个头中等,均匀一致,允许果形有轻微缺省	果梗完整(不包括商品和处理造成的果梗缺省)	具有固有的水果清香味,肉质香甜,不够脆
二等	色泽不够均匀,表面洁净	果面损伤不超过4项,果形偏小,有缺省,但仍保持本品基本特征,不得有畸形果	允许果梗轻微损伤	具有固有的水果清香味,肉质甜,带酸味,不够脆

10.8.1.2　梨质量的感官评价

良质梨——果实新鲜饱满,果形端正,具有本品种成熟时应有的色泽,成熟适度,肉质细,质地脆而鲜嫩,石细胞少,汁多,味甜或酸甜(因品种而异),无霉烂、冻伤、病害和机械伤。带有果柄。

劣质梨——果型不端正,有相当数量的畸形果,无果柄,果实大小不均匀且果个偏小,表面粗糙不洁,刺、划、碰、压伤痕较多,有病斑或虫咬伤口,树磨、水锈或干疤占果面 1/3~1/2,果肉粗而质地差,石细胞大而多,汁液少,味道淡薄或过酸,有的还会存在苦、涩等滋味,特别劣质的梨还可嗅到腐烂异味。

10.8.1.3 葡萄质量的感官评价

表面色泽——新鲜的葡萄果梗青鲜,果呈灰白色,玫瑰香葡萄果皮呈紫红色,牛奶葡萄果皮向阳面呈锈色,龙眼葡萄果皮呈琥珀色。不新鲜的葡萄果梗霉锈,果粉残缺,果皮呈青棕色或灰黑色,果面润湿。

果粒形态——新鲜并且成熟适度的葡萄,果粒饱满,大小均匀,青子和瘪子较少。反之,不新鲜者果粒不整齐,有较多青子和瘪子混杂,葡萄成熟度不足,品质差。

果穗观察——新鲜的葡萄用手轻轻提起时,果粒牢固,落子较少。如果粒纷纷脱落,则表明不够新鲜。

气味与滋味——品质好的葡萄,果浆多而浓,味甜,且有玫瑰香或草莓香。品质差的葡萄果汁少或者汁多而味淡,无香气,具有明显的酸味。

10.8.1.4 西瓜质量的感官评价

(1)良质西瓜。

果形——基本端正,具有本品种的基本形状和特征,无畸形果。

果个——中等偏大,整齐均匀。

果面——表面光亮,条纹清晰,无机械伤,无病虫害和干疤,蜡粉已褪去,果柄上绒毛脱落,脐部凹陷。

质地——果肉结构松紧适度,呈均匀一致的鲜红色(也有橙黄色果肉的品种)。

风味——滋味清香爽甜,无异味。

口感——汁多籽少,无粗纤维,好瓜有"起沙"的感觉,香甜适度。

(2)劣质西瓜。

瓜体不整,瓜皮渐蔫,花纹不明,瓜面破损,手拍有"啪啪"声或"嗒嗒"声,瓜瓤呈粉色,口感极差,有腐烂臭味或其他异味。

10.8.1.5 香蕉质量的感官评价

良质香蕉——果柄完整,无缺口和脱落现象。形体大而均匀,色泽新鲜、光亮,果皮呈鲜黄色或青黄色。果面光滑,无病斑,无虫疤,无霉菌,无创伤。果皮易剥离,果肉稍硬而不摊浆,果肉口感柔软糯滑,香甜适口,不涩口,无怪味,不软烂。

劣质香蕉——果实畸形,蕉只脱梳,单只蕉体短小而细瘦,形体大小不均,果皮霉烂,手捏时果皮下陷,果肉软烂或腐烂,稀松外流。无香味,有怪异味和腐臭味。

10.8.1.6 菠萝质量的感官评价

外观形态——果呈圆柱形或两头稍尖的卵圆形,果实大小均匀适中,果形端正,芽眼(果目)数量少。成熟度好的菠萝外表皮呈淡黄色或亮黄色,两端略带青绿色,上顶的冠芽呈青褐色。生菠萝则外皮色泽铁青或略有褐色,过度成熟的菠萝通体金黄。

果肉组织——切开后,可见良质菠萝的果目浅而小,内部呈淡黄色,组织致密,果肉厚而果芯细小;劣质菠萝果目深而多,有的果目可深达菠萝芯,内部组织空隙大,果肉薄而果芯粗大,成熟度差的菠萝表现为果肉脆硬且呈白色。用手轻轻按压菠萝体,坚硬而无弹性的是生菠萝,挺实而微软的是成熟度好的,过陷甚至凹陷者为成熟过度的菠萝。

嗅闻香味——成熟度好的菠萝外皮上稍能闻到香味,果肉则香气馥郁。生菠萝无香气或香气极为淡薄。

品尝口味——良质菠萝软硬适度,酸甜适口,果芯小而纤维少,汁多味美。劣质菠萝果肉脆硬,有粗纤维感或者软烂,可食部分少,汁液、甜味和香气均少,有较浓重的酸味。

10.8.1.7　荔枝质量的感官评价

眼看:果皮新鲜、红润,果柄鲜活不萎,果肉饱满透明的,则是上品;若果皮呈黑褐色或黑色,但汁液未外渗的,则是快变质的荔枝;如果果肉松软,液汁外渗的,说明已经变质腐烂了。

手触:用手微按果实,感到果质有弹性的,则是上品;如果感到松软,说明已经变质。

品尝:肉质滑润软糯,汁多味甜,香气浓郁,核小者为上品;如果肉质薄,汁少味不甚甜,香气平淡的则质量低劣。

闻气味:闻之有甜香味的为上品;闻之有酒味的,说明已经变质了。

10.8.1.8　龙眼质量的感官评价

良质龙眼——大小均匀,壳干硬而洁净,肉质厚软,枝小,味道甜,煎后汤液清口不黏。

劣质龙眼——肉质霉烂,呈糊状,虫蛀严重或干燥无肉质。

10.8.1.9　核桃质量的感官评价

良质核桃——外壳薄而洁净,果肉丰满,肉质洁白。

劣质核桃——外壳坚硬,干瘪无肉,果肉有哈喇味或生有蛀虫。

10.8.2　蔬菜类的感官评价

10.8.2.1　大白菜质量的感官评价

大白菜是我国种植面积和食用总量最大的蔬菜作物。大白菜感官质量要求见表 10-6。对大白菜不仅要求有良好的外观和质地,更要有良好的口感。大白菜质量的感官评价主要以观察为主。其质量的基本要求是清洁、无杂物;外观新鲜,色泽正常,不抽薹,无黄叶、破叶、烧心、冻害和腐烂;茎基部稍平,叶片附着牢固;无异常的外来水分;无异味;无虫害或病害造成的损伤。

表 10-6　大白菜感官质量要求

等级	外观特征
特级	外观一致,结球紧实,修整良好;无老帮、焦边、涨裂、侧芽萌发及机械损伤等
一级	外观基本一致,结球较紧实,修整较好;无老帮、焦边、涨裂、侧芽萌发及机械损伤等
二级	外观相似,结球不够紧实,修整一般;可有轻微机械损伤

10.8.2.2　黄瓜质量的感官评价

黄瓜食用部分是幼嫩的果实部分,其营养丰富,脆嫩多汁,一年四季都可以生产和供应,是瓜类和蔬菜类中常见的重要品种。

（1）良质黄瓜　鲜嫩带白霜,以顶花带刺为最佳;瓜体直,均匀整齐,无折断损伤;皮薄肉厚,清香爽脆,无苦味;无病虫害。

（2）次质黄瓜　瓜身弯曲而粗细不均匀,但无畸形瓜或是瓜身萎蔫不新鲜。

（3）劣质黄瓜　色泽为黄色或近于黄色;瓜呈畸形,有大肚、尖嘴、蜂腰等;有苦味或肉质发糠;瓜身上有病斑或烂点。

10.8.3　果蔬罐头制品质量的感官评价

果蔬类罐头的主要原料有干、鲜水果和蔬菜,用砂糖、柠檬酸、盐等作为辅料。果类罐头主要有糖浆类、糖水类、果汁类、干果类和果酱类。蔬菜罐头主要有清水类、调味类等。根据罐头的包装材质不同,可将市售罐头粗略分为马口铁听装、玻璃瓶装和软包装罐头3种。所有罐头的感官评价都可以分为开罐前与开罐后两个阶段。开罐前的鉴别主要依据眼看容器外观、手捏(按)罐盖、敲打听音和漏气检查4个方面进行。

（1）容器外观评价。

良质罐头——商标清晰醒目、清洁卫生,罐身完整无损。

次质罐头——假胖听、突角、锈蚀、凹瘪、无真空。

劣质罐头——真胖听。

（2）色泽评价。

良质罐头——具有与该品种相应的色泽,匀均一致,具有光泽、色泽鲜艳。

次质罐头——尚具有与该品种相应的色泽,但色彩不鲜艳,果蔬块形较大,不够均匀。

劣质罐头——色泽与该品种应有的正常色泽不一致,常呈暗灰色,无光泽或有严重的光色、变色。

（3）气味和滋味评价。

良质罐头——具有该品种所特有的风味,果蔬块具有浓郁的芳香味,鲜美而酸甜适口。

次质罐头——尚具有该品种所特有的风味,芳香气味变淡,滋味较差。

劣质罐头——气味和滋味不正常,具有酸败味或严重的金属味。

（4）汤汁评价。

良质罐头——汤汁基本澄清,有光泽,无果皮、果核、菜梗等杂质存在。

次质罐头——汤汁稍显浑浊,尚有光泽,但有少量的残存果皮、果核、菜梗,或有其他杂质存在。

劣质罐头——汤汁严重浑浊或有恶性杂质。

（5）打检评价。

良质罐头——清脆响声。

次质罐头——响声发空或发闷。

劣质罐头——呈破锣响声。

10.9　酒类的感官评价

酒类品质的优劣与其组成成分有关,这些组成是由食物原料本身的天然成分以及发酵过程中生成的物质构成的。因此,酒中含有丰富的糖类、盐类、酸、酚类、单宁等物质,还有丰富的挥发性物质,如醇类,挥发性酸、醛等,各种成分形成了它们独有的风味,混合在一起又形成了一种新的加合风味。一般来说,酒的独特风味由两部分产生:一是刺激味蕾的滋味;二是刺激嗅觉的香气。这种滋味和香气二者的协调平衡,给人以愉悦的整体感受。

10.9.1　酒类的感官评价方法

(1)评酒的准备工作　评酒室的室温在 15 ~ 20 ℃ 为宜,相对湿度 50% ~ 60%,避免外界干扰,噪声应在 40 dB 以下,没有气味物质的影响,室内保持空气新鲜,呈无风状态,光线充足柔和,照度以 500 lx 为宜。墙壁色调适中单一,反射率在 40% ~ 50%。

选定待评价样品,每个评酒员每天的品评用量不得超过 24 个品种。准备好品酒用的各种酒杯,不得混用,注入酒杯的酒液量以酒杯的 3/5 为好,留有空间,便于旋转酒杯进行品评。含气酒品注入酒杯时,瓶口距杯口 3 mm 缓慢注入,达到适当高度时,注意观察起泡情况,计算泡沫保持的时间。

(2)各类酒品的最佳评价温度　各类酒品的最佳评价温度一般是:白酒 15 ~ 20 ℃,黄酒 30 ℃ 左右,啤酒在 15 ℃ 以下保持 1 h 以上,葡萄酒、果酒 9 ~ 18 ℃,干白葡萄酒 10 ~ 12 ℃,干红葡萄酒、深甜葡萄酒 16 ~ 18 ℃,高级白葡萄酒 13 ~ 15 ℃,淡红葡萄酒 12~ 14 ℃,香槟酒 9 ~ 10 ℃。

(3)同一类酒样的评价顺序。同一类酒样的评价顺序一般为酒度先低后高,香气先淡后浓,滋味先干后甜,酒色先浅后深。

评酒时还要注意防止生理和心理上的顺效应、后效应等情况所引起的误差,影响结论的正确性。评价时可以采取反复品评、间隔时间休息、清水漱口等方法加以克服。

评外观时要在适宜的光线下直观或侧观,注意酒液的色泽,有无悬浮物、沉淀物等情况。

评气味时杯口应放置于鼻下约 6 cm 处,略低头,转动酒杯,轻嗅酒气。经反复嗅过后做出判断。

评口味时入口要慢,使酒液先接触舌尖,后接触舌两侧,再到舌根,然后卷舌。把酒液扩展到整个舌面,进行味觉的全面判断,最后咽下,辨别后味,并进行反复品评,对酒品的杂味、刺激、协调、醇和等做出判断评价。评价时高度酒可少饮,一般 2 mL 即可,低度酒可多饮,一般在 4~12 mL,酒液在口中停留的时间一般在 2 ~ 3 s。品评程序是:一看,二嗅,三尝,四回味。

(4)评酒的基本方法。

①一杯品评法:也称直接品评法,评酒时采用暗评的方法,评酒人先品尝酒品,然后进行评述,可以一种酒样品尝后即进行评价,也可以重复品尝几种酒样后,再逐一进行评述。

②两杯品评法:也称对比品评法,评酒时采用暗评的方法,评酒人依次品尝两种酒样,然后评述两种酒的风格和风味等差异,以及各自的风格特点。

③三杯品评法:也称三角品评法,评酒时采用暗评的方法,品评人员依次品尝三杯酒样,其中两杯是同样酒样,品评人应品出哪两杯是同样的酒,其与另外一种酒之间在风味、风格上存在哪些差异,并对各自的风味、风格进行评述。

10.9.2 各酒类的感官评价方法

10.9.2.1 白酒

浓香型白酒是以粮谷为原料,经传统固态法发酵、蒸馏、陈酿、勾兑而成,未添加食用酒精及非白酒发酵产生的呈香呈味物质,具有乙酸乙酯为主体复合香的白酒。按产品的酒精度分为高度酒(酒精度41%~68%vol)和低度酒(酒精度25%~40%vol)。按照感官质量分为优级和一级两类(表10-7)。

表10-7 白酒感官质量要求

等级	色泽和外观	香气	口味	风格
优级高度	无色或微黄,清亮透明,无悬浮物,无沉淀。当酒的温度低于10℃时,允许出现白色絮状沉淀物或失光,10℃以上时应逐渐恢复正常	具有浓郁的乙酸乙酯为主体的复合香气	酒体醇和协调,绵甜爽净,余味悠长	具有本品典型的风格
一级高度	无色或微黄,清亮透明,无悬浮物,无沉淀。当酒的温度低于10℃时,允许出现白色絮状沉淀物质或失光。10℃以上时应逐渐恢复正常	具有较浓郁的乙酸乙酯为主体的复合香气	酒体较醇和协调,绵甜爽净,余味较长	具有本品明显的风格
优级低度	无色或微黄,清亮透明,无悬浮物,无沉淀。当酒的温度低于10℃时,允许出现白色絮状沉淀物质或失光。10℃以上时应逐渐恢复正常	具有较浓郁的乙酸乙酯为主体的复合香气	酒体醇和协调,绵甜爽净,余味较长	具有本品典型的风格
一级低度	无色或微黄,清亮透明,无悬浮物,无沉淀。当酒的温度低于10℃时,允许出现白色絮状沉淀物质或失光。10℃以上时应逐渐恢复正常	具有乙酸乙酯为主体的复合香气	酒体较醇和协调,绵甜爽净	具有本品明显的风格

10.9.2.2 葡萄酒

(1)葡萄酒的品尝温度 不当的温度会对品酒产生不良影响。温度升高时酒精会散发出来,但酒香反而会减弱。通常建议在如下温度时品尝葡萄酒。

橡木桶中陈酿的红葡萄酒:16~18℃时饮用;

非橡木桶中陈酿的红葡萄酒:15~17℃时饮用;

白葡萄酒及桃红葡萄酒:10~12℃时饮用;

甜白葡萄酒:8~10℃时饮用。

同时还应考虑室温。例如,饮用温度为11℃的葡萄酒在炎热的气候下似乎太凉。在这种情况下,最好在13℃或14℃时饮用。一般来说,葡萄酒在饮用前应存放在阴凉的环境中(比室温低2℃)。

(2)品尝技巧　品尝时,倒酒量应为普通透明葡萄酒杯的1/3,大约70mL,以便观察酒色,摇动酒杯可使杯壁上充满葡萄酒香气。注意,每个样品的倒酒量要相同,避免由于酒量不同而引起的香气、颜色的差异。

对于酿造时间较长,有沉淀物的葡萄酒,则应先将酒与沉淀物分离后,再倒入杯中品尝。具体方法有:将酒瓶倾斜放置一段时间,使沉淀沉入瓶底,缓慢将酒倒入盛酒容器中,避免倒酒时摇晃,不要将瓶底沉淀倒出;也可以用葡萄酒专用过滤网过滤沉淀。

评酒需要一系列动作来完成。一般来说,有"看、摇、闻、吸、尝"等动作,每个评价员有个人习惯,完成这一系列动作的方式可以不同。如:对于吸气,有人伴随脸颊、舌头的运动来吸气,以搅动口腔里的红酒,也可以不搅动吸气。

(3)评价方法。

①观察色泽:握着葡萄酒杯脚,在光线充足(自然光)的情况下将酒杯倾斜45度横置在白纸上观察。在比较几种葡萄酒的色泽时,酒杯应一致,杯中的酒量应相同。

②闻香:一般分为三次闻香,第一次先闻静止状态的酒,然后旋转晃动杯子,促使酒与空气(尤其是空气中的氧气)接触,以便酒的香气释放出来,再将鼻子靠近酒杯,再吸气,闻一闻酒香,与第一次闻的感觉做比较。第一次主要是闻葡萄酒里面最容易散发出来的香气,这些酒香比较直接和清淡,第二次闻香主要是闻葡萄酒里面各种各样的香气,这些香气比较丰富、浓烈和复杂。闻香时,可以探鼻入杯中,短促地轻闻几下。第三次闻香需要较剧烈地摇动酒杯,加强葡萄酒中使人不愉快的气味,如乙酸乙酯、霉味、硫化氢等的释放,因此第三次闻香主要用于检验香气中的缺陷。

③品酒:可以在口中含适量酒,让酒在口中打转,或用舌头上下、前后、左右快速搅动,让整个口腔上颚、下颚充分与酒液接触,感觉酒的酸、甜、苦涩、浓淡、厚薄、均衡协调与否,然后才吞下体会余韵回味;或头往下倾一些,嘴张开成小"O"状,此时口中的酒好像要流出来,然后用嘴吸气,像是要把酒吸回去一样,让酒香扩散到整个口腔中,再将酒缓缓咽下或吐出,这时,口中通常会留下一股余香,好的葡萄酒余味可以持续15~20s。

10.9.2.3　黄酒感官评价

黄酒是我国特有的传统酿造酒,至今已有三千多年历史,因其酒液呈黄色而将其命名为黄酒。黄酒以糯米、大米或黍米为主要原料,经蒸煮、糖化、发酵、压榨而成。黄酒为低度(15%~18%)原汁酒,色泽金黄或褐红,含有糖、氨基酸、维生素及多种浸出物,营养价值高。成品黄酒用煎煮法灭菌后用陶坛盛装封口。酒液在陶坛中越陈越香,故又称为老酒。

黄酒品种繁多,制法和风味都各有特色,黄酒大致可按下列方法分类:①按原料和酒曲分:糯米黄酒、黍米黄酒、大米黄酒、红米黄酒;②按含糖量方法分:干黄、半干黄、半甜黄、甜黄、浓甜黄。

不同黄酒的感官评价质量好坏,主要从色、香、味等几个方面加以评价。在品尝黄酒时,用嘴轻啜一口,然后搅动整个舌头,轻啜慢咽。

(1)色泽　黄酒应是晶莹透明的,有光泽感,无混浊或悬浮物,无沉淀荡漾于其中,具有极富感染力的琥珀红色或淡黄色。

(2)香气　黄酒以香味馥郁者为佳,即具有黄酒特有的脂香。黄酒的香气一般包括酒香、曲香、焦香等。

(3)滋味　黄酒应是醇厚而稍甜的,酒味柔和无刺激性,不得有辛辣酸涩等异味。黄酒的滋味一般包括甜、酸、苦、涩、辣等。

(4)风味　黄酒的风味主要由特定的原料、工艺等决定,评价内容为酒体中各种组成成分是否协调,酒体是否优雅、是否具有黄酒的典型风味等。

10.9.2.4　啤酒感官评价

啤酒以大麦芽、酒花、水为主要原料,经酵母菌发酵作用酿制而成的饱含二氧化碳的低酒精度酒。

啤酒是人类最古老的酒精饮料,是水和茶之后世界上消耗量排名第三的饮料,啤酒大致有以下分类。①按色泽分:淡色啤酒(淡黄色、金黄色、棕黄色)、浓色啤酒、黑啤;②根据啤酒杀菌处理情况分:鲜啤酒、熟啤酒;③根据原麦汁浓度分:低、中、高浓度啤酒;④根据发酵性质分:顶部发酵啤酒、底部发酵啤酒。

啤酒的风味主要受原料、生产工艺、酵母、制作过程中的微生物管理等问题的影响。啤酒一般可以通过以下几个方面评价。

(1)色泽　啤酒可以分为淡色、浓色、黑色三种,优良的啤酒不管颜色深浅均应具有光泽,暗淡无光的啤酒品质较差。

(2)透明度　啤酒应透明洁净,不应有任何浑浊或沉淀现象发生。

(3)泡沫　丰富的泡沫是啤酒良好品质的重要指标。

(4)风味　啤酒应具有明显的酒花香气和味苦的酒花苦味,入口稍苦而不长,酒体爽而不淡,柔和适口。

(5)CO_2含量　啤酒中饱和而充足的CO_2,给人舒适的刺激感(杀口感)。

品尝啤酒时,一般评价温度为$10 \sim 13℃$。在倒酒时,应倾斜、缓慢注入杯中,以防止过多的CO_2被释放,并在啤酒顶部形成大量泡沫,影响评价。在评价啤酒时,靠近杯口轻轻吸气,然后入口,注意有无生酒花味、老化味、铁腥味、酸味等异味。

10.9.2.5　白兰地、威士忌和伏特加酒感官评价

白兰地(Brandy),它是以水果为原料,经发酵、蒸馏制成的酒。通常所称的白兰地专指以葡萄为原料,通过发酵再蒸馏制成的酒。而以其他水果为原料,通过同样的方法制成的酒,常在白兰地酒前面加上水果原料的名称以区别其种类。在《白兰地》(GB 11856—2008)中将白兰地分为四个等级,特级(X.O)、优级(V.S.O.P)、一级(V.O)和二级(三星和 V.S)其中,X.O 酒龄为 20 ～ 50 年,V.S.O.P 最低酒龄为 6~20 年,V.O 最低酒龄为 3

年,二级最低酒龄为 2 年。

威士忌(Whisky、Whiskey)是一种以大麦、黑麦、燕麦、小麦、玉米等谷物为原料,经发酵、蒸馏后放入橡木桶中陈酿、勾兑而成的一种酒精饮料,属于蒸馏酒类。

伏特加(Vodka)是以多种谷物(马铃薯、玉米)为原料,用重复蒸馏、精炼过滤的方法,除去酒精中所含毒素和其他异物的一种纯净的高酒精浓度的饮料。

品评白兰地、威士忌、伏特加酒要求评价员感觉器官灵敏,经过专门训练与考核,符合感官分析要求,熟悉品评酒种的色、香、味及类型风格等特征,掌握有关品尝术语,通过口、眼、鼻等感觉器官,对白兰地、威士忌、伏特加酒产品的感官特性(色泽、香气、口味及风格)进行检查与分析评价。一般步骤如下:

将样品编号,置于水浴中调温至 20~25℃,将洗净、干燥的品尝杯编码,对号注入酒样约 45mL。一般通过以下几个方面评价。

(1)色泽　将酒样注入洁净、干燥的品尝杯中,置于明亮处,用肉眼观察是否有色,观察其色调及其深浅,有无光泽,透明度与澄清度,有无沉淀及悬浮物等。

(2)香气与口味　手握杯柱,慢慢将酒杯置于鼻孔下方,嗅闻其挥发香气,然后,缓缓摇动酒杯,嗅闻空气进入后的香气。加盖,用手握杯腹部 2min,摇动后,再次嗅闻。根据上述操作,分析判断是原料香、陈酿香、橡木香或有其他异香,写出评语。喝入少量样品(约2mL)于口中,尽量均匀分布于味觉区,仔细品尝,有了明确印象后咽下,再体会口感后味,记录口感特征。

(3)风格　根据外观色泽、香气、口味的特点,综合分析,评价其类型风格及典型性的强弱程度,写出结论意见(或评分)。

10.10　饮料的感官评价

10.10.1　饮料的质量标准
我国规定的饮料卫生指标包括饮料的感官指标和包装的质量要求。

10.10.1.1　饮料的感官指标
产品应具有主要成分的纯净色泽、滋味,不得有异味、异臭和外来杂物。感官指标包括色泽、透明浊度及杂质,香气及滋味等。具体包括以下几个方面:

①色泽纯正,具有与饮料名称、内容相适应的恰当色调或该种饮料的特征色,色泽鲜亮一致,无变色现象;

②透明型饮料应清亮透明,浑浊型饮料应整体均匀一致,无沉淀,不分层,果汁或含果汁饮料允许有少量细小果肉和纤维沉淀物或悬浮物;

③滋味纯正、酸甜适度,香气清雅协调,饮用时给人以浑然一体的愉快感,具有该品种应有的风味;

④碳酸饮料应具有明显的杀口感。

10.10.1.2 饮料包装的质量要求

（1）饮料包装容器的质量要求。

玻璃瓶：应洁净、透明，不允许有明显且影响使用的不透明砂粒、气泡及炸裂纹。

金属罐：罐内涂料应符合 GB 4806.10—2016《食品安全国家标准　食品接触用涂料及涂层》的规定。金属罐表面须清洁、无锈斑及擦伤，封口结构良好，罐身不应有凹凸等变形现象。

塑料容器：用于饮料包装的塑料容器的合成材料应无毒、无异味、不与内容物起任何反应。塑料包装容器能耐一定的温差，对氧气有较好隔绝作用，并有一定的机械强度，密封性能良好，容器表面光滑，有良好的印刷性能。

复合包装容器：容器内层薄膜应无毒、无异味、不与内容物起任何反应，密封性能良好。隔绝层不易折裂，对氧气有较好的隔绝作用。外层材料具有一定的机械强度，耐高温，表面光滑，有良好的印刷性能。

（2）饮料标签的要求　饮料标签应标明名称、配料清单、酒精度、原麦汁、原果汁含量、制造者、经销者名称和地址、日期标识和储藏说明、净含量、质量等级、产品标准号、生产许可证等。应遵照 GB 7718—2011《食品安全国家标准　预包装食品标签通则》及 GB 13432—2013《食品安全国家标准　预包装特殊膳食食品标签通则》的要求。

10.10.2　常见饮料质量的感官评价

冷饮食品的感官评价主要是依据色泽、组织状态、气味和滋味 4 项指标。对于液体饮料，还应注意其包装封口是否严密，有无漏气、漏液现象，倒置后有无悬浮异物或沉淀物，其颜色深浅是否符合本品种的正常要求。通过鼻嗅和口尝检查饮料是否酸甜适度、清凉爽口、有无令人难以接受的不愉快气味和滋味。对于固体饮料，则应注意是否形态完整、颗粒均匀、组织细腻、有无成团结块现象等。对于所有的冷饮食品，都应注意其包装物是否完好、标签是否齐全、有无超期变质等情况。

10.10.2.1 汽水质量的感官评价

汽水是含有二氧化碳的清凉饮料，饮用后能帮助人体散热，产生凉爽感。汽水内含有部分柠檬酸，在夏季饮用后可促进人体胃液的分泌和补充胃酸不足。汽水是以砂糖、糖精、柠檬酸、防腐剂、色液、香精为基本原料和辅料制成的。

（1）色泽评价　进行汽水色泽的感官评价时，可透过无色玻璃瓶直接观察，对于有色瓶装和金属听装饮料可打开倒入无色玻璃杯内观察。

良质汽水——色泽与该类型汽水要求的正常色泽一致。

次质汽水——色泽深浅与正常产品色泽尚接近，色调调理得尚好。

劣质汽水——产品严重褪色，呈现出与该品种不相符的使人不愉快的色泽。

（2）组织状态评价　进行汽水组织状态的感官评价时，先直接观察，然后将瓶子颠倒过来观察其中有无杂质下沉。另外,还要把瓶子浸入热水中看是否有漏气现象。

良质汽水——清汁类汽水澄清透明,无浑浊;浑浊类汽水浑浊而均匀一致,透明与浑浊相宜。两类汽水均无沉淀及肉眼可见杂质,瓶口严密,无漏液、漏气现象。汽水灌装后的正常液面距瓶口 2 ~ 6 cm。玻璃瓶和标签符合产品包装要求。

次质汽水——清汁类汽水有轻微的浑浊;浊汁类汽水浑浊不均,有分层现象。有微量沉淀物存在。液位距瓶口 2 ~ 6 cm,瓶盖有锈斑,玻璃瓶及标签有不同程度的缺陷。

劣质汽水——清汁类汽水液体浑浊;浊汁类汽水的分层现象严重。有较多的沉淀物或悬浮物,有杂质。瓶盖封得不严,漏气、漏液或瓶盖极易松脱,瓶盖锈斑严重,无标签。

(3)气味评价　感官评价汽水的气味时,可在室温下打开瓶盖直接嗅闻。

良质汽水——具有各种汽水原料所特有的气味,并且协调柔和,没有其他不相关的气味。

次质汽水——气味不够柔和,稍有异味。

劣质汽水——具有该品种不应有的气味及令人不愉快的气味。

(4)滋味评价　感官评价汽水的滋味时,应在室温下开瓶后立即进行品尝。

良质汽水——酸甜适口,协调柔和,清凉爽口,上口和留味之间只有极小差异。二氧化碳含量充足,富于杀口力。

次质汽水——适口性差,不够协调柔和,上口和留味之间有差异。味道不够绵长。二氧化碳含量尚可,有一定的杀口力。

劣质汽水——酸甜比例失调,风味不正,有严重的异味。二氧化碳含量少或根本没有。

10.10.2.2　豆奶质量的感官评价

(1)色泽评价。

良质豆奶——色泽洁白。

次质豆奶——色泽白中稍带黄色或稍显暗淡。

劣质豆奶——呈黄色或趋于灰暗。

(2)组织状态评价。

良质豆奶——液体均匀细腻,无悬浮颗粒,无沉降物,无肉眼可见杂质,黏稠度适中。

次质豆奶——液体尚均匀细腻,微有颗粒,存放日久可稍见瓶底有絮状沉淀,是乳化均质不甚良好所致。

劣质豆奶——液体不均匀,有明显的可见颗粒,豆奶分层,上层稀薄似水,下层沉淀严重。液体本身过于稀薄或过于浓稠。

(3)气味评价。

良质豆奶——具有豆奶的正常气味,有醇香气,无异味。

次质豆奶——稍有异味或无香味,有的有轻微豆腥气。

劣质豆奶——有浓重的豆腥气和焦煳味。

(4)滋味评价。

良质豆奶——味甜醇厚,口感顺畅细腻。

次质豆奶——味道平淡,入口有颗粒感但不严重,也无异常滋味。

劣质豆奶——有豆腥味、苦味、涩味或其他不良味道。

10.10.2.3　咖啡质量的感官评价

咖啡中含有咖啡因,具有兴奋大脑中枢神经作用,饮用后能提神醒脑,消除疲乏和睡意,可提高工作效率。咖啡有独特的香味、色泽,给人以色、香、味等方面的享受。所以咖啡深受喜爱,成为人们日常生活中的主要饮料之一。咖啡的感官质量评价包括以下几个方面。

（1）色泽　深褐色。

（2）香味　具有焙炒咖啡应有的独特香气。

（3）颗粒　2 mm 左右大小的不规则颗粒。

思考题

1. 对谷物类感官评价的一般步骤?

2. 对畜禽肉感官评价的一般步骤?

3. 详细说明鲜蛋的感官评价有哪些?

4. 乳制品中异常风味的来源包括哪几个方面?

5. 虾类的感官评价指标有哪些?

6. 食用植物油感官评价指标有哪些? 具体说明。

7. 豆制品的感官评价依据是什么?

8. 果蔬类食品的感官评价包括哪三个方面?

9. 评酒的基本方法有哪几种? 请详细介绍。

10. 饮料质量的感官评价指标有哪些?

第 11 章　食品感官评价常用仪器

> **内容提要**
>
> 　　本章主要介绍了质构仪、搅拌型测试仪、电子鼻、电子舌、感官机器人以及感官分析软件等测定食品物性指标的仪器与分析软件。
>
> **教学目标**
>
> 　　1. 掌握质构仪的检测方法及检测原理。
>
> 　　2. 了解粉质仪和淀粉粉力测试仪。
>
> 　　3. 掌握电子鼻、电子舌的原理、组成及应用。
>
> 　　4. 了解感官机器人的应用。
>
> 　　5. 了解感官分析软件的技术参数及其应用。

　　人们在进行感官评价时,即使已尽量创造了有利于感官检验顺利进行和评价员正常评价的良好环境,也不能排除评价人员心理及生理等方面的差异对于感官判断结果的影响。同时,在样品个数增多、组成复杂时,感官评价就不够精确且费时。在这种情况下,我们就需要结合一些感官分析类仪器,协助我们进行产品质量的评价。

　　科学运用感官评价方法的同时,感官分析仪器的辅助检测,有利于保证和提高感官分析结果的可靠性、有效性,客观地评价食品的品质和食品固有的质量特性。感官分析仪器主要包括质构仪、搅拌型测试仪、电子鼻、电子舌、感官机器人等仪器,这些分析技术作为一种集电子、计算机、机械、材料、化工、模式识别等多学科交叉的新型智能感官分析系统,能够在食品工业、精细化工、医疗卫生、环境检测等多学科多领域进行应用、发展和推广,已成为一种普遍的智能感官分析思想方法与技术途径。

11.1　质构仪

　　食品质构是指用力学的、触觉的方法,还包括视觉的、听觉的方法感知到的食品的流变学特性的综合感觉。食品质构与食品食用时的口感质量、产品的加工过程、风味特性、颜色和外观、产品的稳定性等息息相关。如黏度过小的产品充填在面包夹层中很难沉积在面包的表面;一些亲水胶体、碳水化合物以及淀粉可通过与风味成分的结合而影响风味成分的释放;低脂产品需要构建合适的黏度来获得合理的口感,但如果产品过黏,则可能很难通过板式热交换器进行杀菌等。

　　人类在进食时,一般可以分成七阶段感官体验食品的质构。第一阶段是表面质构,这包括食品到达嘴边的第一感觉和产品总的质构外观。接下来的两阶段是部分的压缩和第一口"咬"的动作，这是一个力学的过程，合在一起，可确定产品的弹性、硬度和内聚性。第四阶段是第一次咀嚼，揭示了样品的许多特性包括在口中的黏性和食品的密度。第五阶段是咀嚼过程，揭示了样品的水分吸附和食品的密度，在这一阶段，食品风味释放，可以进行评估。当咀嚼继续直到吞咽时，产品的所有湿度和进食的愉悦程度变得非常重要。质构评估的第六个阶段是溶化率，即食品在口腔中的溶化程度。第七个阶段是回顾阶段，即在吞咽后，回顾产品在口中的感觉。

质构仪（物性仪）（texture analyzer）正是基于食品的流变科学，即材料的变形和流动特性的测量。这个仪器可以将人咀嚼食品的感觉用图形和具体的数据表示出来，依据食品物性学的基本原理，获得一系列样品的物性参数（或者叫质构参数）。质构仪作为一种物性分析仪器，主要是模拟口腔的运动，对样品进行压缩、变形，从而能分析出食品的质构，包括硬度、黏性、弹性、回复性、咀嚼性、脆性、黏聚性等指标，在食品学科的发展中发挥着重要的作用。

与人感官评价相比，质构仪具有以下优点：

（1）食品质构的感官评价容易受到人为因素的影响，如个人喜好、个人生理状态、个人感官阈值等，结果具有主观性，这导致数据结果的真实性、重复性和稳定性大大受到影响。而质构仪不受人为因素的影响，具有客观性，大大提高了数据的真实性、可靠性和重复性。

（2）质构仪能够对食品的质构做出数据化的描述，对食品的质构特性进行量化，从而为揭示各种感官刺激的起因、研究探明食品对感官刺激的感知原理和途径提供了条件。

（3）通过质构仪研究食品原料配方对食品质构的影响，可以预测食品原料的加入或加入量将对食品的质构产生何种影响，对产品研发和改进有很大帮助。

（4）通过质构仪研究食品加工工艺对食品质构的影响，可预测采用某种加工工艺对食品的质构会产生何种影响，可用于帮助调整食品生产工艺。

（5）通过质构仪来测定不同批次产品的质构，可对食品生产原料和最终产品实施自动质量控制。

（6）通过质构仪来对市面上销售好的产品或者口碑比较好的产品进行质构分析，为研发新产品或者改进老产品提供数据支持和理论依据。

虽然质构仪不能完全模拟人的口腔运动，但是获得的质构参数或者指标能够很好地反映食品的口感或者质构。目前，质构仪已广泛应用于肉制品、粮油食品、面食、谷物、糖果、果蔬、凝胶、果酱、宠物食品、化妆品、医疗、胶黏剂工业等的物性学中，可以检测食品的嫩度、硬度、脆性、黏性、弹性、咀嚼性、拉伸强度、抗压强度、穿透强度等物性指标。

11.1.1　质构仪工作原理

质构仪主要包括主机、专用软件及备用探头等组成部分，其主机由底座、测试臂支架及与之连接的测试臂组成，用以放置样品的操作台位于底座上方，安装于测试臂上的测试探头可以是不同的几何形状,以完成压缩、穿刺、切割、拉伸、弯曲等不同的测试操作,测试臂前的应力感应元能准确测量到探头的受力情况,探头移动运行过程由安装在底座内的一台精密电机所驱动,测试时探头的变速运动、循环次数与测定起始终止点均可根据软件指令精确设置,并借助于一块数据采集板连续存储探头作用于试样时所产生的应力,自动绘制作用力(应力)与探头移行时间或移行距离(形变)的关系曲线。

利用质构仪测定食品物性是一种客观的分析手段,可以辅助主观的感官评价,是保持食品品质一致性的关键。食品加工企业使用质构仪,能够获得快速、无人为误差、可再现的信息数据。通过质构仪测定的数据,可以与感官评价一起,为判明原料品质和配料、加工等可变因素对产品的影响提供依据,成本比较低廉。

11.1.2　质构仪探头

质构仪的许多测定功能,可通过转换各式探头来完成,一般包括柱形探头、球形探头、针形探头、锥形探头、凝胶探头以及切刀、拉伸、穿刺、挤压等特殊探头,同种探头还有一系列不同材质、大小的同型探头。

(1)柱形探头　广泛应用于粮油制品、烘烤食品、肉制品、乳制品、胶体等,进行穿透度(penetration)、硬度(hardness)、弹性(springiness)、胶黏性(stickiness)、回复性(resilience)和全质构测试(texture profile analysis)等测试。

(2)球形探头　用于测试软固体如肉糜的强度(firmness)、弹性,固体膨化食品如薯片的脆性(fracture),水果、乳酪的表面硬度及胶黏性。

(3)针形探头　尖端针刺型探头,通过穿刺深入样品内部测试质地剖面。例如,测水果表皮硬度(skin strength)、屈服点(yield point)或穿透度,从而判断水果的成熟度。

(4)锥形探头　用于质地软滑的流体、半流体,如果酱、冰激凌、乳酪、黄油、肉糜等的稠度(consistence)、硬度和延展性(extension)等流变特性测试。

(5)凝胶探头　测试胶体的专用探头,根据 ISO/GMIA 国际标准方法,进行标准凝胶强度测试(gelatine testing, bloom test)。适合测试果冻的弹性、表面硬度和延展性。

11.1.3　质构仪的应用

质构仪是食品行业中的常用方法,在乳制品厂、肉类加工厂、快餐工厂、面包房和许多企业的食品试验室中都有广泛使用。从保持谷类食物的松脆到改善黄油的可涂抹性,质构仪对确保产品的质量、开发新产品等都起到很重要的作用。质构仪提供的质构分析数据,可以为一些常见的加工问题提供有效的解决方案。

11.1.3.1　产品质构参数测定

【例 11-1】番茄调味酱质构特性研究。

背景:作为一种复合调味料,番茄调味酱是以浓缩番茄酱为主要原料,添加或不添加食糖、食用盐、食醋或食用冰醋酸、香辛料以及食用增稠剂等辅料,经调配、杀菌和罐装而成。

因富含可溶性糖、番茄红素和维生素 C 等多种营养成分,番茄调味酱深受消费者喜爱,且在我国的消费量呈逐年增加的趋势。番茄调味酱的色泽、滋味、质构等感官品质的优劣,直接决定了消费者对产品的喜好程度。

应用:将番茄调味酱倒入样品杯中,填充大约 75%,然后用直径 35 mm 锥形探头对样品进行挤压,设置测试条件可获得质构曲线。测试模式(压缩)、测试前速度(2 mm/s)、测试速度(1 mm/s)、测试后速度(10 mm/s)、触发力(5 g)和目标模式(距离 30 mm)。

11.1.3.2　产品改进

【例 11-2】在一种薄脆饼干的配方中加入巧克力薄片并增加糖,要求该巧克力薄片薄脆饼干和普通薄脆饼干一样有良好的脆性,不能因为配方的改变而产生不良的质构影响。

背景:对消费者来说,薄脆饼干理想的质构是松脆的(但不难咬)和易碎的(但不接近碎裂)。对薄脆饼干进行的最常见的测试之一是"脆裂"测试,其目的是提供于产品硬度的客观评估。

应用:利用质构仪,将样品装在压力盒上。仪器控制探头下压,将支撑在下面两个支架上的样品折断,测定弯曲或折断产品所需要的力,采用三点弯曲试验探头(又称三点弯折测试)。当仪器探头下压时,首先出现的是样品出现弯曲时需要的力;当测试继续进行时,所给出的力会随着薄脆饼抵抗断裂而稳定地增大;然而在接近某个力的时候,薄脆饼折断而这个力又迅速下降,因为探头不再遇到阻力。

【例 11-3】研发高纤维的营养面包,要求添加高膳食纤维后,面包仍保持弹性。

背景:消费市场要求我们在不影响食品质构吸引力的前提下,生产出更加健康的食品,即低脂肪或高纤维食品。焙烤行业可以在面包中加入附加纤维等功能性配料,如添加膳食纤维,但是这样做有时会使面包变得太过坚硬,还会导致面包碎裂,无法引起人们的食欲。特别是消费者在选购面包时,注重的是面包的柔软度。消费者通常通过用手挤压面包以感觉面包的弹性,来检验面包的新鲜度。

应用:利用质构仪测试器通过模拟消费者使用拇指与食指手动挤压面包的过程,对面包的柔软度进行科学测试。可通过压盘探头在袋装或散装面包上测量出挤压面包时所需的力,以得出面包的弹性。结果显示,挤压力越小,则弹性值越高,表明面包越新鲜。加工营养型面包的厂商可通过采用这种测试方法评估出各自食品中的质构差异,以及找出由于添加营养配料所产生的问题,并进行必要调整,从而确保其食品在不降低新鲜度与质构吸引力的前提下,满足当今消费者对于保健面包的要求。

11.2　搅拌型测试仪

目前一般用布拉本德粉质仪(farinograph)测定面粉中蛋白质的黏性,用粉力测试仪(amrlograph)测定面粉中淀粉的特性(特别是发酵型)。这些方法的特点是测定面团在搅拌过程中的阻力,常以 B. U. (brabender unit)为单位。

11.2.1　布拉本德粉质仪

（1）测定原理　小麦粉在粉质仪器中加水揉和,随着面团的形成及衰变,其稠度不断变化,用测力计测量和记录面团揉和时相对于稠度的阻力变化,从加水量及记录揉和性能的粉质曲线计算小麦粉吸水量、评价面团揉和过程中的形成时间、稳定时间、弱化度等特性,用以评价面团强度。

（2）粉质仪的组成　布拉本德粉质仪也称面团阻力仪,其结构如图 11-1 所示。它主要由调粉（揉面）器和测力计组成。

（3）测定过程　以布拉本德粉质仪为例,其测定过程是:面团作用于搅拌翼上的力对测力计产生转矩使之倾斜,倾斜度通过刻度盘读出,缓冲设备用于防止杠杆的震动。试验时,当恒温槽达到规定的温度后,将面粉加入搅拌箱内,在旋转搅拌的同时,通过滴定管加水。当转矩小于 500 B.U. 时,下次试验要适当减少加水量,反之,则增加用水量。反复试验。最后使转矩的最大值达到 500 B.U. 时,继续记录 12 min。

（4）粉质曲线　粉质仪的记录曲线称为面团的粉质曲线,横坐标为时间,纵坐标为 B.U.,如图 11-2 所示。

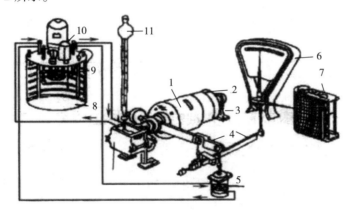

图 11-1　粉质仪的结构
1—搅拌槽;2—测力计;3—轴承;4—连杆;5—缓冲器;6—刻度盘
7—记录仪;8—恒温水槽;9—循环管;10—循环电机;11—滴管

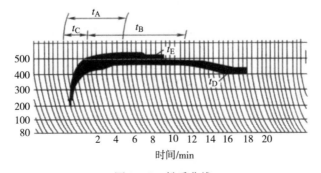

图 11-2　粉质曲线

曲线各参数定义:

①及线时间(t_E):搅拌开始到记录曲线和500 B.U.的纵轴线接触所用的时间。它表示小麦蛋白质水合所需的时间,蛋白质含量越大,B.U.时间越长。

②面团形成时间(t_A):搅拌开始到转矩达到最大值所需要的时间。如果存在两个峰值,则取第二个峰值。

③稳定时间(t_B):曲线到达500 B.U.到脱离500 B.U.所需要的时间。它表示面团的稳定性,这个时间越长面团耐衰落性越好,即使长时间搅拌,也不会产生弱化现象。

④耐力指数(t_C):曲线的最高点和过5 min后的最高点之间的距离,表示面团在搅拌过程中的耐衰落性,与稳定性相似。

⑤面团衰落度(t_D):曲线从最高点开始下降时起,12 min后曲线的下降值。面团衰落度值越小,说明面团筋力越强。

⑥吸水率:指揉制面团时面粉所需水分的适宜量,一般是面团阻力达到最大峰值时(500 B.U.)的加水量。

11.2.2　淀粉粉力测试仪

淀粉粉力测试仪可用来综合测定淀粉的性质,包括淀粉团的影响和酶的活力。主要测定面粉中的淀粉酶活力(主要是α-淀粉酶),可以预测面包的质量。它可以一边自动加热(或冷却)面粉悬浮液,一边自动记录由于加热而形成的淀粉糊黏度。

(1)测定原理　把搅拌器放入装有面粉悬浮液的容器,然后加热容器的同时进行旋转(75 r/min),由于淀粉的糊化搅拌器也跟着旋转,旋转角转换为弹力被记录。

(2)主要组成　仪器的主要部分是装面粉悬浮液的容器,可用电阻丝加热,其他还有测力系统、加水系统、记录系统、阻尼系统和恒温系统。容器和搅拌器如图11-3所示。

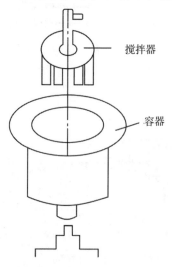

图11-3　淀粉粉力测定设备

（3）记录曲线　把含水量为 13.5％的面粉 65 g 放进容器后缓慢加入 450 mL。用蒸馏水调制成测试用面粉悬浮液。记录曲线如图 11-4 所示。

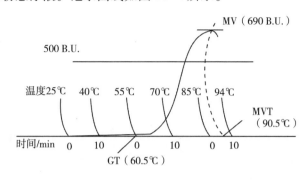

图 11-4　记录曲线

根据曲线各参数定义如下：

①糊化开始温度（GT）；

②黏度最大时的温度（MVT）；

③最大黏度（MV）。

一般来说,面团的加工特性,特别是酶活力与最大黏度相关性高。最大黏度太高时,酶活力弱,面团发酵性差,制造的面包质量差,但对制造饼干和面条无影响;最大黏度太低时,酶活力太强,面团易变软,影响操作,降低面包、饼干和面条的质量。最大黏度值小于 100 B.U. 的面粉不适合做面包。

11.3　电子舌

电子舌（electronic tongue，E - Tongue）,也称智舌,又称味觉传感器或味觉指纹分析仪,是 20 世纪 80 年代发展起来的一种分析、识别液体的新型智能仿生仪器,被定义为“具有非专一性、弱选择性、对溶液中不同组分（有机和无机,离子和非离子）具有高度交叉敏感特性的传感器单元组成的传感器阵列,结合适当的模式识别算法和多变量分析方法对阵列数据进行处理,从而获得溶液样本定性定量信息的一种分析仪器”。电子舌可以对酸、甜、苦、咸、鲜五种基本味进行检测,在各类食品中,如酒类、饮料、茶叶、水产品、畜产品、禽肉蛋制品、食用油、果蔬制品、乳品等,甚至药品、烟草、农残,病原微生物等,都可以进行快速检测。

电子舌是一种模拟人类味觉感受的机制,以传感器阵列检测样品的信息,结合模式识别以及专家数据库对被测样品整体品质进行分析检测的现代化仪器。电子舌检测获得的不是被测物质某种组分的定性或定量结果,而是物质中挥发性成分的整体信息,即“指纹数据”。它显示了物质的味道特征,从而实现对物质味道的客观检测、鉴别和分析。在酒类、饮料、茶叶、水产品、畜产品、禽蛋肉制品、蜂产品、食用油、粮食、果蔬及加工品、乳制品、调味品及发酵食品、各种汤料、香精香料、保健食品等食品的品质和质量控制方面,真假辨别,货架期和新鲜度评价,原产地保护,不同品牌、不同品种和不同加工方法样品的区分辨别,样品感官属性的定性和定量分析等方面被充分应用。

电子舌工作原理是使用类似于生物系统的材料作传感器的敏感膜,当类脂薄膜的一侧与味觉物质接触时,膜电势会发生变化,从而产生响应,检测出各类物质之间的相互关系。这种味觉传感器具有高灵敏性、可靠性、重复性,它可以对样品进行量化,同时可以对一些成分含量进行测量。

电子舌有快速、稳定、使用广泛等特点。一般来说,样品不需要任何前处理,1 ~ 3 min即可得到测试结果,有较高的灵敏度,信息量丰富,对于有腐蚀性的样品或油脂类样品,如白酒、食用油等,都可以直接进行检测。它主要由3个结构部分组成:①传感器阵列;②信号激发采集系统;③多元数理统计系统。传感器阵列相当于生物系统的舌头,信号激发采集系统,相当于神经感觉系统,多元数理统计系统如同生物体的大脑对数据进行设计、分析和处理。

电子舌系统不同于其他的物理化学检测系统,概括说来,电子舌系统的特点有以下4点。

①测试对象为溶液化样品,采集的信号为溶液特性的总体响应强度,而非某个特定组分浓度的响应信号。

②传感器阵列采集的原始信号,要通过数学方法处理,才能够区分不同被测对象的属性差异。

③它所描述的特征与生物系统的味觉不是同一概念。

④电子舌重点不是在于测出检测对象的化学组成、各个组分的浓度量以及检测限的高低,而是在于反映检测对象之间的整体特征差异性,并且能够进行辨识。

11.4　电子鼻

电子鼻(electronic nose)也称智鼻,是一种20世纪90年代发展起来的新颖的分析、识别和检测复杂嗅味及大多数挥发性成分的仪器,是由一定选择性的电化学传感器阵列和适当的图像识别装置组成的仪器,能够识别单一的或复合的气味,还能够用于识别单一成分的气体、蒸汽或其他混合物。它与普通化学分析仪器,如色谱仪、光谱仪、毛细管电泳仪等不同,得到的不是被测样品中某种或某几种成分的定性与定量结果,而是得出样品中挥发成分的整体信息,也就是"指纹"数据。这与人和动物的鼻子一样,"闻到"的是目标物的总体气息。电子鼻采取多传感器交互敏感的设计理念,使得分析检测对象表现出物质的综合本质属性,再结合对应的多元统计分析技术,从物质的特征图谱入手,实现了样品的在线、实时、快速检测。

电子鼻的检测对象主要是挥发性的风味物质。当一种或多种风味物质经过电子鼻时,该风味物质的"气味指纹"可以被传感器感知,并经过特殊的智能模式识别算法提取。利用不同风味物质的不同"气味指纹"信息,就可以来区分、辨识不同的气体样本。另外,某些特定的风味物质恰好可以表征样品在不同的原料产地、不同的收获时间、不同的加工条件、不同存放环境等多变量影响下的综合质量信息。电子鼻非常适用于检测含有挥发性物质的液体、固体样品。电子鼻技术是对电子舌技术的一种传承与创新,也是对整个智能感官技术的丰富与补充。

常见的电子鼻按原理分为金属氧化物传感器类、电化学传感器类、石英振荡天平 QCM 类、表面声波 SAW 类、气相色谱类、质谱类、光谱类以及其他。

11.4.1　电子鼻的组成

电子鼻一般由气敏传感器阵列、信号预处理系统和模式识别系统三大部分组成。工作时,气味分子被气敏传感器阵列吸附,产生信号;信号经过预处理系统进行处理和加工;并最终由模式识别系统对信号处理结果做出判断。

(1)气敏传感器阵列　在电子鼻系统中,气敏传感器是感知气味的基本单元,也是关键因素。但由于气体传感器的专一性很强,使得单个传感器在检测混合气体或有干扰气体存在的情况下,难以得到较高的检测和识别精度。因此,电子鼻的气味感知部分往往采用多个具有不同选择性的气体传感器,并按一定阵列组合,利用其对多种气体的交叉敏感性,将不同的气味分子转化为与时间相关的可测物理信号组,实现混合气体分析。

气敏传感器阵列是电子鼻的核心部分,根据原理的不同,可以分为金属氧化物型、电化学型、导电聚合物型、质量型、光离子化型等很多类型。目前应用最广泛的是金属氧化物型。

(2)信号预处理系统　该系统的作用是对传感器阵列传入的信号进行滤波、交换和特征提取,其中最重要的就是特征提取。不同的信号处理系统就是按特征提取方法的不同来区分的。目前,常用的特征提取方法有相对法、差分法、对数法和归一法等,这些方法既可以处理信号,为模式识别过程做好数据准备,也可以利用传感器信号中的瞬态信息检测、校正传感器阵列。大量试验表明,相对法有助于补偿传感器的敏感性;部分差分模型除了可以补偿敏感性外,还能使传感器电阻与浓度参数的关系线性化;对数法可以使高度非线性的浓度依赖关系线性化;归一法则不仅可以减小化学计量分类器的计量误差,还可以为人工神经网络分类器的输入准备适当的数据。由此可见,不同的信号预处理子系统往往与某个模式识别子系统结合在一起进行开发,将其设计成一套软件系统的两个过程,这样可以方便数据转换并保证模式识别过程的准确性。

(3)模式识别系统　模式识别是对输入信号再进行适当的处理,以获得混合气体的组成成分和浓度的信息的过程。模式识别过程分为两个阶段:第一阶段是监督学习阶段,在该阶段需用被测试的气体来训练电子鼻,让它知道需要感应的气体是什么;第二阶段是应用阶段,经过训练的电子鼻有了一定的测试能力,这时它就会使用模式识别的方法对被测气体进行辨识。目前主要模式识别方法有统计模式识别技术、人工神经网络（ANN）技术、进化神经网络（evolutionary neural network，ENN）技术等。

11.4.2 电子鼻工作原理

电子鼻识别气味的主要机理是在阵列中的每个传感器对被测气体都有不同的灵敏度，如一号气体可在某个传感器上产生高响应，而对其他传感器则是低响应，同样，二号气体产生高响应的传感器对一号气体则不敏感。归根结底，整个传感器阵列对不同气体的响应图案是不同的，正是这种区别才使系统能根据传感器的响应图案来识别气味。

常见的电子鼻类型主要有气相型、金属氧化物型、光传感型等。当前最流行的要数金属氧化物型，其主要应用在食品、烟草、发酵、香精香料生产、环境恶臭分析等领域。

11.4.3 电子鼻工作程序

电子鼻典型的工作程序是：

（1）传感器的初始化　利用载气（高纯空气）把顶空进样器获取的挥发性物质吸取至装有电子传感器阵列的容器室中。

（2）测定样品与数据分析　取样操作单元把已初始化的传感器阵列暴露到气味中，当挥发性化合物与传感器活性材料表面接触时，产生瞬时响应。这种响应被记录并传送到信号处理单元进行分析，与数据库中存储的大量挥发性化合物图案进行比较、鉴别，以确定气味类型。

（3）清洗传感器　测定完样品后，要用高纯空气"冲洗"传感器活性材料表面，以去除测过的气味混合物。在进入下一轮新的测量之前，传感器仍要再次实行初始化（即工作之间，每个传感器都需用高纯空气进行清洗，以达到基准状态）。被测气味作用的时间称为传感器阵列的"响应时间"，清除过程和参考气体作用的初始化过程所用的时间称为"恢复时间"。

11.5　感官机器人

随着机器人技术的不断发展，机器人的应用领域和功能有了极大的拓展和提高。智能化已成为机器人技术的发展趋势，而传感器技术则是实现机器人智能化的基础。智能机器人通常配有数量众多的不同类型的传感器，以满足探测和数据采集的需要。若对各传感器采集的信息进行单独、孤立的处理，不仅会导致信息处理工作量的增加，而且割断了各传感器信息间的内在联系，造成信息资源的浪费。

多传感器信息融合技术可有效地解决上述问题，它综合运用控制原理、信号处理、仿生学、人工智能和数理统计等方面的理论，将分布在不同位置、处于不同状态的多只传感器所提供的局部的、不完整的观察量加以综合，消除多传感器信息之间可能存在的冗余和矛盾，利用信息互补,降低不确定性,以形成对系统环境相对完整一致的感知描述,从而提高智能系统决策、规划的科学性,反应的快速性和正确性,降低其决策风险。机器人多传感器信息融合技术已成为智能机器人研究领域的关键技术之一。

11.5.1　食品味觉检验机器人

感官机器人能够准确地辨别出数十种食物,它可以在不破坏食物的前提下,利用传感器对食品的成分进行分析,并将结果告知用户。"辨味"机器人的左指尖安装有红外线探测装置,向食物发射不同波长的红外线,传感器可接收反射回来的红外线,然后画出食品的"红外指纹,经过与数据库对比,就可以知道这些食物的味道,并判断出食物的名称。辨味机器人可通过内置扬声器,告知用户有关保健和饮食的建议,比如脂肪和糖分的摄入是否过量,水果是否到了最佳食用季节等;还可以判断苹果的甜度,奶酪的品牌和面包的种类等,其"味觉"识别水平已经达到很高水平。

11.5.2　葡萄酒品评机器人

辨别葡萄酒品质优劣、判断葡萄酒品牌,历来是品酒师的工作。但是,日本 NEC 系统科技公司(NEC system technologies)和三重大学(mie university)的研究人员设计出了一个能够品尝和识别数十种不同类型葡萄酒的机器人。检测分析时,只需把 5 mL 样品倒入放置在机器人前面的托盘中,由发光二极管发出的红外线通过样品,光敏二极管检测反射光线。通过确定被样品所吸收的红外线波长,机器人可快速而准确测试出 30 种常见葡萄酒的有机成分,从而判断出不同类型的葡萄酒。

这种机器人还具有分辨假葡萄酒的功能。由于葡萄酒具有很强的地域特点,某一特定区域生产的葡萄酒其主要成分是确定的,该机器人甚至可以辨明葡萄酒的产地,分辨出产品的批次和编号。由于目前假葡萄酒的辨别主要还是依靠人的感官和通过对葡萄园记录的详细分析完成,机器人如果可以快速检测出葡萄酒的真伪,可以降低检测成本,意义重大。

然而,这种葡萄酒机器人尚有待于进一步改进和提高。一方面,它需要能够分辨出更多种的葡萄酒,这是由于世界上的葡萄酒种类有很多种;另一方面,它在测试的准确性方面也有待于进一步提高。

11.6　感官分析软件

11.6.1　感官分析软件开发背景及简介

感官分析系统是一款感官评价实验过程规范化管理软件。其目的在于感官评价过程及结果的规范化和客观化。软件的主体功能是感官检验模块,可实现感官评价试验设计、结果录入、结果分析、报告输出的在线自动化。采用在全球及全国范围内普遍认可、协调一致的感官分析标准化方法,按照感官分析国际标准和我国国家标准要求,并结合良好的感官分析实践,以流程提示、任务列表、任务实施的配套功能等形式,方便实现样品制备、样品提供、评价员评价、结果汇总、结果分析、检验报告等感官评价的主要活动过程并有效进行管理。该软件可广泛应用于从事产品感官评价的实验室、企业行业、检测机构和科研机构等。

感官评价主要流程如下:

系统登录→菜单设置→实验设计→样品标识→样品制备→样品提供→感官评价→数据分析→结果生成

11.6.2 感官分析软件技术参数

(1)整体功能 轻松感官分析系统具有强大的功能模块。主要包括有感官检验、信息查询及系统维护。感官检验主要用来辅助全程感官分析评价工作的进行,包括试验设计、样品准备、评价过程和结果分析。感官检验模块提供的技术方法主要有:"A"—"非 A"测试、"A"—"非 A"检验(含确定性标尺)、简单差异测试、简单差异测试法(含确定性标尺)、二三点测试、三角测试、成对比较检验、排序测试、分类测试、自由描述分析、自由描述量化分析、索引描述分析、索引描述量化分析、定量描述分析(一页多词)、定量描述分析(一页一词)、喜好度绝对值测试、质地剖面测试(定量描述分析特例)、风味剖面测试(定量描述分析特例)、味觉特性识别测试、喜好度相对值测试、味觉多敏感度测试、Jar 测试等测试。

信息查询含历史试验查询、感官分析方法简介、感官描述词及感官评价标度资料和感官评价方法中有关的统计检验表。

系统维护包括通用实验信息维护、食品代码维护、人员信息维护和权限管理。

(2)系统特色 感官分析系统具有如下特色:流程化设计、规范化表格、检验间隔可控、检验活动管理、资料信息管理。

①流程化设计——方便用户进行实验设计、样品制备、样品提供、数据汇总及统计分析等操作,直观的图标显示方法为用户提供了简单快速的方法浏览;

②规范化表格——根据评价员人数、待检样品数、实验轮次数、可接受的结果风险水平自动生成:样品制备表、样品提供表、评价员回答表、评价结果汇总表、感官检验报告,并将这些表格分别提供给感官检验活动中涉及的样品制备员、样品提供员、评价员、感官分析师、技术负责人;

③检验间隔可控——设置了检验时间间隔设计,多次检验之间有充分的休息时间,从而控制感官疲劳、感官适应等情况对实验的影响;

④检验活动管理——可从检验时间、被检样品、评价员、感官分析师等多个角度查询实验信息,帮助管理者了解感官检验活动的开展、主要业务和实验室成员的工作量与表现;

⑤资料信息管理——系统配置了目前国内外感官分析主要技术成果的汇总与提炼,可帮助开展评价员培训,并作为感官分析师参考的电子书。

思考题

1. 质构仪的工作原理是什么,质构仪可以应用于哪些食品加工领域?
2. 电子舌的工作原理是什么?
3. 电子舌可以应用于哪些领域,有何优缺点?
4. 电子鼻的工作原理是什么,其传感器阵列起什么作用?
5. 感官分析软件是什么? 具有什么特色?

第 12 章　食品感官评价实验

食品感官评价是一门应用性、实践性较强的学科。只有通过不断训练与实践,才能加强学生对食品感官评价的基本原理、基本方法的理解与应用,培养学生掌握基本的食品感官评价技术技能,提高学生的动手能力、分析问题与解决问题的能力。尤其是为学生将来从事相关的感官评价工作奠定坚实的基础。

12.1　味觉辨别实验

12.1.1　实验目的

(1)掌握甜、酸、苦、咸 4 种基本味觉的识别方法,判断感官评价员的味觉灵敏度以及是否有感官缺陷。

(2)检测评价员对 4 种基本味的识别能力及其察觉阈、识别阈值。

12.1.2　实验原理

味觉是人的基本感觉之一,是人类对食物进行辨别、挑选和决定是否予以接受的重要因素。可溶性呈味物质进入口腔后,在肌肉运动作用下呈味物质与味蕾相接触,呈味物质刺激味蕾中的味细胞,这种刺激再以脉冲的形式通过神经系统传导到大脑,经大脑的综合神经中枢系统的分析处理,使人产生味觉。

不同的人味觉敏感度的差异很大,通常用阈值表示。所谓察觉阈是指刚刚能引起某种感觉的最小刺激量。识别阈值是指能使人确认出这种具体感觉的最小刺激量。差别阈是指感官所能感受到的刺激的最小变化量。

感官评价员应有正常的味觉识别能力与适当的味觉敏感度。酸、甜、苦、咸是人类的 4 种基本味觉,取 4 种标准味感物质按算术系列稀释,以浓度递增的顺序向评价员提供样品,品尝后记录味感。本法可用作选择及培训评价员的初始实验,适用于检测评价员的味觉敏感度及其对 4 种基本味道的评价能力。

12.1.3　实验材料

(1)试剂与材料　蔗糖、酒石酸、柠檬酸、咖啡因、无水氯化钠、盐酸奎宁、蒸馏水。

(2)样品制备　配制标准储备液,见表 12-1。

(3)样品贮存　样品的温度应保持一致。

(4)品评杯　按实验人数、次数准备杯子若干,每位评价员每杯的样品量为 15 mL。另外准备一个盛水杯和一个吐液杯。

（5）4 种味感物质的稀释溶液　用上述储备液按算术系列制备稀释溶液,见表 12-2。

表 12-1　4 种味感物质储备液

基本味道	参比物质	质量浓度/（g/L）
甜	蔗糖（M＝342.3）	34
酸	DL-酒石酸（M＝150.1）	2
	柠檬酸（M＝3150.1）	1
苦	盐酸奎宁（M＝196.9）	0.020
	咖啡因（M＝212.12）	0.20
咸	无水氯化钠（M＝58.46）	6

表 12-2　以算术系列稀释的实验溶液

稀释度	成分		实验液质量浓度/（g/L）					
	储备液/mL	水/mL	酸		苦		咸	甜
			酒石酸	柠檬酸	盐酸奎宁	咖啡因	氯化钠	蔗糖
A9	250		0.50	0.250	0.0050	0.050	1.50	8.0
A8	225		0.45	0.225	0.0045	0.045	1.35	7.2
A7	200		0.40	0.200	0.0040	0.040	1.20	6.4
A6	175		0.35	0.175	0.0035	0.035	1.05	5.6
A5	150	稀释至 1000	0.30	0.150	0.0030	0.030	0.90	4.8
A4	125		0.25	0.125	0.0025	0.025	0.75	4.0
A3	100		0.20	0.100	0.0020	0.020	0.60	3.2
A2	75		0.15	0.075	0.0015	0.015	0.45	2.4
A1	50		0.10	0.050	0.0010	0.010	0.30	1.6

12.1.4　实验步骤

12.1.4.1　味觉灵敏度测试

（1）把稀释溶液分别放置在已编号的容器内,另有一容器盛水。

（2）4 种溶液依次从低浓度开始,逐渐提交给评价员,每次 5 杯,其中一杯为水。每杯约 15 mL,杯号按随机数编号。

（3）评价员细心品尝每一种溶液,用小勺将溶液含在口中停留一段时间（请勿咽下）,活动口腔,使溶液充分接触整个舌头,仔细辨别味道,然后吐去溶液。每次品尝后,用清水漱口,如果是再品尝另一种溶液,需等待 1 min,再品尝。

（4）每个样液重复 2 次。品尝后,将编号及味觉结果记录于表 12-3。每个参试者的正确答案的最低浓度,就是他的相应基本味觉的察觉阈值或识别阈值。

12.1.4.2　基本味觉的识别

制备明显高于阈限水平的 4 种基本味溶液 10 个样品,每个样品编上不同的随机 3 位数码,提供给评价员从左至右品尝,重复 2 次,将编码与味觉结果记录于表 12-4。正确率不能小于 80% 。

表 12-3　4 种基本味不同阈值的测定记录(按算术系列稀释)

	姓名:		时间:　年　月　日		
	水　　甜味	酸味	咸味	苦味	未知
一					
二					
三					
四					
五					
六					
七					
八					
九					

注:○无味;×察觉阈;××识别阈;随识别浓度递增,增加×数。

表 12-4　4 种基本味识别能力的测定记录表

序号	一	二	三	四	五	六	七	八	九	十
试样编号										
味觉										
记录										

12.1.5　结果与分析

(1)根据评价员的品评结果,统计该评价员的察觉阈和识别阈。

(2)根据评价员对 4 种基本味觉的品评结果,计算各自的辨别正确率。

12.1.6　注意事项

(1)实验期间样品和水温尽量保持在 20℃ 。

(2)实验样品的组合,可以是同一浓度系列的不同溶液样品,也可以是不同浓度系列的同一味感样品或 2~3 种不同味感样品,每批样品数一致(如均为 6 个)。

(3)样品编号以随机数编号,无论以哪种组合,都应使各种浓度的实验溶液都被评价过,浓度顺序应为从低浓度逐步到高浓度。

12.1.7　思考题

(1)如何判断感官评价员的味觉灵敏度?

(2)在样品品尝时,应如何提高不同阈值测定值的稳定性和准确性?

(3)按递增系列向评价员交替呈现刺激系列的原因是什么?

12.2　嗅觉辨别实验

12.2.1　实验目的

(1)学会使用范氏实验法和啜食术进行嗅觉的感官评价。

(2)通过采用配对实验对基本气味的辨认,初步判断评价员的嗅觉识别能力与灵敏度。

12.2.2　实验原理

嗅觉是辨别各种气味的感觉,属于化学感觉。嗅觉的感受器位于鼻腔最上端的嗅上皮内,嗅觉的感受物质必须具有挥发性和可溶性的特点。嗅觉的个体差异很大,有嗅觉敏锐者和迟钝者。嗅觉敏锐者也并非对所有气味都敏锐,因不同气味而异,且易受身体和生理状况的影响。

啜食术是一种代替吞咽的感觉动作,使香气和空气一起流过后鼻部被压入嗅味区的技术。用匙把样品送入口内并用劲地吸气,使液体杂乱无章吸向咽壁(就向吞咽一样),气体成分通过鼻后部到达嗅味区。无须吞咽,样品被吐出。

范氏实验法的第一步是用手捏住鼻孔通过张口呼吸,然后把一个盛有气味物质的小瓶放在张开的口旁(注意:瓶颈靠近口但不能咀嚼),迅速地吸入一口气并立即拿走小瓶,闭口,放开鼻孔使气流通过鼻孔流出(口仍闭),从而在舌上感觉到该物质。

12.2.3　实验材料

(1)标准香精样品　如柠檬、苹果、菠萝、香蕉、草莓、椰子、橘子、甜橙、乙酸乙酯、丙酸异戊酯等。

(2)具塞棕色玻璃小瓶、辨香纸。

(3)白瓷盘,消毒 150 mL 烧杯,不锈钢汤匙若干把,每组 1 套。

(4)溶剂　乙醇、丙二醇等。

12.2.4 实验步骤

12.2.4.1 基础实验

挑选 4~5 个不同香型的香精(如苹果、香蕉、柠檬、草莓),用无色溶剂(如酒精)稀释配制成体积分数 0.5%。以随机 3 位数编码,让每个评价员得到 4 个样品,其中有两个相同,一个不同,外加一个稀释用的溶剂(对照样品)。评价员应有 100% 的选择正确率。

12.2.4.2 辨香实验

挑选 10 个不同香型的香精(其中有 2~3 个比较接近易混淆的香型),适当稀释至相同香气强度,分装入干净棕色玻璃瓶中,贴上标签名称,让评价员充分辨别并熟悉它们的香气特征。

12.2.4.3 等级实验

将上述辨香实验的 10 个香精制成两份样品,一份写明香精名称,另一份只写编号,让评价员对 20 瓶样品进行分辨评香。每个样品重复 2 次。结果记录于表 12-5。

表 12-5 嗅觉辨别测定记录表

标明香精名称的样品号码									
1	2	3	4	5	6	7	8	9	10
你认为香型相同的样品编号									
香味特征									

12.2.4.4 配对实验

在评价员经过辨香实验熟了评价样品后,任取上述 5 个不同香型的香精稀释制备成外观完全一致的 2 份样品,分别进行随机 3 位数编号。让评价员对 10 个样品进行配对实验,经仔细辨香后,填入上下对应评价员认为二者相同的香精编号,并简单描述其香气特征。每个样品重复 2 次。结果记录于表 12-6。

表 12-6 嗅觉灵敏度测试的匹配实验记录表

实验名称:辨香配对实验	
实验日期: 年 月 日	实验员:
相同的两种	
香精的编号	
它的香气特征	

12.2.5 结果与分析

(1)参加基础测试的评价员最好有 100% 的选择正确率,如经过几次重复还不能察觉出差别,则不能入选评价员。

(2)等级测试中可用评分法对评价员进行初评,总分为 100 分,答对一个香型得 10 分。30 分以下者为不及格;30~70 分者为一般评香员;70~100 分者为优选评香员。

（3）配对实验可用差别实验中的配偶实验法进行评估。

12.2.6　注意事项

（1）评香实验室应有足够的换气设备，以 1 min 内可换室内容积的 2 倍量空气的换气能力为最好。

（2）嗅觉容易疲劳，且较难得到恢复（有时呼吸新鲜空气也不能恢复），因此应该限制样品试验的次数，使其尽可能减少。

（3）如果样品气味刺激性很强烈，可以用嗅纸片（约 100 mm 长、5 mm 宽的滤纸）浸入嗅觉样品中，把沾有样品的纸片靠近鼻子，嗅闻其气味。

12.2.7　思考题

（1）如何判断评价员的嗅觉灵敏度？

（2）如何掌握范氏实验法与啜食术？它们有何区别？

12.3　差别阈值测定

12.3.1　实验目的

（1）了解某种基本味觉的个体差别阈值及群体差别阈值的分布情况。

（2）学习并掌握恒定刺激法测定味觉差别阈值的原理与方法。

（3）学会采用直线内插法计算差别阈值。

12.3.2　实验原理

阈值分为两种，即绝对阈值和差别阈值。感觉阈值的基本测定方法有：极限法、平均误差法、恒定刺激法。在测定阈值的实验中，若被测对象对刺激所做的反应较复杂，则将会影响测定阈值的准确性。同时，应防止测试次数过多所导致被试者出现感觉疲劳现象。

差别阈值是感官所能感受到的刺激的最小变化量，或是最小可察觉差水平（JND）。差别阈值 ΔI 越小，味觉敏感度越强。差别阈不是一个恒定值，它会随一些因素的变化而变化。根据韦伯定律，差别阈值的计算，见式（12-1）

$$K = \Delta I / I \tag{12-1}$$

式中：ΔI——物理刺激恰好能被感知差别所需的能量；

　　　　I——刺激的初始水平；

　　　　K——韦伯常数。

根据实验心理学，味觉差别阈值的测定常采用恒定刺激法。

刺激通常由 5~7 个组成，在实验过程中维持不变，这种方法称为恒定刺激法。刺激的最大强度要大到它被感觉到的概率为95%左右,刺激的最小强度要小到它被感觉到的概率只在5%左右。各个刺激之间的距离相等,确定几个指定值,与最大间距和最小变化不同,恒定刺激法的刺激是随机呈现的,每个刺激呈现的次数应相等,要求被试者按照比较的原则,对呈现的刺激与标准刺激进行比较,感觉分为高(+)、相等(=)或低(-)3类反应。

直线内插法是计算差别阈值的常用方法。直线内插法是将刺激作为横坐标,以3种正确判断的百分数作为纵坐标做3条曲线。然后再从纵轴的50%处引出与横轴的平行线,该线与(+)曲线交点的横轴为上差别阈限,与(-)曲线相交点的横轴坐标为下差别阈限,因此,绝对差别阈限的计算,见式(12-2)

$$DL = (DL_1 - DL_2)/2 \qquad\qquad (12-2)$$

式中:DL_1——上差别阈限;

DL_2——下差别阈限;

DL——绝对差别阈限。

12.3.3　实验材料

(1)甜味剂　蔗糖或阿斯巴甜。

(2)品评杯　按实验人数、轮次数准备好杯子若干,每杯的样品量约为20 mL。另外准备一个盛水杯和一个吐液杯。

(3)甜味剂的制备　配置阈值以上的蔗糖式阿斯巴甜系列稀释溶液:浓度分别为0.6×10^{-4} mol/L;1×10^{-4} mol/L;1.4×10^{-4} mol/L;1.8×10^{-4} mol/L;2.2×10^{-4} mol/L。

12.3.4　实验步骤

12.3.4.1　呈送顺序

将5个比较刺激(包括标准刺激)与标准刺激配对,每对2个样品(其中一个中等强度的为标准刺激,一个为比较刺激),配成正反各5对,每5对为1批样品,4批为20对,共40个样品。为消除顺序误差和空间误差,20次中10次标准刺激在先,10次标准刺激在后。每个比较刺激出现的次数相同。要求评价员每对样品比较1次,每人共比较20次,并记录结果。

12.3.4.2　问答表设计与做法

问答表见表12-7。

表 12-7　差别阈值问答表

恒定刺激法测定甜味的差别阈值

评价员:	评价时间:

您将收到一种具有某味特征的样品浓度系列。请先品尝并熟悉对照样品,再用水漱口,勿将样品咽下。先品尝左边的样品,接着品尝右边的样品,然后比较右边比左边样品的刺激强度是大、小或相等。这样的比较要进行多次,每次比较后必须做出判断,前后的判断标准要尽量保持一致,可猜测,但不可放弃。请用下面的符号记录。

<小于	=等于	>大于

12.3.5　结果与分析

（1）整理记录结果，把比较刺激在先的判断转换成标准刺激在先的判断结果，将结果填入表 12-8 中。

（2）列表并分别统计比标准刺激浓度大、小和相等的频次，并计算出相应的百分数。

（3）采用直线内插法计算个体差别阈值与群体差别阈值的分布图。

表 12-8　差别阈值记录

评价员：	性　别：	时　间：	地　点：
组	＞	＝	＜
1			
2			
3			
4			
5			
6			
7			
8			
9			
10			
11			
12			
13			
14			
15			
16			
17			
18			
19			
20			

12.3.6　注意事项

（1）比较同对样品时，两个刺激的时间间隔不要超过 1 s，即两个刺激之间不漱口，避免被试的第一个刺激的甜度感觉被忘记，以减少时间误差。

（2）比较不同对样品时，两次比较之间的时间间隔要在 5 s 以上，即需要漱口，以避免两次感觉之间的相互干扰，以减少顺序误差。

12.3.7　思考题

(1)如何提高差别阈值测定值的稳定性和准确性?

(2)分析测定结果与文献中的阈值存在差异的原因,讨论如何对实验进行改进。

12.4　差别试验——两点检验法

12.4.1　实验目的

(1)学会运用两点检验法测试或培训评价员辨别不同浓度样品细微差别的能力。

(2)掌握两点检验法的原理、问答表的设计与方法特点。

(3)学会运用两点检验法评价葡萄酒的风味品质。

12.4.2　实验原理

两点检验法是指以随机顺序同时出示两个样品给评价员,要求评价员对这两个样品进行比较,判定整个样品或者某些特征强度顺序的一种评价方法,也称成对比较检验法。两点检验法有两种形式:一种是差别成对比较(双边检验);另一种是定向成对比较(单边检验)。

葡萄酒的感官指标包括 4 个方面:外观、香气、滋味、典型性。

葡萄酒的品尝过程包括看(see)、摇(swirl)、闻(sniff)、吸(sip)、尝(savor)和吐(spit)6 个简单的步骤。

品尝葡萄酒的口感,需要正确的品尝方法。首先,将酒杯举起,杯口放在嘴唇之间,并压住下唇,头部稍往后仰,轻轻地向口中吸气,并控制吸入的酒量,使葡萄酒均匀分布于舌头表面,同时控制在口腔的前部。每次吸入的酒量应相等,一般在 6~10 mL(不能过多或过少)。当酒进入口腔后,闭上双唇,头微前倾,利用舌头和面部肌肉运动,搅动葡萄酒;也可将嘴微张,轻轻吸气,可以防止酒流出,并使酒蒸气进入鼻腔后部,然后将酒咽下再用舌头舔牙齿和口腔内表面,以鉴别余味。通常酒在口腔内保留时间为 12~15 s(13 s 理论)。

本实验主要通过品尝,采用两点检验法鉴别两个葡萄酒产品之间是否有差异,或对同一种类葡萄酒的特性强度的细微差别进行鉴别,以测试评价员的味觉鉴别能力。

12.4.3　实验材料

(1)葡萄酒、蔗糖,市售。

(2)葡萄酒标准品评杯,采用国际 NFV 09—110—1971。杯口直径(46±2)mm、杯底(65±2)mm、杯身高(100±2)mm、杯脚高(55±3)mm、杯脚宽(65±5)mm、杯脚直径(9±1)mm、杯口必须平滑、一致,且为圆边,能耐 0~100℃的变温,容量为 210~225 mL。

（3）托盘、小汤匙、漱口杯等若干。

12.4.4　实验步骤

12.4.4.1　样品制备（由样品制备员准备）

（1）标准样品　12℃葡萄酒，两个样品 A、B。

（2）稀释比较样品　12℃葡萄酒 A 间隔用水做 10%稀释为系列样品：90 mL 葡萄酒添加 10 mL 纯净水为 A_1，90 mL A_1 加 10 mL 纯净水为 A_2。

（3）甜度比较样品　12℃葡萄酒 B 以蔗糖 4g/L 的量间隔加入葡萄酒的系列样品中，90 mL 葡萄酒添加 10 mL 的 4g/L 蔗糖为 B_1，方法同上制成 B_2。

12.4.4.2　样品编号与呈送

以随机数对样品编号（由样品制备员准备），然后每次随机呈送两个样品给评价员，可以相同，也可以不同，依目的而定，例如 AB、A_1A_2、B_1B_2、……样品编号见表 12-9。

表 12-9　两点检验法样品编号

样品	编号	
标准样品	534（A）	412（B）
稀释样品	791（A_1）	267（A_2）
加糖样品	348（B_1）	615（B_2）

12.4.4.3　比较两个酒样感官特性的差异

每个评价员每次将得到两个样品，必须做答，结果填入表 12-10。

表 12-10　差别成对比较问答表

样品：葡萄酒（异同试验）	试验方法：两点检验法
试验员：	试验日期：

从左至右品尝你面前的两个样品，确定两个样品是否相同，写出相应的编号。在两种样品之间请用清水漱口，然后进行下一组实验，重复品尝程序。

相同的两个样品编号：_____

不同的两个样品编号：_____

12.4.4.4　确定两个酒样中的哪个更甜

每个评价员每次将得到两个样品，必须做答，结果填入表 12-11。

表 12-11　定向成对比较问答表

样品：葡萄酒（定向试验）	试验方法：两点检验法
试验员：	试验日期：

从左至右依次品尝你面前的 2 个样品，在你认为较甜的样品编号上画圈。你可以猜测，但必须有选择。在两种样品之间请用清水漱口，然后进行下一组实验，重复品尝程序。

12.4.4.5　确定品尝者所喜欢的酒样

每个评价员每次将得到两个样品,必须做答,结果填入表 12-12。

表 12-12　偏爱检验问答表

样品:葡萄酒	试验方法:两点检验法
试验员:	试验日期:

检验开始前,请用清水洗口。请按给定的顺序从左至右品尝两个样品。你可以尽你喜欢地多喝,在你所偏爱的样品号码上划圈,谢谢你的参与。

583　　　　　　　　　　　487

12.4.5　结果与分析

统计本组或本班同学的实验结果和有效问答表数,查两点检验法检验表,判断该评价员的评价水平和样品的差异性。

12.4.6　注意事项

(1)两点检验法的品尝顺序一般为:A→B→A。首先将 A 与 B 比较,然后将 B 与 A 比较。从而确定 A、B 之间的差异。若仍然无法确定,则等待几分钟后,再品尝。

(2)依实验目的来确定评价员人数。若是要确定产品间的差异,可用 20~40 人;若是要确定产品间的相似性,则为 60~80 人。

(3)葡萄酒的感官要求:参照 GB 15037—2006。

12.4.7　思考题

(1)为何品尝葡萄酒时应控制酒量? 过多或过少有何影响?

(2)品尝葡萄酒与平常喝酒是否相同? 有何区别?

(3)如何确定是差别成对比较检验还是定向成对比较检验?

12.5　差别试验——二—三点检验法

12.5.1　实验目的

通过二—三点检验法检验不同浓度奶粉存在的感官差异,熟练掌握二—三点检验法的评价过程及结果统计。

12.5.2　实验原理

二—三点检验法的提出是为了降低三角检验的复杂性。因为刺激较强烈的样品,会使评价员的敏感性显著降低,而三角检验又需要组合 3 个未知量,从而会增加评价难度。在二—三点检验中,测试要面对的是 3 个产品,首先提供给评价员一个对照样品,接着提供两个编号的样品,其中一个与对照样品相同或者相似。要求评价员在熟悉对照样品后,从后面提供的两个样品中挑选出与对照样品相同的样品。二—三点检验可以区别两个同类样品是否存在感官差异,但差异的方向不能被检验指明,即感官评价员只能知道样品可察觉到的差别,而不知道样品在何种性质上存在差别。

12.5.3　实验材料

（1）市售奶粉。

（2）配制浓度分别为 40 g/L、60 g/L、80 g/L 的样品 A、样品 B 和样品 C。分别设置 A 与 B 比较,以及 B 与 C 比较。

12.5.4　实验步骤

（1）将标准样品准备 2 组,其中 1 组标记为 R,另外 1 组与同一天准备的其他样品按照表 12-13 标记 3 位编码,不能混淆。

表 12-13　二—三点检验工作表

评价员	序列		编码		结果
1	$R_A AB$	R_A	850	155	
2	$R_A BA$	R_A	628	330	
3	$R_A AB$	R_A	205	865	
4	$R_A BA$	R_A	718	213	
5	$R_B AB$	R_B	873	598	
6	$R_B BA$	R_B	338	853	
7	$R_B AB$	R_B	427	893	
8	$R_B BA$	R_B	245	832	
9	$R_B CB$	R_B	493	324	
10	$R_B BC$	R_B	281	905	
11	$R_B CB$	R_B	167	474	
12	$R_B BC$	R_B	630	486	
13	$R_C CB$	R_C	363	647	
14	$R_C BC$	R_C	438	220	
15	$R_C CB$	R_C	664	371	
16	$R_C BC$	R_C	631	175	
17	…				

（2）按照表格中的编号进行装盘,每盘一份评价单,评价单上的编号要与样品编号一致。

（3）给评价员随机排序,根据表12-13准备和分发样品,提供如表12-14所示的评价单。

表12-14　二—三点检验评价单

姓名:　　　　日期:　　　　评价员编号:

在你面前有3个样品,其中一个标R的为"参照",另外两个标有编号。从左向右依次品尝3个样品,先是参照样,然后是两个样品。品尝之后,请在与参照样相同的那个样品的编号后画"√"。可以多次品尝,但必须有答案。

$$R \qquad 850 \square \qquad 155 \square$$

感谢您的参与!

12.5.5　结果与分析

评价员评价完成后收回评价单,将评价结果与样品准备工作表核对,统计正确选择的人数,根据二—三点检验法检验表得出结论。

12.6　差别试验——三点检验法

12.6.1　实验目的

（1）学会运用三点检验法鉴别两种食品间的细微差别。

（2）通过三点检验,可以初步测试与训练评价员对某产品的风味鉴别能力,便于挑选合格者进行复试与培训。

12.6.2　实验原理

在感官评价中,当样品间的差别很微小时,三点检验法是较常用的差别检验法之一。可用于两种产品的样品间的差异分析,也可用于挑选评价员和培训评价员。三点检验法是同时提供3个编码样品,其中有两个样品是相同的,要求评价员挑选出其中不同于其他两样品的检验方法。具体做法是,首先需要进行3次配对比较:A与B,B与C,A与C,然后指出哪个样品不同于其他两个相同样品。根据评价员对三个样品的反应,通过计算正确回答数来进行判断。

本实验中,运用三点检验法可鉴别出两种啤酒之间存在的细微差别,也可以初选与培训啤酒评价员。

啤酒的感官指标包括4个方面:外观、泡沫、香气和口味。

啤酒评价员的挑选与训练通常须经过几个阶段:初次面试→样品初试→风味复试→风

味描述训练→风味程度描述分析→品尝和复试。

样品初试阶段是初选啤酒评价员的关键,采用三杯法测试,合格者才能进行风味复试。三杯法试样为两种风味特征相近的已知样品三杯,其中两杯相同,要求应试者找出其中不同的一杯,同种风味成分不重复。每次应试者只进行一次三杯法测试,在一段时间连续进行一系列测试,做好表格记录。一个人应试时间不超过一个月,参加 10～20 次三杯法测试。正确分辨率大于75%者,被录取;如错误分辨率大于45%者,则被淘汰。淘汰者需要待一个月之后才能重测。

12.6.3　实验材料

(1)啤酒。

(2)试剂　蔗糖、α-苦味酸。

(3)啤酒品评杯　直径 50 mm、杯高 100 mm 的烧杯,或 250 mm 高型烧杯;托盘若干。

12.6.4　实验步骤

12.6.4.1　样品制备

(1)标准样品　12° 啤酒(样品 A)。

(2)稀释比较样品　12° 啤酒间隔用水做 10% 稀释为系列样品:90 mL 除气啤酒添加 10 mL 纯净水为 B_1,90 mL B_1 加 10 mL 纯净水为 B_2,其余类推。

(3)甜度比较样品　以 4 g/L 蔗糖的量间隔加入啤酒中的系列样品,做法同上。

(4)加苦样品　以 4 mg/L α-苦味酸量间隔加入啤酒的系列样品,做法同上。

12.6.4.2　样品编号(样品制备员准备)

以随机数对样品编号,见表 12-15。

表 12-15　啤酒三点检验法样品编号

样品	编号		
标准样品(A)	428(A_1)	156(A_2)	269(A_3)
稀释样品(B)	896(B_1)	258(B_2)	347(B_3)
加糖样品(C)	741(C_1)	358(C_2)	746(C_3)
加苦样品(D)	369(D_1)	465(D_2)	621(D_3)

12.6.4.3　供样顺序(样品制备员准备)

每次随机提供 3 个样品,其中两个是相同的,另一个不同。例如,$A_1A_1B_1$、$A_1A_1C_1$、$A_1D_1D_1$、$B_2B_3B_2$、$A_2C_2C_2$……

12.6.4.4　感官评价

每个评价员每次得到一组 3 个样品,依次进行评价,每人应评 10 次左右,问答表见表 12-16。

表 12-16　三点检验法问答表

样品:啤酒对比试验	试验方法:三点检验法
试验员:	试验日期:

请从左至右依次品尝你面前的3个样品,其中有两个是相同的,另一个不同,品尝后,记录结果。你可以多次品尝,但不能没有答案。

相同的两个样品编号:_____ _____

不同的两个样品编号:_____ _____

12.6.5　结果与分析

(1)统计每个评价员的实验结果,判断该评价员的鉴别水平。

(2)统计本组及全班同学的实验结果,查三点检验法检验表,判断该组评价员的鉴别水平和样品间的差异性。

12.6.6　注意事项

(1)实验用啤酒应做除气处理,处理方法如下。

①过滤法:取约 300 mL 样品,以快速滤纸过滤至具塞瓶中,加塞备用。

②摇瓶法:取约 300 mL 样品,置于 500 mL 碘量瓶中,用手堵住瓶口摇动约 30 s,并不时松手排气几次。静置,加塞备用。

③超声波法:取约 300 mL 样品,采用超声波除气泡。

上述 3 种方法中,第①、②法操作简便易行,误差较小,特别是第②法,国内外普遍采用。无论采用哪一种方法,同一次品尝实验中,必须采用同一种处理方法。

(2)控制光线以减少颜色的差别。

(3)啤酒的感官质量标准,参照 GB/T 4927—2008。

12.6.7　思考题

(1)如何利用三点法挑选和培训啤酒评价员?

(2)试设计一个带有特定的感官问题的风味(或异常风味、商标等)的三点检验的实验。

12.7　排序检验法

12.7.1　实验目的

(1)学会使用排序法对食品进行感官评价。

(2)运用排序法对果汁饮料进行偏爱程度的检验。

12.7.2　实验原理

在对样品做更精细的感官分析之前可采用排序法进行筛选。排序检验是比较数个样品,按指定特性由强度或嗜好程度排出一系列样品的方法。该方法只排出样品的次序,不估计样品间差别的大小。具体来讲,就是以均衡随机的顺序将样品呈送给评价员,要求评价员就指定指标将样品进行排序,计算秩次和,然后利用 Friedman 法或 Page 法对数据进行统计分析。

此方法可用于进行消费者可接受性检查及确定偏爱的顺序,选择产品,确定不同原料、加工、处理、包装或贮藏等环节对产品感官特性的影响。通常在样品需要为下一步的试验做准备或预分类的时候,可应用此方法。

排序检验形式可以有以下几种:

(1)按某种特性(如甜度、咸度、黏度等)强度的递增顺序;

(2)按质量顺序(如竞争食品、风味)等进行比较;

(3)赫道尼科(Hedonic)顺序(如喜欢/不喜欢、偏爱度、可接受度等)。

排序检验的优点在于可以同时比较两个以上的样品。但是对于样品品种较多或样品之间差别较小时,就难以进行。排序检验中的评判情况取决于评价者的感官分辨能力和有关食品方面的性质。

12.7.3　实验材料

(1)提供 5 种相同类型果汁样品,例如不同品牌色泽相近的浓度相同的橙汁饮料。

(2)预备足够量的碟、样品托盘。

12.7.4　实验步骤

12.7.4.1　实验分组

每 10 人一组,如全班为 30 人,则分 3 个组,每组选出一个小组长,轮流进入实验区。

12.7.4.2　样品编号

把 5 种果汁饮料分别倒入 25 mL 的玻璃杯中,备样员给每个样品编出 3 位数的代码,每个样品给 3 个编码,作为 3 次重复,随机数码取自随机数表。样品编码实例及供样顺序分别见表 12-17 和表 12-18。

表 12-17　样品编码

样品名称:		日期:＿＿年＿＿月＿＿日
样品	重复检验编码	
	1	2	3
A	478	247	763

续表

样品	重复检验编码		
B	563	712	532
C	798	452	652
D	639	215	130
E	263	965	325

表 12-18　供样顺序

检验员	供样顺序	第 1 次检验时号码顺序				
1	EDCAB	263	639	798	478	563
2	CDBAE	798	639	563	478	263
3	CAEDB	798	478	263	639	563
4	ABDEC	478	563	639	263	798
5	DEACB	639	263	478	798	563
6	BAEDC	563	478	263	639	798
7	EBACD	263	563	478	798	639
8	ACBED	478	798	563	263	639
9	DCABE	639	798	478	563	263
10	EABDC	263	478	563	639	798

在做第 2 次重复检验时,供样顺序不变,样品编码改用上表中第 2 次检验用码,其余类推。

12.7.4.3　排序检验法问答表

检验员每人都有一张单独的排序检验问答表,见表 12-19。

表 12-19　排序检验法问答表

试验方法:排序检验法

样品名称:　　　　　检验日期:　年　月　日

试验员:

检验内容:

请仔细评价您前面的 5 杯果汁饮料样品,根据它们的色泽、组织状态、香气、滋味、口感等综合指标给它们排序,最好的排在左边第 1 位,依次类推,最差的排在右边最后一位,样品编号填入对应方框里。

样片排序:　　　　(最好)　1　　2　　3　　4　　5　(最差)

样品编号是:　　　　□　　□　　□　　□　　□

12.7.5　结果与分析

(1)以小组为单位,统计检验结果。

(2)用 Friedman 检验法和 Page 检验法对 5 个样品之间是否有差异做出判定。

(3)如果存在差异,可以用多重比较分组法对样品进行分组。

(4)采用 Spearman 相关检验,分析每人排序的稳定性。

12.7.6　注意事项

(1)评价员不应将不同的样品排为同一秩次,应按不同的特性安排不同的顺序。

(2)控制光线以减少颜色的差别。

(3)橙汁的感官质量标准参照 GB/T 21731—2008。

12.7.7　思考题

(1)简述排序检验法的特点。

(2)影响排序检验法评价食品感官质量准确性的因素有哪些?

12.8　评分实验

12.8.1　实验目的

(1)学习运用评分法对一种或多种产品的一个或多个感官指标的强度进行区别。

(2)结合火腿肠的感官质量标准,掌握评分法对火腿肠进行感官质量评价的基本原理、实验方法。

12.8.2　实验原理

评分法是按预先设定的评价基准,对试样的品质特性或嗜好程度以数字标度进行评价,然后换算成得分的一种方法。所使用的数字标度可以是等距标度或比率标度,所得评分结果属于绝对性判断,增加评价员人数,可以克服评分粗糙的现象。

评分试验时,首先应确定所使用的标度类型,其次要使评价员对每个评分点所代表的意义有共同的认识。样品随机排列,评价员以自身尺度为基准,对产品进行评价。评价结果按选定的标度类型转换成相应的数值,然后通过相应的统计分析方法和检验方法来判断样品间的差异性。此方法应用广泛,可同时评价一种或多种产品的一个或多个指标的强度及其差别。

12.8.3 实验材料

(1)火腿肠,提供 5 种以上的火腿肠样品。

(2)盘和叉若干套。

(3)每人一个盛水杯和一个吐液杯。

12.8.4 实验步骤

12.8.4.1 主持讲解

实验前由主持者讲解火腿肠的感官指标和评分方法,使每个评价员掌握统一的评分标准,并参照火腿肠的感官质量标准(GB/T 20712—2006),讲解鉴别要求见表 12-20。

根据产品的感官要求,观察肠体是否均匀饱满,是否有内容物渗出;肉制品的色泽是否鲜明,有无加入人工合成色素;肉质的坚实程度和弹性如何,有无异臭、异物、霉斑等;是否具有该类制品所特有的正常气味和滋味,风味是否咸淡适中、鲜香可口。要求评价员对 5 种火腿肠的外观、色泽、组织状态和风味按 10 分制进行检验,评分方法见表 12-21。

表 12-20 火腿肠感官指标要求

项目	感官要求
外观	肠体均匀饱满、无损伤,表面干净、完好,结扎牢固,密封良好,肠衣的结扎部位无内容物渗出
色泽	具有产品固有的色泽
组织状态	组织致密,有弹性,切片良好,无软骨及其他杂质,无密集气孔
风味	咸淡适中,鲜香可口,具固有风味,无异味

表 12-21 火腿肠感官评分方法

项目	好(10分)	较好(8分)	一般(6分)	较差(4分)	差(2分)
外观	肠体均匀饱满,完好,结扎牢固	肠体较饱满,结扎较牢固	肠体一般,无内容物渗出	肠体不饱满,结扎不牢固	肠体有损伤,有内容物渗出
色泽	色泽好,光泽感明显	色泽较好,光泽感较明显	色泽一般,光泽一般	色泽较暗,光泽较差	色泽暗淡,无光泽
组织状态	组织致密,有弹性,贴片好	组织较致密,弹性较好	组织弹性一般,无其他杂质	组织不致密,弹性较差	组织松弛,弹性差,切片碎
风味	风味浓郁,咸淡适中,有火腿肠固有的风味	风味较浓郁,咸淡较适宜	风味一般,无异味	偏咸或偏淡,风味较差	很咸或很淡,风味差

12.8.4.2　样品呈送与评价

将样品用 3 位随机数编号后,呈送给评价员,每次不超过 5 个样品。在光线充足的实验室直接观察试样的外观;剥落肠衣,将内容物置于洁净的白瓷盘内,分别切成 0.5 cm 左右厚的薄片,对产品的各项感官指标进行评价。评价员独立品评并做好记录,见表 12-22。

表 12-22　火腿肠品评记分表

组:评价员:　　　　　　　　　　　　　　　　　　　　　　评价日期:　　年　　月　　日

得分		编号				
		×××	×××	×××	×××	×××
项目	外观					
	色泽					
	组织状态					
	风味					
	合计					
	评语					

12.8.5　结果与分析

(1)以小组为单位对结果进行统计,用方差分析法分析样品间的差异。

(2)以小组为单位对结果进行统计,用方差分析法分析评价员之间的差异。

12.8.6　注意事项

(1)要求每组人数在 10 人左右,以减少误差。

(2)火腿肠感官质量标准参照 GB/T 20712—2006。

12.8.7　思考题

(1)影响评分检验法评价火腿肠感官质量准确性的因素有哪些?

(2)比较分析排序法和评分法在产品质量评价中的应用。

12.9　描述分析实验

12.9.1　实验目的

(1)学会运用定量描述分析的原理与方法评价食品的感官特性与指标强度。

(2)了解酥性饼干的感官质量标准,掌握定量描述分析法对酥性饼干感官品质特性强度进行评价的主要程序与过程。

12.9.2 实验方法

定量描述分析(QDA)是在风味剖面和质地剖面的基础上引入统计分析对产品感官特性各项指标进行描述的分析方法。

将若干名学生作为经验型评价员,向评价员介绍试样的特性,包括样品生产的主要原料和生产工艺以及感官质量标准,使大家对酥性饼干有一个大致了解。接着提供一个典型样品让大家观察和品尝,在老师的指导下,对产品进行描述,选定熟悉的常用的若干个能表达出该类产品的特征名词,并确定强度的等级范围,通过品尝后,统一大家的认识。然后,分组进行独立感官检验。

实验时,评价员单独品评,对产品每项性质(每个描述词汇)进行打分,使用的标度通常是一条 15 cm 的直线,起点和终点分别位于距离直线两端 1.5 cm 处,一般是从左向右强度逐渐增加,评价员就在这条直线上做出能代表产品该项性质强度的标记。实验结束后,将标尺上的强度标记转化成相应的数值,对各个评价员的评价结果集中进行统计分析,实验结果通常以蜘蛛网图(QDA 图)来表示,由图的中心向外有一些放射状的线,表示每个感官特性,线的长短代表强度的大小。

12.9.3 实验材料

(1)酥性饼干 提供 5 种不同品牌、类型相同的酥性饼干样品。

(2)足够的碟和样品托盘。

(3)每人一个盛水杯和一个吐液杯。

12.9.4 实验步骤

12.9.4.1 实验分组

每组 10 人,全班共分为 3~4 个组。

12.9.4.2 样品编号与分组

备样员采用 3 位随机数给每个样品编号,每个样品 3 个编码,用于 3 次重复检验;然后,排定每组评价员的顺序、供样组别和编码,见表 12-23 和表 12-24。

表 12-23 样品编号

样品号	A(样1)	B(样2)	C(样3)	D(样4)	E(样5)
第 1 次检验	734	042	706	664	813
第 2 次检验	183	747	375	365	854
第 3 次检验	026	617	053	882	388

表 12-24　供样组别与编码

评价员（姓名）	供样顺序	第 1 次检验样品编码
1（＊＊＊）	C A E D B	706,734,813,664,042
2（＊＊＊）	A C B E D	734,706,042,813,664
3（＊＊＊）	D C A B E	664,706,734,042,813
4（＊＊＊）	E B A C D	813,042,734,706,664
5（＊＊＊）	D E A C B	664,813,734,706,042
6（＊＊＊）	B A E D C	042,734,813,664,706
7（＊＊＊）	E D C A B	813,664,706,734,042
8（＊＊＊）	A B D E C	734,042,664,813,706
9（＊＊＊）	C D B A E	706,664,042,734,813
10（＊＊＊）	E A B D C	813,734,042,664,706

12.9.4.3　建立描述词汇

选取有代表性的饼干样品，评价人员轮流对其进行品尝，每人轮流给出描述词汇，然后选定 8~10 个能确切描述酥性饼干产品感官特性的特征词汇，并确定强度等级范围，重复7~10 次，形成一份大家都认可的词汇描述表。

12.9.4.4　描述分析检验

把随机编号的 5 种饼干样品用托盘盛放，并呈送给评价员。各评价员单独品尝，对每种样品各项指标强度采用线性标度评价，结果记录于表 12-25。

表 12-25　描述性检验记录表

样品名称:酥性饼干　　　　样品编号:

组:　评价员:　　　　评价日期: 年 月 日

（弱）　　　　　　　　　（强）

色泽

酥松

脆度

甜度

香气

细腻感

残留

异味

……

12.9.5 结果与分析

(1)以小组为单位,汇总记录表,解除编码密码,统计出各个样品的评价结果。

(2)以小组为单位,进行方差分析,分析评价的重复性、样品的差异性。

(3)讨论协调后,得出每个样品的总体评价。

(4)绘制 QDA 图(蜘蛛网形图)。

12.9.6 注意事项

(1)样品制备员应在教师指导下先进行预备试验。

(2)饼干的感官质量要求参照 GB/T 20980—2007。

12.9.7 思考题

(1)谈谈如何才能有效制定某产品感官定量描述分析词汇描述表。

(2)影响定量描述分析法描述食品各种感官特性的因素主要有哪些?

12.10 消费者检验实验

12.10.1 实验目的

熟悉消费者检验实验的实验方法和流程,能够通过对消费者检验结果的分析,得出消费者对产品的偏爱程度,并进一步提出产品的改进意见。

消费者检验是一个新产品投入市场前必不可少的程序,通过消费者检验可达到对某种产品的市场潜力预测、进行新产品的开发、对某种产品进行质量维护、提高产品质量、对产品进行优化等目的。对产品的外观、风味等进行一一评价,能够充分地对产品进行改进。

12.10.2 实验材料

(1)市售某品牌大果粒酸奶。

(2)一次性纸杯、托盘、漱口水。

12.10.3 实验步骤

(1)将实验者按照年龄、性别等进行分组,要求各组人员在年龄和性别上基本没有差异。

(2)对实验者分发调查问卷(表 12-26),最后对实验结果进行统计分析。

表 12-26　消费者对大果粒酸奶偏爱程度问卷

姓名

1. 请在实验前漱口。

2. 对你面前的产品进行感官评价,请先观察再品尝。

3. 请在相应的方框中画"√",表示你对该产品各种性质的喜爱程度。有必要的话你可以再次品尝样品。

(1)外观

颜色

非常喜欢								非常不喜欢

□ □ □ □ □ □ □ □

浅								深

□ □ □ □ □ □ □ □

(2)风味

①总体风味

| 非常喜欢 | | | | | | | | 非常不喜欢 |

□ □ □ □ □ □ □ □

②甜度

| 非常喜欢 | | | | | | | | 非常不喜欢 |

□ □ □ □ □ □ □ □

| 不甜 | | | | | | | | 非常甜 |

□ □ □ □ □ □ □ □

③酸度

| 非常喜欢 | | | | | | | | 非常不喜欢 |

□ □ □ □ □ □ □ □

| 不酸 | | | | | | | | 非常酸 |

□ □ □ □ □ □ □ □

(3)黏稠度

| 非常喜欢 | | | | | | | | 非常不喜欢 |

□ □ □ □ □ □ □ □

| 不黏稠 | | | | | | | | 黏稠 |

□ □ □ □ □ □ □ □

(4)果粒的口感

| 非常喜欢 | | | | | | | | 非常不喜欢 |

□ □ □ □ □ □ □ □

| 软烂 | | | | | | | | 坚实 |

□ □ □ □ □ □ □ □

(5)水果的味道

| 非常喜欢 | | | | | | | | 非常不喜欢 |

□ □ □ □ □ □ □ □

淡   浓

☐ ☐ ☐ ☐ ☐ ☐ ☐ ☐ ☐

(6)整体口感

非常喜欢   非常不喜欢

☐ ☐ ☐ ☐ ☐ ☐ ☐ ☐ ☐

粗糙   细腻

☐ ☐ ☐ ☐ ☐ ☐ ☐ ☐ ☐

评语:请写出你对该产品最喜欢和最不喜欢的地方,以便我们对产品进一步改进,谢谢!

喜欢   不喜欢

12.10.4　结果与分析

按照消费者接受性检验的9点标度原则,从4分到-4分(非常喜欢4分,非常不喜欢-4分)为产品进行评分,根据品尝感觉计算产品总得分,提出产品的改进意见。

参考文献

[1]毕丽君，高宏岩．电子鼻（EN）及其在多领域的应用［J］．医学信息，2006，19（7）：
1283-1286．

[2]杜双奎，李志西．食品试验优化设计［M］．北京：中国轻工业出版社，2011．

[3]范佳利，韩建众，田师一，等．基于电子舌的乳制品品质特性及新鲜度评价［J］．食品与
发酵工业，2009，35（6）：177-180．

[4]方忠祥．食品感官评价［M］．北京：中国农业出版社，2010．

[5]傅润泽，沈建，王锡昌，等．基于神经网络及电子鼻的虾夷扇贝鲜活品质评价及传感
器的筛选［J］．农业工程学报，2016，32（6）：268-275．

[6]高海生．豆制品质量的感官鉴别［J］．商品储运与养护，1997（3）：40-42．

[7]韩北忠，童华荣，杜双奎．食品感官评价．［M］．2版．北京：中国林业出版社，2016．

[8]韩剑众，黄丽娟，顾振宇，等．基于电子舌的肉品品质及新鲜度评价研究［J］．中国食品
学报，2008，8（3）：125-131．

[9]贾艳茹，魏建梅，高海生．质构仪在果实品质测定方面的研究与应用［J］．食品科学，
2011，32：184-186．

[10]李华．葡萄酒品尝学［M］．北京：科学出版社，2010．

[11]林芳栋，蒋珍菊，廖珊，等．质构仪及其在食品品质评价中的应用综述［J］．生命科学
仪器，2009，7（5）：61-63．

[12]刘登勇，董丽，谭阳，等．食品感官分析技术应用及方法学研究进展［J］．食品科学，
2016，37（5）：254-258．

[13]陆幼兰，李惠萍，黄敏华．感官品评在产品市场调查中的应用［J］．啤酒科技，2013，
3：38-42．

[14]马永强，韩春然，等．食品感官检验［M］．北京：化学工业出版社，2010．

[15]缪璐，何善廉，莫佳琳．电子鼻技术在朗姆酒分类及原酒识别中的应用研究［J］．中国
酿造，2015，34（8）：106-110．

[16]彭传涛，贾春雨，文彦，等．苹果酸-乳酸发酵对干红葡萄酒感官质量的影响［J］．中国
食品学报，2014，14（2）：261-268．

[17]芮汉明，郭凯．食品香气的综合评价［J］．食品工业科技，2008，29（7）：277-280．

[18]邵威平，李红，张五九．主成分分析法及其在啤酒风味评价分析中的应用［J］．酿酒科
技，2007（11）：107-110．

[19]沈明浩，谢主兰．食品感官评价［M］．郑州：郑州大学出版社，2011．

[20]宋焕禄．分子感官科学及其在食品感官品质评价方面的应用［J］．食品与发酵工业，

2011，37（8）：126-130.

[21]唐平，许勇泉，汪芳，等.电子舌在茶饮料分类中的应用研究[J].食品研究与开发，2016，37（11）：121-126，165.

[22]汪浩明.食品检验技术（感官评价部分）[M].北京：中国轻工业出版社，2006.

[23]王俊，崔绍庆，陈新伟，等.电子鼻传感技术与应用研究进展[J].农业机械学报，2013，44（11）：160-167，179.

[24]王艳芬.基于电子舌鉴别的传感器阵列优化方法研究[J].食品与机械，2016，32（7）：93-95.

[25]王永华，戚穗坚.食品风味化学[M].北京：中国轻工业出版社，2015.

[26]王永华，吴青.食品感官评价[M].北京：中国轻工业出版社，2018.

[27]卫晓怡，白晨.食品感官评价[M].北京：中国轻工业出版社，2018.

[28]文连奎，张俊艳.食品新产品开发[M].北京：化学工业出版社，2010.

[29]吴谋成.食品分析与感官评价[M].2版.北京：中国农业出版社，2011.

[30]武晓娟，薛文通，王小东，等.豆沙质地特性的感官评价与仪器分析[J].食品科学，2011，32（9）：87-90.

[31]徐树来，王永华.食品感官分析与实验[M].3版.北京：化学工业出版社，2020.

[32]杨春兰，薛大为，鲍俊宏.黄山毛峰茶贮藏时间电子鼻检测方法研究[J].浙江农业学报.2016，28（4）：676-681.

[33]叶淑红.食品感官评价[M].北京：科学出版社，2018.

[34]岳静.仿生传感智能感官检测技术在食品感官评价中的应用及研究进展[J].中国调味品，2013，38（12）：54-57.

[35]张晓鸣.食品感官评价[M].北京：中国轻工业出版社，2006.

[36]张艳，雷昌贵.食品感官评价[M].北京：中国质检出版社，2012.

[37]赵镭，刘文.感官分析技术应用指南[M].北京：中国轻工业出版社，2011.

[38]郑坚强.食品感官评价[M].北京：中国科学技术出版社，2013.

[39]周家春.食品感官分析[M].北京：中国轻工业出版社，2013.

[40]祝美云.食品感官评价[M].北京：化学工业出版社，2008.

[41]朱克永.食品检测技术：理化检验感官检验技术[M].北京：科学出版社，2011.

[42]ALEJANDRA M. Sensory evaluation in quality control：an overview，new developments and future opportunities[J]. Food Quality and Preference，2002（13）：329-339.

[43]BANER JEE R，TUDU B，Shaw L，et al. Instrumental testing of tea by combining the responses of electronic nose and tongue[J]. Journal of Food Engineering，2012，110（3）：356-363.

[44]HARRY TLAWLESS.食品感官评价实验指导[M].王永华，刘源，译.北京：中国轻工业出版社，2021.

［45］HARRY TLAWLESS, HILDEGARDE HEYMANN. 食品感官评价原理与技术［M］. 2 版. 王栋, 李崎, 华兆哲, 等, 译. 北京：中国轻工业出版社, 2017.

［46］HAVERMANS R C, JANSSEN T, GIESEN J C, et al. Food liking, food wanting, and sensory-specific satiety［J］. Appetite, 2009, 52(1)：222-225.

［47］LABBE D, ALMIRON-ROIG E, HUDRY J, et al. Sensory basis of refreshing perception：role of psychophysiological factors and food experience［J］. Physiology and Behavior, 2009, 98(1-2)：1-9.

［48］LEE HS, HOUT D. Quantification of sensory and food quality：the R-indexanalysis［J］. Journal Food Science, 2009, 74(6)：57-64.

［49］MORRISSEY P, DELAHUNTY C. Health Sense：how changes in sensory physiology, sensory psychology and sociocognitive factors influencefood choice ［J］. Nutrition, metabolism, and cardiovascular diseases：NMCD, 2001, 11(4)：32-35.

［50］MERLGAARD M, CIVILLE G V, CARR B T. Sensory evaluation techniques［M］. 3rd ed. Boca Raton：CRC Press, 1999.

［51］CHAMBER EIV, BAKER W M. Sensory testing methods ［M］. 2nd ed. West Conshohocken：American Society for Testing and Materials, 1996.

［52］RAGAZZO-SANCHEZ J A, CHALIER P, CHEVALIER D, et al. Electronic nose discrimination of aroma compounds in alcoholised solutions［J］. Sensors and Actuators B, 2006(114)：665-673.

［53］STONE H, SIDEL J L. 感官评价实践(影印版)［M］. 3 版. 北京：中国轻工业出版社, 2007.

［54］STONE H, BLEIBAUM R N, THOMAS H A. 食品感官评价［M］. 4 版. 毕金峰, 等, 译, 北京：中国轻工业出版社, 2016.

［55］TORMOD N S, PER B B, OLIVER T. Statistics for sensory and consumer science［M］. A John Wiley and Sons, Ltd., Publication, 2010.

附录1 食品感官评价主要感官分析术语

1 一般性术语

1.1 感官分析(sensory analysis):用感觉器官检查产品的感官特性的科学。

1.2 感官的(sensory):与使用感觉器官有关的。

1.3 特性(attribute):可感知的特征。

1.4 感官特性(organoleptic atiri bine):可由感觉器官感知的特性(即产品的感官特性)有关的。

1.5 评价员(assessor):参加感官分析的人员。

1.6 优选评价员(selected assessor):挑选出具有较高感官分析能力的评价员。

1.7 专家(expert):根据自己的知识或经验,在相关领域中有能力给出感官分析结论的优选评价员。在感官分析中,有两种类型的专家,即专家评价员和专业专家评价员。

1.8 专家评价员(expert sensory assessor):具有高度的感官敏感性,经过广泛的训练并具有丰富的感官分析方法经验,能够对所涉及领域内的各种产品做出一致的、可重复的感官评价的优秀评价员。

1.9 评价小组(sensory panel):参加感官分析的评价员组成的小组。

1.10 小组培训(panel training):评价特定产品时,由评价小组完成的,且评价员定向参加的评价任务的系列培训活动,培训内容可能包括相关产品特性、标准评价标度、评价技术和术语。

1.11 小组一致性(panel consensus):评价员之间在评价产品特性术语和强度时形成的一致性。

1.12 消费者(consumer):产品使用者。

1.13 品尝员(taster):主要用嘴评价食品感官特性的评价员、优秀评价员或专家。

1.14 品尝(tasting):主要用嘴评价食品的感官特性。

1.15 产品(product):可通过感官分析进行评价的可食用的或其他物质。

1.16 样品(sample)、产品样品(sample of product):用于做评价的样品或一部分产品。

1.17 被检样品(test sample):被检验样品的一部分。

1.18 被检部分(test portion):直接提交评价员的检验部分或被检验样品。

1.19 参照值(reference point):与被评价的样品对比的选择值(一个或几个特性值,或产品的值)。

1.20 对照样品(control sample):选择用作参照值的被检验样品。所有其他样品都与其作比较。

1.21 参比样品(reference sample):认真挑选出来的,用于定义或阐明一个特性或一个给定特性的某一特定水平的刺激或物质。有时本身不是被检验材料,所有其他样品都可与其作比较。

1.22 喜好的(hedonic):与喜欢和不喜欢有关的。

1.23 可接受性(acceptability):总体上或在特殊感官特性上对刺激喜爱或不喜爱的程度。

1.24 偏爱(preference):评价员依据喜好标准,从指定样品组中对一种刺激或产品做出的偏向性选择。

1.25 厌恶(aversion):由某种刺激引起的令人讨厌的感觉。

1.26 区别(discrimination):定性或定量鉴别2种或多种刺激的行为。

1.27 区别能力(discrimination ability):感知定量和定性的差异的敏感性、敏锐性和能力。

1.28 食欲(appetite):食用食物的欲望所表现出的生理状态。

1.29 开胃的(appetizing):描述产品能增进食欲。

1.30 可口性(palatability):能使消费者喜爱食用的食品的综合特性。

1.31 心理物理学(psychophysics):研究物理刺激和它所引起的相应的感官反应之间关系的学科。

1.32 嗅觉测量(olfactometry):对评价员嗅觉敏感性的测量。

1.33 嗅觉测量仪(olfactometer):用于可再现条件下向评价员显示嗅觉刺激的仪器。

1.34 气味测量(odorimetry):对物质气味特性的测量。

1.35 气味物质(odorant):其挥发性成分能被嗅觉器官(包括神经)感知的物质。

1.36 质量(quality):反映产品过程或服务能满足明确或隐含需要的特性总和。

1.37 质量要素(quality factor):从评价某产品整体质量的诸要素中挑选一个特征或特性。

1.38 态度(attitude):以特定的方式对一系列目标或观念的反应倾向。

1.39 咀嚼(masticaticm):用牙齿咬,磨碎和粉碎的动作。

2 与感觉有关的术语

2.1 感受器(receptor):能对某种刺激产生反应的感觉器官的特定部分。

2.2 刺激(stimulus):能激发感受器的因素。

2.3 知觉(perception):单一或多种感官刺激效应所形成的意识。

2.4 感觉(sensation):感官刺激引起的心理生理反应。

2.5 敏感性(sensitivity):用感觉器官感知、识别或定性和定量区别一种或多种刺激的能力。

2.6 感官适应(sensory adaptation):由手连续和重复的刺激而使敏感器官的敏感性暂时改变。

2.7 感官疲劳(sensory fatigue):敏感性降低的感官适应状况。

2.8 (感觉)强度(intensity):感知到的感觉强度。

2.9 (刺激)强度(imensity):引起可感知感觉的刺激的大小。

2.10 敏锐性(acuity):辨别刺激间细小差别的能力。

2.11 感觉到(modality):由任何一个感官系统感觉到的感知感觉。

2.12 味道(taste):在可溶物质的刺激下,味觉器官所感受到的感觉。

2.13 味觉的(gustatory):与味觉器官有关的。

2.14 嗅觉的(olfactory):与气味感觉有关的。

2.15 嗅(smell):感受或试图感受某种气味。

2.16 触觉(touch):触觉相关部位产生的感觉。

2.17 视觉(vision):视觉器官产生的感觉。

2.18 听觉的(auditory):与听觉官能有关的。

2.19 三叉神经感(trigeminal sensations):化学刺激在口鼻咽喉所引起刺激的感觉,如接触感、热感、冷感和痛感。

2.20 皮肤触感(cutaneous sense):由皮肤内或皮下感受器引起的任意感觉,如接触感、热感、冷感和痛感。

2.21 化学温度觉(chemothcrmal sensation):由特定组织引起的冷热感觉,与物质本身的冷热感觉无关。

2.22 体觉(somesthesis):由皮肤或者是口鼻咽喉所产生的感觉,如接触感、热感、冷感和痛感。

2.23 触觉体觉感受器(tactile somesthetic receport):由皮肤外面和皮肤内部及口鼻咽喉所引起刺激的感觉,如接触感、热感、冷感和痛感。

2.24 动觉(kinaesthesis):由肢体运动所感受到的来自触觉的感受。

2.25 刺激阈(stimulus threshold):引起感觉所需要的感官刺激最小值。

2.26 识别阈(recognition threshold):引起识别所需要的感官刺激最小值。

2.27 差别阈(difference threshold):引起差别所需要的感官刺激最小值。

2.28 极限阈(terminal threshold):引起极限所需要的感官刺激最小值。

2.29 阈下的(sub-threshold):低于所指阈的刺激强度。

2.30 阈上的(supra-threshold):高于所指阈的刺激强度。

2.31 味觉缺失(ageusia):对味道刺激缺乏敏感性。

2.32 嗅觉缺失(anosmia):对嗅觉刺激缺乏敏感性。

2.33 色觉障碍(dyschromatopsia):与标准观察者相比,显著地对视觉刺激缺乏敏感性。

2.34　色盲(colour blindness):对颜色的辨别与标准观察者有显著的差异。

2.35　拮抗效应(antagonism):2 种或多种刺激的联合作用,导致感觉水平低于预期各种刺激效应的叠加。

2.36　协同效应(synergism):2 种或多种刺激的联合作用,导致感觉水平高于预期各种刺激效应的叠加。

2.37　掩蔽(masking):混合特性中一种特性掩盖一种或多种特性的现象。

2.38　对比效应(contrast effect):提高了对 2 个同时或连续刺激的差别反应。

2.39　收敛效应(ccmvergence effect):降低了对 2 个同时或连续刺激的差别反应。

3　与感觉器官有关的术语

3.1　外观(appearance):物质或物体的所有可见性。

3.2　基本味道(basic taste):独特味道的任意一种,如酸的、甜的等。

3.3　酸味的(acid):由某些酸性物质(例如柠檬酸、酒石酸等)的水溶液产生的一种基本味道。

3.4　苦味的(bitter):由某些物质(例如奎宁、咖啡因等)的水溶液产生的一种基本味道。

3.5　咸味的(salty):由某些物质(例如氯化钠)的水溶液产生的一种基本味道。

3.6　甜味的(sweet):由某些物质(例如蔗糖)的水溶液产生的一种基本味道。

3.7　碱味的(alkaline):由某些物质(例如碳酸氢钠)在嘴里产生的复合感觉。

3.8　涩味的(gringent):某些物质(例如多酚类)产生的使皮肤或黏膜表面收敛的一种复合感觉。

3.9　风味(flavour):品尝过程中感受到的嗅觉、味觉和三叉神经觉特性的复杂结合。它可能受触觉的、温度觉的、痛觉的和(或)动觉效应的影响。

3.10　异常风味(off-flavour):非产品本身所具有的风味(通常与产品的腐败变质相联系)。

3.11　异常气味(off-odour):非产品本身所具有的气味(通常与产品的腐败变质相联系)。

3.12　沾染(taint):与该产品无关的外来味道、气味等。

3.13　味道(taste):能产生味觉的产品的特性。

3.14　厚味的(sapid):味道浓的产品。

3.15　平味的(bland):风味不浓且无任何特色的。

3.16　乏味的(insipid):一种产品,其风味远不及预料的那样。

3.17　无味的(tasteless , flavourless):没有风味的产品。

3.18　风味增强剂(flavour enhancer):一种能使某种产品的风味增强而本身又不具有这种风味的物质。

3.19　口感(mouthfeel):在口腔内(包括舌头与牙齿)感受到的触觉。

3.20　后味、余味(after-taste, residual taste):在产品消失后产生的嗅觉和(或)味觉。它有时不同于产品在嘴里时的感受。

3.21　滞留度(persistence):类似于当食品在嘴中所感受到的嗅觉和(或)味觉持续的时间。

3.22　芳香(aroma):一种带有愉快内涵的气味。

3.23　气味(odour):嗅觉器官感受到的感官特性。

3.24　特征(note):可区别及可识别的气味或风味特色。

3.25　异常特征(off-note):非产品本身具有的特征(通常与产品的腐败变质相联系)。

3.26　质地(texture):用机械的、触觉的方法或在适当条件下,用视觉及听觉感受器感觉到的产品的所有流变学的和结构上的(几何图形和表面)特征。

3.27　稠度(consistency):由机械的方法和触觉感受器,特别是口腔区域受到的刺激而觉察到的流动特性。它随产品的质地不同而变化。

3.28　硬的(hard):描述需要很大力量才能造成一定的变形或穿透的产品的质地特点。

3.29　结实的(firm):描述需要中等力量可造成一定的变形或穿透的产品的质地特点。

3.30　柔软的(soft):描述只需要小的力量就可造成一定的变形或穿透的产品的质地特点。

3.31　嫩的(tender):描述很容易切碎或嚼烂的食品的质地特点。常用于肉和肉制品。

3.32　老的(tough):描述不易切碎或嚼烂的食品的质地特点。常用于肉和肉制品。

3.33　酥的(crisp):形容破碎时带响声的松而易碎的食品。

3.34　有硬壳的(crusty):形容具有硬而脆的表皮的食品。

3.35　透明(transparency):能够使光线全部透过。

3.36　半透明(translucency):能透过一部分的光线。

3.37　不透明(opacity):不能透过光线。

3.38　光泽度(gloss):表面在最强程度反射出的最强烈的光线下的发光特性。

3.39　硬性(hardness):与使产品达到变形穿透磨损所需力有关的机械质地特性。如结实的(firm)、硬的(hard)。

3.40　黏聚性(cohesiveness):与物质断裂前的变形程度有关的机械质地特性,它包括碎裂性(3.44)、咀嚼性(3.45)和胶黏性(3.47)。

3.41　碎裂性(fracturability):与黏聚性、硬性和粉碎产品所需力量有关的机械质地特性。

注1:可通过在门齿间(前门牙)或手指间的快速挤压来评价。

注2:与不同程度碎裂性相关的主要形容词有:黏聚性的(cohesive)、易碎的(crumbly)、易裂的(crunchy)、脆的(brittle)、松脆的(crispy)、有硬壳的(crusty)、粉碎的(pulverulent)。

3.42 咀嚼性(chewiness):与咀嚼固体产品至可被吞咽所需的能量有关的机械质地特性。

注:与不同程度咀嚼性相关的主要形容词有:融化的(melting)、嫩的(tender)、有咬劲的(chewy)、坚韧的(tough)。

3.43 咀嚼次数(chew count):产品被咀嚼至可吞咽稠度所需的咀嚼次数。

3.44 胶黏性(gumminess):与柔软产品的黏聚性有关的机械质地特性。

注1:它与在嘴中将产品磨碎至易吞咽状态所需的力量有关。

注2:与不同程度胶黏性相关的主要形容词有:松脆的(short 低度)、粉质的、粉状的(mealy)、糊状的(pasty)、胶黏的(gummy)。

3.45 黏性(viscosity):与抗流动性有关的机械质地特性。

注1:它与将勺中液体吸到舌头上或将它展开所需力量有关。

注2:与不同程度黏性相关的形容词主要有:流动的(fluid)、稀薄的(thin)、滑腻的(unctuous/creamy)、黏的(thick/viscous)。

3.46 稠度(consistency):由刺激视觉或触觉感受器而感知到的机械特性。

3.47 弹性(elasticity;springiness;resilience):与变形恢复速度有关的机械质地特性,以及解除形变压力以后变形物质恢复原状的程度有关的机械质地特性。

注:与不同程度弹性相关的主要形容词有:可塑的(plastic)、韧性的(malleable)、弹性的(elastic,springy,rubbery)。

3.48 黏附性(adhesiveness):与移动附着在嘴里或黏附于物质上的材料所需力量有关的机械质地特性。

注1:与不同程度黏附性相关的主要形容词有:发黏的(tacky)、有黏性的(clinging)、黏的、胶质的(gooey,gluey)、黏附性的(sticky,adhesive)。

注2:样品的黏附性可能有多种体验途径:

——腭:样品在舌头和腭之间充分挤压后,用舌头将产品从腭上完全移走需要的力量;

——嘴唇:产品在嘴唇上的黏附程度,将样品放在双唇之间,轻轻挤压后移开,用于评价黏附度;

——牙齿:产品被咀嚼后,黏附在牙齿上的产品量;

——产品:产品放置于嘴中,用舌头将产品分成小片需要的力量;

——手工:用匙状物的背部将粘在一起的样品分成小片需要的力量。

3.49 重(heaviness)、重的(heavy):与饮料黏度或固体产品紧密度有关的特性。

注:描述截面结构紧密的固体食品或流动有一定困难的饮料。

3.50　紧密度(denseness):产品完全咬穿后感知到的,与产品截面结构紧密性有关的集合质地特性。

注:与不同程度紧密性相关的主要形容词有:轻的(light)(如,鲜奶油)、重的(heavy)、稠密的(dense)。

3.51　粒度(granularity):与感知到的产品中粒子的大小、形状和数量有关的几何质地特性。

注:与不同程度粒度相关的主要形容词有:平滑的(smooth);粉末的(powdery)、细粒的(gritty)、颗粒的(grainy)、珠状的(beady)、颗粒状的(granular)、粗粒的(coarse)、块状的(lumpy)。

3.52　构型(conformation):与感知到的产品中粒子形状和排列有关的几何质地性质特性。

注:与不同程度相关的主要形容词有:包囊状的(cellular)、结晶状的(crystalline)、纤维状的(fibrous)、薄片状(flaky)、蓬松的(puffy)。

3.53　水感(moisture):口中的触觉感受器对食品中水含量的感觉,也与食品自身的润滑特性有关。

注:不仅反映感知到的产品水分总量,还反映水分释放或吸收的类型、速率和方式。

3.54　水分(moisture):描述感知到的产品吸收或释放水分的表面质地特性。

注:与不同程度相关的主要形容词有:干的(dry)、潮湿的(moist)、多汁的(juicy)、多水的(succulent)、水感的(watery)。

3.55　干(dryness)、干的(dry):描述感知到产品吸收水分的质地特性。例如奶油硬饼干。

注:舌头和咽喉感到干的一种饮品,例如红莓汁。

3.56　脂质(fattiness):与感知到的产品脂肪数量或质量有关的表面质地特性。

注:与不同程度脂质相关的主要形容词有:油性的(oily)、油腻的(greasy)、多脂的(faty)。

3.57　充气(aeration)、充气的(aerated):描述含有小而规则小孔的固体、半固体产品,小孔中充满气体(通常为二氧化碳或空气),且通常为软孔壁所包裹。

注:产品可被描述为起泡的或泡沫样的(细胞壁为流动的,例如奶昔),或多孔的(细胞壁为固态),例如棉花糖、蛋白酥皮筒、巧克力慕斯、有馅料的柠檬饼、三明治面包。

3.58　起泡(effervescence)、起泡的(effervescent):液体产品中,因化学反应产生气体,或压力降低释放气体导致气泡形成。

注:气泡或气泡形成是作为质地特性被感知的,但高度的起泡可通过视觉和听觉感知。对起泡的程度描述如下:静止的(still)、平的(flat)、刺痛的(tingly)、多泡的(bubbly)、沸腾的(fizzy)。

3.59　口感(mouth feel):刺激的物理或化学特性在口中产生的混合感觉。

注:评价员将物理感觉(例如密度、黏度、粒度)定为质地特性,化学感觉(如涩度、致冷性)定为风味特性。

3.60　清洁感(clean feel)、清洁的(clean):吞咽后口腔无产品滞留的后感特性(见3.51黏附性)。例如水。

3.61　腭清洁剂(palate cleanser)、清洁用的(cleansing):用于除去口中残留物的产品。例如水、奶油苏打饼干。

3.62　后感(after-feel):质地刺激移走后,伴随而来的感受。此感受可能是最初感受的延续,或是经过吞咽、唾液消化、稀释以及其他能影响刺激物质或感觉阈的阶段后所感受到的不同特性。

3.63　中味的(neutral):描述无任何明显特色的产品。

3.64　平淡的(flat):描述对产品的感觉低于所期望的感官水平。

4　与分析方法有关的术语

4.1　客观方法(objective method):受个人意见影响最小的方法。

4.2　主观方法(subjective method):考虑到个人意见的方法。

4.3　分等(grading):为将产品按质量归类,根据标度估计产品质量的方法,例如排序(ranking)、分类(classification)、评价(rating)和评分(scoring)。

4.4　排序(ranking):同时呈送系列(两个或多个)样品,并按指定特性的强度或程度进行排列的分类方法。

4.5　分类(classification):将样品划归到不同类别的方法。

4.6　评价(rating):用顺序标度测量方法,按照分类方法中的一种记录每一感觉的量值。

4.7　评分(scoring):用与产品或产品特性有数学关联的指定数字评价产品或产品特性。

4.8　筛选(screening):初步的选择过程。

4.9　匹配(matching):确认刺激间相同或相关的试验过程,通常用于确定对照样品和未知样品或未知样品相互间的相似程度。

4.10　量值估计(magnitude estimation):用所定数值的比率等同于所对应的感知的数值比率的方法,对特性强度定值的过程。

4.11　独立评价(independent assessment):在没有直接比较的情况下,评价一种或多种刺激。

4.12　绝对判断(absolute judgement):未直接比较即给出对刺激的评价,例如产品单一外观。

4.13　比较评价(comparative assessment)：对同时提供的刺激间的比较。

4.14　稀释法(dilution method)：制备逐渐降低浓度的样品，并顺序检验的方法。

4.15　心理物理学法(psychophysical method)：为可测量物理刺激和感官响应建立联系的程序。

4.16　差别检验(discrimination test)：对样品进行比较，以确定样品间差异是否可感知的检验方法。

4.17　成对比较检验(paired comparison test)：提供成对样品，按照给定标准进行比较的一种差别检验。

4.18　三点检验(triangle test)：差别检验的一种方法。同时提供三个已编码的样品，其中有两个样品是相同的，要求评价员挑出其中不同的单个样品。

4.19　二—三点检验(duo-trio test)：差别检验的一种方法。同时提供三个样品，其中一个已标明为对照样品，要求评价员识别哪一个样品与对照样品相同，或哪一个样品与对照样品不同。

4.20　"5选2"检验("two-out-of-five" test)：差别检验的一种方法。五个已编码的样品，其中有两个是一种类型，其余三个是另一种类型，要求评价员将这些样品按类型分成两组。

4.21　"A"-"非A"检验("A" or "not A" test)：差别检验的一种方法。当评价员学会识别样品"A"以后，将一系列可能是"A"或"非A"的样品提供给他们，要求评价员指出每一个样品是"A"还是"非A"。

4.22　描述分析(descriptive analysis)：由经过培训的评价小组对刺激引起的感官特性进行描述和定量的方法。

4.23　定性的感官剖面(qualitative sensory profile)：对样品感官特性的描述。

4.24　定量的感官剖面(quantitative sensory profile)：对样品特性及其强度的描述。

4.25　感官剖面(sensory profile)：对样品感官特性的描述，包括按顺序感知的特性以及确定的特性强度值。

注：任何一种剖面的通用术语，无论剖面是全面的或部分的、标记的或非标记的。

4.26　自选感官剖面(free choice sensory profile)：每一评价员独立为一组产品选择的特性组成的感官剖面。

注：一致性样品感官剖面经由统计得到。

4.27　质地剖面(texture profile)：样品质地的定性或定量感官剖面。

4.28　偏爱检验(preference test)：两种或多种样品间更偏爱哪一种的检验方法。

4.29　标度(scale)：适用于响应标度或测量标度的术语。

4.29.1　响应标度(response scale)：评价员记录量化反应的方法，如数学、文字或图形。

注1：在感官分析中，响应标度是一种装置或工具，用于表达评价员对可转换为数字的

特性响应。

注 2：作为响应标度的等价形式，术语"标度"更常用。

4.29.2　测量标度（measurement scale）：特性（如感官感知强度）和用于代表特性量值的数字（如评价员记录的或由评价员响应导出的数字）之间的有效联系（如顺序、等距和比率）。

注：作为测量标度的等价形式，术语"标度"更常用。

4.30　强度标度（intensity scale）：指示感知强度的一种标度。

4.31　态度标度（attitude scale）：指示态度和观点的一种标度。

4.32　对照标度（reference scale）：用对照样品确定性或给定性的特定强度的一种标度。

4.33　喜好标度（hedonic scale）：表达喜欢或不喜欢程度的一种标度。

4.34　双极标度（bipolar scale）：两端有描述词的一种标度，例如一种从硬到软的质地标度。

4.35　单级标度（unipolar scale）：只有一端有描述词的标度。

4.36　顺序标度（ordinal scale）：按照被评价特性的感知强度顺序排列量值顺序的一种标度。

4.37　等距标度（interval scale）：不仅有顺序标度的特征，还明显有量值间相同差异等价于被测量特性间（感官分析中指感知强度）相同差异的特征的一种标度。

4.38　比率标度（ratio scale）：不仅有等距标度的特征，还有刺激量值间比率等价于刺激感知强度间比率的特征的一种标度。

4.39　评价的误差（error of assessment）：观察值（或评价值）与真值之间的差别。

4.40　随机误差（random error）：感官分析中不可预测的误差，其平均值趋向于零。

4.41　偏差（bias）：感官分析中正负系统误差。

4.42　预期偏差（expectation bias）：由于评价员的先入之见造成的偏差。

4.43　光圈效应（halo effect）：关联效应的特殊事件，同一时间内，在某一特性上对刺激的喜好和不喜好的评价影响在其他特性上对刺激的喜好和不喜好的评价。

4.44　真值（true value）：感官分析中想要估计的某特定值。

4.45　标准光照度（standard illuminance）：国际照明委员会（CIE）定义的自然光或人造光范围内的有色光照度。

4.46　参比值（anchor point）：对样品进行评价的参照值。

4.47　评分（score）：描述刺激物质在可能特性强度范围内的特定位点的数值。

注：给食品评分就是按照标度或按照有明确数字含义的标准评价食品特性。

4.48　评分表（score sheet）、评分卡（score card）：计分票。

附录 2　食品感官评价常用数据

附表 1　随机数字表

97	74	24	67	62	42	81	14	57	20	42	53	32	37	32	27	07	36	07	51	24	51	79	89	73
12	56	85	99	26	96	96	68	27	31	05	03	72	93	15	57	12	10	14	21	88	26	49	81	76
03	47	44	73	86	36	96	47	36	61	46	98	63	71	62	33	26	16	80	45	60	11	14	10	95
16	76	62	27	66	56	50	26	71	07	32	90	79	78	53	13	55	38	58	59	88	97	54	14	10
55	59	56	35	64	38	54	82	46	22	31	62	43	09	90	06	18	44	32	53	23	83	01	50	30
16	22	77	94	39	49	54	43	54	82	17	37	93	23	78	87	35	20	96	43	84	26	34	91	64
63	01	63	78	59	16	95	55	67	19	98	10	50	71	75	12	86	73	58	07	44	39	52	38	79
57	60	86	32	44	09	47	27	96	54	49	17	46	09	62	90	52	84	77	27	08	02	73	43	28
84	42	17	53	31	57	24	55	06	88	77	04	74	47	67	21	76	33	50	25	83	92	12	06	76
33	21	12	34	29	78	64	56	07	82	52	42	07	44	38	15	51	00	13	42	99	66	02	79	54
26	62	38	97	75	84	16	07	44	99	83	11	46	32	24	20	14	85	88	45	10	93	72	88	71
52	36	28	19	95	50	92	26	11	97	00	56	76	31	38	80	22	02	53	53	86	60	42	04	53
37	85	94	35	12	43	39	50	08	30	42	34	07	96	88	54	42	06	87	98	35	85	29	48	39
18	18	07	92	46	44	17	16	58	09	79	83	86	19	62	06	76	50	03	10	55	23	64	05	05
23	43	40	64	74	82	97	77	77	81	07	45	32	14	08	32	98	94	07	72	93	83	79	10	75

续表

56	62	18	37	35	96	83	50	87	75	97	12	25	93	47	70	33	24	03	54	97	77	46	44	80
16	08	15	04	72	33	27	14	34	09	45	59	34	68	49	12	72	07	34	45	99	27	72	95	14
70	29	17	12	13	40	33	20	38	26	13	89	51	03	74	17	76	37	13	04	07	74	21	19	30
99	49	57	22	77	88	42	95	45	72	16	64	36	16	00	04	43	18	66	79	94	77	24	21	90
31	16	93	32	43	50	27	89	87	19	20	15	37	00	49	52	85	66	60	44	38	68	88	11	30
68	34	30	13	70	55	74	30	77	40	44	22	78	84	26	04	33	46	09	52	68	07	97	06	57
27	42	37	86	53	48	55	90	65	72	96	57	69	36	30	96	46	92	42	45	97	60	49	04	91
29	94	98	94	24	68	49	69	10	82	53	75	91	93	30	34	25	20	57	27	40	48	73	51	92
74	57	25	65	76	59	29	97	68	60	71	91	38	67	54	03	58	18	24	76	15	54	55	95	52
35	24	10	16	20	33	32	51	26	38	79	78	45	04	91	16	92	53	56	16	02	75	50	95	98
16	90	82	66	59	83	62	64	11	12	69	19	00	71	74	60	47	21	28	68	02	02	37	03	31
11	27	94	75	06	06	09	19	74	66	02	94	37	34	02	76	70	90	30	86	38	45	94	30	38
38	23	16	86	38	42	38	97	01	50	87	75	66	81	41	40	01	74	91	62	48	51	84	08	32
31	96	25	91	47	96	44	33	49	13	34	86	82	53	91	00	52	43	48	85	27	55	26	89	62
00	39	68	29	61	66	37	32	20	30	77	84	57	03	29	10	45	65	04	26	11	04	96	67	24
20	46	78	73	90	97	51	40	14	02	04	02	33	31	08	39	54	16	49	36	47	95	93	13	30
14	90	84	45	11	75	73	88	05	90	52	27	41	14	86	22	98	12	22	08	07	52	74	95	80
66	67	40	67	12	64	05	81	95	86	11	05	65	09	68	76	83	20	37	90	57	16	00	11	66
68	05	51	58	00	33	96	02	75	19	07	60	62	93	55	59	33	82	43	90	49	37	38	44	59
64	19	58	97	79	15	06	15	93	20	01	90	10	75	06	40	78	78	89	62	02	67	74	17	33

续表

94	51	74	23	43	34	48	82	17	60	33	87	49	88	47	19	07	35	09	09
16	09	70	70	39	72	29	30	49	65	76	67	66	94	38	81	78	85	38	38
67	77	05	32	39	10	24	74	14	54	00	61	31	39	13	12	79	81	53	53
44	05	91	99	29	99	56	96	17	62	89	04	07	80	94	91	65	34	53	53
94	58	52	25	15	18	29	02	97	82	90	16	45	35	53	75	55	54	47	47
74	93	83	07	50	60	16	99	20	12	32	37	04	60	31	07	60	49	65	95
85	16	06	36	01	48	63	36	89	29	69	70	04	05	46	37	80	00	88	19
55	29	78	18	27	12	92	27	43	57	30	07	80	44	54	71	67	24	85	41
17	51	56	02	08	30	95	95	41	35	37	48	94	89	31	02	62	28	82	33
32	06	59	07	13	24	44	44	13	90	94	02	79	72	08	24	79	49	32	98
42	15	77	39	55	76	12	26	88	09	36	49	82	83	28	97	07	96	45	24
67	99	59	18	06	03	11	96	45	03	38	22	19	24	86	94	23	75	12	86
50	63	51	02	63	33	08	94	48	59	78	82	93	27	46	12	90	31	44	67
10	71	03	93	78	81	32	41	47	37	85	32	77	03	62	71	32	21	38	62
42	61	92	96	26	35	73	12	10	45	55	39	09	05	33	74	02	25	31	94
70	64	13	12	41	68	54	82	96	36	90	49	91	21	79	46	94	94	98	84
80	99	15	33	22	68	47	50	69	41	06	42	00	22	94	61	26	10	37	69
78	42	85	23	36	73	66	61	49	28	03	75	33	97	53	82	65	17	18	28
37	98	35	52	59	99	87	41	04	58	00	95	80	82	81	91	00	72	51	02
58	09	22	23	87	31	54	71	31	94	39	22	98	73	73	01	90	06	65	61
53	23	60	19	75	69	85	71	99	90	00	14	37	48	43	28	54	46	69	67
65	88	70	21	68	81	85	58	55	05	70	18	74	77	39	55	86	21	82	99
61	10	93	59	52	50	86	77	13	04	23	80	57	13	04	37	06	58	36	23
99	97	26	26	65	20	71	53	23	25	96	75	50	79	22	25	38	30	45	74
26	07	05	90	14	90	68	17	41	91	60	88	34	09	85	98	63	35	63	53

续表

85	07	26	13	89	01	10	07	82	04	09	63	69	36	03	69	11	15	53	80	13	29	45	19	28
02	63	21	17	69	71	50	80	89	56	38	15	70	11	48	43	40	45	86	98	00	83	26	21	03
32	85	27	84	87	61	48	64	56	26	90	18	48	13	26	37	70	15	42	57	65	65	80	39	07
64	55	22	21	82	48	22	28	06	00	01	54	13	43	91	82	78	12	23	29	06	66	24	12	27
58	54	16	24	15	51	54	44	82	00	82	61	65	04	69	38	18	65	18	97	85	72	13	49	21
01	85	89	95	66	51	10	19	34	88	15	84	97	19	75	12	76	39	43	78	64	63	91	08	25
08	45	93	15	22	60	21	75	46	91	98	77	27	85	42	28	88	61	08	84	69	62	03	42	73
07	08	55	18	40	45	44	75	13	90	24	94	96	61	02	57	55	66	83	15	73	42	37	11	61
03	92	18	27	46	57	99	16	96	56	00	33	72	85	22	84	64	38	56	98	99	01	30	98	64
62	95	30	27	59	57	75	41	66	48	86	97	80	61	45	23	53	04	01	63	45	76	08	64	27
88	78	28	16	84	13	52	53	94	53	75	45	69	30	96	73	89	65	70	31	99	17	43	48	70
72	84	71	14	35	19	11	58	49	26	50	11	17	17	76	86	31	57	20	18	95	60	78	46	78
78	60	73	99	84	43	89	94	36	45	56	69	47	07	41	90	22	91	07	12	78	35	34	08	72
96	76	28	12	54	22	01	11	94	25	71	96	16	16	88	68	64	36	74	45	19	59	50	88	92
43	31	67	72	30	24	02	94	08	63	38	32	36	66	02	69	36	38	25	39	48	03	45	15	22
22	66	22	15	86	26	63	75	41	99	58	42	36	72	24	58	37	52	18	51	03	37	18	39	11
45	17	75	65	57	28	40	19	72	12	25	12	73	75	67	90	40	60	81	19	24	62	01	61	16
50	44	66	44	21	66	06	58	05	62	68	15	54	38	02	42	35	48	96	32	14	52	41	52	48
31	73	91	61	91	60	20	72	93	48	98	57	07	23	69	65	95	39	69	48	56	80	30	19	44
96	23	40	14	51	23	22	30	88	57	95	67	47	29	83	94	69	30	06	07	18	16	38	78	85

36	67	10	08	23	98	93	35	08	86	99	29	76	29	81	33	34	91	58	93	63	14	44	99	81
84	37	90	61	56	70	10	23	98	05	85	11	34	76	60	76	48	45	34	60	01	64	18	30	96
55	19	68	97	65	03	73	52	16	56	00	53	55	90	87	33	42	29	38	87	22	15	88	83	34
07	28	59	07	48	89	64	58	89	75	83	85	62	27	89	30	14	78	56	27	86	63	59	80	02
10	15	83	87	66	79	24	31	66	56	21	48	24	06	93	91	98	94	05	49	01	47	59	38	00
35	91	70	29	13	80	03	54	07	27	96	94	78	32	66	50	95	52	74	33	13	80	55	62	54
53	81	29	13	39	35	01	20	71	34	62	35	74	82	14	55	73	19	09	03	56	54	29	56	93
51	86	32	68	92	33	98	74	66	99	40	14	71	94	58	45	94	49	38	81	14	14	99	81	07
37	71	67	95	13	20	02	44	95	94	64	85	04	05	72	01	32	90	76	14	53	89	74	60	41
93	66	13	83	27	92	79	64	64	77	28	54	96	63	84	48	14	52	98	84	56	07	93	89	30
79	69	10	61	78	71	32	76	95	62	87	00	22	58	40	92	54	01	75	25	43	11	71	99	31
02	96	08	45	65	13	05	00	41	84	93	07	34	72	59	21	45	57	09	77	19	48	56	27	44
84	60	71	62	46	40	80	81	30	37	34	39	23	05	38	25	15	35	71	30	88	12	57	21	77
18	17	30	88	71	44	91	14	88	47	89	23	30	63	15	56	54	20	47	89	99	82	93	24	98
49	33	43	48	35	82	88	33	69	96	72	36	04	19	76	47	45	15	18	60	82	11	08	95	97
95	33	95	22	00	18	74	72	00	18	38	79	58	69	32	81	76	80	26	82	82	80	84	25	39
75	93	36	87	83	56	20	14	82	11	74	21	97	90	65	96	12	68	63	86	74	54	13	26	94
51	29	50	10	34	31	57	75	95	80	51	97	02	74	77	76	15	48	49	44	18	55	63	77	09
46	40	62	98	82	54	97	20	56	95	15	74	80	08	32	10	46	70	50	80	67	72	16	42	79

续表

29	01	23	87	88	58	02	39	37	67	42	10	14	20	92	16	55	23	42	45	54	96	09	11	06
38	30	92	29	03	06	28	81	39	38	62	25	06	84	63	61	29	08	93	67	04	32	92	08	09
90	84	60	79	80	24	36	59	87	38	82	07	53	89	35	96	35	23	79	18	05	98	90	07	35
21	61	38	86	24	37	79	81	53	74	73	24	16	10	33	52	83	90	94	76	70	47	14	54	36
20	31	89	03	43	38	46	82	68	72	32	12	82	59	70	80	60	47	18	97	63	49	30	21	38
71	59	73	03	50	08	22	23	71	77	01	01	93	20	49	82	96	59	26	94	60	39	67	98	68

附表 2 χ² 随机数字表

$$P\{\chi^2(n) > \chi^2_\alpha(n)\} = \alpha$$

概率 P

自由度 df	0.995	0.990	0.975	0.950	0.900	0.100	0.050	0.025	0.010	0.005
1	0.000	0.000	0.001	0.004	0.016	2.706	3.841	5.024	6.635	7.879
2	0.010	0.020	0.051	0.103	0.211	4.605	5.991	7.378	9.210	10.597
3	0.072	0.115	0.216	0.352	0.584	6.251	7.815	9.348	11.345	12.838
4	0.207	0.297	2.484	0.711	1.064	7.779	9.488	11.143	13.277	14.860
5	0.412	0.554	0.831	1.145	1.610	9.236	11.070	12.833	15.086	16.750
6	0.676	0.872	1.237	1.635	2.204	10.645	12.592	14.449	16.812	18.548
7	0.989	1.239	1.690	2.167	2.833	12.017	14.067	16.013	18.475	20.278
8	1.344	1.646	2.180	2.733	3.490	13.362	15.507	17.535	20.090	21.955
9	1.735	2.088	2.700	3.325	4.168	14.684	16.919	19.023	21.666	23.589
10	2.156	2.558	3.247	3.940	4.865	15.987	18.307	20.483	23.209	25.188
11	2.603	3.053	3.816	4.575	5.578	17.275	19.675	21.920	24.725	26.757
12	3.075	3.571	4.404	5.226	6.304	18.549	21.026	23.337	26.217	28.300
13	3.565	4.107	5.009	5.892	7.042	19.812	22.362	24.736	27.688	29.819
14	4.075	4.660	5.629	6.571	7.790	21.064	23.685	26.119	29.141	31.319
15	4.601	5.229	6.262	7.261	8.547	22.307	24.996	30.488	30.578	32.801
16	5.142	5.812	6.908	7.962	9.312	23.542	26.296	28.845	32.000	34.267

续表

概率 P

自由度 df	0.995	0.990	0.975	0.950	0.900	0.100	0.050	0.025	0.010	0.005
17	5.697	6.408	7.564	8.672	10.085	24.769	27.587	30.191	33.409	35.718
18	6.265	7.015	8.231	9.390	10.865	25.989	28.869	31.526	34.805	37.156
19	6.844	7.633	8.907	10.117	11.651	27.204	30.144	32.852	36.191	38.582
20	7.434	8.260	9.591	10.851	12.443	28.412	31.410	34.170	37.566	39.997
21	8.034	8.897	10.283	11.591	13.240	29.615	32.671	35.479	38.932	41.401
22	8.643	9.542	10.982	12.338	14.041	30.813	33.924	36.781	40.289	42.796
23	9.260	10.196	11.689	13.091	14.848	32.007	35.172	38.076	41.638	44.181
25	10.520	11.524	13.120	14.611	16.473	34.382	37.652	40.646	44.314	46.928
30	13.787	14.953	16.791	18.493	20.599	40.256	43.773	46.979	50.892	53.672
31	14.458	15.655	17.539	19.281	21.434	41.422	44.985	48.232	52.191	55.003
32	15.134	16.362	18.291	20.072	22.271	42.585	46.194	49.480	53.486	56.328
33	15.815	17.074	19.047	20.867	23.110	43.745	47.400	50.725	54.776	57.648
34	16.501	17.789	19.806	21.664	23.952	44.903	48.602	51.966	56.061	58.964
35	17.192	18.509	20.569	22.465	24.797	46.059	49.802	53.203	57.342	60.275
36	17.887	19.233	21.336	23.269	25.643	47.212	50.998	54.437	58.619	61.581
37	18.586	19.960	22.164	24.433	26.509	29.051	51.805	55.758	59.342	62.883
40	20.707	22.164	24.433	26.509	29.051	51.805	55.758	59.342	63.691	66.766
50	27.991	29.707	32.357	34.764	37.689	63.167	67.505	71.420	76.154	79.490
60	35.534	37.485	40.482	43.188	46.459	74.397	79.082	83.298	88.379	91.952
70	43.275	45.442	48.758	51.739	55.329	85.527	90.531	95.023	100.425	104.215
80	51.172	53.540	57.153	60.391	64.278	96.578	101.879	106.629	112.239	116.321

注：χ^2 临界值 Excel 计算函数 CHIINV（α，df）。

附表 3 F 分布表

$$P\{F_{(df_1,df_2)} > F_\alpha(df_1,df_2)\} = \alpha$$

$\alpha = 0.05$

分母自由度 df_2	分子自由度 df_1																	
	1	2	3	4	5	6	7	8	9	10	12	15	20	24	30	40	60	8
1	161.45	199.50	215.71	224.58	230.16	233.99	236.77	238.88	240.54	241.88	243.91	245.95	248.01	249.05	250.10	251.14	252.20	254.31
2	18.51	19.00	19.16	19.25	19.30	19.33	19.35	19.37	19.38	19.40	19.41	19.43	19.45	19.45	19.46	19.47	19.48	19.50
3	10.13	9.55	9.28	9.12	9.01	8.94	8.89	8.85	8.81	8.79	8.74	8.70	8.66	8.64	8.62	8.59	8.57	8.53
4	7.71	6.94	6.59	6.39	6.26	6.16	6.09	6.04	6.00	5.96	5.91	5.86	5.80	5.77	5.75	5.72	5.69	5.63
5	6.61	5.79	5.41	5.19	5.05	4.95	4.88	4.82	4.77	4.74	4.68	4.62	4.56	4.53	4.50	4.46	4.43	4.37
6	5.99	5.14	4.76	4.53	4.39	4.28	4.21	4.15	4.10	4.06	4.00	3.94	3.87	3.84	3.81	3.77	3.74	3.67
7	5.59	4.74	4.35	4.12	3.97	3.87	3.79	3.73	3.68	3.64	3.57	3.51	3.44	3.41	3.38	3.34	3.30	3.23
8	5.32	4.46	4.07	3.84	3.69	3.58	3.50	3.44	3.39	3.35	3.28	3.22	3.15	3.12	3.08	3.04	3.01	2.93
9	5.12	4.26	3.86	3.63	3.48	3.37	3.29	3.23	3.18	3.14	3.07	3.01	2.94	2.90	2.86	2.83	2.79	2.71
10	4.96	4.10	3.71	3.48	3.33	3.22	3.14	3.07	3.02	2.98	2.91	2.85	2.77	2.74	2.70	2.66	2.62	2.54
11	4.84	3.98	3.59	3.36	3.20	3.09	3.01	2.95	2.90	2.85	2.79	2.72	2.65	2.61	2.57	2.53	2.49	2.40
12	4.75	3.89	3.49	3.26	3.11	3.00	2.91	2.85	2.80	2.75	2.69	2.62	2.54	2.51	2.47	2.43	2.38	2.30
13	4.67	3.81	3.41	3.18	3.03	2.92	2.83	2.77	2.71	2.67	2.60	2.53	2.46	2.42	2.38	2.34	2.30	2.21
14	4.60	3.74	3.34	3.11	2.96	2.85	2.76	2.70	2.65	2.60	2.53	2.46	2.39	2.35	2.31	2.27	2.22	2.13
15	4.54	3.68	3.29	3.06	2.90	2.79	2.71	2.64	2.59	2.54	2.48	2.40	2.33	2.29	2.25	2.20	2.16	2.07
16	4.49	3.63	3.24	3.01	2.85	2.74	2.66	2.59	2.54	2.49	2.42	2.35	2.28	2.24	2.19	2.15	2.11	2.01
17	4.45	3.59	3.20	2.96	2.81	2.70	2.61	2.55	2.49	2.45	2.38	2.31	2.23	2.19	2.15	2.10	2.06	1.96
18	4.41	3.55	3.16	2.93	2.77	2.66	2.58	2.51	2.46	2.41	2.34	2.27	2.19	2.15	2.11	2.06	2.02	1.92
19	4.38	3.52	3.13	2.90	2.74	2.63	2.54	2.48	2.42	2.38	2.31	2.23	2.16	2.11	2.07	2.03	1.98	1.88
20	4.35	3.49	3.10	2.87	2.71	2.60	2.51	2.45	2.39	2.35	2.28	2.20	2.12	2.08	2.04	1.99	1.95	1.84

续表

α = 0.05

分母自由度 df_2	分子自由度 df_1																	
	1	2	3	4	5	6	7	8	9	10	12	15	20	24	30	40	60	∞
21	4.32	3.47	3.07	2.84	2.68	2.57	2.49	2.42	2.37	2.32	2.25	2.18	2.10	2.05	2.01	1.96	1.92	1.81
22	4.30	3.44	3.05	2.82	2.66	2.55	2.46	2.40	2.34	2.30	2.23	2.15	2.07	2.03	1.98	1.94	1.89	1.78
23	4.28	3.42	3.03	2.80	2.64	2.53	2.44	2.37	2.32	2.27	2.20	2.13	2.05	2.01	1.96	1.91	1.86	1.76
24	4.26	3.40	3.01	2.78	2.62	2.51	2.42	2.36	2.30	2.25	2.18	2.11	2.03	1.98	1.94	1.89	1.84	1.73
25	4.24	3.39	2.99	2.76	2.60	2.49	2.40	2.34	2.28	2.24	2.16	2.09	2.01	1.96	1.92	1.87	1.82	1.71
26	4.23	3.37	2.98	2.74	2.59	2.47	2.39	2.32	2.27	2.22	2.15	2.07	1.99	1.95	1.90	1.85	1.80	1.69
27	4.21	3.35	2.96	2.73	2.57	2.46	2.37	2.31	2.25	2.20	2.13	2.06	1.97	1.93	1.88	1.84	1.79	1.67
28	4.20	3.34	2.95	2.71	2.56	2.45	2.36	2.29	2.24	2.19	2.12	2.04	1.96	1.91	1.87	1.82	1.77	1.65
29	4.18	3.33	2.93	2.70	2.55	2.43	2.35	2.28	2.22	2.18	2.10	2.03	1.94	1.90	1.85	1.81	1.75	1.64
30	4.17	3.32	2.92	2.69	2.53	2.42	2.33	2.27	2.21	2.16	2.09	2.01	1.93	1.89	1.84	1.79	1.74	1.62
40	4.08	3.23	2.84	2.61	2.45	2.34	2.25	2.18	2.12	2.08	2.00	1.92	1.84	1.79	1.74	1.69	1.64	1.51
60	4.00	3.15	2.76	2.53	2.37	2.25	2.17	2.10	2.04	1.99	1.92	1.84	1.75	1.70	1.65	1.59	1.53	1.39
∞	3.84	3.00	2.60	2.37	2.21	2.10	2.01	1.94	1.88	1.83	1.75	1.67	1.57	1.52	1.46	1.39	1.32	1.00

α = 0.01

分母自由度 df_2	分子自由度 df_1																	
	1	2	3	4	5	6	7	8	9	10	12	15	20	24	30	40	60	∞
1	4052	4999	5403	5625	5764	5859	5928	5981	6022	6056	6106	6157	6209	6235	6261	6287	6313	6366
2	98.50	99.00	99.17	99.25	99.30	99.33	99.36	99.37	99.39	99.40	99.42	99.43	99.45	99.46	99.47	99.47	99.48	99.50
3	34.12	30.82	29.46	28.71	28.24	27.91	27.67	27.49	27.35	27.23	27.05	26.87	26.69	26.60	26.50	26.41	26.32	26.13
4	21.20	18.00	16.69	15.98	15.52	15.21	14.98	14.80	14.66	14.55	14.37	14.02	14.02	13.93	13.84	13.75	13.65	13.46

续表

$\alpha = 0.01$

分母自由度 df_2	分子自由度 df_1																	
	1	2	3	4	5	6	7	8	9	10	12	15	20	24	30	40	60	8
5	16.26	13.27	12.06	11.39	10.97	10.67	10.46	10.29	10.16	10.05	9.89	9.72	9.55	9.47	9.38	9.29	9.20	9.02
6	13.75	10.92	9.78	9.15	8.75	8.47	8.26	8.10	7.98	7.87	7.72	7.56	7.40	7.31	7.23	7.14	7.06	6.88
7	12.25	9.55	8.45	7.85	7.46	7.19	6.99	6.84	6.72	6.62	6.47	6.31	6.16	6.07	5.99	5.91	5.82	5.65
8	11.26	8.65	7.59	7.01	6.63	6.37	6.18	6.03	5.91	5.81	5.67	5.52	5.36	5.28	5.20	5.12	5.03	4.86
9	10.56	8.02	6.99	6.42	6.06	5.80	5.61	5.47	5.35	5.26	5.11	4.96	4.81	4.73	4.65	4.57	4.48	4.31
10	10.04	7.56	6.55	5.99	5.64	5.39	5.20	5.06	4.94	4.85	4.71	4.56	4.41	4.33	4.25	4.17	4.08	3.91
11	9.65	7.21	6.22	5.67	5.32	5.07	4.89	4.74	4.63	4.54	4.40	4.25	4.10	4.02	3.94	3.86	3.78	3.60
12	9.33	6.93	5.95	5.41	5.06	4.82	4.64	4.50	4.39	4.30	4.16	4.01	3.86	3.78	3.70	3.62	3.54	3.36
13	9.07	6.70	5.74	5.21	4.86	4.62	4.44	4.30	4.19	4.10	3.96	3.82	3.66	3.59	3.51	3.43	3.34	3.17
14	8.86	6.51	5.56	5.04	4.69	4.46	4.28	4.14	4.03	3.94	3.80	3.66	3.51	3.43	3.35	3.27	3.18	3.00
15	8.68	6.36	5.42	4.89	4.56	4.32	4.14	4.00	3.89	3.80	3.67	3.52	3.37	3.29	3.21	3.13	3.05	2.87
16	8.53	6.23	5.29	4.77	4.44	4.20	4.03	3.89	3.78	3.69	3.55	3.41	3.26	3.18	3.10	3.02	2.93	2.75
17	8.40	6.11	5.18	4.67	4.34	4.10	3.93	3.79	3.68	3.59	3.46	3.31	3.16	3.08	3.00	2.92	2.83	2.65
18	8.29	6.01	5.09	4.58	4.25	4.01	3.84	3.71	3.60	3.51	3.37	3.23	3.08	3.00	2.92	2.84	2.75	2.57
19	8.18	5.93	5.01	4.50	4.17	3.94	3.77	3.63	3.52	3.43	3.30	3.15	3.00	2.92	2.84	2.76	2.67	2.49
20	8.10	5.85	4.94	4.43	4.10	3.87	3.70	3.56	3.46	3.37	3.23	3.09	2.94	2.86	2.78	2.69	2.61	2.42
21	8.02	5.78	4.87	4.37	4.04	3.81	3.64	3.51	3.40	3.31	3.17	3.03	2.88	2.80	2.72	2.64	2.55	2.36
22	7.95	5.72	4.82	4.31	3.99	3.76	3.59	3.45	3.35	3.26	3.12	2.98	2.83	2.75	2.67	2.58	2.50	2.31
23	7.88	5.66	4.76	4.26	3.94	3.71	3.54	3.41	3.30	3.21	3.07	2.93	2.78	2.70	2.62	2.54	2.45	2.26
24	7.82	5.61	4.72	4.22	3.90	3.67	3.50	3.36	3.26	3.17	3.03	2.89	2.74	2.66	2.58	2.49	2.40	2.21
25	7.77	5.57	4.68	4.18	3.85	3.63	3.46	3.32	3.22	3.13	2.99	2.85	2.70	2.62	2.54	2.45	2.36	2.17

续表

$\alpha = 0.01$

分母自由度 df_2	分子自由度 df_1																	
	1	2	3	4	5	6	7	8	9	10	12	15	20	24	30	40	60	∞
26	7.72	5.53	4.64	4.14	3.82	3.59	3.42	3.29	3.18	3.09	2.96	2.81	2.66	2.58	2.50	2.42	2.33	2.13
27	7.68	5.49	4.60	4.11	3.78	3.56	3.39	3.26	3.15	3.06	2.93	2.78	2.63	2.55	2.47	2.38	2.29	2.10
28	7.64	5.45	4.57	4.07	3.75	3.53	3.36	3.23	3.12	3.03	2.90	2.75	2.60	2.52	2.44	2.35	2.26	2.06
29	7.60	5.42	4.54	4.04	3.73	3.50	3.33	3.20	3.09	3.00	2.87	2.73	2.57	2.49	2.41	2.33	2.23	2.03
30	7.56	5.39	4.51	4.02	3.70	3.47	3.30	3.17	3.07	2.98	2.84	2.70	2.55	2.47	2.39	2.30	2.21	2.01
40	7.31	5.18	4.31	3.83	3.51	3.29	3.12	2.99	2.89	2.80	2.66	2.52	2.37	2.29	2.20	2.11	2.02	1.81
60	7.08	4.98	4.13	3.65	3.34	3.12	2.95	2.82	2.72	2.63	2.50	2.35	2.20	2.12	2.03	1.94	1.84	1.60
∞	6.64	4.61	3.78	3.32	3.02	2.80	2.64	2.51	2.41	2.32	2.19	2.04	1.88	1.79	1.70	1.59	1.47	1.00

注：F 临界值 Excel 计算函数 $FINV(\alpha, df_1, df_2)$。

附表 4 t 值表

概率 P

自由度 df	单侧 0.25	0.20	0.10	0.05	0.025	0.01	0.005	0.0005
	双侧 0.50	0.40	0.20	0.10	0.05	0.02	0.01	0.001
1	1.000	1.376	3.078	6.314	12.706	31.821	63.657	636.619
2	0.816	1.061	1.886	2.920	4.303	6.965	9.925	31.599
3	0.765	0.978	1.638	2.353	3.182	4.541	5.841	12.924
4	0.741	0.941	1.533	2.132	2.776	3.747	4.604	8.610
5	0.727	0.920	1.476	2.015	2.571	3.365	4.032	6.869
6	0.718	0.906	1.440	1.943	2.447	3.143	3.707	5.959
7	0.711	0.906	1.415	1.895	2.365	2.998	3.499	5.408
8	0.706	0.889	1.397	1.860	2.306	2.896	3.355	5.041
9	0.703	0.883	1.383	1.833	2.262	2.821	3.250	4.781
10	0.700	0.879	1.372	1.812	2.228	2.764	3.169	4.587
11	0.697	0.876	1.363	1.796	2.201	2.718	3.106	4.437
12	0.695	0.873	1.356	1.782	2.179	2.681	3.055	4.318
13	0.694	0.870	1.350	1.771	2.160	2.650	3.012	4.221
14	0.692	0.868	1.345	1.761	2.145	2.624	2.977	4.140
15	0.691	0.866	1.341	1.753	2.131	2.602	2.947	4.073
16	0.690	0.865	1.337	1.746	2.120	2.583	2.921	4.015
17	0.689	0.863	1.333	1.740	2.110	2.567	2.898	3.965
18	0.688	0.862	1.330	1.734	2.101	2.552	2.878	3.922
19	0.688	0.861	1.328	1.729	2.093	2.539	2.861	3.883
20	0.687	0.860	1.325	1.725	2.086	2.528	2.845	3.850

续表

自由度 df		概率 P							
单侧	0.25	0.20	0.10	0.05	0.025	0.01	0.005	0.0005	
双侧	0.50	0.40	0.20	0.10	0.05	0.02	0.01	0.001	
21	0.686	0.859	1.323	1.721	2.080	2.518	2.831	3.819	
22	0.686	0.858	1.321	1.717	2.074	2.508	2.819	3.792	
23	0.685	0.858	1.319	1.714	2.069	2.500	2.807	3.768	
24	0.685	0.857	1.318	1.711	2.064	2.492	2.797	3.745	
25	0.684	0.856	1.316	1.708	2.060	2.485	2.787	3.725	
26	0.684	0.856	1.315	1.706	2.056	2.479	2.779	3.707	
27	0.684	0.855	1.314	1.703	2.052	2.473	2.771	3.690	
28	0.683	0.855	1.313	1.701	2.048	2.467	2.763	3.674	
29	0.683	0.854	1.311	1.699	2.045	2.462	2.756	3.659	
30	0.683	0.854	1.310	1.697	2.042	2.457	2.750	3.646	
35	0.682	0.852	1.306	1.690	2.030	2.438	2.724	3.591	
40	0.681	0.851	1.303	1.684	2.021	2.423	2.704	3.551	
50	0.679	0.849	1.299	1.676	2.009	2.403	2.678	3.496	
60	0.679	0.848	1.296	1.671	2.000	2.390	2.660	3.460	
70	0.678	0.847	1.294	1.667	1.994	2.381	2.648	3.435	
80	0.678	0.846	1.292	1.664	1.990	2.374	2.639	3.416	
90	0.677	0.846	1.291	1.662	1.987	2.368	2.632	3.402	
100	0.677	0.845	1.290	1.660	1.984	2.364	2.626	3.390	
∞	0.674	0.842	1.282	1.645	1.960	2.326	2.576	3.291	

注：双侧检验 t 临界值 Excel 计算函数 TINV(α, df)。

附表5　Tukey's HSDq 值表

自由度 df	α	\multicolumn{19}{c}{k（检验极差的平均个数，即秩次距）}																		
		2	3	4	5	6	7	8	9	10	11	12	13	14	15	16	17	18	19	20
3	0.05	4.50	5.91	6.82	7.50	8.04	8.84	8.85	9.18	9.46	9.72	9.95	10.15	10.35	10.52	10.84	10.69	10.98	11.11	11.24
	0.01	8.26	10.62	12.27	13.33	14.24	15.00	15.64	16.20	16.69	17.13	17.53	17.89	18.22	18.52	19.07	18.81	19.32	19.55	19.77
4	0.05	3.39	5.04	5.76	6.29	6.71	7.05	7.35	7.60	7.83	8.03	8.21	8.37	8.52	8.66	8.79	8.91	9.03	9.13	9.23
	0.01	6.51	8.12	9.17	9.96	10.85	11.10	11.55	11.93	12.27	12.57	12.84	13.09	13.32	13.53	13.73	13.91	14.08	14.24	14.40
5	0.05	3.64	4.60	5.22	5.67	6.03	6.33	6.58	6.80	6.99	7.17	7.32	7.47	7.60	7.72	7.83	7.93	8.03	8.12	8.21
	0.01	5.70	6.98	7.80	8.42	8.91	9.32	9.67	9.97	10.24	10.48	10.07	10.89	11.08	11.24	11.40	11.55	11.68	11.81	11.93
6	0.05	3.46	4.34	4.90	5.30	5.63	5.90	6.12	6.32	6.49	6.65	6.79	6.92	7.03	7.14	7.24	7.34	7.43	7.51	7.59
	0.01	5.24	6.33	7.03	7.56	7.97	8.32	8.61	8.87	9.10	9.30	9.48	9.65	9.81	9.95	10.08	10.21	10.32	10.43	10.54
7	0.05	3.34	4.16	4.68	5.06	5.36	5.61	5.82	6.00	6.16	6.30	6.43	6.55	6.66	6.76	6.85	6.94	7.02	7.10	7.17
	0.01	4.95	5.92	6.54	7.01	7.37	7.68	7.94	8.17	8.37	8.55	8.71	8.86	9.00	9.12	9.24	9.35	9.46	9.55	9.65
8	0.05	3.26	4.04	4.53	4.89	5.17	5.40	5.60	5.77	5.92	6.05	6.18	6.29	6.39	6.48	6.57	6.65	6.73	6.80	6.87
	0.01	4.75	5.64	6.20	6.62	6.96	7.24	7.47	7.68	7.86	8.03	8.18	8.31	8.44	8.55	8.66	8.76	8.85	8.94	9.03
9	0.05	3.20	3.95	4.41	4.76	5.02	5.24	5.43	5.59	5.74	5.87	5.98	6.09	6.19	6.28	6.36	6.44	6.51	6.58	6.64
	0.01	4.60	5.43	5.96	6.35	6.66	6.91	7.13	7.33	7.49	7.65	7.78	7.91	8.03	8.13	8.23	8.33	8.41	8.49	8.57
10	0.05	3.15	3.88	4.33	4.65	4.91	5.12	5.30	5.46	5.60	5.72	5.83	5.93	6.03	6.11	6.19	6.27	6.34	6.40	6.47
	0.01	4.48	5.27	5.77	6.14	6.43	6.67	6.87	7.05	7.21	7.36	7.48	7.60	7.71	7.81	7.91	7.99	8.08	8.15	8.23
11	0.05	3.11	3.82	4.26	4.57	4.82	5.03	5.20	5.35	5.49	5.61	5.71	5.81	5.90	5.98	6.06	6.13	6.20	6.27	6.33
	0.01	4.39	5.15	5.62	5.97	6.25	6.48	6.67	6.84	6.99	7.13	7.25	7.36	7.46	7.56	7.65	7.73	7.81	7.88	7.95
12	0.05	3.08	3.77	4.20	4.51	4.75	4.95	5.12	5.27	5.39	5.51	5.61	5.71	5.80	5.88	5.95	6.02	6.09	6.15	6.21
	0.01	4.32	5.05	5.55	5.84	6.10	6.32	6.51	6.67	6.81	6.94	7.06	7.17	7.26	7.36	7.44	7.52	7.59	7.66	7.73
13	0.05	3.06	3.73	4.15	4.45	4.69	4.88	5.05	5.19	5.32	5.45	5.53	5.63	5.71	5.79	5.86	5.93	5.99	6.05	6.11
	0.01	4.26	4.96	5.40	5.73	5.98	6.19	6.37	6.53	6.67	6.79	6.90	7.01	7.10	7.19	7.27	7.35	7.42	7.48	7.55

续表

k（检验极差的平均个数，即秩次距）

自由度 df	α	2	3	4	5	6	7	8	9	10	11	12	13	14	15	16	17	18	19	20
14	0.05	3.03	3.70	4.11	4.41	4.64	4.83	4.99	5.13	5.25	5.36	5.46	5.55	5.64	5.71	5.79	5.85	5.91	5.97	6.03
	0.01	4.21	4.89	5.32	5.63	5.88	6.08	6.26	6.41	6.54	6.66	6.77	6.87	6.96	7.05	7.13	7.20	7.27	7.33	7.39
15	0.05	3.01	3.67	4.08	4.37	4.59	4.78	4.94	5.08	5.20	5.31	5.40	5.49	5.57	5.65	5.72	5.78	5.85	5.90	5.96
	0.01	4.17	4.84	5.25	5.56	5.80	5.99	6.16	6.31	6.44	6.55	6.66	6.76	6.84	6.93	7.00	7.07	7.14	7.20	7.26
16	0.05	3.00	3.65	4.05	4.33	4.56	4.74	4.90	5.03	5.15	5.26	5.35	5.44	5.52	5.59	5.66	5.73	5.79	5.84	5.90
	0.01	4.13	4.79	5.19	5.49	5.72	5.92	6.08	6.22	6.35	6.46	6.56	6.66	6.74	6.82	6.90	6.97	7.03	7.09	7.15
17	0.05	2.98	3.63	4.02	4.30	4.52	4.70	4.86	4.99	5.11	5.21	5.31	5.39	5.47	5.54	5.61	5.67	5.73	5.79	5.84
	0.01	4.10	4.74	5.14	5.43	5.66	5.85	6.01	6.15	6.27	6.38	6.48	6.57	6.66	6.73	6.81	6.87	6.94	7.00	7.05
18	0.05	2.97	3.61	4.00	4.28	4.49	4.67	4.82	4.96	5.07	5.17	5.27	5.35	5.43	5.50	5.57	5.63	5.69	5.74	5.76
	0.01	4.07	4.70	5.09	5.38	5.60	5.79	5.94	6.08	6.20	6.31	6.41	6.50	6.58	6.65	6.73	6.79	6.85	6.91	6.97
19	0.05	2.96	3.59	3.98	4.25	4.47	4.65	4.79	4.92	5.04	5.14	5.23	5.31	5.39	5.46	5.53	5.59	5.65	5.70	5.75
	0.01	4.05	4.67	5.05	5.33	5.55	5.73	5.89	6.02	6.16	6.25	6.34	6.43	6.51	6.58	6.65	6.72	6.78	6.84	6.89
20	0.05	2.95	3.58	3.96	4.23	4.45	4.62	4.77	4.90	5.01	5.11	5.20	5.28	5.36	5.43	5.49	5.55	5.61	5.66	5.71
	0.01	4.02	4.64	5.02	5.29	5.51	5.69	5.84	5.97	6.09	6.19	6.28	6.37	6.45	6.52	6.59	6.65	6.71	6.77	6.82
24	0.05	2.92	3.53	3.90	4.17	4.37	4.54	4.68	4.81	4.92	5.05	5.10	5.18	5.28	5.32	5.38	5.44	5.49	5.55	5.59
	0.01	3.96	4.55	4.91	5.17	5.37	5.54	5.69	5.81	5.92	6.02	6.11	6.19	6.26	6.33	6.39	6.45	6.51	6.56	6.61
30	0.05	2.89	3.49	3.85	4.10	4.30	4.46	4.60	4.72	4.82	4.92	5.00	5.08	5.15	5.21	5.27	5.33	5.38	5.43	5.47
	0.01	3.89	4.45	4.80	5.05	5.24	5.40	5.54	5.65	5.76	5.85	5.93	6.01	6.08	6.14	6.20	6.26	6.31	6.36	6.41
40	0.05	2.86	3.44	3.79	4.04	4.23	4.39	4.52	4.63	4.73	4.82	4.90	4.98	5.04	5.11	5.16	5.22	5.27	5.31	5.36
	0.01	3.82	4.37	4.70	4.93	5.11	5.26	5.39	5.50	5.60	5.69	5.76	5.83	5.90	5.96	6.02	6.07	6.12	6.16	6.21
60	0.05	2.83	3.40	3.74	3.98	4.16	4.31	4.44	4.55	4.65	4.73	4.81	4.88	4.94	5.00	5.06	5.11	5.15	5.20	5.24
	0.01	3.76	4.28	4.59	4.82	4.99	5.13	5.25	5.36	5.45	5.53	5.60	5.67	5.73	5.78	5.84	5.89	5.93	5.97	6.01

续表

自由度 df	α	k（检验极差的平均个数，即秩次距）																		
		2	3	4	5	6	7	8	9	10	11	12	13	14	15	16	17	18	19	20
∞	0.05	2.77	3.31	3.63	3.86	4.03	4.17	4.29	4.39	4.47	4.55	4.62	4.68	4.74	4.80	4.85	4.89	4.93	4.97	5.01
	0.01	3.64	4.12	4.40	4.60	4.76	4.88	4.99	5.08	5.16	5.23	5.29	5.35	5.40	5.45	5.49	5.54	5.57	5.61	5.65

注：利用 DPS 软件中的 qtest 函数计算 q 临界值，qtest(df,k,α)。

附表 6　Duncan's 新复极差检验的 SSR 值

自由度 df	α	检验极差的平均个数（k）													
		2	3	4	5	6	7	8	9	10	12	14	16	18	20
1	0.05	18.0	18.0	18.0	18.0	18.0	18.0	18.0	18.0	18.0	18.0	18.0	18.0	18.0	18.0
	0.01	90.0	90.0	90.0	90.0	90.0	90.0	90.0	90.0	90.0	90.0	90.0	90.0	90.0	90.0
2	0.05	6.09	6.09	6.09	6.09	6.09	6.09	6.09	6.09	6.09	6.09	6.09	6.09	6.09	6.09
	0.01	14.0	14.0	14.0	14.0	14.0	14.0	14.0	14.0	14.0	14.0	14.0	14.0	14.0	14.0
3	0.05	4.50	4.50	4.50	4.50	4.50	4.50	4.50	4.50	4.50	4.50	4.50	4.50	4.50	4.50
	0.01	8.26	8.5	8.6	8.7	8.8	8.9	8.9	9.0	9.0	9.0	9.1	9.2	9.3	9.3
4	0.05	3.93	4.0	4.02	4.02	4.02	4.02	4.02	4.02	4.02	4.02	4.02	4.02	4.02	4.02
	0.01	6.51	6.8	6.9	7.0	7.1	7.1	7.2	7.2	7.3	7.3	7.4	7.4	7.5	7.5
5	0.05	3.64	3.74	3.79	3.83	3.83	3.83	3.83	3.83	3.83	3.83	3.83	3.83	3.83	3.83
	0.01	5.70	5.96	6.11	6.18	6.26	6.33	6.40	6.44	6.5	6.6	6.6	6.7	6.7	6.8
6	0.05	3.46	3.58	3.64	3.68	3.68	3.68	3.68	3.68	3.68	3.68	3.68	3.68	3.68	3.68
	0.01	5.24	5.51	5.65	5.73	5.81	5.88	5.95	6.00	6.0	6.1	6.2	6.2	6.3	6.3
7	0.05	3.35	3.47	3.54	3.58	3.60	3.61	3.61	3.61	3.61	3.61	3.61	3.61	3.61	3.61
	0.01	4.95	5.22	5.37	5.45	5.53	5.61	5.69	5.73	5.8	5.8	5.9	5.9	6.0	6.0
8	0.05	3.26	3.39	3.47	3.52	3.55	3.56	3.56	3.56	3.56	3.56	3.56	3.56	3.56	3.56
	0.01	4.74	5.00	5.14	5.23	5.32	5.40	5.47	5.51	5.5	5.6	5.7	5.7	5.8	5.8
9	0.05	3.20	3.34	3.41	3.47	3.50	3.51	3.52	3.52	3.52	3.52	3.52	3.52	3.52	3.52
	0.01	4.60	4.86	4.99	5.08	5.17	5.25	5.32	5.36	5.4	5.5	5.5	5.6	5.7	5.7
10	0.05	3.15	3.30	3.37	3.43	3.46	3.47	3.47	3.47	3.47	3.47	3.47	3.47	3.47	3.48
	0.01	4.48	4.73	4.88	4.96	5.06	5.12	5.20	5.24	5.28	5.36	5.42	5.48	5.54	5.55
11	0.05	3.11	3.27	3.35	3.39	3.43	3.44	3.45	3.46	3.46	3.46	3.46	3.46	3.47	3.48
	0.01	4.39	4.63	4.77	4.86	4.94	5.01	5.06	5.12	5.15	5.24	5.28	5.34	5.38	5.39

续表

自由度 df	α	检验极差的平均个数 (k)													
		2	3	4	5	6	7	8	9	10	12	14	16	18	20
12	0.05	3.08	3.23	3.33	3.36	3.48	3.42	3.44	3.44	3.46	3.46	3.46	3.46	3.47	3.48
	0.01	4.32	4.55	4.68	4.76	4.84	4.92	4.96	5.02	5.07	5.13	5.17	5.22	5.24	5.26
13	0.05	3.06	3.21	3.30	3.36	3.38	3.41	3.42	3.44	3.45	3.45	3.46	3.46	3.47	3.47
	0.01	4.26	4.48	4.62	4.69	4.74	4.84	4.88	4.94	4.98	5.04	5.08	5.13	5.14	5.15
14	0.05	3.03	3.18	3.27	3.33	3.37	3.39	3.41	3.42	3.44	3.45	3.46	3.46	3.47	3.47
	0.01	4.21	4.42	4.55	4.63	4.70	4.78	4.83	4.87	4.91	4.96	5.00	5.04	5.06	5.07
15	0.05	3.01	3.16	3.25	3.31	3.36	3.38	3.40	3.42	3.43	3.44	3.45	3.46	3.47	3.47
	0.01	4.17	4.37	4.50	4.58	4.64	4.72	4.77	4.81	4.84	4.90	4.94	4.97	4.99	5.00
16	0.05	3.00	3.15	3.23	3.30	3.34	3.37	3.39	3.41	3.43	3.44	3.45	3.46	3.47	3.47
	0.01	4.13	4.34	4.45	4.54	4.60	4.67	4.72	4.76	4.79	4.84	4.88	4.91	4.93	4.94
17	0.05	2.98	3.13	3.22	3.28	3.33	3.36	3.38	3.40	3.42	3.44	3.45	3.46	3.47	3.47
	0.01	4.10	4.30	4.41	4.50	4.56	4.63	4.68	4.72	4.75	4.80	4.83	4.86	4.88	4.89
18	0.05	2.97	3.12	3.21	3.27	3.32	3.35	3.37	3.39	3.41	3.43	3.45	3.46	3.47	3.47
	0.01	4.07	4.27	4.38	4.46	4.53	4.59	4.64	4.68	4.71	4.76	4.79	4.82	4.84	4.85
19	0.05	2.96	3.11	3.19	3.26	3.31	3.35	3.37	3.39	3.41	3.43	3.44	3.46	3.47	3.47
	0.01	4.05	4.24	4.35	4.43	4.50	4.56	4.61	4.64	4.67	4.72	4.76	4.79	4.81	4.82
20	0.05	2.95	3.10	3.18	3.25	3.30	3.34	3.36	3.38	3.40	3.43	3.44	3.46	3.46	3.47
	0.01	4.02	4.22	4.33	4.40	4.47	4.53	4.58	4.61	4.65	4.69	4.73	4.76	4.78	4.79
22	0.05	2.93	3.08	3.17	3.24	3.29	3.32	3.35	3.37	3.39	3.42	3.44	3.45	3.46	3.47
	0.01	3.99	4.17	4.28	4.36	4.42	4.48	4.53	4.57	4.60	4.65	4.68	4.71	4.74	4.75
24	0.05	2.92	3.07	3.15	3.22	3.28	3.31	3.34	3.37	3.38	3.41	3.44	3.45	3.46	3.47
	0.01	3.96	4.14	4.24	4.33	4.39	4.44	4.49	4.53	4.57	4.62	4.64	4.67	4.70	4.72

续表

自由度 df	α	检验极差的平均个数（k）													
		2	3	4	5	6	7	8	9	10	12	14	16	18	20
26	0.05	2.91	3.06	3.14	3.21	3.27	3.30	3.34	3.36	3.38	3.41	3.43	3.45	3.46	3.47
	0.01	3.93	4.11	4.21	4.30	4.36	4.41	4.46	4.50	4.53	4.58	4.62	4.65	4.67	4.69
28	0.05	2.90	3.04	3.13	3.20	3.26	3.30	3.33	3.35	3.37	3.40	3.43	3.45	3.46	3.47
	0.01	3.91	4.08	4.18	4.28	4.34	4.39	4.43	4.47	4.51	4.56	4.60	4.62	4.65	4.67
30	0.05	2.89	3.04	3.12	3.20	3.25	3.29	3.32	3.35	3.37	3.40	3.43	3.44	3.46	3.47
	0.01	3.89	4.06	4.16	4.22	4.32	4.36	4.41	4.45	4.48	4.54	4.58	4.61	4.63	4.65
40	0.05	2.86	3.01	3.10	3.17	3.22	3.27	3.30	3.33	3.35	3.39	3.42	3.44	3.46	3.47
	0.01	3.82	3.99	4.10	4.17	4.24	4.30	4.31	4.37	4.41	4.46	4.51	4.54	4.57	4.59
60	0.05	2.83	2.98	3.08	3.14	3.20	3.24	3.28	3.31	3.33	3.37	3.40	3.43	3.45	3.47
	0.01	3.76	3.92	4.03	4.12	4.17	4.23	4.27	4.31	4.34	4.39	4.44	4.47	4.50	4.53
∞	0.05	2.77	2.92	3.02	3.09	3.15	3.19	3.23	3.26	3.29	3.34	3.38	3.41	3.44	3.47
	0.01	3.64	3.80	3.90	3.98	4.04	4.09	4.14	4.17	4.20	4.26	4.31	4.34	4.38	4.41

注：利用 DPS 软件中的 dctest 函数计算 Duncan 临界值，dctest(df, k, α)。

附表7　Dunnett-t值

自由度 df	α	K=处理个数（包括对照）								
		2	3	4	5	6	7	8	9	10
5	0.05	2.57	3.03	3.29	3.48	3.62	3.73	3.82	3.90	3.97
	0.01	4.03	4.63	4.98	5.22	5.41	5.56	5.68	5.79	5.89
6	0.05	2.45	2.86	3.10	3.26	3.39	3.49	3.57	3.64	3.71
	0.01	3.71	4.21	4.51	4.71	4.87	5.00	5.10	5.20	5.28
7	0.05	2.36	2.75	2.97	3.12	3.24	3.33	3.41	3.47	3.53
	0.01	3.50	3.95	4.21	4.39	4.53	4.64	4.74	4.82	4.89
8	0.05	2.31	2.67	2.88	3.02	3.13	3.22	3.29	3.35	3.41
	0.01	3.36	3.77	4.00	4.17	4.30	4.40	4.48	4.56	4.62
9	0.05	2.26	2.61	2.81	2.95	3.05	3.14	3.20	3.26	3.32
	0.01	3.25	3.63	3.85	4.01	4.12	4.22	4.30	4.37	4.43
10	0.05	2.23	2.57	2.76	2.89	2.99	3.07	3.14	3.19	3.24
	0.01	3.17	3.53	3.74	3.88	3.99	4.08	4.16	4.22	4.28
11	0.05	2.20	2.53	2.72	2.84	2.94	3.02	3.08	3.14	3.19
	0.01	3.11	3.45	3.65	3.79	3.89	3.98	4.05	4.11	4.16
12	0.05	2.18	2.50	2.68	2.81	2.90	2.98	3.04	3.09	3.14
	0.01	3.06	3.39	3.58	3.71	3.81	3.89	3.96	4.02	4.07
13	0.05	2.16	2.48	2.65	2.78	2.87	2.94	3.00	3.06	3.10
	0.01	3.01	3.34	3.52	3.65	3.74	3.82	3.89	3.94	3.99
14	0.05	2.14	2.46	2.63	2.75	2.84	2.91	2.97	3.02	3.07
	0.01	2.98	3.29	3.47	3.59	3.69	3.76	3.83	3.88	3.93

续表

自由度 df	α	K=处理个数（包括对照）								
		2	3	4	5	6	7	8	9	10
15	0.05	2.13	2.44	2.61	2.73	2.82	2.89	2.95	3.00	3.04
	0.01	2.95	3.25	3.43	3.55	3.64	3.71	3.78	3.83	3.88
16	0.05	2.12	2.42	2.59	2.71	2.80	2.87	2.92	2.97	3.02
	0.01	2.92	3.22	3.39	3.51	3.60	3.67	3.73	3.78	3.83
17	0.05	2.11	2.41	2.58	2.69	2.78	2.85	2.90	2.95	3.00
	0.01	2.90	3.19	3.36	3.47	3.56	3.63	3.69	3.74	3.79
18	0.05	2.10	2.40	2.56	2.68	2.76	2.83	2.89	2.94	2.98
	0.01	2.88	3.17	3.33	3.45	3.53	3.60	3.66	3.71	3.75
19	0.05	2.09	2.39	2.55	2.66	2.75	2.81	2.87	2.92	2.96
	0.01	2.86	3.15	3.31	3.42	3.50	3.57	3.63	3.68	3.72
20	0.05	2.09	2.38	2.54	2.65	2.73	2.80	2.86	2.90	2.95
	0.01	2.85	3.13	3.29	3.40	3.48	3.55	3.60	3.65	3.69
24	0.05	2.06	2.35	2.51	2.61	2.70	2.76	2.81	2.86	2.90
	0.01	2.80	3.07	3.22	3.32	3.40	3.47	3.52	3.57	3.61
30	0.05	2.04	2.32	2.47	2.58	2.66	2.72	2.77	2.82	2.86
	0.01	2.75	3.01	3.15	3.25	3.33	3.39	3.44	3.49	3.52
40	0.05	2.02	2.29	2.44	2.54	2.62	2.68	2.73	2.77	2.81
	0.01	2.70	2.95	3.09	3.19	3.26	3.32	3.37	3.41	3.44
60	0.05	2.00	2.27	2.41	2.51	2.58	2.64	2.69	2.73	2.77
	0.01	2.66	2.90	3.03	3.12	3.19	3.25	3.29	3.33	3.37
120	0.05	1.98	2.24	2.38	2.47	2.55	2.60	2.65	2.69	2.73
	0.01	2.62	2.85	2.97	3.06	3.12	3.18	3.22	3.26	3.29

续表

自由度 df	α	K=处理个数（包括对照）								
		2	3	4	5	6	7	8	9	10
∞	0.05	1.96	2.21	2.35	2.44	2.51	2.57	2.61	2.65	2.69
	0.01	2.58	2.80	2.92	3.00	3.06	3.11	3.15	3.19	3.22

注：利用 DPS 软件中计算 Duncan $-t$ 临界值，Dntest(df, k, α)。

附表8 斯图登斯化范围表

$q(t,\varphi,0.05)$，$t=$比较物个数，$\varphi=$自由度

φ	2	3	4	5	6	7	8	9	10	12	15	20
1	18.00	27.0	32.8	37.1	40.4	43.1	45.4	47.4	49.1	52.0	55.4	59.6
2	6.09	8.3	9.8	10.9	11.7	12.4	13.0	13.5	14.0	14.7	15.7	16.8
3	4.50	5.91	6.82	7.50	8.04	8.48	8.85	9.18	9.46	9.95	10.52	11.24
4	3.93	5.04	5.76	6.29	6.71	7.05	7.35	7.60	7.83	8.21	8.66	9.23
5	3.64	4.60	5.22	5.67	6.03	6.38	6.58	6.80	6.99	7.32	7.72	8.21
6	3.46	4.34	4.90	5.31	5.63	5.89	6.12	6.32	6.49	6.79	7.14	7.59
7	3.34	4.16	4.68	5.06	5.36	5.61	5.82	6.00	6.16	6.43	6.76	7.17
8	3.26	4.04	5.43	4.89	5.17	5.40	5.60	5.77	5.92	6.18	4.48	6.87
9	3.20	3.95	4.42	4.76	5.02	5.24	5.43	5.60	5.74	5.98	6.28	6.64
10	3.15	3.88	4.33	4.65	4.91	5.12	5.30	5.46	5.60	5.83	6.11	6.47
11	3.11	3.82	4.26	4.57	4.82	5.03	5.20	5.35	5.49	5.71	5.99	6.33
12	3.08	3.77	4.20	4.51	4.75	4.95	5.12	5.27	5.40	5.62	5.88	6.21
13	3.06	3.73	4.15	4.45	4.69	4.88	5.05	5.19	5.32	5.53	5.79	6.11
14	3.03	3.70	4.11	4.41	4.64	4.88	4.99	5.13	5.25	5.46	5.72	6.03
15	3.01	3.67	4.08	4.37	4.60	4.78	4.94	5.08	5.20	5.40	5.65	5.96
16	3.00	3.65	4.05	4.30	4.56	4.74	4.90	5.03	5.15	5.35	5.59	5.90
17	2.98	3.63	4.02	4.30	4.52	4.71	4.86	4.99	5.11	5.31	5.55	5.84
18	2.97	3.61	4.00	4.28	4.49	4.67	4.82	4.96	5.07	5.27	5.50	5.79
19	2.96	3.59	3.98	4.25	4.47	4.65	4.79	4.92	5.07	5.23	5.46	5.75
20	2.95	3.58	3.96	4.23	4.45	4.62	4.77	4.90	5.01	5.20	5.43	5.71

食品感官评价

续表

φ	2	3	4	5	6	7	8	9	10	12	15	20
						t						
24	2.92	3.53	3.90	4.17	4.37	4.54	4.68	4.81	4.92	5.10	5.32	5.59
30	2.89	3.49	3.84	4.10	4.30	4.46	4.60	4.72	4.83	5.00	5.21	5.48
40	2.86	3.44	3.79	4.04	4.23	4.39	4.52	4.63	4.74	4.91	5.11	5.36
60	2.83	3.40	3.74	3.93	4.16	4.31	4.44	4.55	4.65	4.81	5.00	5.24
120	2.80	3.36	3.84	3.92	4.10	4.24	4.36	4.48	4.56	4.72	4.90	5.13
∞	2.77	3.31	3.63	3.88	4.03	4.17	4.29	4.39	4.47	4.62	4.80	5.01

344